FENZI SHENGWUXUE LILUN
YU FANGFA YANJIU

分子生物学理论
与方法研究

主 编 张来军 孔 芳 马 军
副主编 邢立群 李安华 杨立国 黄先忠 周晓晶

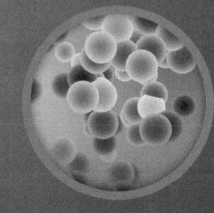

中国水利水电出版社
www.waterpub.com.cn

内 容 提 要

本书主要从分子水平入手,以生物分子学、遗传学等为理论基础,运用基因技术等,分别介绍了分子生物学的起源与发展、概念、内容;遗传物质的分子本质、遗传过程;DNA、RNA 的生物合成;细胞的信号传递;癌分子生物学;原核、真核生物的基因表达以及分子遗传技术等内容。本书可作为生物学、生物分子学、遗传学等领域业内专家及学者的参考资料,也可以作为生物学相关专业学生的理论参考用书。

图书在版编目(CIP)数据

分子生物学理论与方法研究/张来军,孔芳,马军
主编.--北京:中国水利水电出版社,2014.1(2024.8重印)
ISBN 978-7-5170-1743-1

Ⅰ.①分… Ⅱ.①张…②孔…③马… Ⅲ.①分子生
物学 Ⅳ.①Q7

中国版本图书馆 CIP 数据核字(2014)第 024097 号

策划编辑:杨庆川 责任编辑:杨元泓 封面设计:崔 蕾

书　　名	分子生物学理论与方法研究
作　　者	主 编 张来军 孔 芳 马 军
	副主编 邢立群 李安华 杨立国 黄先忠 周晓晶
出版发行	中国水利水电出版社
	(北京市海淀区玉渊潭南路 1 号 D 座 100038)
	网址:www. waterpub. com. cn
	E-mail:mchannel@263. net(万水)
	sales@waterpub. com. cn
	电话:(010)68367658(发行部)、82562819(万水)
经　　售	北京科水图书销售中心(零售)
	电话:(010)88383994、63202643、68545874
	全国各地新华书店和相关出版物销售网点
排　　版	北京鑫海胜蓝数码科技有限公司
印　　刷	三河市天润建兴印务有限公司
规　　格	184mm×260mm　16 开本　24.5 印张　627 千字
版　　次	2014 年 5 月第 1 版　2024 年 8 月第 3 次印刷
印　　数	0001—3000 册
定　　价	86.00 元

前　言

　　分子生物学是研究生物大分子的结构特征和功能及其规律的科学,即在分子水平上揭开生物世界神秘的面纱,阐述生物体在生长、发育、分化过程中各种生物大分子的相互作用、细胞信息传导、基因表达及其调控的机制,从而使人类由被动地响应自然界逐步转向主动地顺应、改造和利用自然界的科学。由于生命体十分复杂和精细,即使是组成生命的一个细胞,也远比一台最庞大、最复杂、最精密的机器复杂和精细得多。因此,在整体水平和细胞水平上研究生物学困难相当大,当我们超越细胞去研究组成细胞的生物大分子的功能时,分子生物学就诞生了。因此,只有在我们充分认识各种生物大分子的功能,认识环境与基因互作、基因之间互作、蛋白质之间互作、信号途径的交叉互作等之后,我们才能更好地在细胞水平和机体水平上研究和认识生命科学。

　　进入 21 世纪,分子生物学知识获得了快速更新。它已深入到了生命科学的各个分支,尤其是生理学、病理学、发育生物学、神经生物学、免疫学等学科,并极大地推动着这些学科的发展。它的原理和研究方法已广泛应用于医药、农林、食品和工程等各个领域,并取得了许多令人瞩目的成就。分子生物学是当代生物学乃至自然科学中迅速发展的学科之一。它将完全改变生命科学的面貌,也将深刻影响人类的生活和社会发展。

　　全书共 13 章。第 1 章为绪论,介绍分子生物学的起源与发展、概念和基本内容;第 2 章至第 10 章分别介绍了遗传物质的分子本质、基因与基因组、DNA 的生物合成、RNA 的生物合成、蛋白质的生物合成、原核生物基因表达调控、真核生物基因表达调控、细胞的信号传递和癌分子生物学;第 11 章至第 13 章则主要从实际应用出发讨论了分子遗传技术、分子生物学方法和分子生物学的应用三个方面。本书在编写过程中力求做到概念明确,理论讲述逻辑严密、条理分明,书中内容详尽、便于阅读,深度和广度适宜,文字通俗流畅,言语简练,注重理论联系实际,注重实用,极力贯彻基础性、系统性、科学性等原则,保证逻辑性和系统性。希望本书的出版可以帮助读者获得简明而正确的概念和理解,准确地掌握分子生物学的基本理论和学科前沿知识,了解开展分子生物学理论研究的方法,适当地联系生活实际应用,以增强理解和兴趣,并因此获得思维、逻辑与分析的启迪和创新能力的提升。

　　在编写过程中参考了一些前人的成果和论述,同时也得到了许多朋友和家人的支持,在此表示衷心的感谢。分子生物学的内容极为丰富且发展迅速,由于篇幅所限,书中不可能一一详细论述探讨,有许多内容也必须精减。水平有限,书中难免有不妥之处,还请读者多批评指正,以使不断完善。

编者

2013 年 12 月

目　　录

第 1 章　绪论

1.1　分子生物学的起源与发展

1.1.1　分子生物学起源和发展的过程

科学领域中任何一门学科的形成和发展,一般很难准确地说明它是何时、何人创始的。分子生物学的产生和发展,同其他学科一样,经历了漫长而艰辛的过程,逐步走向成熟而迅速发展的道路。

1871 年,Lankester 就提出,生物不同种属间的化学和分子差异的发现和分析,对确定系统发生的关系,要比总体形态学的比较研究更为重要。后来,随着德国、美国生理化学实验室的建立和生物化学杂志的创办,促进了生物化学的发展。当生物化学深入到研究生物大分子时,1938年 Weaver 在写给洛克菲勒基金会的报告中,首次使用了分子生物学(molecular biology)一词。他写道:"在基金会给予支持的研究中,有一系列属于比较新的领域,可称之为分子生物学……"。一年以后,研究蛋白质结构的 Astbury 使用了这个名词,以后它变得越来越普遍。特别是在1953 年,Watson 和 Crick 发表了著名论文"脱氧核糖核酸的结构"以后,DNA 双螺旋结构的发现,促进了遗传学、生物化学和生物物理学的结合,推动了分子生物学的形成和迅速发展,使生命科学全面地进入分子水平研究的时代,这是生物科学发展史上的重大里程碑。1956 年剑桥医学研究委员会率先建立了分子生物学实验室,1959 年创刊了《分子生物学》杂志,1963 年成立了欧洲分子生物学国际组织,分子生物学从而成为崭新的独立学科,带动着生命科学迅猛发展,成为现代自然科学研究的重要领域。

在分子生物学的形成和发展过程中,有许多重大的发现和事件,具体情况如下:

1864 年:Hoope-Seyler 结晶并命名了血红蛋白。

1869 年:Miescher 第一次分离了 DNA。

1871 年:Lankester 首先提出生物不同种属间的化学和分子差异的发现与分析,对确定系统发生的关系,要比总体形态学的比较研究更为重要。

1926 年:Sumaer 从刀豆的提取物中得到脲酶结晶,并证明此蛋白质结晶有催化活性。同年,Svedberg 创建了第一台分析用超高速离心机,并用其测定了血红蛋白的相对分子质量约为 6.8×10^4。

1931 年:Pauling 发表了他的第一篇关于"化学键特性"的论文,详细说明了共价键联结的规律。后来,又建立了处理生物分子的量子力学理论。

1934 年:Bernal 和 Crowfoot 发表了第一张胃蛋白酶晶体的详尽的 X-射线衍射图谱。

1941 年:Astbury 获得了第一张 DNA 的 X-射线衍射图谱。

1944 年:Avery 提供了在细菌的转化中,携带遗传信息的是 DNA,而不是蛋白质的证据。实验证明,使无毒的 R 型肺炎双球菌转变成致病的 S 型,DNA 是转化的基本要素。8 年后,1952

年,Hershey 和 Chase 又用同位素示踪技术证明 T$_2$ 噬菌体感染大肠杆菌。主要是核酸进入细菌内,而病毒外壳蛋白留在细胞外。烟草花叶病毒的重建实验证明,病毒蛋白质的特性由 RNA 决定,即遗传物质是核酸而不是蛋白质。至此,DNA 作为遗传物质才被普遍地接受。

1950 年:Chargaff 以不同来源 DNA 碱基组成的精确数据推翻了四核苷酸论,提出了 Chargaff 规则,即 DNA 的碱基组成有一个共同的规律,胸腺嘧啶的摩尔含量总是等于腺嘌呤的摩尔含量,胞嘧啶的摩尔含量总是等于鸟嘌呤的摩尔含量,即[A]=[T]和[G]=[C]。

1951 年:Pauling 和 Corey 应用 X-射线衍射晶体学理论研究了氨基酸和多肽的精细空间结构,提出了两种有周期规律性的多肽结构学说,即 α-螺旋和 β-叠理论。

1953 年:这是开创生命科学新时代的第一年,具有里程碑意义的是 Watson 和 Crick 发表了"脱氧核糖核酸的结构"的著名论文,他们在 Franklin 和 Wilkins X-射线衍射研究结果的基础上,推导出 DNA 双螺旋结构模式,开创了生物科学的新纪元。同年,Sanger 历经 8 年的研究,完成了第一个蛋白质——胰岛素的氨基酸全序列分析。

随后,1954 年 Gamnow 从理论上研究了遗传密码的编码规律;1956 年 Volkin 和 Astrachan 发现了 mRNA(当时尚未用此名);1958 年,Hoagland 等发现了 tRNA 在蛋白质合成中的作用;Meselson 和 Stahl 应用同位素和超离心法证明 DNA 的半保留复制;Crick 提出遗传信息传递的中心法则。

1960 年:Marmur 和 Dofy 发现了 DNA 的复性作用,确定了核酸杂交反应的专一性和可靠性;Rich 证明 DNA—RNA 杂交分子与核酸间的信息传递有关,开创了核酸实际应用的先河。与此同时,在蛋白质结构研究方面,Kendrew 等得到了肌红蛋白 0.2 nm 分辨率的结构,Perutz 等得到了血红蛋白 0.55 nm 分辨率的结构。

1961 年:这是分子生物学发展不平凡的一年。Jacob 和 Monod 提出操纵子学说,发表了蛋白质合成中遗传调节机理的论文,此论文被誉为是分子生物学中文笔优美的经典论文之一。同年,Brenner 等获得 mRNA 的证据;Hall 和 Spiegelman 证明 T$_2$DNA 和 T$_2$ 专一性 RNA 的序列互补;Crick 等证明了遗传密码的通用性。

1962 年:Arber 提出第一个证据,证明限制性核酸内切酶的存在,导致以后对该类酶的纯化,并由 Nathans 和 Smith 应用于 DNA 图谱和序列分析。

1965 年:Holley 等采用重叠法首先测定了酵母丙氨酰-tRNA 的一级结构,为广泛、深入地研究 tRNA 的高级结构奠定了基础。

1967 年:Gellert 发现了 DNA 连接酶,该酶将具有相同粘末端或者平末端的 DNA 片段连接在一起。同年,Philips 及其同事确定了溶菌酶 0.2 nm 分辨率的三维结构。

1970 年:Temin 和 Baltimore 几乎同时发现了反转录酶,证实了 Temin 1964 年提出的"前病毒假说"。在劳氏肉瘤病毒(RSV)感染以后,首先产生的是含有 RNA 病毒基因组全部遗传信息的 DNA 前病毒,子代病毒的 RNA 是以前病毒的 DNA 为模板进行合成的。反转录酶已成为目前分子生物学研究中的一个重要工具。

1972~1973 年:重组 DNA 时代到来。Berg、Boyer 和 Cohen 等创建了 DNA 克隆化技术,在体外构建成具有生物学功能的细菌质粒,开创了基因工程新纪元。与此同时,Singer 和 Nicolson 提出生物膜结构的液态镶嵌模型。

1975 年:Southern 发明了凝胶电泳分离 DNA 片段的印迹法;Gruustein 和 Hogness 建立了克隆特定基因的新方法;O'Farrell 发明了双向电泳分析蛋白质的方法,为分子生物学的深入发展创造了重要的技术条件;Blobel 等报导了信号肽。

1976 年:Bishop 和 Varmus 发现动物肿瘤病毒的癌基因来源于细胞基因(即原癌基因)。

1977 年:Berget 等发现了"断裂"基因;Sanger、Maxam 和 Gilbert 创立了"酶法""化学法"测定 DNA 序列的方法,标志着分子生物学研究新时代的到来。

1979 年:Solomon 和 Bodmer 最先提出至少 200 个限制性片段长度多态性(RFLP)可作为连接入整个基因组图谱之基础。

1980 年:Wigler 等通过与某个选择性标志物共感染,从而把非选择性基因导入哺乳动物细胞;Cohen 和 Boyer 获得一项克隆技术的美国专利。

1981 年:Cech 等发现四膜虫 26S rRNA 前体的自我剪接作用,随后又证明前体中的居间序列(intervening sequence,IVS)有五种酶的活力。几乎在同时,Altman 从纯化的 RNase P 中,证明催化 tRNA 前体成熟的催化剂是 RNase P 中的 RNA。具有催化作用 RNA(ribozyme)的发现,促进了 RNA 研究的飞速发展。

1982 年:Prusiner 等在感染搔痒病的仓鼠脑中发现了朊病毒(prion)。

1983 年:Herrera-Estrella 等用 Ti 质粒作为转基因载体转化植物细胞获得成功。

1984 年:McGinnis 等发现果蝇、非洲爪蟾等同源异形基因中的同源异形盒(homeobox)的核苷酸序列;Schwartz 和 Cantor 发明了脉冲梯度凝胶电泳法;Simons 和 Kleckner 等发现了反义 RNA。

1985 年:Saiki 等发明了聚合酶链式反应(PCR);Sinsheimer 首先提出人类基因组图谱制作计划的设想;Smith 等报导了 DNA 测序中应用荧光标记取代同位素标记的方法;Miller 等发现 DNA 结合蛋白的锌指结构。

1986 年:Dryja 等发现成视网膜细胞瘤(Rb)基因是一种抑癌基因;Robin 等采用 X-光晶相学,证实了 DNA 结合蛋白的螺旋—转角—螺旋结构。

1987 年:Mirkin 等在酸性溶液的质粒中发现三链 DNA;Burke 等用酵母人工染色体(YAC)作载体克隆了大片段 DNA;Hoffman 等确定了 Dnchenne 肌肉萎缩病灶的蛋白产物是萎缩素(dystrophin);Hooper 等和 Kuehn 等分别用胚基细胞进行哺乳动物胚的转基因操作,取得重大进展。

1988 年:Landschalz 等在对 CyC3(细胞色素 C 基因调节蛋白)、癌基因产物(MyC、V-jun、V-fos)和 CBP(CCAAT 盒结合蛋白)的研究过程中,发现了结合区亮氨酸序列的周期性,提出 DNA 结合蛋白的亮氨酸拉链结构模型;同年,Whyfe 等证明癌的发生是癌基因的激活和抑癌基因失活的结果。

1989 年:Greider 等首先在纤毛原生动物中发现了端粒酶(telomerase)是以内源性 RNA 为模板的反转录酶;Hiatt 等首次报导了在植物中亦可产生单克隆抗体。

1990 年:人类基因组计划(HGP)全面正式启动;Simpson 等发现了对 mRNA 前体编辑起指导作用的小分子 RNA(guide RNA);Sinclair 等在人类 Y 染色体上发现了新的性别决定基因 SRY 基因。

1991 年:由欧洲共同体(EC)组织 17 个国家 35 个实验室的 147 位科学家,以手工测序为主要手段,首先完成了第一条完整染色体(酵母 3 号染色体)的 315 kb 的测序工作;Hake 等首次报导在植物中发现含有同源异形盒基因;Blackburn 等提出调节聚合序列[通式为 $(T/A)_m G_n$,m=1~24,n=1~8]的单链 DNA 可形成分子内或分子间的四螺旋结构,起着稳定染色体的作用。

1993 年：Jurnak 等在研究果胶酸裂解酶时，发现一种新的蛋白质结构——平行 J3 螺旋（parallel phelix）；Yuan 等在哺乳类细胞内发现一种参与调节细胞凋亡并具有剪切作用的蛋白质——IL-1β 转换酶（interlukin-1β-converting enzyme，ICE）。

1994 年：日本科学家在《Nature Genetics》上发表了水稻基因组遗传图；Wilson 等用 3 年时间完成了线虫（C. elegans）3 号染色体连续的 2.2 Mb 的测定，预示着百万碱基规模的 DNA 序列测定时代的到来。

1995 年：Cuenoud 等发现了具有酶活性的 DNA；Tu 等在 E.coli 中发现了具有转运与信使双功能的 RNA——10 Sa RNA。

1996 年：Lee 等首次报导了酵母转录因子 GCN4 中的氨基酸片段能自动催化合成自我复制的肽；洪国藩等采用"指纹—锚标"战略构建了高分辨率的水稻基因组物理图谱，DNA 片段的长度为 120 kb；Goffeau 等完成了酵母基因组 DNA 全序列（1.25×10^7 bp）的测定。

1997 年：Wilmut 等首次不经过受精，用成年母羊体细胞的遗传物质，成功地获得克隆羊——多莉（Dolly）；Willard 等首次构建了人染色体（HACs）；Salishury 等发现 DNA 一种新的结构形式——四显性组合，这可能是基因交换期间 DNA 联结的一种方式。

1998 年：Renard 等用体细胞操作获得克隆牛——Marguerife，再次证明从体细胞可克隆出遗传上完全相同的哺乳动物；Gene Bank 公布了最新人的"基因图谱 98"，代表了 30 181 条基因定位的信息；Venter 对人类基因组计划提出新的战略——全基因组随机测序，毛细管电泳测序仪启动。

从以上所述分子生物学的发展中，可以看出 20 世纪以核酸的研究为核心，带动着分子生物学向纵深发展。50 年代的双螺旋结构，60 年代的操纵子学说，70 年代的 DNA 重组，80 年代的 PCR 技术，90 年代的 DNA 测序都具有里程碑的意义，将生命科学带向一个由宏观到微观再到宏观，由分析到综合的时代。

1.1.2　21 世纪分子生物学的发展趋势

原定 2005 年完成人类基因组 DNA 测序的计划，已提前 5 年完成。当前，人类基因组研究的重点正在由"结构"向功能转移，一个以基因组功能研究为主要研究内容的"后基因组"（post-genomics）时代已经到来。它的主要任务是研究细胞全部基因的表达图式和全部蛋白图式，或者说"从基因组到蛋白质组"。于是，分子生物学研究的重点似乎又将回到蛋白质上来，生物信息学也应运而生。随着新世纪的到来，生命科学又将进入这样一个新时代，学习分子生物学的青年学生，应该了解一些本学科特征和发展趋向。

1. 功能基因组学

遗传学最近的定义是，对生物遗传的研究和对基因的研究。功能基因组学（functional genomics）是依附于对 DNA 序列的了解，应用基因组学的知识和工具去了解影响发育和整个生物体的特定序列表达谱。以酿酒酵母（S. cervisiae）为例，它的 16 条染色体的全部序列已于 1996 年完成，基因组全长 12 086 kb，含有 5 885 个可能编码蛋白质的基因，140 个编码 rRNA 基因，40 个编码 snRNA 基因和 275 个 tRNA 基因，共计 6 340 个基因。功能基因组学是进一步研究这 6 000 多个基因，在一定条件下，譬如酵母孢子形成期，同时有多少基因协同表达才能完成这一发育过程，这就需要适应这一时期的全套基因表达谱（gene expression pattern）。要解决如此复杂的问题就必须在方法学上有重大的突破，创造出高效快速地同时测定基因组成千上万个基因活动的方法。目前用于检测分化细胞基因表达谱的方法,有基因表达连续分析法(serial analysis of gene expression,SAGE)、微阵列法(microarray)、有序差异显示(ordered differential display,ODD)和 DNA 芯片(DNA chips)技术等。今后,随着功能基因组学的深入发展,将会有更新更好的方法和技术出现。

功能基因组亦包括了在测序后对基因功能的研究。酵母有许多功能重复的基因,常分布在染色体的两端,当酵母处于丰富培养基条件时,这些基因似乎是多余的,但环境改变时就显示出其功能。基因丰余现象实际上是对环境的适应,丰余基因的存在为进化适应提供了可选择的余地。基因组全序列还保留了基因组进化的遗迹,提示基因重复常发生在近中心粒区和染色体臂中段。

当前,研究者已把酵母基因组作为研究真核生物基因组功能的模式,计划建立酵母基因组 6 000多个基因的单突变体文库(single mutant library),并可用于其他高等真核生物基因组之"基因功能作图"。

总之,功能基因组学的任务,是对成千上万的基因表达进行分析和比较,从基因组整体水平上阐述基因活动的规律。核心问题是基因组的多样性和进化规律,基因组的表达及其调控,模式生物体基因组研究等。这门新学科的形成,是在后基因组时代生物学家的研究重点从揭示生命的所有遗传信息转移到在整体水平上对生物功能进行研究的重要标志。

2. 蛋白质组学

蛋白质组(proteome)对不少人来说,目前还是一个比较陌生的术语。它是在 1994 年由澳大利亚 Macguarie 大学的 Wilkins 等首先提出的,随后,得到国际生物学界的广泛承认。他们对蛋白质组的定义为:"蛋白质组指的是一个基因组所表达的全部蛋白质"(proteome indicates the proteins expressed by a genome);"proteome"是由蛋白质一词的前几个字母"prote"和基因组一词的后几个字母"ome"拼接而成。

蛋白质组学是以蛋白质组为研究对象,研究细胞内所有蛋白质及其动态变化规律的科学。蛋白质组与基因组不同,基因组基本上是固定不变的,即同一生物不同细胞中基因组基本上是一样的,人类的基因总数约是 6～10 万个。单从 DNA 序列尚不能回答某基因的表达时间、表达量、蛋白质翻译后加工和修饰的情况,以及它们的亚细胞分布等。这些问题可望在蛋白质组研究中找到答案,因为蛋白质组是动态的,有它的时空性、可调节性,进而能够在细胞和生命有机体的整体水平上阐明生命现象的本质和活动规律。蛋白质组研究的数据与基因组数据的整合,亦会对功能基因组的研究发挥重要的作用。

蛋白质组由原定义一个基因组所表达的蛋白质,改为细胞内的全部蛋白质,比较更为全面而准确。但是,要获得如此完整的蛋白质组,在实践中是难以办到的。因为蛋白质的种类和形态总是处在一个新陈代谢的动态过程中,随时发生着变化,难以测准。所以,1997 年,Cordwell 和 Humphery-Smith 提出了功能蛋白质组(functional proteome)的概念,它指的是在特定时间、特定环境和实验条件下基因组活跃表达的蛋白质。与此同时,中国生物科学家提出了功能蛋白质组学(functional protemics)新概念,把研究定位在细胞内与某种功能有关或在某种条件下的一群蛋白质。

功能蛋白质组只是总蛋白质组的一部分,通过对功能蛋白质组的研究,既能阐明某一群体蛋白质的功能,亦能丰富总蛋白质数据库,是从生物大分子(蛋白质、基因)水平到细胞水平研究的重要桥梁环节。

无论是蛋白质组学还是功能蛋白质组学,首先都要求分离亚细胞结构、细胞或组织等不同生命结构层次的蛋白质,获得蛋白质谱。为了尽可能分辨细胞或组织内所有蛋白质,目前一般采用高分辨率的双向凝胶电泳。一种正常细胞的双向电泳图谱通过扫描仪扫描并数字化,运用二维分析软件可对数字化的图谱进行各种图像分析,包括分离蛋白在图谱上的定位,分离蛋白的计数、图谱间蛋白质差异表达的检测等。一种细胞或组织的蛋白质组双向电泳图,可得到几千甚至上万种蛋白质,为了适应这种大规模的蛋白质分析,质谱已成为蛋白质鉴定的核心技术。从质谱技术测得完整蛋白质的相对分子质量、肽谱(或称肽质量指纹,pepetide massfingerprint)以及部分肽序列等数据,通过相应数据库的搜寻来鉴定蛋白质。此外,尚需对蛋白质翻译后修饰的类型和程度进行分析。在蛋白质组定性和定量分析的基础上建立蛋白质组数据库。

从提出蛋白质组的概念到现在短短几年后的 1997 年构建成第一个完整的蛋白质组数据库——酵母蛋白质数据库(yeast protein database,YPD),进展速度极快,新的思路和技术不断涌现,蛋白质组学这门新兴学科,在今后的实践中将会不断完善,充实壮大,发展成为后基因组时代的带头学科。

3. 生物信息学

HGP 大量序列信息的积累,导致了生物信息学(Bioinformatics)这门全新的学科的产生,对DNA 和蛋白质序列资料中各种类型信息进行识别、存储、分析、模拟和转输。它常由数据库、计算机网络和应用软件三大部分组成。

国际上现有 4 个大的生物信息中心,即美国生物工程信息中心(GenBank)和基因组序列数据库(GSDB),欧洲分子生物学研究所(EMBL)和日本 DNA 数据库(DDBJ)。这些中心和全球的基因组研究实验室通过网站、电子邮件或者直接与服务器和数据库联系而获得的搜寻系统,使得研究者可以在多种不同的分析系统中对序列数据进行查询,利用和共享巨大的生物信息资源。

随着 DNA 大规模自动测序的迅猛发展,序列数据爆炸性地积累,HGP 正式启动之时,就与信息科学和数据库技术同步发展,收集、存储、处理了庞大的数据,生物信息学逐步走向成熟,在基因组计划中发挥了不可取代的作用。建立的核苷酸数据库,已存有数百种生物的 cDNA 和基因组 DNA 序列的信息。在已应用的软件中,有 DNA 分析、基因图谱构建、RNA 分析、多序列比较、同源序列检索、三维结构观察与演示、进化树生成与分析等。

在蛋白质组计划中,由于蛋白质组随发育阶段和所处环境而变化,mRNA 丰度与蛋白质的丰度不是显著相关,以及需要经受翻译后的修饰,因而对蛋白质的生物信息学研究,在内容上有许多特殊之处。现在建立的数据库,有蛋白质序列、蛋白质域、二维电泳、三维结构、翻译后修饰、代谢及相互作用等。而通用的软件,主要包括蛋白质质量+蛋白质序列标记、模拟酶解、翻译后修饰等。

当今的潮流是利用生物信息学研究基因产物——蛋白质的性质并估计基因的功能。传统的基因组分析是利用一系列方法来得到连续的 DNA 序列的信息,而蛋白质组连续系(proteomic cortigs)则源于多重相对分子质量和等电范围,由此来构建活细胞内全部蛋白质表达的图像。氨基酸序列与其基因的 DNA 序列将被联系在一起,最终与蛋白质组联系在一起,从而允许人们研究不同条件下的细胞和组织。

1.2 分子生物学的概念

分子生物学(molecular biology)是在分子水平上研究生命的重要物质(注重核酸、蛋白质等生物大分子)的化学与物理结构、生理功能及其结构与功能的相关性,揭示复杂生命现象本质的一门现代生物学。它是定量地阐明生物学规律(遗传进化规律、分化发育规律、生长衰老规律等),透过生命现象揭示生命本质的一门学科,也是当今生命科学中最具活力的一门学科。

从广义的角度来说,生命体中一切相关物质的结构、功能、变化及其规律都是分子生物学研究的内容,如蛋白质的结构、运动和功能及生物催化剂的作用机制和动力学,膜蛋白结构功能和膜运输,核酸的结构和功能研究等。总之,生物化学中所涉及的一切大大小小的生物组成成分及其各种物质的分子结构、代谢过程及作用机制都属于分子水平的生物学研究内容。

从狭义概念来描述分子生物学这一学科的定义与研究范畴,则是偏重于生物大分子——核酸(或基因),主要研究脱氧核糖核酸(deoxyribonucleic acid,DNA)的复制、转录、翻译和基因表达调控的过程。同时涉及与重要调控过程有关的蛋白质和非编码核糖核酸(noncoding RNA,ncRNA)结构与功能的分子生物学研究。尤其是,近年来连续五年被美国 Science 杂志评为年度科技十大突破之一的核糖核酸(ribonucleic acid,RNA)方面的研究,包括小干扰 RNA(small interference RNA,siRNA)和微小 RNA(microRNA,miRNA)在内的小分子 RNA 对生物分化、发育、细胞周期、凋亡、印迹、应激等的调控功能研究,以及核酶(ribozyme)催化蛋白质生物合成等功能的研究。2000 年,RNA 组学(RNomics)正式提出,受到全球科学界的关注。基因组学(genomics)、核糖核酸组学(RNomics)、蛋白质组学(proteomics)和代谢组学(smetabolismics)已成为以功能基因组学为核心的、不可分割的分子生物学内容,组成了系统生物学(system biology),在后基因组时代为破解生命之谜作出贡献。

20 世纪初,人们重新发现与证实了孟德尔遗传定律,从此,生物学沿着正确的基本原理与法则突飞猛进。同时,与之相关的化学、数学、物理学与计算机等基础学科的理论、技术及其各项新成果向生命科学不断渗透,推动了生物大分子结构与功能的研究。核酸、蛋白质、生物催化剂(蛋白酶、核酶)、多糖等大分子物质的分子结构、理化性质、生理功能、作用机制以及结构与功能之间的关系等方面研究都有大量的文献资料积累和重大的理论与技术突破。尤其是随着核酸化学研究的进展,揭示出核酸化学的许多规律之后,1953 年 Watson 和 Crick 共同提出了脱氧核糖核酸的双螺旋模型。这个模型的建立为揭开遗传信息的复制和转录奠定了基础,也是分子生物学学科形成的奠基石。

生物性状遗传信息的传递方式是分子生物学的核心问题。1958 年,Crick 提出了生物遗传的"中心法则",认为生物性状遗传信息是以单向不可逆的方式传递的,即 DNA(自我复制)RNA→Protein 的单向不可逆的生物信息传递方式。其核心说明基因是连续的 DNA 序列,生命世界是 DNA-蛋白质的世界。1970 年,Temin 和 Baltimore 在 RNA 肿瘤病毒中发现了 RNA 逆转录酶,病毒 RNA 分子通过其编码的逆转录酶将病毒 RNA 分子转换成为与其互补的单链 DNA。这一发现使单向不可逆方式传递的中心法则受到挑战。为此,1971 年,Crick 对他自己所提出的"中心法则"作了补充。与此同时,人们已注意到蛋白质生物合成过程中新生肽的活性形成问题,如它们是如何通过自身内在的信息及其周围的微环境(如分子伴侣、折叠酶等)的相互作用而产生具有完全生物活性的蛋白质的?是否存在多肽折叠的密码?线性多肽折叠形成具有特定三维空间结构活性蛋白的机制是什么? 只有这些相关研究的突破,才能深入了解蛋白质空间结构的形成与其功能表达之间的关系,才能最终完整地表述生物性状遗传信息传递的全过程。

20 世纪 70 年代末,Sharp 和 Robert 发现了断裂基因。1981 年,Cech 发现了核酶。上述修改了的"中心法则"再次受到挑战。尤其是 RNA 研究的新发现不断挑战"中心法则"的定义。一个由 RNA 组成的调控 DNA 遗传信息的网络已经显露出来。在 DNA—蛋白质的生命世界中,古老的 RNA 不仅不是"垃圾",而且仍然占有一席之地,与 DNA、蛋白质共同构成生命世界生物遗传的"中心法则"将不断得以补充与完善。

围绕着生物遗传"中心法则"研究的不断深入与突破,核酸的分子生物学得到了异乎寻常的迅速发展,从而确立了分子生物学在生命科学中的地位与价值。

1.3　分子生物学内容

分子生物学的研究对象主要是核酸和蛋白质这两种生物大分子。目前普遍认为,在所有生物中,①构成生物大分子的单体都是相同的,它们具有共同的核酸语言和共同的蛋白质语言;②生物体内一切有机大分子的建成都遵循共同的规则;③生物大分子单体(核苷酸、氨基酸)组成和排列方式的不同是产生功能差异的基础,不同的生物大分子之间的互作是造成物种特性差异的根本原因。

核酸和蛋白质的结构分析及遗传物质和遗传信息传递规律的研究对分子生物学学科的发展起到了巨大的推动作用,在这些研究的基础上,分子生物学在基因组学和功能基因组学、基因的表达和调控、蛋白质组学(proteome)和基因工程(DNA 重组技术)等方面取得了非常卓越的成就。

1.3.1　结构分子生物学

生物大分子,特别是蛋白质和核酸结构和功能的研究,是分子生物学在分子水平上研究生命现象本质的基础。所谓的分子水平,指的是那些携带遗传信息的核酸和在遗传信息传递及细胞内、细胞间通讯过程中发挥着重要作用的蛋白质等生物大分子。这些生物大分子均具有较大的分子质量,由简单的小分子核苷酸或氨基酸排列组合以蕴藏各种信息,并且具有复杂的空间结构以形成精确的相互作用系统,由此构成生物的多样化和生物个体精确的生长发育和代谢调节控制系统。阐明这些复杂的结构及结构与功能的关系是分子生物学的主要任务。

要了解一种生物大分子的功能,通常要先研究其结构。例如,对 DNA 的结构的研究使认识基因突变(gene mutation)、染色体复制(chromosome replication)和遗传重组(genetic recombination)成为可能;tRNA 分子的三维结构的研究解释了 DNA 储存的遗传信息如何翻译到蛋白质的氨基酸顺序中;对初始转录本 mRNA 和成熟 mRNA 排列顺序的比较让我们认识到 RNA加工在基因表达过程中的重要性;对 DNA 结合蛋白的激活结构域和 DNA 结合结构域的诠释展现了生物大分子间相互作用的主要方式。

结构分子生物学的任务是通过阐明生物大分子的三维结构来解释细胞的生理功能。在蛋白质结构分析方面,1951 年 L. C. Pauling 等提出的 α 螺旋结构描述了蛋白质分子中肽链的一种构象;1955 年 F. Sanger 完成了胰岛素的氨基酸序列的测定;1957 年和 1959 年 J. C. Kendrew 和M. F. Perutz 在 X 射线分析中分别应用重原子同晶置换技术和计算机技术阐明了鲸肌红蛋白和马血红蛋白的立体结构;1965年中国科学家合成了有生物活性的胰岛素,首先实现了蛋白质的人工合成。在核酸结构分析方面,1944年O.T.Avery等研究细菌中的转化现象,证明了DNA是遗传物质;1953年J.D.Watson和F.H.C.Crick提出了DNA的双螺旋结构,开辟了分子生物学研究的新纪元;1961年F.Jacob和J.L.Monod提出了操纵子的概念,解释了原核基因表达的调控。到20世纪60年代中期,关于DNA自我复制、RNA转录和蛋白质合成的一般性质已基本清楚,遗传和变异的规律也随之逐渐明朗。

1.3.2 遗传信息的传递规律

遗传物质可以是DNA,也可以是RNA。细胞的遗传物质都是DNA,只有一些病毒和亚病毒的遗传物质是RNA。以DNA为模板按照碱基互补配对的原则合成DNA,以及以RNA为模板合成RNA,都称为复制(replication)。以DNA为模板按照碱基互补配对的原则合成RNA,称为转录(transcription)。转录产生的并不是成熟的mRNA,而只是成熟mRNA的前体,或称为初始转录本mRNA,它们需要进行一定的剪切和连接才能成为成熟的mRNA,这个过程称为RNA加工(RNA processing)。以成熟的mRNA为模板在核糖体上进行蛋白质多肽链的合成,称为翻译(translation)。翻译产生的只是蛋白质前体,它需要加工、修饰、折叠和组装后,转运到适当的位置后才能发挥作用。这种从DNA到RNA,再到蛋白质的遗传信息传递方向,叫做直线形中心法则(central dogma)(图1-1A)。

以RNA为遗传物质的病毒称为逆转录病毒(retrovirus),在这种病毒的感染周期中,单链的RNA分子在逆转录酶(reverse transcriptase)的作用下,可以逆转录成单链的DNA,然后再以单链的DNA为模板生成双链DNA。在逆转录酶催化下,RNA分子产生与其序列互补的DNA分子,称为互补DNA(complementary DNA,cDNA),这个过程即为逆转录(reverse transcription)。由此可见,遗传信息并不一定是从DNA单向地流向RNA,RNA携带的遗传信息同样也可以流向DNA。但是DNA和RNA中包含的遗传信息只是单向地流向蛋白质,迄今为止还没有发现蛋白质的信息逆向地流向核酸。另外,DNA和RNA在复制、转录和翻译过程中都需要蛋白质的参与和调节,因此,蛋白质在遗传信息传递过程中起着非常重要的调控作用。这种DNA、mRNA和蛋白质间复杂的相互作用类似一个三角形,它是对直线形中心法则的必要补充,可形象地称之为三角形中心法则(图1-1B)。

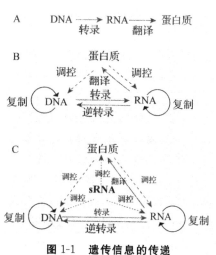

图1-1 遗传信息的传递

A. 直线中心法则;B. 三角形中心法则;
C. 圆锥形中心法则

随着对RNA种类的不断发现,现代分子生物学家对RNA,尤其是小分子RNA(small RNA,sRNA)或非编码RNA(non-coding RNA,ncRNA)的功能有了更深入的认识。许多小分子细胞核RNA(snRNA)与RNA加工有关,一些小分子细胞核仁RNA(snoRNA)参与rRNA的合成,19~22 nt的微小RNA(miRNA)参与DNA和RNA的修饰、mRNA的稳定性、蛋白质的合成。因此,有的科学家认为在遗传信息传递过程中,小分子RNA起着中心的调控作用,它们对DNA、RNA和蛋白质的结构与功能都有着非常重要的影响。因此,这种DNA、mRNA、蛋白质和 sRNA 间的复杂关系,可称为圆锥形中心法则(图 1-1C)。

虽然中心法则对遗传信息的传递方向进行了系统的概括,但还是存在一些特别现象曾对中心法则提出严重的挑战,如朊病毒的发现。朊病毒是一种蛋白质传染颗粒(proteinaceous infectious particle),它是羊瘙痒病、疯牛病和人类的库鲁病(I～uru disease)和克一杰氏综合征(Creutzfeldt-Jacob disease,CJD)的病原体,能在寄主中传播,并在受感染的宿主细胞内产生与自身相同的分子,且实现相同的生物学功能,这意味着这种蛋白质分子也是负载和传递遗传信息的物质。但更深入的研究表明,朊病毒只是由基因编码产生的一种正常蛋白质的异构体,它进入宿主细胞后并不是自我复制,而是将细胞内基因编码产生的 PrP 蛋白(prion related protein)由正常的 PrPc 异构体转变成致病的 prpsc 异构体。因此,朊病毒并不是遗传物质。当然,不依赖核糖体的非核糖体肽合成酶(NRPS)和 RNA 编辑(RNA editing)的发现,使人们认识到遗传信息的传递规律还有待进一步的完善和发展。

1.3.3 基因、基因组和蛋白质组

基因(gene)是 DNA 分子中含有特定遗传信息的一段核苷酸序列,它包含合成一种功能蛋白或 RNA 分子所必需的全部 DNA 序列。根据其是否具有转录和翻译功能,基因可分为三类:①编码蛋白质的基因,具有转录和翻译功能,包括编码酶和结构蛋白的结构基因及编码阻遏蛋白的调节基因;②只有转录功能而没有翻译功能的基因,包括 tRNA 基因和 rRNA 基因;③不转录的基因,它对基因表达起调节控制作用,包括启动基因和操纵基因,启动基因和操纵基因有时被统称为控制基因。随着分子生物学研究的深入,人们又发现在基因结构中存在有"断裂基因"、"重叠基因"、"假基因"、"移动基因"等。移动基因,又称跳跃基因(jumping gene)或转座子(transposon)。这些结构的发现,使人们对基因的功能有了更深入的理解。

基因位于染色体上,并在染色体上呈线性排列。基因不仅可以通过复制把遗传信息传递给下一代,还可以使遗传信息得到表达。不同个体之间在形态、发育和功能等方面的不同,都是基因差异所致。基因是表现生物体遗传性状的物质基础。

单倍体细胞中的全套染色体或病毒粒子所含的全部 DNA 分子或 RNA 分子,称为该生物体的基因组(genome)。基因组中既含有编码序列,也含有非编码序列。基因组的大小用全部 DNA 的碱基对(base pair,bp)总数表示。

1986 年美国科学家 T. Roderick 提出了基因组学(genomics),指对所有基因进行基因组作图、核苷酸序列分析、基因定位和基因功能分析的一门科学。基因组研究主要包括以全基因组测序为目标的结构基因组学(structural genomics)、以基因功能鉴定为目标的功能基因组学(functional genomics)或后基因组(postgenome)、研究和利用模式生物基因组测序产生的大量基因组信息进行基因结构和功能分析的比较基因组学(comparative genomics)。

结构基因组学是一门通过基因作图、核苷酸序列分析确定基因组成、基因定位的科学。遗传信息在染色体上,但染色体不能直接用来测序,必须将基因组这一巨大的研究对象进行分解,使之成为较易操作的小的结构区域,这个过程就是基因作图(gene maping)。根据使用的标志和手段不同,基因作图主要有三种类型:①遗传连锁图——通过遗传重组所得到的基因在具体染色体上的线性排列图谱。利用遗传标志之间的重组频率,确定它们的相对距离,一般用厘摩(cM,即每次减数分裂的重组频率为 1%)来表示,遗传标志有 RFLP(限制性酶切片段长度多态性)、RAPD(随机引物扩增多态性 DNA)、AFLP(扩增片段长度多态性)、STR(短串联重复序列,又称

微卫星)和 SNP(单个核苷酸的多态性)等。②物理图谱——利用限制性内切核酸酶处理染色体,根据重叠序列确定片段间连接顺序的图谱。利用遗传标志之间物理距离[碱基对(bp)、千碱基(kb)或兆碱基(Mb)]确定图距,遗传标志主要采用序列标签位点(sequence tagsite,STS),染色体定位明确且可用 PCR 扩增的单拷贝序列]。③转录图谱——利用表达序列标签(expressed sequence tag,EST)作为标记所构建的分子遗传图谱。mRNA 或 cDNA 的 5′ 或 3′ 端序列称为表达序列标签,一般长 300～500 bp。

功能基因组学是利用结构基因组所提供的信息和产物,发展和应用新的实验手段,通过在基因组或系统水平上全面分析基因的功能,使得生物学研究从对单一基因或蛋白质的研究转向多个基因或蛋白质同时进行系统研究的学科。研究内容包括基因功能发现、基因表达分析及突变检测。采用的技术包括减法杂交、差示筛选、cDNA 代表差异分析、mRNA 差异显示等传统的分析技术和基因表达的系统分析、cDNA 微阵列、DNA 芯片等新型技术。

比较基因组学(comparative genomics)是在模式生物的基因组图谱和测序基础上,对已知的基因和基因组结构进行比较,来了解基因的功能、表达机理和物种进化的学科。它利用模式生物基因组与人类基因组之间编码顺序上和结构上的同源性,克隆人类疾病基因,揭示基因功能和疾病分子机制,阐明物种进化关系及基因组的内在结构。

基因是遗传信息的携带者,但全部生物功能的执行者却是蛋白质,因此仅从基因的角度来研究是远远不够的,必须研究由基因转录和翻译出蛋白质的过程,才能真正揭示生命的活动规律。蛋白质组学(proteomics)就是研究细胞内蛋白质组成及其活动规律的新兴学科。蛋白质组(proteome)是指全部基因表达的全部蛋白质及其存在方式,是一个基因、一个细胞或组织所表达的全部蛋白质成分。蛋白质组学对不同时间和空间发挥功能的特定蛋白质群体进行研究,从蛋白质水平上探索蛋白质作用模式、功能机理、调节控制及蛋白质群体内相互作用,为临床诊断、病理研究、药物筛选、药物开发、新陈代谢途径等提供理论依据和基础。但由于蛋白质具有多样性、可变性、复杂性、低表达蛋白质难以检测等特点,蛋白质组研究中要求的"全部的蛋白质成分"非常不容易达到。双向聚丙烯酰胺凝胶电泳(two-dimensional polyacrylamide gel electrophoresis,2D PAGE)、质谱鉴定、计算机图像数据处理与蛋白质数据库是目前蛋白质组学研究的主要工具。

1.3.4　基因的表达和控制

典型的基因表达(gene expression)是指细胞在生命过程中,把储存在 DNA 序列中的遗传信息经过转录和翻译,转变成具有生物活性的蛋白质分子。生物体内的各种功能蛋白质和酶都是利用相应的结构基因编码的。rRNA、tRNA 或 microRNA 等非编码 RNA(ncRNA)的基因经转录和转录后加工产生成熟的 ncRNA,也是 ncRNA 的基因表达。

生物基因组的遗传信息并不是同时全部都表达出来的,一般情况下,只有 5%～10% 的基因在高水平转录状态,部分基因处于较低水平的表达,多数基因处在沉默状态,即使蛋白质合成量比较多、基因开放比例较高的肝细胞,一般也只有不超过 20% 的基因处于表达状态。

生物个体的各种组织细胞都含有个体发育、生存和繁殖的全部遗传信息,但这些遗传信息的表达是受到严格调控的,通常各组织细胞只合成其自身结构和功能所需要的蛋白质。不同组织细胞中不仅表达的基因数量不相同,而且基因表达的强度和种类也各不相同,这就是基因表达的组织特异性(tissue specificity)和细胞的差别基因表达(differential gene expression)。如果基因表达调控发生变化,细胞的形态与功能也会随之改变。例如,正常肝细胞转化成肝癌细胞时,就首先有甲胎蛋白(alfa fetal protein,AFP)基因表达方面的改变,合成 AFP 的量会大幅度提高,这已经成为肝癌早期诊断的一个重要指标。

基因组中表达的基因分为两类:①一类是维持细胞基本生命活动所必需的,称为持家基因(house keeping gene),如各种组蛋白基因。持家基因的表达一般不受环境变化的影响,属于组成性表达(constitutive expression),这些基因的表达产物是细胞或生物体整个生命过程中都持续需要而必不可少的。当然,组成性基因表达也不是一成不变的,其表达强弱也受一定的机制调控。②另一类是指导合成组织特异性蛋白的基因,对分化有重要影响,称为奢侈基因(1uxury gene),即组织特异性表达的基因(tissue-specific gene),如表皮的角蛋白基因、肌肉细胞的肌动蛋白基因和肌球蛋白基因、红细胞的血红蛋白基因等。这类基因与各类细胞的特殊性有直接的关系,是在各种组织中进行不同的选择性表达的基因。奢侈基因的表达容易受环境变化的影响。因环境条件变化基因表达水平增高的现象称为诱导(induction),这类基因被称为可诱导的基因(inducible gene),随环境条件变化而基因表达水平降低的现象称为阻遏(repression),相应的基因被称为可阻遏的基因(repressible gene)。

细胞分化发育的不同时期,基因表达的情况是不相同的,某些基因关闭(turn off),某些基因转向开放(turn on),这就是基因表达的阶段特异性(srage specificity)。即使是同一个细胞,处在不同的发育状态,其基因的表达和蛋白质合成的情况也不尽相同。因此,生物的基因表达不是杂乱无章的,而是受着严密、精确调控的,尽管我们现在对调控机理的奥妙所知还不多,但已经可以认识到,不仅生命的遗传信息是生物生存所必需的,而且遗传信息的表达调控也是生命本质所在。

1.3.5 基因工程

继 1969 年 J. A. Shapiro 证明基因可以离开染色体而独立地发挥作用和 1967～1970 年 R. Yuan 和 H. O. Smith 等发现限制性内切核酸酶以后,科学家对体外进行 DNA 操作产生了浓厚的兴趣,与之相关的领域也得到了迅速发展。基因工程(gene engineering)就是在体外将各种来源的遗传物质插入病毒、细菌质粒、噬芮体或其他载体分子,形成遗传物质的新组合,继而通过转化或转染使之掺入到原先没有这类分子的宿主细胞内,而能持续稳定地繁殖。在基因工程中将外源 DNA 插入载体分子所形成的杂合分子称为重组 DNA(recombinant DNA)或 DNA 嵌合体(DNA chimera),在宿主细胞内对重组 DNA 分子进行无性繁殖的过程又称为分子克隆(molecular cloning)、基因克隆(gene cloning)或 DNA 重组(DNA recombination)。在基因工程中,有时不但要求被操作的基因能够克隆,而且能够正确表达。

与基因工程相似的名词术语很多,包括遗传工程(genetic engineering)、基因操作(gene manipulation)、DNA 重组技术(recombinant DNA technique)等。这些术语虽然各有侧重点,但所代表的具体内容都彼此相关,在许多场合下被混同使用,很难作出严格的区分。

基因工程可打破种属界限,在原核生物中表达真核生物基因。例如,1972 年 P. Bery 等将 SV40 病毒 DNA 与噬菌体 P22DNA 在体外重组成功,转化大肠杆菌,使本来在真核生物中合成的蛋白质能在细菌中合成;1979 年美国基因技术公司用人工合成的人胰岛素基因重组转入大肠杆菌中合成人胰岛素。至今我国已有人干扰素、人白细胞介素-2、人集落刺激因子、重组人乙型肝炎病毒疫苗、基因工程幼畜腹泻疫苗等多种基因工程药物和疫苗进入生产或临床试用,世界上还有几百种基因工程药物及其他基因工程产品在研制中,成为当今医药业发展的重要方向。

转基因动植物和基因剔除植物的成功也是基因工程技术发展的结果。1982 年 R. Palmiter 等将克隆的生长激素基因导入小鼠受精卵细胞核内,培育得到比原小鼠个体大几倍的"巨鼠",激起了人们创造优良家畜品种的热情。我国水生生物研究所将生长激素基因转入鱼受精卵,得到的转基因鱼的生长显著加快、个体增大。在转基因植物方面,1994 年能比普通番茄保鲜时间更长的转基因番茄投放市场。1996 年转基因玉米、转基因大豆相继投入商品生产,美国最早研制得到抗虫棉花,我国科学家将自己发现的蛋白酶抑制剂基因转入棉花获得抗棉铃虫的棉花株。到 2010 年全世界已有 1.48 亿 hm^2 土地种植转基因植物。

基因诊断(genetic diagnosis)与基因治疗(gene therapy)是基因工程技术在医学领域发展的一个重要方面。1991 年美国向一患先天性免疫缺陷病(遗传性腺苷脱氨酶 ADA 基因缺陷)的女孩体内导入重组的 ADA 基因,获得成功。我国也在 1994 年利用转基因绵羊分泌的含有丰富凝血因子Ⅸ的乳汁,成功治愈了乙型血友病患者。在我国用作基因诊断的试剂盒已有近百种之多。

第2章 遗传物质的分子本质

2.1 遗传物质

遗传必须有物质基础,也即遗传信息必须由某些物质作为携带和传递的载体。现已肯定这个物质基础在绝大多数生物体中就是脱氧核糖核酸(DNA)。此外,还有核糖核酸(RNA)。

2.1.1 染色体是遗传物质在微生物中存在的主要形式

染色体是所有生物(真核微生物和原核微生物)遗传物质 DNA 的主要存在形式。但是不同生物的 DNA 相对分子质量、碱基对数、长度等很不相同的趋势是:越是低等的生物,其 DNA 相对分子质量、碱基对数和长度越小,相反则越长。即染色体 DNA 的含量,真核生物高于原核生物,高等动植物高于真核微生物。而且真核微生物和原核微生物的染色体有着明显的如下区别:①真核生物的遗传物质是 DNA,原核生物的遗传物质是 DNA,病毒的遗传物质是 DNA 或 RNA;②真核生物的染色体由 DNA 及蛋白质(组蛋白)构成,原核生物的染色体是单纯的 DNA;③真核生物的染色体不止一个,呈线形,而原核微生物的染色体往往只有一个,呈环形;④真核生物的多条染色体形成核仁并为核膜所包被,膜上有孔,可允许 DNA 大分子物质进出,而原核微生物的染色体外无膜包围,分散于原生质中。

2.1.2 DNA 是一种遗传物质

1. 遗传物质 DNA 的发现

1869 年,Miescher 从细胞核中分离出含磷很高的酸性化合物,称为核素(nuclein)。1889 年 Altman 制备了不含蛋白质的核酸制品,命名为核酸(nucleic acid)。Miescher 在 1892 年曾推测核酸可能是遗传物质,但遗憾的是 20 世纪 40 年代之前,这一推论未能得到实验的证实,也未得到学术界的重视。

DNA 作为遗传物质被发现,得益于对细菌转化现象的观察。有两组确证 DNA 才是遗传物质的最经典和最具说服力的实验:即肺炎球菌转化实验和 T2 噬菌体感染大肠杆菌的实验。

1928 年,英国科学家 Frederick Griffith 利用肺炎双球菌(Strptococcus pneumoniae)进行了一系列实验小鼠的细菌感染实验。野生型的肺炎双球菌在培养基上形成大而透亮的菌落。显微镜下观察到的细菌是圆形的,外部被一种黏稠的荚膜包裹,边界光滑,因此称为光滑(smooth,S)型。荚膜可以保护细菌,以免被宿主的白细胞吞噬。S 型细菌具有致病性,注射到小鼠体内可以使小鼠感染而发病死亡。而有些肺炎双球菌突变后丧失了致病性。这种细菌在培养基上形成小而粗糙的菌落,称为粗糙(rough,R)型。R 型细菌不能形成荚膜,不能保护细菌免遭宿主白细胞的吞噬,因此不具有致病性。

Griffith 在实验中发现,如果把 S 型的细菌用沸水杀死,细菌就不能使小鼠感染。但有趣的是,如果把杀死的 S 型细菌和活的 R 型细菌混合培养后,同时注射到小鼠体内,小鼠将被感染致死。而且,最终在被感染的小鼠体内可以分离到 S 型肺炎双球菌。分离到的 S 型肺炎双球菌和野生型细菌完全一样,可以使健康的小鼠得病。这就意味着,沸水杀死的 S 型细菌把控制生成荚膜的遗传物质转化给了 R 型细菌,使 R 型细菌具有生成荚膜的能力,成为 S 型细菌,而且这种性状是可以遗传的。但是这种遗传性物质的本质是什么并不清楚。如图 2-1 所示为 Griffith 肺炎球菌转化实验。

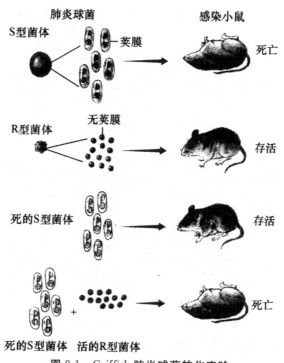

图 2-1   Griffith 肺炎球菌转化实验

1944 年,Oswald Avery、Colin MacLeod 和 Maclyn McCarty 的研究则填补了这项空白。首先,他们采用与 Griffith 类似的实验系统证明,有机溶剂抽提或者胰蛋白酶和胰凝乳蛋白酶消化去除 S 型肺炎双球菌粗提物中的蛋白质,都不影响其转化能力;用 RNA 酶处理后的 S 型肺炎双球菌的粗提物仍可使 R 型细菌转化为 S 型细菌。相反,用 DNA 酶处理后,S 型肺炎双球菌的粗提物却失去了使 R 型细菌转化为 S 型细菌的能力。同时 Avery 等人采用了一系列实验手段证明 S 型肺炎双球菌的转化物质的特性(如离心沉降特性、电泳特性、紫外吸收特性和氮磷比例等)均与 DNA 类似,而与蛋白质差别很大。因此认为引起细菌转化的遗传物质是 DNA。如图 2-2 所示。

后来,Avery 等用物理、化学方法证明了纯化的可转移物质是 DNA,因为:该物质在超高速离心时沉降非常迅速,说明分子量非常高,DNA 具有此特性;该物质在电泳时具有相对高的迁移能力,DNA 分子因为高的电荷—质量比,也具有这个特性;溶液中该物质在 260 nm 具有最大的紫外吸收,这是 DNA 分子的特性;元素化学分析表明,该物质平均含有的氮-磷比率为 1.67,这是 DNA 分子具备的特征。

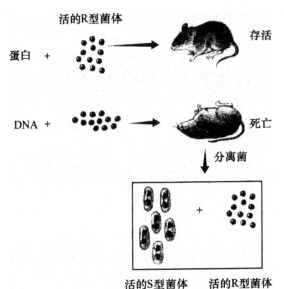

图 2-2　Avery 的实验证明被转移的物质是 DNA

2.DNA 作为遗传物质的进一步证实

虽然 Avery 等人证实引起细菌转化的遗传物质是 DNA,但是当时却没有引起及时关注。反对者依然认为组成 DNA 的四种核苷酸的简单重复不可能携带复杂的遗传信息,而提取的转化物质中污染的痕量蛋白质依然可能对细菌的转化造成影响。因此 Rollin Hotchkiss 进一步纯化了肺炎双球菌的转化物质,使蛋白质的污染降低到只有 0.02%,并证明如此高纯度的 DNA 仍然可以将 R 型细菌转化为 S 型细菌。

1950 年,Erwin Chargaff 证明不同生物中 DNA 的碱基组成不同,而同种生物体内不同组织、不同器官中的 DNA 碱基组成保持恒定,不受生长发育状况的影响,即具有种属特异性,而没有组织特异性。这与遗传物质的特性相吻合。

1952 年,A. D. Hershey 和 MarthaChase 通过完成 T2 噬菌体大肠感染细菌实验进一步证实了 DNA 是遗传物质。T2 噬菌体是一种结构简单的细菌病毒,只由蛋白质外壳和 DNA 核心组成,当其感染细菌时,噬菌体的遗传物质进入到细菌细胞内,利用细菌的代谢系统进行遗传物质的复制和噬菌体颗粒的装配。那么,遗传物质是蛋白质还是 DNA? Hershey 和 Chase 将 T2 噬菌体的蛋白质用 ^{35}S 标记、DNA 用 ^{32}P 标记后,用标记的噬菌体感染细菌,再除去大肠杆菌外残留的噬菌体部分,以分析究竟是哪种物质进入了大肠杆菌。发现只有标记的 DNA 进入细菌细胞内,而标记的蛋白质则留在细胞外。正是进入到细菌细胞内的 DNA 作为噬菌体的遗传物质完成了噬菌体的复制和增殖。这就证明只有 DNS 进入了大肠杆菌宿主,如图 2-3 所示。

尽管噬菌体只是一种非常低等的生命形式,但随后 1950 年 Erwin Chargaff 定则的提出,Rollin Hotchkiss 有关纯化的 DNA 仍具转化细菌的能力,1953 年 Watson 和 Crick 提出 DNA 双螺旋结构模型等一系列的研究结果表明了 DNA 作为生物体的遗传物质具有广泛性,在自然界各种生命形式中,DNA 都是遗传信息的主要载体。

现已证明,除少数病毒以 RNA 为遗传物质外,多数生物体的遗传物质是 DNA。RNA 主要存在于细胞质中,核内 RNA 只占 RNA 总量的约 10%。RNA 的主要作用是从 DNA 转录遗传信息,并指导蛋白质的生物合成。在从细胞核内分离的两种核酸中,DNA 携带了生物体的遗传

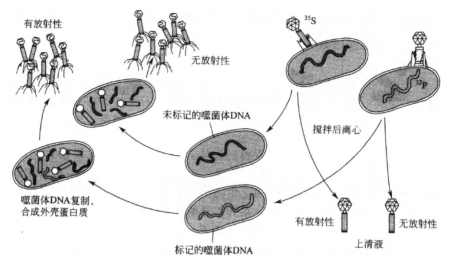

图 2-3　Hershey 和 Chase 的噬菌体感染实验

信息,细胞以 DNA 为模板转录 RNA,然后以 RNA 为模板翻译出蛋白质,完成从遗传信息到结构和功能分子的转换。遗传信息的流向是 DNA—RNA—蛋白质。这就是最初提出的"中心法则",如图 2-4 所示。

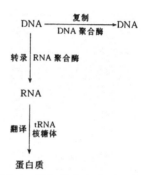

图 2-4　最初的中心法则示意图

2.1.3　RNA 是一种遗传物质

我们目前所知的生物以及大多数病毒都以 DNA 作为遗传信息的载体。病毒在多数情况下并不被称为"生物",因为病毒是一种寄生的生命形式,当离开宿主存在时,病毒并不能表现出任何生命特征。只有当处于宿主细胞内时,病毒才能利用宿主细胞的蛋白质及核酸合成装置完成自身的复制。因此,有人仅仅把病毒视为"遗传系统"(genetic system)。遗传系统这个名词可以适用于表述任何含有遗传物质并且有能力复制的生命形式。

大多数病毒由 DNA 和蛋白质构成。DNA 作为病毒的基因组,编码病毒蛋白质的遗传信息就储存在 DNA 分子的核苷酸序列中,病毒的 DNA 被蛋白质的外壳所包裹。

但也有少数病毒的遗传物质是 RNA。在植物、细菌和动物中都发现了 RNA 病毒。人免疫缺陷病毒(human immunodeficiency virus,HIV)即艾滋病病毒就是一种 RNA 病毒,如图 2-5 所示;导致人患非典型肺炎的 SARS 病毒(severe acute respiratory virus)也是一种 RNA 病毒。和 DNA 病毒类似,RNA 病毒的核酸也是包装在蛋白质外壳之中的。不同的 RNA 病毒的基因组有的是单链 RNA,有的由双链 RNA 构成。

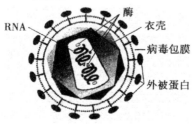

图 2-5　人免疫缺陷病毒的结构模式图

RNA 病毒颗粒的中心是病毒 RNA 基因组,其外包裹着由病毒的 gag 基因编码的核心蛋白(core proteins)。核心蛋白的外面是病毒外膜,米源于宿主的细胞膜。外膜上有外被蛋白,由病毒的 env 基因编码。

这些 RNA 病毒侵入宿主细胞后可以在 RNA 复制酶(replicase)的作用下进行病毒 RNA 的复制。用复制的产物 RNA 感染细胞,可以产生正常的 RNA 病毒,证明病毒的全部遗传信息,包括合成病毒外壳蛋白和各种酶的信息都贮存在被复制的 RNA 中,因此 RNA 是这些病毒的遗传物质。

在 RNA 病毒中,有一类复制需要经过 DNA 中间体的合成,这类病毒侵染宿主细胞后并不使细胞死亡,而是使细胞发生恶性转化,即癌变,因此被称为致癌 RNA 病毒。

Temin 发现致癌 RNA 病毒的复制行为与一般 RNA 病毒不同,放线菌素 D 可以抑制致癌 RNA 病毒的复制,但不能抑制一般 RNA 病毒的复制,而放线菌素 D 专一性地抑制以 DNA 为模板的反应,可见致癌 RNA 病毒的复制涉及到 DNA 的合成。因此 Temin 于 1964 年提出了前病毒学说(pro-virus theory),即致癌 RNA 病毒的复制需要经过一个 DNA 中间体(称为前病毒),这个 DNA 中间体可以部分或全部整合到宿主细胞的 DNA 中,随宿主细胞的 DNA 复制而复制,并随宿主细胞的 DNA 一起传递给子代细胞,导致细胞的恶性转变。

前病毒学说的核心是以 RNA 为模板合成 DNA 的过程,为了证明前病毒学说,Temin 等人努力寻找可以以 RNA 为模板合成 DNA 的逆转录酶。1970 年,Temin 和 Baltimore 各自获得了成功。

逆转录酶的发现证明遗传信息不仅可以从 DNA 流向 RNA,也可以从 RNA 流向 DNA,因此对传统的中心法则是一个重要的补充,如图 2-6 所示。这一发现还促进了分子生物学、生物化学和病毒学的研究,为肿瘤的防治提供了新的线索,也为分子生物学的研究提供了新的研究工具。

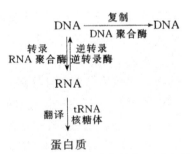

图 2-6 完整的中心法则示意图,遗传信息可以由 RNA 流向 DNA

2.1.4 其他的遗传物质

朊病毒(蛋白样感染颗粒,也称朊粒)的发现的发现对"蛋白质不是遗传物质"的定论带来了一片疑云。大量的研究结果已经证明,朊病毒是一个不含核酸的蛋白感染因子,有两种构象:正常型(也称细胞型,以 PrP^C 表示)和致病型(瘙痒型,以 PrP^{SC} 表示),它们的一级结构相同,表明两种蛋白质被同一基因所编码,但立体构象不同,PrP^{SC} 比 PrP^C 具有高得多的 β 折叠结构。

朊病毒的增殖,有人认为因为病毒本身不含核酸,打破了原来的中心法则,是 PrP^{SC} 以自身为模板自我复制把 PrP^C 转化成 PrP^{SC},即蛋白质本身可作为遗传信息。也有人认为,朊病毒的增殖并没有改变中心法则，PrP^C 的合成过程仍然是以宿主的基因为模板来合成朊病毒蛋白，也就是说，决定蛋白质一级结构的遗传信息来自于宿主基因，而非 PrP^{SC}。

　　朊病毒的发现和研究，可以看到在理论上有可能向 DNA 作为唯一遗传物质基础的理论提出挑战，为分子生物学的发展带来新的影响，而在实践方面有可能为弄清由蛋白质的折叠与生物功能之间的关系的研究延伸至与疾病的致病因子之间的关系的研究，为治疗和根除 PrP^{SC} 引起的疾病（有人称为构象病）开辟新的途径。

2.2　核酸的结构

2.2.1　核酸的化学组成

　　生物体中的核酸是由众多核苷酸聚合而成的多聚核苷酸（polynucleotide），包括核糖核酸（RNA）和脱氧核糖核酸（DNA）两大类，如图 2-7 所示。构成核酸的基本单位是核苷酸（nucleotide）分为核糖核苷酸和脱氧核糖核苷酸。核酸经部分水解生成核苷酸，核苷酸部分水解生成核苷和磷酸，核苷可以水解生成戊糖和含氮碱基。核苷酸组成核酸链的模式如图 2-8 所示。

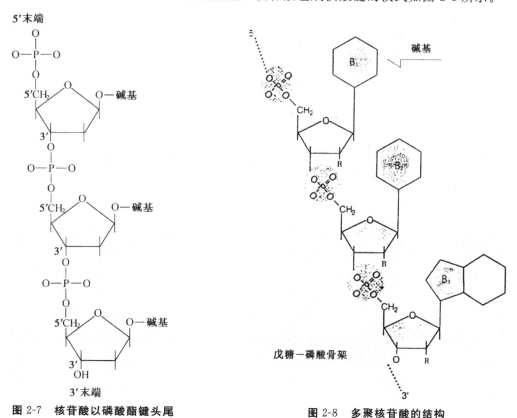

图 2-7　核苷酸以磷酸酯键头尾
相连构成核酸分子

图 2-8　多聚核苷酸的结构

　　在图 2-8 中 B$_1$、B$_2$、B$_3$、…、B 代表一个相同或不同的碱基；若 R 是 OH，则戊糖为核糖，构成 RNA；若 R 是 H，则戊糖为脱氧核糖，构成 DNA。此外，在某些 RNA 中，少数 R 也可以是 OCH$_3$。

核酸由戊糖、含氮碱基、核苷和核苷酸四部分构成。

1. 戊糖

RNA 和 DNA 两类核酸是因所含的戊糖不同而分类的,RNA 含 D-核糖,DNA 含 D-2-脱氧核糖。某些 RNA 中含有少量的 D-2-O-甲基核糖,即核糖的第 2 个碳原子上的羟基已被甲基化。所有这三种戊糖与碱基连接都是 β-构型。D-核糖和 D-2-脱氧核糖的结构式如图 2-9 所示。

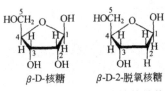

图 2-9　核糖和脱氧核糖的结构

在核酸中,戊糖的第一位与碱基形成糖苷键,形成的化合物称作核苷。在核苷中,戊糖中的原子编号改为 $1'$、$2'$、$3'$……,以区别于各碱基杂环中的原子编号。核糖和脱氧核糖均为 β-D-型呋喃糖,通常糖环的 4 个原子处于同一平面,另一个原子偏离平面,若突出的原子偏向 C-$5'$一侧,称为内式(endo),若偏向另一侧则称之为外式(exo)。DNA 中的核糖通常为 C-$3'$内式,或 C-$2'$内式。如图 2-10 所示。

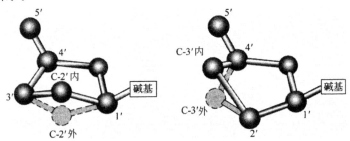

图 2-10　五碳糖的立体结构

2. 含氮碱基

组成核酸的碱基主要是嘌呤和嘧啶的衍生物,如图 2-11 所示。它们分别是腺嘌呤(A)、鸟嘌呤(G)、胞嘧啶(C)、胸腺嘧啶(T)和尿嘧啶(U),如图 2-12、2-13 所示。核酸中的碱基有嘌呤和嘧啶两大类,嘌呤环和嘧啶环中各原子的编号是目前国际上普遍采用的统一编号。DNA 和 RNA 均含有腺嘌呤和鸟嘌呤,但二者所含的嘧啶碱有所不同,RNA 主要含胞嘧啶和尿嘧啶,DNA 则含胞嘧啶和胸腺嘧啶(5-甲基尿嘧啶)。某些类型的 DNA 含有比较少见的特殊碱基,称稀有碱基。如小麦胚 DNA 含有较多的 5-甲基胞嘧啶,在某些噬菌体(细菌病毒)中含有 5-羟甲基胞嘧啶。稀有碱基是主要碱基经过化学修饰生成的,因此也可称作修饰碱基。在一些核酸中还存在少量的其他修饰碱基,如次黄嘌呤、二氢尿嘧啶、5-甲基尿嘧啶(胸腺嘧啶)、4-硫尿嘧啶等。tRNA 中的修饰碱基种类较多,含量不等,某些 tRNA 中的修饰碱基可达碱基总量的 10% 或更多。

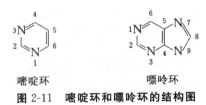

嘧啶环　　　　嘌呤环

图 2-11　嘧啶环和嘌呤环的结构图

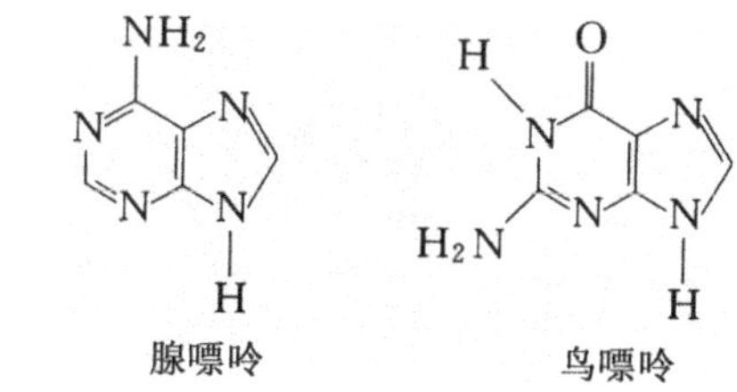

腺嘌呤   鸟嘌呤

图 2-12 核酸中常见的嘌呤碱

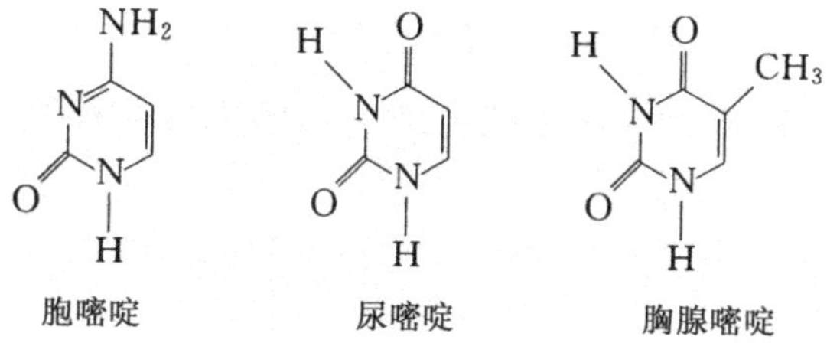

胞嘧啶   尿嘧啶   胸腺嘧啶

图 2-13 核算中常见的嘧啶碱

含氧的碱基有烯醇式和酮式两种互变异构体,如图 2-14 所示。在生理 pH 条件下主要以酮式存在。体内核酸大分子中的碱基一般也是以酮式存在的。

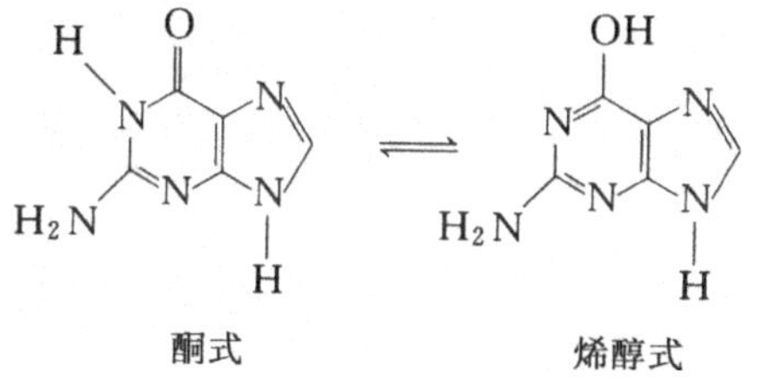

酮式   烯醇式

图 2-14 含氮碱基的酮式和烯醇式

碱基可用英文名称前 3 个字母表示,如腺嘌呤(adenine)为 Ade,鸟嘌呤(guanine)为 Gua,胞嘧啶(cytosine)为 Cyt,尿嘧啶(uracil)为 Ura,胸腺嘧啶(thymine)为 Thy,也可用英文名称的第一个字母表示,分别为 A、G、C、U、T,单字符号使用更多。

3. 核苷

由戊糖和含氮碱生成的 β-糖苷统称为核苷(nucleoside)。在核苷分子中,糖环上的原子编号是 1、2、3、4、5。核糖核苷主要有四种:腺苷、鸟苷、胞苷和尿苷。脱氧核糖核苷主要也是四种:脱氧腺苷、脱氧尿苷、脱氧胞苷和脱氧胸苷。酸核糖的 1′碳原子通常与嘌呤碱的第 9 位氮原子或嘧啶碱的第 1 位氮原子相连。在 tRNA 中有少量尿嘧啶的第 5 位碳原子与核糖的 1′碳原子相连,这是一种碳苷,因为戊糖与碱基的连接方式较特殊,也称为假尿苷。

嘌呤类核苷是通过嘌呤环上的 N_9 与戊糖的 C_1 连接而成,嘧啶类核苷是通过嘧啶环的 N_1 和戊糖的 C_1 连接而成。由嘌呤形成的核苷可以有顺式和反式两种结构类型,嘧啶形成的核苷只有反式构象是稳定的,在顺式结构中,C_2 位的取代基与糖残基存在空间位阻,如图 2-15 所示。

核苷常用单字符号(A,G,C,U)表示,脱氧核苷则在单字符号前加一小写的 d(dA,dG,dC,dT)。常见的修饰核苷符号有:次黄苷或肌苷(inosine)为 I,黄嘌呤核苷(xanthosine)为 X,二氢尿嘧啶核苷(dihydrouridine)为 D,假尿嘧啶核苷(pseudouridine)为 ψ。取代基因用英文小写字母表示,碱基取代基因的符号写在核苷单字符号的左下角,核糖取代基因的符号写在右下角,取

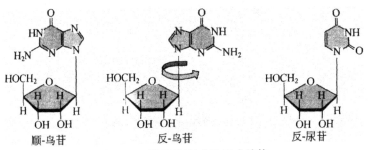

图 2-15 核苷的顺式和反式结构

代基因的位置写在取代基因符号的右上角,取代基的数量则写在右下角。如 5-甲基脱氧胞苷的符号为 m^5dC,而 N^6,N^6-二甲基腺嘌呤的符号为 m_2^6A。

4. 核苷酸

(1)核苷酸的结构和功能

核苷与磷酸酯以酯键连接形成核苷酸(nucleotide),如图 2-16 所示。核苷中的核糖有 3 个游离羟基(2-、3-、5-羟基),均可以被磷酸酯化,分别生成 $2'$-、$3'$-和 $5'$-三种核苷酸。脱氧核苷酸的五碳糖上只有 2 个自由羟基(3-、5-羟基)可以酯化,所以只有 $3'$-和 $5'$-脱氧核苷酸,各种核苷酸的结构已经用有机合成等方法证实。

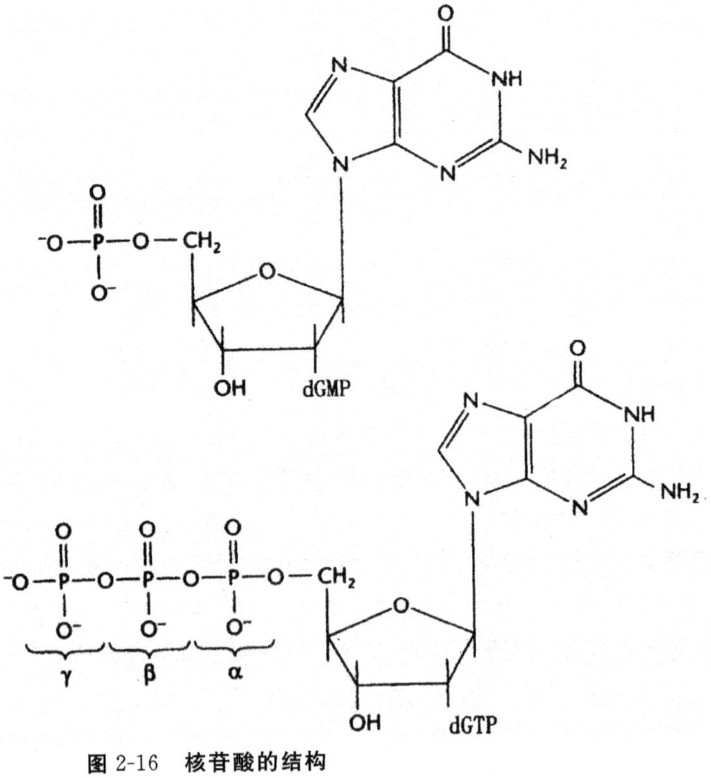

图 2-16 核苷酸的结构

生物体内的游离核苷酸多为 $5'$-核苷酸,所以通常将核苷-$5'$-磷酸简称为核苷-磷酸或核苷酸。各种核苷酸在文献中通常用英文缩写表示,如腺苷酸为 AMP,鸟苷酸为 GMP。脱氧核苷酸则在英文缩写前加小写 d,如 dAMP,dGMP 等。

核酸分子是由单核苷酸通过 3,5-磷酸二酯键连接而成的高聚物。糖-磷酸相间成为其骨架，核苷酸中的磷酸基决定了核苷酸和核苷酸都带有较多的负电荷。

用酶水解 DNA 或 RNA，除得到 5′-核苷酸外，还可得到 3′-核苷酸。现在常用的表示法是在核苷符号的左侧加小写字母 p 表示 5′-磷酸酯，右侧加 p 表示 3′-磷酸酯。如 pA 表示 5′-腺苷酸，Cp 表示 3′-胞苷酸。若为 2′-磷酸酯，则需标明，如 Gp2′ 表示 2′-鸟苷酸，游离的 2′-核苷酸在生物体内不常见。

生物体内的 AMP 可与一分子磷酸结合，生成腺苷二磷酸（ADP），ADP 再与一分子磷酸结合，生成腺苷三磷酸（Adenosine Triphosphate，ATP），如图 2-17 所示。

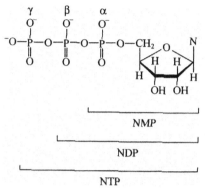

图 2-17　核苷三磷酸的结构

其他单核苷酸也可以产生相应的二磷酸或三磷酸化合物。各种核苷三磷酸（ATP，GTP，CTP，UTP）是体内 RNA 合成的直接原料，各种脱氧核苷三磷酸（dATP，dGTP，dCTP，dTTP）是 DNA 合成的直接原料。核苷三磷酸化合物在生物体的能量代谢中起重要的作用，在所有生物系统化学能的转化和利用中普遍起作用的是 ATP。其他核苷三磷酸参与特定的代谢过程，如 UTP 参与糖的互相转化与合成，CTP 参与磷脂的合成，GTP 参与蛋白质和嘌呤的合成等。

腺苷酸同时是一些辅酶的结构成分，如烟酰胺腺嘌呤二核苷酸（辅酶Ⅰ，NAD＋）、烟酰胺腺嘌呤二核苷酸磷酸（辅酶Ⅱ，NADP＋）、黄素腺嘌呤二核苷酸（FAD）等。

哺乳动物细胞中的 3′,5′-环状腺苷酸（3′,5′-cyclic adenosinemonophosphate，cAMP）是一些激素发挥作用的媒介物，被称为这些激素的第二信使。许多药物和神经递质也是通过 cAMP 发挥作用的。cGMP 是 cAMP 的拮抗物，二者共同在细胞的生长发育中起重要的调节作用。某些哺乳动物细胞中还发现了 cUMP 和 cCMP，目前功能不详。

环核苷酸是在细胞内一些因子的作用下，由某种核苷三磷酸（NTP）在相应的环化酶作用下生成的，cAMP 和 cGMP 的结构式如图 2-18 所示。

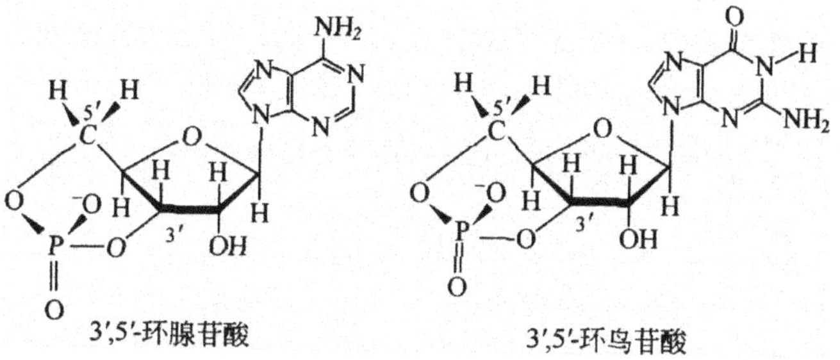

3′,5′-环腺苷酸　　　　　3′,5′-环鸟苷酸

图 2-18　cAMP 和 cGMP 的结构式

近几年发现一些核苷多磷酸和寡核苷多磷酸对代谢有重要的调控作用。如在细菌的培养基中缺少某种必需氨基酸时,几秒钟内即发生 GTP＋ATP→ppGpp 或 pppGpp 的反应。在 ppGpp 或 pppGpp 的作用下,细菌会严格控制代谢活动以减少消耗,加快体内原有蛋白质的水解以获取所缺的氨基酸,并用以合成生命活动必需的蛋白质,从而延续生命。枯草杆菌在营养不利的情况下形成芽孢时,合成 ppApp,pppApp 和 pppApppp,使细菌处于休眠状态度过恶劣时期。很多原核生物(如大肠杆菌)、真核生物(如酵母菌)和哺乳动物都存在 $A^{5'}pppp^{5'}A(Ap_4A)$,在哺乳动物中 Ap_4A 含量与细胞生长速度为正相关。核苷酸及其衍生物在调控方面的作用,已成为生物体调控机制研究方向的一个重要领域。

(2)核苷酸的性质

核苷酸的碱基具有共轭双键结构,所以在 260 nm 左右核苷酸有强吸收峰。由于碱基的紫外吸收光谱受碱基种类和解离状态的影响,故测定核苷酸的紫外吸收时应注意在一定的 pH 下进行。图 2-19 表示了四种核苷酸在不同 pH 下的紫外吸收光谱。利用碱基紫外吸收的差别,可以鉴定各种核苷酸。

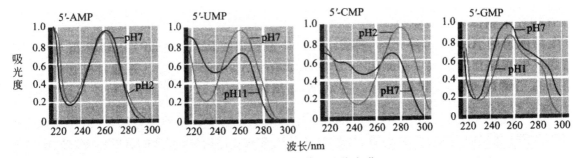

图 2-19　核苷酸的紫外吸收光谱

核苷酸的碱基和磷酸基均含有解离基因。图 2-20 所示为 4 种核苷酸的解离曲线。可以看出,当 pH 处于第一磷酸基和碱基解离曲线的交点时,二者的解离度刚好相等。在这个 pH 下,第二磷酸基尚未解离,所以这一 pH 为该核苷酸的等电点。当 pH 小于等电点时,该核苷酸带净正电荷。相反,若 pH 大于核苷酸的等电点,则该核苷酸带净负电荷。

在 pH 3.5 时,各种核苷酸的第一磷酸基会完全解离,带 1 个单位的负电荷,第二磷酸基完全未解离。含氮碱基的解离度会有明显的差别,分别为 CMP(＋0.84)＞AMP(＋0.54)＞GMP(＋0.05)＞UMP(0)。这样,所有核苷酸都带净负电荷,而带负电荷的多少各不相同。在 pH 3.5 的缓冲液中进行电泳,它们会以不同的速度向正极移动,其移动速度的顺序是 UMP＞GMP＞AMP＞CMP,因而可以将它们分开。

用阳离子交换树脂分离上述四种核苷酸时,先在低 pH(例如 pH 1.0)下使它们都带上净正电荷(UMP 除外),经离子交换作用结合到树脂上,再用 pH 递增的缓冲液进行洗脱。UMP 因不带正电荷,首先被洗脱下来,接着是 GMP,因为嘌呤环同离子交换树脂的非极性吸附比嘧啶环大许多倍,抵消了 AMP 和 GMP 之间正电荷的差别,所以洗脱顺序是:UMP→GMP→CMP→AMP。

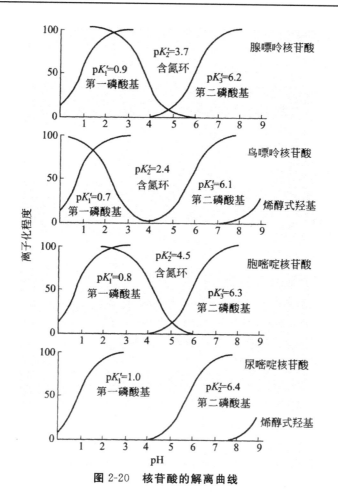

图 2-20 核苷酸的解离曲线

2.2.2 核酸成分缩写符号及核酸链表示方法

——碱基一般采用英文前三个字母表示,如腺嘌呤为 Ade,鸟嘌呤为 Gua,胞嘧啶为 Cyt,胸腺嘧啶为 Thy,尿嘧啶为 Ura 等。

——核苷用单字母符号表示,如腺苷、鸟苷、胞苷、胸苷和尿苷分别为 A、G、C、T 和 U;脱氧核苷则在单字母符号前加一个小写字母 d,如 dA、dG、dC 和 dT。修饰核苷除部分有独自的单字母符号外,其它的均在其单字母符号的左面以小写字母及数码注明其取代基因性质、数目和位置,如 m26A 表明腺嘌呤环的第 6 位有 2 个甲基,即 N6,N6-二甲基腺苷;m32,2,7G 表示鸟嘌呤环的第 2 位有 2 个甲基,第 7 位有 1 个甲基,即 N2,N2,7-三甲基鸟苷。

——核苷酸的表示方法是在核苷符号的左方小写字母 p 表示 5′-磷酸酯,右方代表 3′-磷 0 酸酯,如 pA 为 5′-腺苷酸,Cp 为 3′-胞苷酸,依此类推。

——书写一条核酸链通常从 5′ 端由左向右表示,如(5′)pApGpC……pUpC(3′),p 在右代表 3′ 连接,p 在左表示 5′ 相连,两个核苷之间正好表示 3′-5′ 连接。为了简便,RNA 链中的 p 通常被省略,写为(5′)AGC……UC(3′),DNA 链写为 5′-AGC……TC-3′。在书写互补双链核酸分子时,由于存在极性,每条链的末端必须写上 5′ 和 3′,以标明核酸链的走向。

2.2.3 核酸的一级结构

实验证明 DNA 和 RNA 都是没有分支的多核苷酸长链,链中每个核苷酸的 3′-羟基和相邻核苷酸戊糖上的 5′-磷酸相连。因此,核苷酸间的连接键是 3′,5′-磷酸二酯键(3′,5′-phos phodiester bond)。由相间排列的戊糖和磷酸构成核酸大分子的主链,而代表其特性的碱基则可以看成是有次序地连接在其主链上的侧链因。由于同一条链中所有核苷酸间的磷酸二酯键有相同的走向,RNA 和 DNA 链都有特殊的方向性,而每条线形核酸链都有一个 5′-末端和一个 3′-末端,如图 2-21所示。

各核苷酸残基沿多核苷酸链排列的顺序(序列)称为核酸的一级结构。核苷酸的种类虽不多,但可因核苷酸的数目、比例和序列的不同构成多种结构不同的核酸。由于戊糖和磷酸两种成分在核酸主链中不断重复,也可以碱基序列表示核酸的一级结构。

用简写式表示核酸的一级结构时,用 p 表示磷酸基因,当它放在核苷符号的左侧时,表示磷酸与糖环的 5′-羟基结合,右侧表示与 3′-羟基结合,如 pApCpGpU。在表示核酸酶的水解部位时,常用这种简写式。

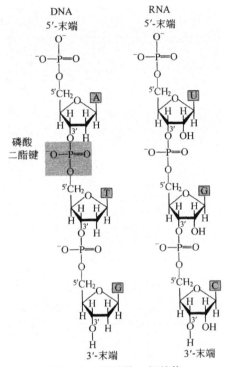

图 2-21　核酸的一级结构

各种简写式所表示的碱基序列,通常左边是 5′-末端,右边是 3′-末端。如欲表示他种结构,应注明,如双链核酸的两条链为反向平行,同时描述两条链的结构时必须注明每条链的走向。

2.2.4 核酸的二级结构

DNA 双链的螺旋形空间结构称 DNA 的二级结构。1953 年 Watson 和 Crick 提出 DNA 的双螺旋结构,是 20 世纪自然科学最重要的发现之一,对生命科学的发展具有划时代的意义。

1.DNA 双螺旋结构的实验依据

(1)X-射线衍射数据

Franklin 和 Wilkins 发现不同来源的 DNA 纤维具有相似的 X-射线衍射图谱,而且沿长轴有 0.34 nm 和 3.4 nm 两个重要的周期性变化,说明 DNA 可能有共同的空间结构。X-射线衍射数据说明,DNA 含有两条或两条以上具有螺旋结构的多核苷酸链。

(2)关于碱基成对的证据

Chargaff 等应用层析法对多种生物 DNA 的碱基组成进行分析,发现 DNA 中腺嘌呤和胸腺嘧啶的数目基本相等,胞嘧啶(包括 5-甲基胞嘧啶)和鸟嘌呤的数目基本相等,这一规律被称作 Chargaff 规则(Chargaff's rules)。后来又有人证明腺嘌呤和胸腺嘧啶之间可以生成 2 个氢键,胞嘧啶和鸟嘌呤之间可以生成 3 个氢键。

(3)DNA 的滴定曲线

若将小牛胸腺 DNA 制成 pH 为 7 的溶液,分别用盐酸滴定到 pH 2,用 NaOH 滴定到 pH 2,

可得到图 2-22 的曲线 I。在 pH 4～11 之间，只要加入少量的酸或碱，pH 就发生明显变化，说明这一 pH 区段无可滴定基因，由于这一 pH 范围是第二磷酸基的解离范围，这一结果说明第二磷酸基处于结合状态，表明核苷酸之间是通过磷酸二酯键连接的。在 pH 小于 4.5 时，加入一定量的酸不会引起 pH 的明显变化，这是碱基的 N 原子结合 H^+ 的结果，当 pH 大于 11 时，加入一定量的碱，不会引起 pH 值的明显变化，这是碱基烯醇式羟基解离的结果。在 pH 4～11 之间，碱基的可解离基因不可滴定，一个合理的解释是 DNA 形成双链，有关基因参与了氢键的形成。若分别从 pH 2 和 pH 12 将 DNA 溶液滴定到 pH 7，可得图中的曲线 II，非缓冲区在 pH 6～9 之间，说明只有当 pH 大于 6 和小于 9 时，单链的 DNA 才能形成双链。

2. DNA 双螺旋结构的要点

(1)DNA 分子由两条方向相反的平行多核苷酸链构成，一条链的 5′-末端与另一条链的 3′-末端相对，两条链的糖-磷酸交替排列形成的主链沿共同的螺旋轴扭曲成右手螺旋，如图 2-23 所示。

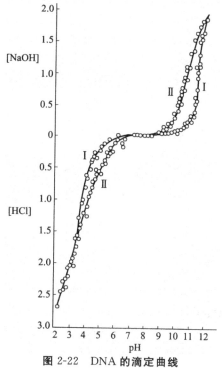

图 2-22　DNA 的滴定曲线

I 从 pH 6.9 分别用酸或碱滴定

II 从 pH 12 和 pH 2 分别用酸或碱滴定

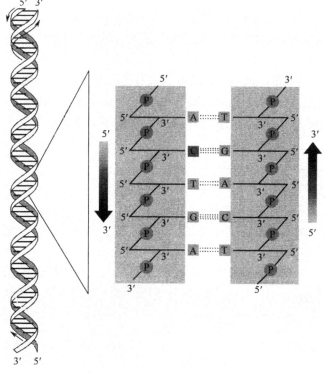

图 2-23　DNA 的双螺旋结构

(2)两条链上的碱基均在主链内侧,一条链上的 A 一定与另一条链上的 T 配对,G 一定与 C 配对。根据分子模型计算,一条链上的嘌呤碱必须与另一条链上的嘧啶碱相匹配,其距离才正好与双螺旋的直径相吻合。根据碱基构象研究的结果,A 与 T 配对形成 2 个氢键,G 与 C 配对形成 3 个氢键,如图 2-24 所示。由于碱基对的大小基本相同,所以无论碱基序列如何,双螺旋 DNA 分子整个长度的直径相同,螺旋直径为 2 nm。

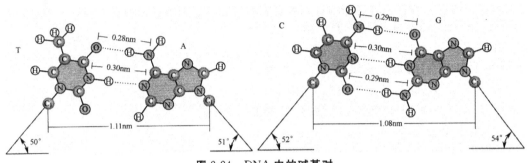

图 2-24　DNA 中的碱基对

碱基之间的配对关系称碱基配对,根据碱基配对的原则,在一条链的碱基序列被确定后,另一条链必然有相对应的碱基序列。如果 DNA 的两条链分开,任何一条链都能够按碱基配对的规律合成与之互补的另一条链。即由一个亲代 DNA 分子合成两个与亲代 DNA 完全相同的子代分子。事实上,Watson 和 Crick 在提出双螺旋结构模型时,已经考虑到 DNA 复制问题,并很快提出了半保留复制假说。

(3)成对碱基大致处于同一平面,该平面与螺旋轴基本垂直。糖环平面与螺旋轴基本平行,磷酸基连在糖环的外侧。相邻碱基对平面间的距离为 0.34 nm,该距离使碱基平面间的 π 电子云可在一定程度上互相交盖,形成碱基堆积力。双螺旋每转一周有 10 个碱基对,每转的高度(螺距)为 3.4 nm,如图 2-25 所示。DNA 分子的大小常用碱基对数表示,而单链分子的大小则常用碱基数,或核苷酸数来表示。

由于双螺旋每转一周有 10 个碱基对,相邻碱基平面之间会绕着双螺旋的螺旋轴旋转 36°,这不利于形成碱基堆积力。对 DNA 空间结构的进一步研究发现,构成碱基对的两个碱基平面之间有图 2-26 所示的螺旋桨式的扭曲,这种扭曲可以使相邻碱基平面之间的重叠面增加,有利于提高分子的碱基堆积力。

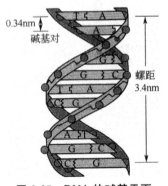

图 2-25　DNA 的碱基平面

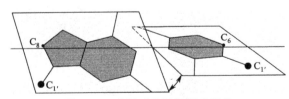

图 2-26　碱基对的螺旋桨式扭曲

(4)由于碱基对的糖苷键有一定的键角,使两个糖苷键之间的窄角为 120°,广角为 240°。碱基对因而向两条主链的一侧突出,碱基对上下堆积起来,窄角的一侧形成小沟,其宽度为1.2 nm。广角的一侧形成大沟,其宽度为 2.2 nm。因此,DNA 双螺旋的表面可看到一条连续的大沟,和一条连续的小沟,如图 2-27 所示。如果碱基对的两个糖呈直线相对,也就是说两个糖苷键之间形成 180°的角度,DNA 分子的表面就会形成大小相同的两条沟。大沟和小沟可以特异性地与蛋白质相互作用。特别是在大沟处,A-T,T-A,G-C 和 C-G 的有关基因分布各不相同,可以提供与蛋白质相互识别的丰富信息。

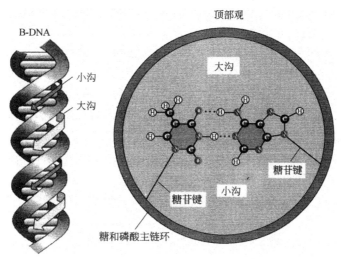

图 2-27　DNA 的大沟和小沟

(5)大多数天然 DNA 属双链 DNA,某些病毒如 ΦX174 和 M13 的 DNA 为单链 DNA。

(6)双链 DNA 分子主链上的化学键受碱基配对等因素影响旋转受到限制,使 DNA 分子比较刚硬,呈比较伸展的结构。但一些化学键亦可在一定范围内旋转,使 DNA 分子有一定的柔韧性。按照 Watson 和 Crick 提出的 DNA 双螺旋结构,相邻碱基平面之间会旋转 36°的角度,但 Dickerson 等研究人工合成的 12 bp DNA 的空间结构,发现相邻碱基平面之间的旋转角度可在 28°~42°之间变动。研究发现,双螺旋结构可以发生一定的变化而形成不同的类型,亦可进一步扭曲成三级结构。

3.DNA 二级结构的其他类型

如图 2-28 所示,DNA 链中有不少单键可以旋转,因此,DNA 在一定的条件下会呈现不同的二级结构类型。Watson 和 Crick 依据相对湿度 92% 的 DNA 钠盐所得到的 X 射线衍射图提出的双螺旋结构称 B-DNA,细胞内的 DNA 与 B-DNA 非常相似。相对湿度为 75% 的 DNA 钠盐结构有所不同,称 A-DNA,A-DNA 的碱基平面倾斜了 20°。A-DNA 与 RNA 分子中的双螺旋区,以及 DNA-RNA 杂合双链分子在溶液中的构象很接近,因此推测基因转录时,DNA 分子发生 B-DNA →A-DNA 的转变。

在 A-DNA 和 B-DNA 中碱基均以反式构象存在,但二者的糖环构象不同,B-DNA 为 C-2′-endo 构象,而 A-DNA 为

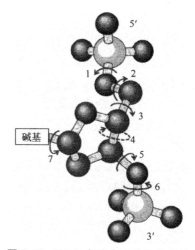

图 2-28　DNA 主链中可旋转的单键

C-3′-endo 构象。A-DNA 的碱基平面因此而倾斜了 20°,同时,分子表面的大沟变得狭而深,小沟变得宽而浅。

　　1979 年底 Rich 等将人工合成的 DNA 片段 d 制成晶体,并进行了 X 射线衍射分析(分辨率 0.09 nm),证明此片段糖-磷酸主链形成锯齿形的左手螺旋,命名为 Z-DNA。Z-DNA 直径约 1.8 nm,螺旋的每转含 12 个碱基对,整个分子比较细长而伸展。Z-DNA 的碱基对偏离中心轴,并靠近螺旋外侧,螺旋的表面只有小沟没有大沟。

　　在 Z-DNA 中,嘌呤核苷酸的糖环为 C-3′-endo 构象,嘧啶核苷酸的糖环为 C-2′-endo 构象,嘌呤核苷酸为顺式构象,嘧啶核苷酸为反式构象。Rich 等还得到了对 Z-DNA 特异的抗体。用荧光化合物标记这种抗体后用电子显微镜观察,发现它与果蝇唾液腺染色体的许多部位结合。在鼠类和各种植物的完整细胞核等自然体系中也找到了含有 Z-DNA 的区域。说明在天然 DNA 中确有一些片段处于左手螺旋状态,而且执行着某种细胞功能。

　　用甲基化的 d(GC)n 作为实验材料,在接近生理条件的盐浓度时,DNA 可以从 B 型结构转变为 Z 型结构。已知当双螺旋 DNA 处于高度甲基化的状态时,基因表达一般受到抑制,反之则得到加强,说明 B-DNA 与 Z-DNA 的相互转换可能和基因表达的调控有关。

　　DNA、B-DNA 和 Z-DNA 的结构如图 2-29 所示。

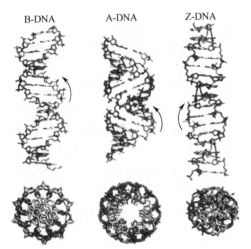

图 2-29　双螺旋结构的主要类型

　　DNA 中存在不少如图 2-30 所示的二重对称结构,即一条链碱基序列的正读与另一条链碱基序列的反读是相同的。这种序列也可称作反向重复顺序或者回文顺序,这样的序列很容易形成发夹结构或十字架结构。有些回文顺序可以作为限制性核酸内切酶的识别位点,还有些回文顺序形成的发夹结构在转录的终止,或转录活性的调控方面发挥重要作用。

　　DNA 的某些区段存在图 2-30 所示的镜像重复,这种重复序列可能形成三螺旋 DNA 的结构,如图 2-31 所示。在三螺旋结构中,存在 T-A * T,C-G * C+,T-A * A 和 C-G * G 四种三联碱基配对,如图 2-32 所示,其中的"-"表示 Watson-Crick 碱基对,"*"表示 Hoobsteen 碱基配对,这种碱基配对是 Hoobsteen 于 1963 年首先发现的,因此而得名。C+表示质子化的 C,由于 DNA 的三螺旋结构中存在 C+,因此,也可被称作 H-DNA。

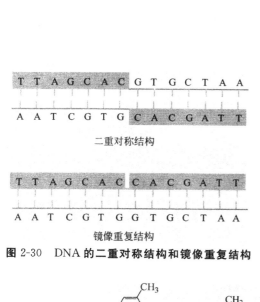

二重对称结构

镜像重复结构

图 2-30　DNA 的二重对称结构和镜像重复结构

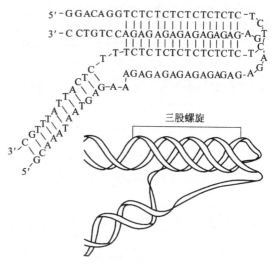

三股螺旋

图 2-31　DNA 的三螺旋结构

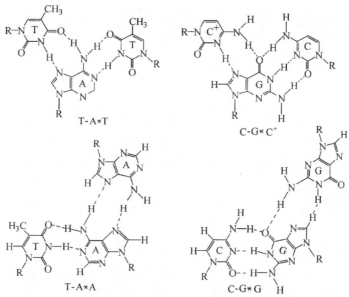

T-A*T

C-G*C⁺

T-A*A

C-G*G

图 2-32　三螺旋 DNA 的碱基配对

　　在一定的条件下,单链 DNA 片段可以插入 DNA 双螺旋的大沟,形成局部的分子间 DNA 三螺旋结构,这种结构与基因表达调控的关系值得注意。此外,在 DNA 重组时也形成 DNA 的三螺旋结构,被称作 R-DNA。

　　在细胞外,三螺旋结构的形成需要酸性条件。但研究发现,多胺类(如精胺和亚精胺)在生理条件下可促进三螺旋结构的形成,其可能的原因是,多胺类降低了三条链的磷酸骨架之间的静电斥力。利用抗三螺旋 DNA 的抗体发现,真核生物的染色体中确实存在三螺旋 DNA。研究发现,三螺旋结构可阻止 DNA 的体外合成。一种假设的可能机制是,当 DNA 聚合酶到达镜像重复序列的中央时,模板会回折,与新合成的 DNA 形成稳定的三螺旋结构,使 DNA 聚合酶无法沿模板链移动,从而终止复制过程。细胞内是否存在这样的机制,有待实验工作的证实。

此外,DNA 的某些特殊序列还可形成四链结构,目前发现的四链结构均是由串联重复的鸟苷酸链构成的。对四链结构的 X-射线衍射研究发现,四链结构可以看成是由 G—四联体片层以螺旋方式堆积而成的。如图 2-33 所示,4 个 G 以 Hoobsteen 配对方式形成四联体,中心的 4 个羰基氧原子形成一个负电微区,可以同阳离子结合。G-四联体中的每一个 G 分别来自 4 条多聚鸟苷酸链,G 与戊糖形成的糖苷键为反式构象。每个片层之间的旋转角度为 30°,可使螺旋轴延伸 0.34 nm。环境中的阳离子可影响 DNA 四链结构的空间构象。

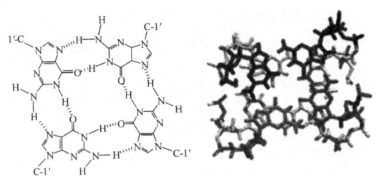

图 2-33　核酸的四链结构

真核生物染色体的端粒 DNA 中有许多鸟苷酸的串联重复,在一定的条件下,有可能形成四链 DNA 结构。研究发现,在非变性电泳中,端粒 DNA 有很高的泳动度,端粒 DNA 对水解单链核酸的酶有抗性,核磁共振和 X-射线衍射研究发现,端粒 DNA 中存在 G-G 氢键,这些实验证据支持端粒 DNA 中存在四链 DNA 结构。除端粒 DNA 外,免疫球蛋白铰链区所对应的 DNA 片段,成视网膜细胞瘤敏感基因、tRNA 基因和 SupF 基因的一些特殊序列,均存在串联重复的鸟苷酸链,有可能形成四链 DNA 结构。在酵母提取液中,发现了以四链 DNA 为底物的核酸酶,提示生物体内可能有天然存在的四链 DNA 结构。

2.2.5　核酸的高级结构

1. DNA 的超螺旋结构

起初研究者认为,所有的 DNA 分子都是线形,具有两个游离的末端。真核生物细胞中的每条染色体确实是一条极长的 DNA 分子。而在研究猴子的 SV40 病毒 DNA 时发现,SV40DNA 是一个含有约 5 000 碱基对的环形双螺旋 DNA。后来发现大多数细菌的染色体 DNA、质粒 DNA 都是环形。

DNA 双螺旋结构可以用一组结构参数来描述。平时 DNA 分子处于松弛状态,它的轴是一条直线,松弛的环状 DNA 的轴在一个平面中。但 DNA 的结构参数会受到周围湿度、离子环境和 DNA-结合蛋白的影响。也就是说,其结构是可变的。

若打断 DNA 分子的长链,使 DNA 分子额外多转几圈或少转几圈,就会发生双螺旋结构参数的改变,DNA 分子中会产生额外的张力。如此时 DNA 分子的末端游离,DNA 分子可以通过自由旋转而释放这种额外张力,从而恢复原来的双螺旋结构参数。但当 DNA 分子的末端固定或末端之间共价连接形成环状 DNA 分子,如不打断双链中的糖—磷酸骨架,DNA 分子就无法自由转动,额外的张力就不能释放。这种张力可以导致 DNA 分子内部原子空间位置的重排,造成双螺旋 DNA 通过自身轴的多次转动形成螺旋的螺旋,也即形成超螺旋 DNA,释放额外张力。

　　DNA 分子双螺旋圈数减少，双螺旋结构处于拧松状态，形成负超螺旋，负超螺旋为右旋。DNA 分子双螺旋圈数增加，双螺旋结构处于拧紧状态，形成正超螺旋，正超螺旋为左旋。绝大多数天然存在的 DNA 形成的是负超螺旋，如图 2-34。

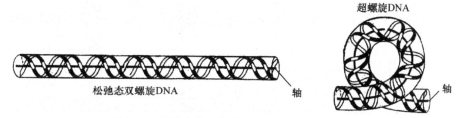

图 2-34　松弛态的双螺旋 DNA 与超螺旋 DNA

　　2. 超螺旋结构的拓扑学特性

　　超螺旋 DNA 可采取两种拓扑学上相当的形式：一种是双螺旋绕分子圆柱体（多数情况下是蛋白质组成）旋转；另一种是双螺旋分子相互盘绕。超螺旋的这两种形式可以互相转变，如图 2-35 所示。

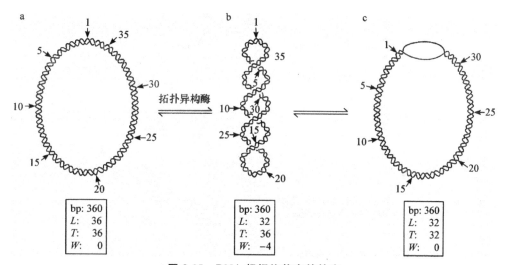

图 2-35　DNA 超螺旋状态的转变

　　DNA 超螺旋结构的变化可以用数学式来表述：

$$L = T + W$$

　　其中，L 为连接数，是指 DNA 的一条链绕另一条链盘绕的次数。也就是如果我们想将两条链完全分开时，假设一条链不动，另一条链必须绕另一条链旋转的次数。L 对于特定的 DNA 分子来讲是一常数。T 为盘绕，是指 DNA 的一条链绕双螺旋轴所做的完整旋转数。W 为超盘绕数，即超螺旋数，是代表双螺旋轴在空间的转动数。T 和 W 是可变的。

　　3. 拓扑异构酶

　　其他特性都相同，只有拓扑学性质不同的分子称为拓扑异构体。细胞内存在着一类能催化 DNA 拓扑异构体相互转化的酶，称拓扑异构酶。其作用是与 DNA 共价结合，形成 DNA-蛋白质复合物，可以切开 DNA 单链或双链中的糖—磷酸骨架中的磷酸二酯键，使 DNA 分子出现暂时性裂口，使得 DNA 多核苷酸链可以穿越而改变 DNA 分子的拓扑状态。在此过程中，可以在不改变核苷酸序列的前提下，改变 DNA 的连接数，进而促进超螺旋的形成，如图 2-36 所示。此外，拓扑异构酶还能使环状 DNA 发生连环化或去连环化、打结或解结，如图 2-37 所示。

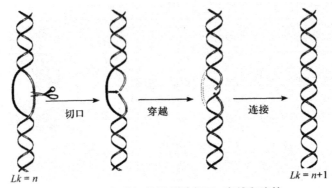

图 2-36　Ⅰ型拓扑异构酶切口、穿越和连接

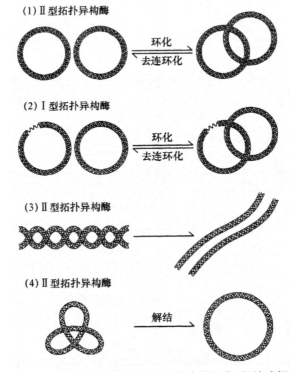

图 2-37　拓扑异构酶发生连环化或去连环化、打结或解结

　　原核和真核生物的拓扑异构酶共分为两类Ⅰ型和Ⅱ型。两类拓扑异构酶的作用不同。Ⅰ型酶只在 DNA 的一条链产生切口，使得另一条链得以穿越，而Ⅱ型酶则可在两条链上都产生切口。其结果是，Ⅰ型酶每作用一次，DNA 的连接数改变 1，Ⅱ型酶每作用一次，DNA 的连接数改变 2，如图 2-37 所示。在细胞中，这两类酶的活力受到严格调节，拓扑异构酶Ⅰ使 DNA 的松弛化作用可抗衡拓扑异构酶使 DNA 的超螺旋化作用，使细胞中 DNA 的超螺旋化程度保持在适当水平。由于 DNA 的超螺旋程度深刻地影响着机体的活动，因此能改变拓扑异构酶活力的突变常是致命的。

（1）原核生物的拓扑异构酶

最先发现的拓扑异构酶是大肠杆菌的蛋白，它能使超螺旋结构松弛，尔后重新命名为大肠杆菌拓扑异构酶Ⅰ（TopoⅠ）。拓扑异构酶Ⅰ是相对分子质量（Mr）约为 100 000 的单一多肽链，含 3～4 个为其活力所需的锌原子。

拓扑异构酶Ⅰ的松弛活力具有以下特点：它消除 DNA 的负超螺旋而不引起 DNA 发生其他改变。DNA 的松弛是逐步进行的，磷酸二酯键的自由能通过形成共价的蛋白-DNA 中间体而保存，并转而用于链的重新连接，它不需要 ATP 或 NAD 这样的辅助因子。

拓扑异构酶Ⅰ首先结合于 DNA，使该处的 DNA 熔解，随后与单链区形成酶-DNA 复合物，切割 DNA 双链中的一条链，切割点的 5′ 磷酸形成磷酰酪氨酸键，DNA 的一条链穿越切割点断裂的链重新连接，酶被释放，如图 2-38 所示。

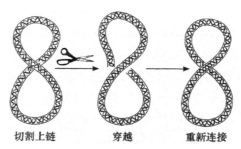

切割上链　　　穿越　　　重新连接

图 2-38　拓扑异构酶结构的作用

大肠杆菌的 DNA 旋转酶属于 DNA 拓扑异构酶Ⅱ。它使松弛的双链环形 DNA 转化为负超螺旋 DNA。它含有 2 个 A 亚基和 2 个 B 亚基。

旋转酶使 DNA 超螺旋化时，首先使 105～140 bp 的 DNA 片段按正方向包裹自身；在该片段中心附近切割，每一断口的 5′ 端与 A 亚基的 Tyr122 共价结合；接近或位于包裹片段内的 DNA 区域，通过 B 亚基与 ATP 的结合而穿越断口；被切开的 DNA 链利用蛋白-DNA 复合物所贮存的能量重新闭合；DNA 的超螺旋化依赖于 ATP 的水解。旋转酶的 B 亚基具有 ATP 酶活力。在无 ATP 时，旋转酶能使负超螺旋 DNA 松弛。

（2）真核生物拓扑异构酶

真核生物的Ⅰ型拓扑异构酶与原核生物的酶有明显差别，它是一相对分子质量为 95 000 的单一多肽链。催化反应与原核生物的酶相似，但它能同样使正、负超螺旋 DNA 松弛。松弛作用能发生于 EDTA 存在的条件下，Mg^{2+} 能提高酶的活力。酶通过其特定 Tyr 与断口的 3′ 磷酸连接形成中间体。

Ⅱ型真核生物拓扑异构酶为 150 000～180 000 的均二聚体，能以同样的速率松弛正、负超螺旋 DNA。但与原核生物不同的是，不能产生负超螺旋。作用时需要有 ATP 和 Mg^{2+}。

原核和真核生物拓扑异构酶都参与 DNA 复制、转录和重组。

2.2.6　RNA 的结构

1. RNA 的种类及大小

RNA 的种类，主要有核糖体 RNA（rRNA）、转移 RNA（tRNA）和信使 RNA（mRNA）。它们的主要功能是参与蛋白质的生物合成。近年来发现的反义 RNA、具有催化作用的 RNA（ribozyme）、细胞核小分子 RNA（snRNA）、核仁小分子 RNA（snoRNA）等亦都具有重要的生物学功能和广阔的应用前景。

rRNA 在原核生物中有三种：5S rRNA、16S rRNA 和 23S rRNA；在真核生物中有四种：5S rRNA、5.8S rRNA、18S rRNA 和 28S rRNA。这些 RNA 分子在代谢上非常稳定，是构成生物体内蛋白质合成"机器"——核糖体的重要成分。

mRNA 的生物学功能是把 DNA 上的遗传信息（按遗传密码排列的顺序）接受过来，作为模板合成蛋白质。它的大小范围极宽，从已测定全部基因组序列的生物来看，大肠杆菌能 mRNA 平均长度为 951 个核苷酸，短的含 381 个核苷酸，甚至小于 300 个核苷酸，最长的可达 7 149 个核苷酸；酵母Ⅲ号染色体 DNA 转录出的 mRNA，平均大于 350 个核苷酸，最长的可达 6 500 个核苷酸。mRNA 在原核生物中代谢性质极不稳定，一般半衰期用分钟计算；在真核生物中，由于 mRNA 的 3′端存在 100～200 个 A 形成多聚 A 的尾巴，使 mRNA 趋于稳定，半衰期可用小时计。

tRNA 在生物体内的含量仅次于 rRNA，其种类较多，分子较小，代谢稳定。

2. RNA 结构的特点

tRNA、rRNA 和 mRNA 虽然长度相差很大，但它们都是单股多聚核苷酸。对其一级结构的分析，主要采用片段重叠法和直接法。现在由于 DNA 序列分析法简便、快速，一般将 RNA 反转录成 cDNA，测定 cDNA 序列后，再推断出 RNA 的一级结构。

在各种 RNA 链中，除 U、C、A、G 四种基本核苷酸外，还含有多种稀有核苷酸（碱基被修饰），其中以 tRNA 含量最高，约占其总核苷酸数的 5%～20%；rRNA 次之，含量约为 0.6%～1.7%；mRNA 中含量最少或者不含稀有核苷酸。

单链 RNA 分子通过自身回折可形成部分螺旋、茎环相间排列的二级结构，进而再折叠形成三级结构。与蛋白质和其他分子结合的位点或功能性位点，大都位于茎环结构的环区或游离的端区。而茎环结构的形成，使得一些功能位点在空间上彼此靠近，从而为酶或其他调控因子提供了作用部位。

3. tRNA 的结构和功能

（1）tRNA 的大小及其一级结构

tRNA 含量约占全部 RNA 的 15%。从来源不同的大约 250 多种 tRNA 的一级结构分析结果来看，其长度范围为 54～96 个核苷酸，通常为 74～93 个核苷酸，其中大多数为 76 个核苷酸，几乎所有 tRNA 都具有三叶草型的二级结构，如图 2-39 所示。

tRNA 一级结构的特点：一是具有一定的恒定特性，二是含有大量的修饰碱基。在众多的 tRNA 分子中，某个位置上主要被一种碱基占据，称之为恒定，而主要为一类碱基（嘌呤或嘧啶）占据，称为半恒定。这种碱基的恒定特性反映在酵母苯丙氨酰-tRNA 结构中。tRNA 碱基编号从 5′端开始依次编号。图 2-39 中共有 23 个具有恒定特性的位置，3′端 CCA 为绝对恒定，对于其它 20 个位置，对已测定序列的 250 多种 tRNA 的统计分析表明，也具有恒定或半恒定的特性。

修饰碱基的数目在 2～19 个之间，真核细胞 tRNA 中较为丰富，一般在 10 个以上。从现有资料来看，所有 tRNA 反密码子 3′端相邻位置上绝大多数是甲基化的嘌呤核苷酸。反密码子中的第一个核苷酸也常被修饰碱基所占据，出现频率较高的是次黄嘌呤核苷酸，可与 U、C、A 配对，弥补了 A 出现频率低的问题。而第二个和第三个核苷酸中 U、C、A、G 出现的频率趋向平衡，约适合于 64 个三联体密码子的碱基标准配对。

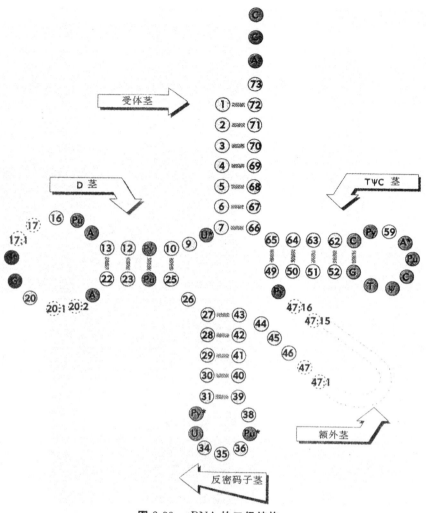

图 2-39　tRNA 的二级结构

（2）tRNA 的二级结构与三级结构

tRNA 的单链通过碱基配对折叠成三叶草型二级结构,如图 2-40 所示,这种结构已为酵母丙氨酰-tRNA 的 X-射线衍射分析结果所证实。构型中接受氨基酸的茎环有 7 个碱基对,反密码子茎环有 5 个碱基对,TψC 茎环有 5 个碱基对,D 茎环有 4 个碱基对,这些碱基对的存在使tRNA出现部分双链形式。反密码子环和 TψC 环中的 7 个核苷酸,在各种 tRNA 中保持不变。各种不同来源的 tRNA 长度变化,主要发生在 D 环、D 环茎和额外茎三个区域。

tRNA 的三叶草构型,通过氢键和其他三级结构相互作用,再折叠形成倒"L"型的三级结构,长约 7 nm,厚 2 nm,呈扁平状。"L"形的两个末端由受体茎 CCA 和反密码子环组成,相距约 8 nm,"L"的拐角外沿由 TψC 环构成。受体茎和 TψC 茎通过碱基堆积形成一个连续的 A-RNA 型 11 个碱基对的双螺旋,反密码子茎环和 D 茎环也以同样方式堆积成两茎扭转 26°的螺旋区。

受体茎的未配对区和反密码子环位于"L"型的两端,这对 tRNA 能够具有多种功能是极为重要的。tRNA 除主要在蛋白质生物合成中接受、转运氨基酸外,近年来还发现其在反转秒中作

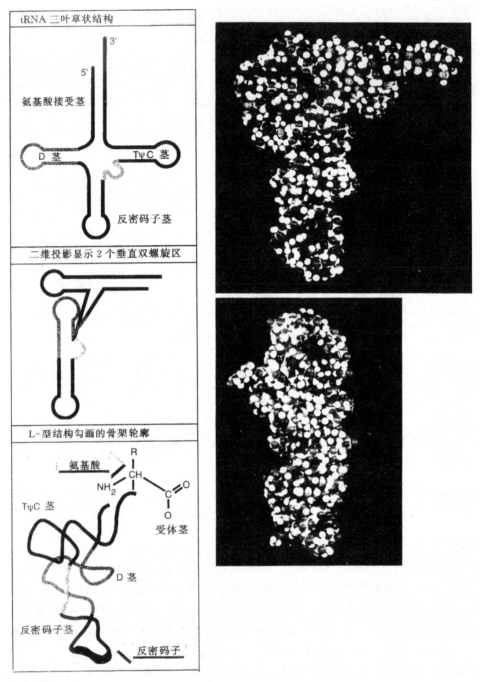

图 2-40　丙氨酰-tRNA 的二级和三级结构

为引物,有的在蛋白质 N 端加上一个氨基酸,有的参与合成细菌细胞壁,有的参与合成叶绿素等。

2.3　核酸的变性和复性性质

2.3.1　核酸的变性

核酸在化学、物理因素的影响下，维系核酸双螺旋结构的氢键和碱基堆集力受到破坏，分子由稳定的双螺旋结构松解为无规则线性结构甚至解旋成单链的现象，称为核酸的变性。核酸的变性可以是部分的，也可能发生在整个核酸分子上，但是不涉及其一级结构即磷酸二酯键的断裂。

1. 核酸因变性引起的理化性质的改变

变性能导致 DNA 溶液黏度降低。DNA 双螺旋是紧密的"刚性"结构，变性后代之以"柔软"而松散的无规则单股线性结构，DNA 黏度因此而明显下降。另外变性后整个 DNA 分子的对称性及分子局部的构象改变，使 DNA 溶液的旋光性发生变化。

变性时 DNA 溶液最重要的变化是增色效应。DNA 分子具有吸收 250 nm～280 nm 波长的紫外光的特性，其吸收峰值在 260 nm。DNA 分子中碱基间电子的相互作用是紫外吸收的结构基础，但双螺旋结构有序堆积的碱基又"束缚"了这种作用。变性时 DNA 的双链解开，有序的碱基排列被打乱，增加了对光的吸收，因此变性后 DNA 溶液的紫外吸收作用增强，称为增色效应。浓度为 50 ug/ml 的双螺旋 DNA 的 A260＝1.00，完全变性的 DNA 即单链 DNA 的 A260＝1.37，而单核苷酸的等比例混合物的 A260＝1.60。

2. 影响核酸变性的因素

凡能破坏有利于 DNA 双螺旋构象维持的因素如氢键和碱基堆集力，以及增强不利于 DNA 双螺旋构象维持的因素如磷酸基的静电斥力和碱基分子内能的各种物理、化学条件都可以成为变性的原因，如加热、极端的 pH、低离子强度、有机试剂甲醇、乙醇、尿素及甲酰胺等，均可破坏双螺旋结构，引起核酸分子变性。如要维持单链状态，可保持 pH 大于 11.3，以破坏氢键；或者盐浓度低于 0.01 mol/L，此时由于磷酸基的静电斥力，使配对的碱基无法相互靠近，碱基堆集作用也保持在最低水平。

常用的 DNA 变性方法主要是热变性方法和碱变性方法。热变性使用得十分广泛，热量使核酸分子热运动加快，增加了碱基的分子内能，破坏了氢键和碱基堆集力，最终破坏核酸分子的双螺旋结构，引起核酸分子变性，A260 的吸收值增大。因此，增色效应与温度具有十分密切的关系，热变性常用于变性动力学的研究。然而高温可能引起磷酸二酯键的断裂，得到长短不一的单链 DNA。而碱变性方法则没有这个缺点，在 pH 为 11.3 时，全部氢键都被破坏，DNA 完全变成单链的变性 DNA。在制备单链 DNA 时，优先采取这种方法。

3. 核酸的熔解温度

热变性使 DNA 分子双链解开一半所需的温度称为熔解温度。DNA 分子的热变性具有在很狭窄的温度范围内突发跃变的过程，很像结晶达到熔点时的熔化现象，故称熔解温度。当缓慢而均匀地增加 DNA 溶液的温度，记录各个不同温度下的 A260 值，即可绘制成 DNA 的变性曲线，如图 2-41 所示。典型 DNA 变性曲线呈 S 型。S 型曲线下方平坦，表示 DNA 的氢键未被破坏；待加热到某一温度时，次级键突然断开，DNA 迅速解链，同时伴随吸光率急剧上升；此后因"无链可解"而出现温度效应丧失的上方平坦段。当被测 DNA 的 50% 发生变性，即增色效应达到一半时的温度即为 Tm。它在 S 型曲线上相当于吸光率增加的中点处所对应的横坐标。

DNA 分子的变性温度主要取决于 DNA 自身的性质，它们包括：

（1）DNA 的均一性

包括 DNA 分子中碱基组成的均一性以及 DNA 种类的均一性。总的来说，DNA 均一性越大，Tm 值范围较窄，反之亦然。

（2）DNA 的 GC 含量

GC 含量越高，Tm 值越高。因为 GC 碱基对具有 3 个氢键，而 AT 碱基对只有 2 个氢键，DNA 中 GC 含量高显然更能增强结构的稳定性。Tm 与 GC 含量的关系可用以下经验公式表示（DNA 溶于 0.2 mol/L NaCl 中）：$Tm = 69.3 + 0.41 \times (G+C)\%$。

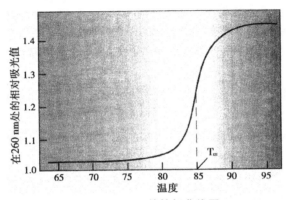

图 2-41　DNA 的熔解曲线图

2.3.2　核酸的复性

变性 DNA 在适当条件下，两条互补链全部或部分恢复到天然双螺旋结构的现象称为复性。热变性的 DNA 一般经缓慢冷却后即可复性，这个过程也称"退火"。

复性并不是两条单链重新缠绕的简单过程。它首先从单链分子之间随机的无规则碰撞运动开始，当碰撞的两条单链大部分碱基都不能互补时，所形成的氢键都是短命的，很快会被分子的热运动所瓦解。只有当可以互补配对的一部分碱基相互靠近时，一般认为需要 10～20 个碱基对，特别是富含 G-C 的节段首先形成氢键，产生一个或几个双螺旋核心。这一步称为成核作用；然后，两条单链的其余部分就会像拉拉链那样迅速形成双螺旋结构。因此，复性过程的限制因素是分子碰撞过程。DNA 的复性不仅受温度影响，还受 DNA 自身特性等其他因素的影响。

1. 温度和时间

一般认为比 Tm 低 25℃ 左右的温度是复性的最佳条件，越远离此温度，复性速度就越慢。在很低的温度（如 4℃ 以下）下，分子的热运动显著减弱，互补链碰撞结合的机会自然大大减少。复性时温度下降必须是一缓慢过程，若在超过 Tm 的温度下迅速冷却至低温（如 4℃ 以下），复性几乎是不可能的，因此实验中经常以此方式保持 DNA 的变性状态。

2. DNA 浓度

复性的第一步是两个单链分子间的相互作用"成核"。这一过程进行的速度与 DNA 浓度的平方成正比。即溶液中 DNA 分子越多，相互碰撞结合"成核"的机会越大。

3. DNA 顺序的复杂性

DNA 顺序的复杂性越低，互补碱基的配对越容易实现；而 DNA 顺序的复杂性越高，实现互补越困难。

核酸的复杂性程度可以用 Cot 值表示,即复性时 DNA 的初始浓度 Co(核苷酸的摩尔数)与复性所需时间 t(秒)的乘积。如果保持实验温度、溶剂离子强度、核酸片段大小等其他因素相同,以复性 DNA 的百分比对 Cot 作图,可以得到 Cot 曲线,如图 2-42 所示。在标准条件下(一般为 0.18 ml/L 阳离子浓度,400 nt 的核苷酸片段)测得的复性率达 0.5 时的 Cot 值称 Cot1/2,与核苷酸对的复杂性成正比。

核酸分子的复杂性可用非重复碱基对数表示,如 poly(A)的复杂性为 1,重复的(ATGC)n 组成的 poly 体的复杂性为 4,分子长度是 105 碱基对的非重复 DNA 的复杂性为 105。同时,在 DNA 总浓度(以核苷酸为单位)相同的情况下,片段越短,片段浓度就越高,复性所需的时间也越短。对于来自原核生物的 DNA 分子,Cot 值的大小可代表基因组的大小及基因组中核苷酸对的复杂程度。而真核基因组中因含有许多不同程度的重复序列,所得到的 Cot 曲线中的 S 曲线更加复杂,按 Cot 值由低到高,分别对应回文序列、高度重复序列、中摩再复序列和非重复序列。

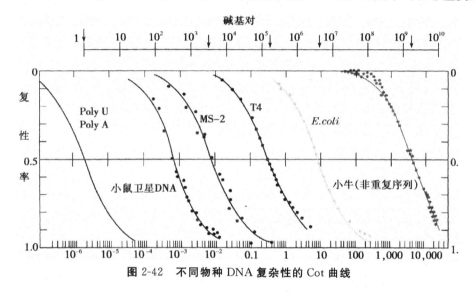

图 2-42 不同物种 DNA 复杂性的 Cot 曲线

2.4 核酸的研究方法

2.4.1 核酸的提取与沉淀

核酸类化合物都溶于水而不溶于有机溶剂,所以核酸可用水溶液提取,除去杂质后,用有机溶剂沉淀。在细胞内,核糖核酸与蛋白质结合成核糖核蛋白(RNP),脱氧核糖核酸与蛋白质结合成脱氧核糖核蛋白(DNP)。在 0.14 mol/L 的氯化钠溶液中,RNP 的溶解度相当大,而 DNP 的溶解度仅为在水中溶解度的 1%。当氯化钠的浓度达到 1 mol/L 的时候,RNP 的溶解度小,而 DNP 的溶解度比在水中的溶解度大 2 倍。所以常选用 0.14 mol/L 的氯化钠溶液提取 RNP,选用 1 mol/L 的氯化钠溶液提取 DNP。两种核蛋白在不同 pH 条件下溶解度也不相同,RNP 在 pH 0.2~2.5 时溶解度最低,而 DNP 则在 pH 4.2 时溶解度最低。

核酸分离纯化一般应维持在 0℃~4℃的低温条件下,以防止核酸的变性和降解。为防止核酸酶引起的水解作用,可加入十二烷基硫酸钠(SDS)、乙二胺四乙酸(EDTA)、8-羟基喹啉、柠檬酸钠等抑制核酸酶的活性。

1. RNA 的提取

tRNA 约占细胞内 RNA 的 15%,相对分子质量较小,在细胞破碎以后溶解在水溶液中,离心或过滤除去组织或细胞残渣,用酸处理调节到 pH 5,得到的沉淀即为 tRAN 粗品。mRNA 占细胞 RNA 的 5%左右,很不稳定,提取条件要严格控制。rRNA 约占细胞内 RNA 的 80%,一般提取的 RNA 主要是 rRNA。

(1)稀盐溶液提取法

用 0.14 mol/L 的氯化钠溶液反复抽提组织匀浆或细胞裂解液,得到 RNP 提取液,再进一步去除 DNP、蛋白质、多糖等杂质,获得纯化的 RNA。

(2)苯酚水溶液提取法

在组织匀浆或细胞裂解液中加入等体积的 90%苯酚水溶液,在一定条件下振荡一定时间,将 RNA 与蛋白质分开,离心分层后,DNA 和蛋白质处于苯酚层中,而 RNA 和多糖溶解于水层中。苯酚溶液提取法操作时温度可控制在 2℃~5℃进行,称为冷酚法提取。也可控制在 60℃左右,称为热酚法提取。苯酚溶液提取法不需事先提取 RNP,而是直接将 RNA 与蛋白质和 DNA 等初步分开,是目前提取 RNA 的常用方法。使用时苯酚一般需要减压重蒸,或使用市售的水饱和酚。通常多次用苯酚或氯仿处理使蛋白质变性,每次处理后离心取上层水相。用 Trizol 试剂可以制备高质量的 RNA,但 Trizol 试剂的价格较高。此外也可用表面活性剂,如 SDS 和二甲基苯磺酸钠等处理细胞匀浆来提取 RNA。mRNA 可用寡聚 dT-纤维素亲和层析,或偶联寡聚 dT 的磁珠从总 RNA 中分离。

由于 RNA 酶存在广泛,且十分稳定,破碎细胞时要加入胍盐破坏 RNA 酶,试剂要用 0.1% 的 DEPC(焦碳酸二乙酯)配制,器皿要高压灭菌或用 0.1%的 DEPC 处理。

2. DNA 的提取

从细胞中提取 DNA,一般在细胞破碎后用浓盐法提取。即用 1 mol/L 的氯化钠溶液从细胞匀浆中提取 DNP,再与含有少量辛醇或戊醇的氯仿一起振荡除去蛋白质。或者先以 0.14 mol/L 氯化钠溶液(也可用 0.1 mol/L NaCl 加上 0.05 mol/L 柠檬酸代替)反复洗涤除去 RNP 后,再用 1 mol/L 氯化钠溶液提取 DNP,经水饱和酚和氯仿戊醇(辛醇)反复处理,除去蛋白质,而得到 DNA。

3. 核酸的沉淀

(1)有机溶剂沉淀法

由于核酸都不溶于有机溶剂,所以可在核酸提取液中加入乙醇或 2-乙氧基乙醇,使 DNA 或 RNA 沉淀下来。

(2)等电点沉淀法

脱氧核糖核蛋白的等电点为 pH 4.2,核糖核蛋白的等电点为 pH 2.0~2.5,tRNA 的等电点为 pH 5。所以将核酸提取液调节到一定的 pH,就可使不同的核酸或核蛋白分别沉淀而分离。

(3)钙盐沉淀法

在核酸提取液中加入一定体积比(一般为 1/10)的 10%氯化钙溶液,使 DNA 和 RNA 均成为钙盐形式,再加进 1/5 体积的乙醇,DNA 钙盐即形成沉淀析出。

（4）选择性溶剂沉淀法

选择适宜的溶剂，使蛋白质等杂质形成沉淀而与核酸分离，这种方法称为选择性溶淀法。

2.4.2 核酸的电泳分离

琼脂糖凝胶电泳常用于分离鉴定核酸，如 DNA 的鉴定，DNA 限制性内切酶图谱的制作等。常用的缓冲液是 pH 8.0 的 Tris-硼酸-EDTA(TBE)，在这一 pH 下，核酸带负电荷，向正极移动。电泳时可在凝胶中加入荧光染料 EB，以便在电泳过程中用紫外灯观察核酸区带的移动状况，电泳结束后在紫外灯下拍照。

用于分离核酸的琼脂糖凝胶电泳主要是水平型平板电泳，凝胶板的上表面浸泡在电极缓冲液下 1～2 mm，故又称为潜水式电泳。这种方法电泳槽简单，可以根据需要制备不同规格的凝胶板，制胶和加样比较方便，需样品量少，分辨力高，已成为分子生物学研究中的常用方法。

DNA 片段在凝胶中电泳时，迁移距离（迁移率）与分子大小（碱基对数）的对数成反比，因此可在一个泳道加若干种已知大小的标准物，另一个泳道加待分析的样品，电泳后，标准物按分子大小形成一系列条带，将未知片段的移动距离与标准物的条带进行比较，便可测出未知片段的大小。

不同构象 DNA 的移动速度次序为：cccDNA＞直线 DNA＞开环的双链环状 DNA。当琼脂糖浓度太高时，环状 DNA（一般为球形）不能进入胶中，相对迁移率为 0，而同等大小的直线双链 DNA（刚性棒状）则可沿长轴方向前进。由此可见，这 3 种构型的相对迁移率大小次序与凝胶浓度有关，同时，也受到电流强度、缓冲液离子强度和荧光染料浓度等因素的影响。

RNA 可用琼脂糖凝胶电泳或聚丙烯酰胺凝胶电泳分离，一般来说，迁移率与分子大小成反比。

2.4.3 核酸的超速离心

DNA 的密度与其碱基组成有关，G-C 对的比例越高，密度越大。不同密度的 DNA 可用密度梯度离心分离。其方法的要点是，将 DNA 溶于 8.0 mol/L 氯化铯溶液中，装入离心管用 45 000 r/m 长时间离心，氯化铯形成密度梯度，顶部的密度为 1.55 g/cm³，底部的密度为 1.80 g/cm³，若样品中有多种密度不等的 DNA 分子，离心后会分别处于与其密度相同的区域，从而使不同密度的 DNA 得以分离。根据测出的 DNA 密度，还可估算 G-C 对的比例。

在密度梯度离心的介质中加入 EB，可以在紫外灯下直接观察离心管中核酸形成的区带。这一方法可用来分离 DNA 和 RNA，离心后，RNA 因密度大，处于离心管底，DNA 处于离心管中与其密度相等的区域，若样品中有蛋白质，则会处于离心管的顶部。这一方法还可用来分离不同构象的 DNA，经过离心，超螺旋 DNA 靠近离心管底，开环和线型 DNA 靠近离心管口，闭环 DNA 处于二者之间。

2.4.4 核酸的分子杂交

在退火条件下，不同来源的 DNA 互补区形成双链，或 DNA 单链和 RNA 单链的互补区形成 DNA-RNA 杂合双链的过程称分子杂交。

分子杂交广泛用于测定基因拷贝数、基因定位、确定生物的遗传进化关系等。通常对天然或人工合成的 DNA 或 RNA 片段进行放射性同位素或荧光标记，做成探针，经杂交后，检测放射性同位素或荧光物质的位置，寻找与探针有互补关系的 DNA 或 RNA。

直接用探针与菌落或组织细胞中的核酸杂交，因未改变核酸所在的位置，称原位杂交技术。将核酸直接点在膜上，再与探针杂交称点杂交，使用狭缝点样器时，称狭缝印迹杂交。该技术主要用于分析基因拷贝数和转录水平的变化，亦可用于检测病源微生物和生物制品中的核酸污染状况。

杂交技术较广泛的应用是将样品 DNA 切割成大小不等的片段，经凝胶电泳分离后，用杂交技术寻找与探针互补的 DNA 片段。由于凝胶机械强度差，不适合于杂交过程中较高温度和较长时间的处理，Southern 提出一种方法，将电泳分离的 DNA 条带从凝胶转移到适当的膜（如硝酸纤维素膜或尼龙膜）上，再进行杂交操作，称 Southern 印迹法，或 Southern 杂交技术。如图 2-43 所示，将 DNA 条带从凝胶转移到膜上的方法有两种，早期使用的渗透转移法用干燥的吸水纸吸取渗透上移的缓冲液，DNA 条带随缓冲液从凝胶转移到膜上。这种方法需要随时更换湿的吸水纸，转移所需的时间与环境的温度和湿度有关，条件较难控制。电转移法所需的时间短，条件容易控制，但需要专门的电泳仪和电泳槽。由于通电的凝胶面积大，容易生热，最好用可控温度的循环水冷却。

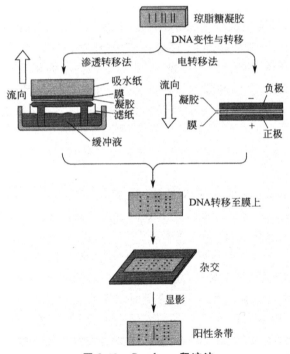

图 2-43　Southern 印迹法

进行杂交操作后，如何检测膜上的阳性条带，取决于探针的类型。若探针是用放射性同位素标记的，需要对膜进行放射自显影处理。这种方法灵敏度较高，但防护和废物处理较麻烦。若探针是用生物素标记的，可先用偶联碱性磷酸酶的抗生物素蛋白处理膜，再加入合适的底物，使其水解产物有特定的颜色，或能发光，即可检出阳性条带的位置。这个方法不断得到改进，已经可以达到很高的灵敏度，且安全性和重复性好，现已得到广泛的应用。

将电泳分离后的变性 RNA 吸印到适当的膜上再进行分子杂交的技术，被称为 Northern 印迹法,或 Northern 杂交。其原理与 Southern 杂交类似,主要区别是,DNA 电泳后常用碱溶液处理凝胶使 DNA 变性,RNA 容易被碱水解,通常用甲醛、羟甲基汞或戊二醛作为变性剂。

　　Southern 杂交广泛用于测定基因拷贝数,基因定位,研究基因变异,基因重排,DNA 多态性分析和疾病诊断。Northern 杂交常用于检测组织或细胞的基因表达水平。

2.4.5　DNA 芯片技术及应用

　　DNA 芯片技术是以核酸的分子杂交为基础的。其要点是用点样或在片合成的方法,将成千上万种相关基因(如多种与癌症相关的基因)的探针整齐地排列在特定的基片上,形成阵列,将待测样品的 DNA 切割成碎片,用荧光基因标记后,与芯片进行分子杂交,用激光扫描仪对基片上的每个点进行检测。若某个探针所对应的位置出现荧光,说明样品中存在相应的基因。由于一个芯片上可容纳成千上万个探针,DNA 芯片可对样本进行高通量的检测。若将两个样本(A 和 B)的 RNA 提取出来,用逆转录酶转化成 cDNA(与 RNA 互补的 DNA),分别用红色荧光标记 A 样本的 cDNA,用绿色荧光标记 B 样本的 cDNA,再与同一个 DNA 芯片杂交,则出现红色荧光的位点,其探针所对应的基因只在 A 样本中表达,出现绿色荧光的位点,其探针所对应的基因只在 B 样本中表达。若某基因在 A 样本和 B 样本中均表达,则其相应探针所在的位点会出现黄色荧光,黄色的色度(红色和绿色的相对比例)反映该基因在 A 样本和 B 样本中的相对表达量,用这种方法可以高通量的研究基因表达状况的差异。由此可以看出,DNA 芯片可以用于基因功能和基因表达状况的高通量分析。随着疾病相关基因的不断确定,和基因芯片技术可靠性的不断提高,基因芯片在疾病诊断方面的应用会日益广泛。

2.4.6　DNA 的化学合成

　　DNA 的化学合成广泛用于合成寡核苷酸探针和引物,有时也用于人工合成基因和反义寡核苷酸。目前寡核苷酸均是用 DNA 合成仪合成的,大多数 DNA 合成仪是以固相磷酰亚胺法为基础设计制造的。

　　1. 合成的原理

　　核酸固相合成的基本原理是将所要合成的核酸链的末端核苷酸先固定在一种不溶性高分子固相载体上,然后再从此末端开始将其他核苷酸按顺序逐一用磷酸二酯键连接起来。每掺入一个核苷酸残基经历一轮相同的操作,由于被加长的核酸链始终被固定在固相载体上,所以过量的未反应物或反应副产物可用过滤或洗涤的方法除去。合成至所需长度后的核酸链可从固相载体上切割下来并脱去各种保护基,再经纯化即可得到最终产物。

　　固相磷酰亚胺法合成 DNA 时,末端核苷酸的 $3'$-OH 与固相载体成共价键,$5'$-OH 被 4,$4'$-二甲氧基三苯甲基保护,下一个核苷酸的 $5'$-OH 亦被 DMTr 保护,$3'$-OH 的磷酸基上有-N$(C_3H_7)_2$ 和-OCH$_3$ 两个基因,用于活化 $3'$-OH,每延伸一个核苷酸需四步化学反应。

　　(1)脱三苯甲基末端核苷酸的 DMTr 用三氯乙酸/二氯甲烷溶液脱去,游离出 $5'$-OH。

　　(2)缩合新生成的 $5'$-OH 在四唑催化下与下一个核苷 $3'$-磷酰亚胺单体缩合使链增长。

　　(3)盖帽有少量(小于 0.5%)未缩合的 $5'$-OH 要在甲基咪唑或二甲氨基吡啶催化下用乙酸苷乙酰化封闭,以防进一步缩合造成错误延伸。

　　(4)氧化新增核苷酸链中的磷为三价亚磷,需用碘氧化成五价磷。

　　上述步骤循环一次,核苷酸链向 $5'$方向延伸一个核苷酸。

2. 合成后处理

合成后的寡核苷酸链仍结合在固相载体上,且各种活泼基因也被保护基封闭着,要经过以下合成后处理才能使用。

(1)切割,用浓氨水可将寡核苷酸链从固相载体上切割下来,切割后的寡核苷酸具有游离的 3′-OH。

(2)脱保护,切割后的寡核苷酸磷酸基及碱基上仍有一些保护基,这些保护基也必须完全脱去。磷酸基的保护基 β-氰乙基在切割的同时即可脱掉,而碱基上的保护基苯甲酰基和异丁酰基则要在浓氨水中 55℃放置 15 h 左右方能脱掉。

(3)纯化,纯化的目的主要是去掉短的寡核苷酸片段,盐及各种保护基等杂质。通常采用的纯化方法有电泳法、高效液相色谱法和高效薄层色谱法等。纯化这一步操作是可以选择的,对要求不高的应用如 PCR 等可不做纯化。

近年来发展了一些修饰试剂,可以在合成寡核苷酸时,对某些核苷酸进行一定的修饰,为寡核苷酸探针的非放射性标记提供了新的途径。

2.5　核酸的序列测定

2.5.1　末端终止法

末端终止法的特点在于将生物体内 DNA 复制的酶学过程应用到序列测定中。首先,双链的待测 DNA 可以通过克隆人单链噬菌体载体产生单链 DNA 或者直接通过碱变性、加热变性的方法得到单链 DNA。根据已知序列合成的特定引物与上述单链模板褪火后在 DNA 聚合酶的催化下以四种 dNTP 的混合物为底物合成一条与模板链互补的 DNA 链。如果四种脱氧核苷酸中有一种或几种的 Q 位磷是带有放射性标记的,那么,新合成的链将被放射性同位素标记。在正常反应条件下,只要有足够的 dNTP 存在,DNA 链将沿着 5′→3′方向一直延伸到模板的末端。但是,如果在反应混合物中加入一种脱氧核苷酸类似物即 2′,3′-双脱氧核苷三磷酸(ddNTP),由于它的脱氧核糖上缺少 3′-OH,当它掺入到 DNA 链上后,反应在掺入处提前终止。因此只要控制反应体系中 dNTP(其中有一种带放射性标记)和 ddNTP 的比例,就可以得到一组长短不同的、具有相同起点的片段。测序反应通常是四个反应平行进行,每个反应的 dNTP 底物中仅加入一种双脱氧核苷三磷酸,例如某反应中加入了 ddATP,那么在一定的长度范围内,所有新合成的 DNA 片段 3′-端都是 A,都是由于掺入 ddATP 而导致的意外终止,在 ddATP 浓度适当的情况下,所有新生链中 A 的位置都会对应于相应长度的 DNA 片段。将四组反应产物通过高分辨率的聚丙烯酰胺凝胶电泳分离,再经放射自显影,就可以从图谱上按片段从小到大读出新生 DNA 链的碱基排列顺序,根据碱基互补配对的原则很容易得出模板链的序列,如图 2-44 所示。

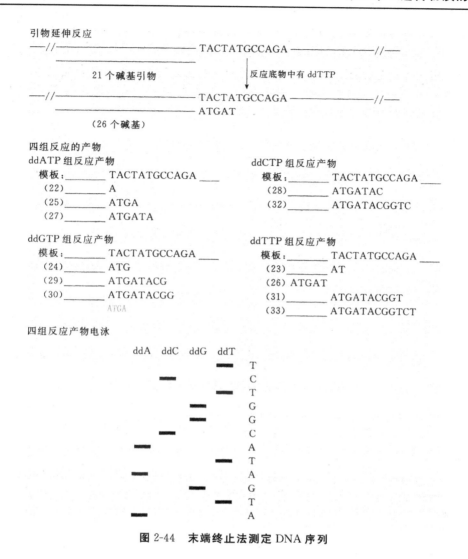

图 2-44　末端终止法测定 DNA 序列

2.5.2　化学裂解法

化学裂解法首先将待测定的 DNA 片段的一端(3′-端或 5′-端)进行放射性标记,然后在适当的条件下,用专一性的化学试剂特异性地修饰 DNA 分子上的某种(类)碱基,并控制反应条件,使每条 DNA 链上平均仅有一个碱基被修饰。然后从 DNA 链上除去已被修饰的碱基,并通过不同的化学处理使 DNA 在这个部位被切断。得到各种长度的带放射性标记的片段并在聚丙烯酰胺凝胶上电泳分离。裂解 DNA 的过程包括:有限的碱基修饰、修饰碱基从核糖上脱离及 5′、3′两侧磷酸二酯键断裂三步反应。例如硫酸二甲酯在 pH 8.0 条件下可以使 DNA 上鸟嘌呤 N7 位被甲基化,甲基化使 C8-C9 键对碱裂解有特异的敏感性,极易水解;哌啶甲酸在 pH 2.0 下可以使嘌呤环的 N 原子质子化而脱嘌呤,并可使 DNA 链仅在鸟嘌呤残基处断裂。如果同位素标记在 5′-端的话,这样就产生了一条 DNA 单链分子,5′-端有放射性同位素标记,3′-端的下一个碱基为鸟嘌呤。当然还需要同时再完成针对其他三种碱基的特异性裂解反应,通常可以通过酸的作用削弱腺嘌呤和鸟嘌呤的糖苷键,哌啶甲酸进而脱去嘌呤并切断磷酸二酯键。如果将这组结果与鸟嘌呤的结果在相邻的加样孔电泳的话,通过比较很容易推断出腺嘌呤的位置。

　　肼在碱性条件下进攻胸腺嘧啶和胞嘧啶的 C4 位和 C6 位,然后在哌啶甲酸的作用下脱去碱基并进一步导致 DNA 链断裂。在 1.0 mol/L NaCl 存在条件下,肼与胞嘧啶发生专一性反应,这样就可以在 C 和 C+T 两组产物中区分 C 和 T。所有经碱基专一性部分降解后得到的片段均比包含该碱基的片段少了一个核苷酸,如图 2-45 所示。

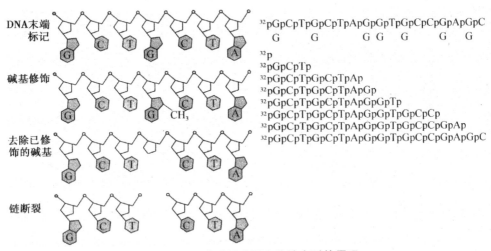

图 2-45　化学裂解法测定核酸序列的原理

　　化学裂解法测定核酸序列在速度、操作难度、可测定的 DNA 片段的长度等方面都逊于席端终止法,但对于测定小片段 DNA、引物、人工合成片段的序列,这是唯一的方法。

　　末端终止法是通过在体外合成 DNA 的过程中掺入 ddNTP 从而产生四组末端已知的 DNA 片段的混合物,化学裂解法则是通过特异性的化学修饰及裂解,进而得到四组末端(的下一个碱基)已知的 DNA 片段的混合物,这两种看似完全不同的方法实际上有着一个完全相同的思路。

2.5.3　全自动 DNA 测序

　　Sanger 发明的 DNA 测序方法以前都是由手工完成的。尽管每次测定序列的长度可以逊到数百个碱基,但要完成任何一个生物的基因组的序列测定,工作量还是十分巨大。90 年代初期,在 Sanger 法的基础上,DNA 序列的自动化测定技术得到了发展。正是在这一技术的基础上,人类基因组计划才得以实施。图 2-46 显示自动化 DNA 序列测定的原理。

　　目前阵列毛细管电泳激光荧光法已成为 DNA 大量测序的主要工具。它以毛细管电泳技术取代了传统的聚丙烯酰胺凝胶电泳分离 DNA 片段的方式,通过 4 种荧光染料标记 4 种 ddNTP,与双脱氧终止法原理相同,产生的 4 个测序反应物,可以在一根毛细管内电泳,毛细管末端配有激光照射装置,诱发出不同的发射波长荧光、经光栅分光后打到 CCD 摄像机上同步成像,传入电脑后经专用软件分析后,把不同颜色的荧光信号转变为 DNA 序列,最终打印出分析结果。操作过程中凝胶更换、进样、分析、打印结果全部自动化。Beckman-Coulter 公司的 CEQTM 2000 为 8 道毛细管阵列分析仪,可 2 小时完成 8 个样品的序列分析,24 小时自动连续工作。PE Applied Biosystems 公司的 ABI PRISM 3 700 型为 96 道阵列毛细管电泳 DNA 分析仪,具有独特的荧光监测系统(Sheath Flow Detection)。可 15 分钟完成 1 000 个样品的分析工作,是当前大规模工

(1) 引物延伸反应

ddA 反应:

———— TACTATGCCAGA
———— ATGA

ddC 反应:

———— TACTATGCCAGA
———— ATGATAC

ddG 反应:

———— TACTATGCCAGA
———— ATGATACG

ddT 反应:

———— TACTATGCCAGA
———— ATGAT

(2) 电泳

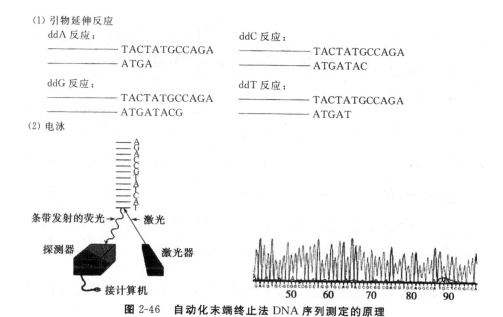

图 2-46　自动化末端终止法 DNA 序列测定的原理

厂化自动测序系统。Pharmacia 公司的最新产品 mega BACE1000 全自动 DNA 测序仪,同样为 96 根毛细管装置,24 小时可测定 550 000 个碱基。

第3章 基因与基因组

3.1 基因的概念

3.1.1 对基因的认识

对基因的认识和研究大体上可以分为三个阶段：

(1)在 20 世纪 50 年代以前,主要从细胞的染色体水平上进行研究,属于基因的染色体遗传学阶段;

(2)50 年代以后,主要从 DNA 大分子水平上进行研究,属于基因的分子生物学阶段;

(3)最近 20 多年来,由于重组 DNA 技术的完善和应用,人们改变了从表型到基因的传统研究途径,而能够直接从克隆目的基因出发,研究基因的功能及其与表型的关系,使基因的研究进入了反向生物学阶段(reverse biology)。反向生物学是指利用重组 DNA 技术和离体定向诱变的方法研究结构已知基因的相应功能,在体外使基因突变,再导入体内,检测突变的遗传效应,即以表型来探索基因的结构和功能。

1. 基因的染色体遗传学阶段

Mendel 以豌豆为材料进行了大量的杂交实验,提出了"遗传因子"的概念。不过他当时所指的"遗传因子"只是代表决定某个遗传性状的抽象符号。

1909 年,丹麦生物学家 W. Johannsen 根据希腊文"给予生命"之义,创造了"基因(gene)"一词,代替了 Mendel 的"遗传因子"。不过,这里的"基因"并不代表物质实体,还没有涉及具体的物质概念,而是一种与细胞的任何可见形态结构毫无关系的抽象单位。

Morgan 及其助手通过对果蝇的研究发现,一条染色体上有很多基因,一些性状的遗传行为之所以不符合 Mendel 的独立分配定律,是因为代表这些特定性状的基因位于同一条染色体上,彼此连锁而不易分离。这样,Morgan 首次将代表某一特定性状的基因,同某一特定的染色体联系起来。他指出:"种质必须由某种独立的要素组成,这些要素我们叫做遗传因子,或者更简单地叫做基因"。基因不再是抽象的符号,而是在染色体上占有一定空间的实体。因此基因被赋予了一定的物质内涵。

2. 基因的分子生物学阶段

尽管 Morgan 的出色工作使遗传的染色体理论得到普遍认同,但是人们对于基因的理解仍缺乏准确的物质内容。早期研究曾认为遗传物质是蛋白质,直到 1944 年,Avery 等人通过肺炎链球菌转化实验证明,控制某些遗传性状的物质不是蛋白质,而是 DNA 分子,即基因的化学本质是 DNA。

1953 年,Waston 和 Crick 提出了 DNA 分子的双螺旋结构模型,阐明了 DNA 自我复制的机制,推测 DNA 分子中的碱基序列贮存了遗传信息。1961 年,法国科学家 F. Jacob 和 J. Monod 以及其他科学家相继发表了他们对调控基因的研究,证实了 mRNA 携带着从 DNA 到蛋白质合成所需要的信息;后来,Crick 提出中心法则,认为 DNA 通过转录和翻译控制蛋白质的合成,从而将 DNA 双螺旋与 DNA 功能联系起来。

在基因研究的分子生物学阶段,对基因的理解是:基因是编码功能性蛋白质多肽链或 RNA 所必需的全部核酸序列(通常是 DNA 序列),负载特定的遗传信息并在一定条件下调节、表达遗传信息,指导蛋白质合成。一个基因包括编码蛋白质多肽链或 RNA 的序列、为保证转录所必需的调控序列、内含子以及相应编码区上游 $5'$-端和下游 $3'$-端的非编码序列。

3. 基因的反向生物学阶段

长期以来,生物学家都是根据生物的表型去研究其基因型。随着我们对基因本质的认识越来越深刻,这种间接的研究方法已经不能满足科学发展的要求了。因此,客观上有必要将有关的基因分离出来,以便能够直接研究基因的结构、功能和调节等一系列问题。

1969 年,R. Beckwith 等人应用核酸杂交技术,分离到了大肠杆菌乳糖操纵子 β-半乳糖苷酶基因。从此激发了人们从不同角度、用不同方法分离基因的积极性,加速了基因研究工作的进展。目前可以采用多种方法分离特定的基因,例如核酸杂交、核酸限制性酶切以及聚合酶链式反应等等。随着分子生物学的发展,我们不仅能够分离天然的基因,而且还能应用化学的方法,在实验室合成有关的基因。人工合成的基因可以是生物体内已经存在的,也可以是按照人们的愿望和特殊需要设计的。因此,它为人类操作遗传信息、校正遗传疾病,创造新的优良的生物新类型,提供了强有力的手段,是基因研究的一个富有成效的飞跃。

3.1.2　生物体内基因的大小和数目

1. 基因的大小

真核生物中,由于内含子序列的存在,基因比实际编码蛋白质的序列要大得多。外显子的大小与基因的大小没有必然的联系。与整个基因相比,编码蛋白质的外显子要小得多,大多数外显子编码的氨基酸数小于 100。内含子通常比外显子大得多,因此基因的大小取决于它所包含的内含子的长度,一些基因的内含子特别长,例如哺乳动物的二氢叶酸还原酶基因含有 6 个外显子,其 mRNA 的长度为 2 kb,但基因的总长度达 25～31 kb,含有长达几十 kb 的内含子。内含子之间也有很大的差别,大小从几百个 bp 到几万个 bp 不等。

基因的大小还与所包含的内含子的数目有关。在不同的基因中,内含子的数目变化很大,有些断裂基因含有一个或少数几个内含子,如珠蛋白基因;某些基因含有较多的内含子,如鸡卵清蛋白基因有 7 个内含子,伴清蛋白基因含有 16 个内含子。

进化过程中,断裂基因首先出现在低等的真核生物中。在酿酒酵母中,大多数基因是非断裂的,断裂基因所含外显子的数目也非常少,一般不超过 4 个,长度都很短。其他真菌基因的外显子也较少,不超过 6 个,长度不到 5 kb。在更高等的真核生物,如昆虫和哺乳动物中,大多数基因是断裂基因。昆虫的外显子一般不超过 10 个,哺乳动物则比较多,有些基因甚至有几十个外显子。

由于基因的大小取决于内含子的长度和数目,导致酵母和高等真核生物的基因大小差异很大。大多数酵母基因小于 2 kb,很少有超过 5 kb 的。而高等真核生物的大多数基因长度在 5～100 kb 之间。

从低等真核生物到高等真核生物,其 mRNA 和基因的平均大小略有增加,平均外显子数目的明显增加是真核生物的一种标志。在哺乳动物、昆虫、鸟类中,基因的平均长度几乎是其

mRNA长度的5倍。

2. 基因的数目

从基因组的大小可以粗略地算出基因的数目。虽然一些基因通过选择性表达可以产生一个以上的产物,但这种现象并不常见,对基因数目的计算影响不大。

由于 DNA 中存在非编码序列,使计算产生误差,所以需要确定基因密度。为准确地确定基因数目,需要知道整个基因组的 DNA 序列。目前已知酵母基因组的全序列,其基因密度较高,平均每个开放阅读框(open reading frame,ORF)为 1.4 kb,基因间的平均分隔为 600 bp,即大约 70% 的序列为开放阅读框。其中约一半基因是已知的基因或与已知基因有关的基因,其余是新基因。因此可推测未发现基因的数目。

如果不知道基因组的基因密度,就难以估计基因数目。通过基因分离鉴定可以知道一些物种的基因数目,但这只是一个最小值,真正的基因数目往往大得多。通过测序鉴定开放阅读框也可以推测基因数目,但有的开放阅读框可能不是基因,有些基因的外显子在分离时可能会断裂,这都导致过高估计基因数目,因此鉴定开放阅读框可以得到基因数目的最大值。

另一种测定基因数目的方法是计算表达基因的数目。在脊椎动物细胞中平均表达 1 万~2 万个基因。但由于在细胞中表达的基因只占机体所有基因的一小部分,所以这个方法也不能准确估计基因数目。一般真核生物的基因是独立转录的,每个基因都产生一个单顺反子的 mRNA。但是线虫(C. elegans)的基因组是个例外,其中 25% 的基因能产生多顺反子的 mRNA,表达多种蛋白质,这种情况会影响对基因数目的测定。

通过突变分析可以确定必需基因的数量。如果在染色体一段区域充满致死突变,通过确定致死位点的数量就可得知这段染色体上必需基因的数量。然后外推至整个基因组,可以计算出必需基因的总数。利用这个方法,计算出果蝇的致死基因数为 5 000。如果果蝇和人的基因组情况相同,可预测人有 10 万个以上致死基因。但测定的致死位点,即必需基因的数目必然小于基因总数。目前还无法知道非必需基因的数量。通常基因组的基因总数可能与必需基因的数量处于相同的数量级。通过确定酵母的必需基因比例发现:当在基因组中随机引入插入突变时,只有 12% 是致死的,另外的 14% 阻碍生长,大多数插入没有作用。

3.1.3 基因簇与重复基因

1. 基因家族和基因簇

基因家族(gene family)是真核生物基因组中来源相同、结构相似、功能相关的一组基因。尽管基因家族各成员序列上具有相关性,但序列相似的程度以及组织方式不同。其中大部分有功能的家族成员之间相似程度很高,有些家族成员间的差异很大,甚至有无功能的假基因。基因家族的成员在染色体上的分布形式是不同的,有些基因家族的成员在特殊的染色体区域上成簇存在,而另一些基因家族的成员在整个染色体上广泛地分布,甚至可存在于不同的染色体上。

根据家族成员的分布形式不同,可以把基因家族分为成簇存在的基因家族(clustered gene family),即基因簇以及散布的基因家族(interspersed gene family)。

基因簇(gene cluster)指的是,基因家族的各成员紧密成簇排列成大段的串联重复单位,定位于染色体的特殊区域。它们是同一个祖先基因扩增的产物。也有一些基因家族的成员在染色体上的排列并不十分紧密,中间可能包含一些无关序列。但大多数分布在染色体上相对集中的区域。基因簇中也包括没有生物功能的假基因。通常基因簇内各序列间的同源性大于基因簇间的序列同源性。

散布的基因家族指的是,家族成员在 DNA 上无明显的物理联系,甚至分散在多条染色体上。各成员在序列上有明显差别,其中也含有假基因。但这种假基因与基因簇中的假基因不同,它们来源于 RNA 介导的转座作用。

按照基因家族成员之间序列相似的程度,可把基因家族分为以下几类:

(1)经典的基因家族,家族中各基因的全序列或至少编码序列具有高度的同源性,如 rRNA 基因家族和组蛋白基因家族。在进化过程中,这些家族成员有自动均一化的趋势。它们的特点是:

①各成员间有高度的序列一致性,甚至完全相同。

②拷贝数高,常有几十个甚至几百个拷贝。

③非转录的间隔区短而且一致。

(2)基因家族各成员的编码产物上具有大段的高度保守氨基酸序列,这对基因发挥功能是必不可少的。基因家族的各基因中有部分十分保守的序列,但总的序列相似性却很低。

(3)家族各成员的编码产物之间只有一些很短的保守氨基酸序列。从 DNA 水平上看,这些基因家族成员之间的序列同源性更低。但其基因编码产物具有相同的功能,因为在蛋白质中存在发挥生物功能所必不可少的保守区域。

(4)超基因家族(gene superfamily),家族中各基因序列间没有同源性,但其基因产物的功能相似。蛋白质产物中虽没有明显保守的氨基酸序列,但从整体上看却有相同的结构特征,如免疫球蛋白家族。

2. 重复序列

除了基因家族外,染色体上还有大量无转录活性的重复 DNA 序列家族,主要是基因以外的 DNA 序列。重复序列有两种组织形式:一种是串联重复 DNA,成簇存在于染色体的特定区域;另一种是散布的重复 DNA,重复单位并不成簇存在,而是分散于染色体的各个位点上,来源于 RNA 介导的转座作用。散布的重复序列家族的许多成员是可转移的元件,是不稳定的,可转移到基因组的不同位置。

3. 串联的重复 DNA

有些高度重复 DNA 序列的碱基组成和浮力密度同主体 DNA 有区别,在浮力密度梯度离心时,可形成不同于主 DNA 带的卫星带,称为卫星 DNA。卫星 DNA 由非常短的串联重复 DNA 序列组成。这些序列一般对应于染色体上的异染色质区域。有些高度重复序列的碱基组成与主体 DNA 相差不大,不能通过浮力密度梯度离心法分离,但可以通过其他方法鉴定(如限制性作图),这样的 DNA 序列称为隐蔽卫星 DNA(cryptic satellite DNA)。

根据重复单位的大小。这些非编码的高度重复的 DNA 序列可以进一步分为卫 DNA(satellite DNA)、小卫星 DNA(minisatellite DNA)、微卫星 DNA(microsatellite DNA)三类。

卫星 DNA 由长串联重复序列组成,一般对应于染色体上的异染色质区域。小卫星 DNA 由中等大小的串联重复序列组成.位于靠近染色体末端的区域,也可分散在核基因组的多个位置上,一般没有转录活性。其中有一些高变的小卫星 DNA,重复单位之间的序列有很大不同,但都含有一个基本的核心序列——GGGCAGGAXG,多数靠近端粒。另一类小卫星 DNA 是端粒 DNA,主要成分是六核苷酸的串联重复单位 TTAGGG,作为一种缓冲成分,在真核生物染色体末端的复制中起重要作用。微卫星 DNA 是由更简单的重复单位组成的小序列,分散于基因组中，大多数重复单位是二核苷酸，少数为三核苷酸和四核苷酸的重复单位。

4. 散布的重复 DNA

与串联重复序列组织形式不同的另一种重复序列是以散在方式分布于基因组内的散在重复序列。根据重复序列的长短不同，可以分为短散布元件（short interspersed element，SINE），和长散布元件（long interspersed element，LINE）。短散布元件的重复序列长度在 500 bp 以下，在人基因组中的重复拷贝数达 10 万以上。长散布元件的重复序列在 1 000 bp 以上，在人类基因组中有上万份拷贝。所有真核生物中都具有 SINEs 和 LINEs，但比例不同，如果蝇和鸟类含LINEs 较多，而人和蛙中则含 SINEs 较多。

在人类基因组中有一种中等重复序列，长约 300 bp，几十万个成员分散分布在单倍体基因组中，在其 170 bp 处有一个限制性酶 $AluI$ 的酶切位点，因此被称为 Alu 基因家族（Alu family）。人类基因组中，大约平均每隔 6 kb 左右就有一个 Alu 序列，一般出现在内含子或基因附近，可以作为人类 DNA 片段的特征标记。

Alu 家族的每个成员彼此都很相似，由 130 bp 的串联重复序列组成，右边的一个重复序列中有 31 bp 的插入序列，来自 7SL RNA（信号识别颗粒 SRP 的成分）。7SL RNA 长 300 nt，5′-端的 90 nt 和 Alu 序列左端同源，3′-端的 40 个碱基和 Alu 右端同源，而中央的 160 个碱基和Alu 序列并不同源。Alu 序列的 G+C 含量很高，在具有反转录活性的 Alu 序列中，G+C 含量高达 65%，两个重复序列之间由富含腺嘌呤的接头连接。Alu 家族的成员和转座子相似，两端有短的正向重复序列存在。但是 Alu 家族的每个重复片段的长度不同，因为 Alu 序列可能由RNA 聚合酶Ⅲ转录而来，因此可能带有下游启动子。在细胞遗传学水平上观察，Alu 重复序列集中在染色体 R 带，即基因组转录活跃的区段。在几乎所有已知的编码基因的内含子中，都已经发现了 Alu 序列。Alu 家族的广泛存在暗示它可能具有一定的功能。部分 Alu 序列中有14 bp 与乳头瘤病毒乙型肝炎病毒的复制起始区有同源性，因此推测 Alu 家族可能和真核基因组的复制区相连接，但是 Alu 家族的成员数要比推测的复制区多 10 倍。

3.2 基因的类型

3.2.1 重叠基因

传统的基因概念把基因看作彼此独立的、非重叠的实体。但是，随着 DNA 测序技术的发展，在一些噬菌体和动物病毒中发现，不同基因的核苷酸序列有时是可以共用的。也就是说，它们的核苷酸序列可以是彼此重叠的。这种具有独立性但使用部分共同序列的基因称为重叠基因（overlapping genes）或嵌套基因（nested genes）。

已知大肠杆菌 ΦX174 噬菌体单链 DNA 共有 5 387 个核苷酸。如果使用单一的读码结构，它最多只能编码 1 795 个氨基酸。按每个氨基酸的平均相对分子质量为 110 计算，该噬菌体所合成的全部蛋白质总相对分子质量最多为 197 000。但实际测定发现，ΦX174 噬菌体共编码 11种蛋白质，总相对分子质量高达 262 000。1977 年，Sanger 等人测定了 ΦX174 噬菌体的核苷酸序列，发现它的一部分 DNA 能够编码两种不同的蛋白质，从而解释了上述矛盾。

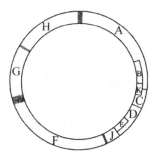

图 3-1　噬菌体 ΦX174 的基因组(重叠基因)

根据 Sanger 等人的研究,ΦX174 噬菌体 DNA 中存在两种不同的重叠基因:第一种是一个基因的核苷酸序列完全包含在另一个基因的核苷酸序列中。例如,B 基因位于 A 基因之中。E 基因位于 D 基因中,只是它们的读码结构不同,因此编码不同的蛋白质(图 3-1)。第二种类型,两个基因的核苷酸序列的末端密码子相互重叠。例如,A 基因终止密码子的 3 个核苷酸 TGA,与 C 基因的起始密码子 ATG 相互重叠了 2 个核苷酸;D 基因的终止密码子 TAA 与 J 基因的起始密码子 ATG 重叠了一个核苷酸。后来在 G4 病毒的单链环状 DNA 基因组中还发现三个基因共有一段重叠的 DNA 序列。

不仅在细菌、噬菌体和病毒等低等生物基因组中存在重叠序列,在一些真核生物中也存在不同于原核生物的其他类型的重叠序列。有一种特殊的重叠基因,一个基因的编码序列完全寓居于另一个基因的内含子序列中。例如,果蝇的 GART 基因(该基因编码参与嘌呤生物合成的酶蛋白)的内含子中寓居着一个与之无关的编码蛹角质膜蛋白(cuticle protein)的基因,但是它的转录方向与 GART 基因相反。

3.2.2　假基因

有些基因核苷酸序列与相应的正常功能基因基本相同,但却不能合成出功能蛋白质,这些失活基因称为假基因(pseudo gene),通常用 ψ 表示。1977 年,在爪蟾的 5S 基因家族中首先发现了假基因。之后在珠蛋白基因家族、免疫球蛋白基因家族以及组织相容性抗原基因家族中也都发现了假基因。

许多假基因与具有功能的"亲本基因"(parental gene)连锁,而且其编码区及侧翼序列具有很高的同源性。这类基因被认为是由含有"亲本基因"的若干复制片段串连重复而成的,称为重复的假基因。珠蛋白基因家族中的假基因就属于这一类型。

珠蛋白基因编码血红蛋白的珠蛋白链,人类珠蛋白基因由分别位于不同染色体上的两个相关的基因家族(α 和 β)组成,其中,人类的 β 簇分布在 50 kb 范围的 DNA 上,包含 5 个有功能的基因(ε、δ、β 各 1 个,γ 2 个)和一个假基因中 φβ$_1$。2 个 γ 基因只有 1 个氨基酸的差别,γG 的第 136 位为 Gly,而在了 γ$_A$ 为 Ala。

α 簇含有 3 个功能基因,3 个假基因和 1 个未知功能的 θ 基因,排列顺序为 ζ、ψζ、ψα$_2$、ψα$_1$(图 3-2)。序列分析表明,ψα$_2$ 基因同三个有功能的 α-珠蛋白基因 DNA 序列相似(ψα$_1$ 基因同有功能的 α$_2$ 基因的序列相似性为 73%),只是假基因中含有很多突变,如起始密码子 ATG 变成 GTG;5′-端的两个内含子也有突变,可能导致 RNA 拼接的破坏;在编码区内也存在许多点突变和缺失。ψα$_1$ 假基因被认为是由 α-珠蛋白基因复制产生的:开始复制生成的基因是有功能的,后来在进化中产生了一个失活突变。由于该基因是复制产生的,所以尽管失去了功能,但是不至影响到生物体的存活。随后在假基因中又积累了更多的突变,从而形成了现今的假基因序列。

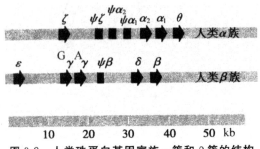

图 3-2　人类珠蛋白基因家族 α 簇和 β 簇的结构

除了重复的假基因外,在真核生物的染色体基因组中还存在着一类加工的假基因(processed pseudogene)。这类假基因不与"亲本基因"连锁,结构与转录物而非"亲本基因"相似,如都没有启动子和内含子,但在基因的 3′-端都有一段连续的腺嘌呤短序列,类似 mRNA3′-端的 polyA 尾巴。这些特征表明,类似的这类假基因很可能是来自加工后的 RNA,称为加工的假基因。

3.2.3　断裂基因或不连续基因

过去人们一直认为,基因的遗传密码是连续不断地排列在一起,形成一条没有间隔的完整的基因实体。但是通过对真核生物编码基因的研究发现,在编码序列中间插有与氨基酸编码无关的 DNA 间隔区,这些间隔区称为内含子(intron);而编码区则称为外显子(exon)。含有内含子的基因称为不连续基因或断裂基因(split genes)。

断裂基因最早是在腺病毒(adenovirus)中发现的。Sharp 及其同事在 R-环(R-loop)实验中发现,腺病毒的 hexon 基因在与其相对应的成熟转录产物 mRNA 进行杂交时,会出现 DNA 环(图 3-3)。也就是说,mRNA 分子与其模板 DNA 相比,丢失了一些基因片段。后来证实,这些片段是在 mRNA 加工过程中从初级转录本上被"剪切出去"的。

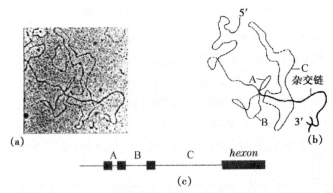

图 3-3　腺病毒外壳蛋白六聚体(hexon 基因编码)mRNA 与 DNA 的杂交试验的电子显微镜照片

a 图显示,3 个内含子因不能与 mRNA 杂交而形成环。b 图为解释图。c 图为腺病毒外壳蛋白六聚体基因中外显子和内含子的排列顺序及其大小(bp)。

断裂基因不仅在腺病毒中存在,事实上,绝大多数真核生物的基因是以断裂基因的形式存在的(少数真核生物基因除外,如组蛋白和干扰素的基因等没有内含子)。Chambon 及其同事最早证明真核生物鸡的卵清蛋白基因是断裂基因。此外,一些比较简单的生物如海胆、果蝇甚至大肠杆菌 T4 噬菌体基因中也都存在内含子序列。只是在不同生物中,这些内含子序列的长度和数目不同。一般来讲,低等的真核生物,其内含子少,序列短;而高等真核生物,其内含子则相对较多,序列较长。

断裂基因在表达时首先转录成初级转录产物(primary mRNA),即前体 mRNA;然后经过后加工,除去无关的 DNA 内含子序列的转录物,成为成熟的 mRNA 分子,这种删除内含子、连接外显子的过程,称为 RNA 拼接或剪接(RNA splicing)(图 3-4)。

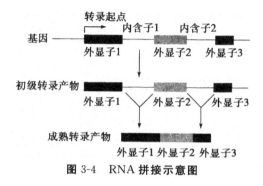

图 3-4　RNA 拼接示意图

3.2.4　移动基因

移动基因(movable genes)又称转座因子(transposable elements)。由于它可以从染色体基因组上的一个位置转移到另一个位置,甚至在不同染色体之间跃迁,因此也称跳跃基因(jumping genes)。

转座(transposition)和易位(translocation)是两个不同的概念。易位是指染色体发生断裂后,通过同另一条染色体断端连接转移到另一条染色体上。此时,染色体断片上的基因也随着染色体的重接而移动到新的位置。转座则是在转座酶(transposase)的作用下,转座因子或是直接从原来位置上切离下来,然后插入染色体新的位置;或是染色体上的 DNA 序列转录成 RNA,随后反转录为 cDNA,再插入染色体上新的位置。这样,在原来位置上仍然保留转座因子,而其拷贝则插入新的位置,也就是使转座因子在基因组中的拷贝数又增加一份。

转座因子本身既包含了基因,如编码转座酶的基因,同时又包含了不编码蛋白质的 DNA 序列。

3.3　基因组

基因组(gemome)是指生物单倍体染色体的总和。遗传图谱对分析基因组和单个基因都很重要,我们可以从不同水平上对基因组进行作图。遗传图谱(genetic map)或连锁图谱(linkage map)以重组率来确定突变之间的距离,其局限性是它依赖于影响表型的突变。限制图谱(restriction map)是用限制酶将 DNA 切割成片段,然后测定片段之间的距离建立的图谱。它以 DNA 的长度来代表距离,因此为遗传物质提供了物理图谱。限制性图谱未能确定遗传上相互独特的位点,要使其与遗传图谱相联系,必须选择能影响酶切位点的突变。基因组上较大的改变能影响限制性片段的大小和数量,易于识别,而点突变则很难被发现。

终极图谱(ultimate map)是确定 DNA 的序列,从序列中可以确定基因和它们之间的距离。通过分析一个 DNA 序列的可读框架,可推测它是否是编码蛋白质。这里基本的推测是自然选择阻止了编码蛋白质序列中破坏性突变的聚集。与此相反,可以假定整个编码序列实际上很可能用来产生蛋白质。通过比较野生型 DNA 和其突变型等位基因,可以确定突变的实质和其确切的位点,从而定义遗传图谱(完全依赖于突变的位点)和物理图谱(取决于 DNA 序列组成)的关系。

相似的技术也用于确认 DNA 和测序,以及基因组作图,虽然存在一定程度上的差异,其原理都是获得一系列重叠的 DNA 片段,能组成一个连续的图谱。通过片段之间的重叠,使每一个片段都与另一个片段相联系,确保没有片段丢失。该原理也用于限制性片段排序作图以及连接片段间的序列。

3.3.1 基因可通过限制酶酶切作图

1. 限制图谱的特点

限制图谱的重要特征是任何 DNA 序列都可以得到限制图谱,不论是否存在突变或是否了解它们的功能。限制图谱是一种物理图谱,能代表 DNA 酶切片段的实际长度,因此分离 DNA 片段后,一般先选择合适的内切核酸酶进行酶切并绘制限制图谱。任何 DNA 都可以通过内切核酸酶在限制位点将其切开,测定这些位点间的距离,从而绘制出物理图谱。限制性内切核酸酶(restriction enzyme)能识别双链 DNA 上的特定靶序列,进行特异性切割。每一种限制酶在 DNA 双链上有一个特定的靶序列,通常是由 4~6 个碱基组成的特定序列。酶可在每个靶序列出现的位点上切割,不同的限制酶识别不同的靶序列,现在已经获得很多限制酶(已从大范围的细菌中获得超过 500 种以上)。

限制图谱代表特定限制酶识别靶位点的线性排列。限制图谱中的距离直接用碱基对(简写 bp)来测量,而较长的距离用 kb 表示,指 DNA 中或 RNA 中 1 000 个碱基。在染色体水平上,图谱用兆碱基对表示(1 Mb=10^6 bp)。

当 DNA 分子用一个适当的限制酶切割时,可切成特殊的片段。这些片段可以根据其大小通过凝胶电泳分离。酶切后的 DNA 加到琼脂糖或聚丙烯酰胺凝胶上,当电流通过凝胶时,每个片段以与其分子质量相对应的速度沿着凝胶移动,从而产生一系列条带,每一条带与片段的大小正相关,泳动距离沿凝胶电泳递减。

2. 限制酶图谱的制作实例

例如,一个 5 000 bp 的 DNA 分子与两个限制酶 A 和 B 一起温育进行酶切,然后将 DNA 上样进行电泳(图 3-5)。用酶 A(左)或酶 B(右)酶切产生的片段大小,可通过与已知大小的片段(如中间所示的对照)比较确定。结果表明酶 A 将底物 DNA 切成 4 个片段(长度为 2 100 bp、1 400 bp、1 000 bp、500 bp),酶 B 将其切成三个片段(长度为 2 500 bp、1 300 bp、1 200 bp)。我

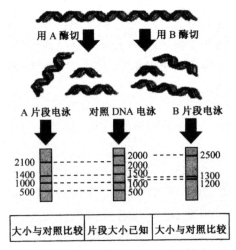

图 3-5 DNA 可被限制酶切成不同大小的片段,然后用凝胶电泳进行分离

们可以运用这些数据建立一个标明 DNA 限制位点的图谱。

两个酶切割的方式可以通过几种方式确定(图 3-6)。进行双酶切时,DNA 同时用两种酶切割,如同用单一酶切一样。最好先用酶 A 或酶 B 进行单酶切,分离产生的片段再用另一种酶切割,酶切产物再一次进行电泳检测。

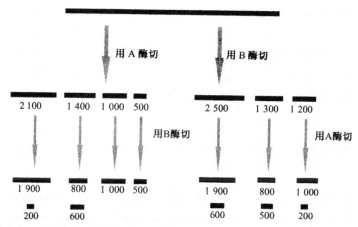

图 3-6　通过酶切双链 DNA,可以确认一种限制酶相对另一酶的切割位点

我们可以用上述数据建立 5 000 bp DNA 的图谱(图 3-7)。图中每一块凝胶采用图 3-5 中电泳分离的片段进行编号。A-2100 表示 2 100 bp,由酶 A 酶切原始的 DNA 分子产生的片段。当该片段用酶 B 消化时,被切成 1 900 bp 和 200 bp 两个片段。因此酶 B 的切割位点距离最近的酶 A 切割位点 200 bp,距离另一个酶 A 位点为 1 900 bp(见图 3-7)。

当片段 B-2500 用酶 A 消化时,被切成 1 900 bp 和 600 bp 两个片段。因此 1 900 bp 的片段是双酶切产生的,在其一端有一个 A 酶切点,另一端有一个 B 酶切点。它可以从任何一个单切片段(A-2100,B-2500)中得到。因此这些单切片段必然在 1 900 bp 共同区域内有重叠(见图 3-7),在图谱右边增加了酶 A 的一个切割位点。

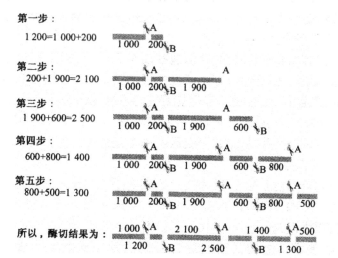

图 3-7　通过限制酶消化片段 A 和片段 B,然后用凝胶电泳分析鉴别二者
不同重叠片段的大小,即可逐级绘制限制酶酶切图谱

限制图谱的关键是使用重叠片段。因为 A-2100 和 B-2500 在中间 1 900 bp 的区域有重叠,

我们可以将 1 900 bp 左边 200 bp 的 A 位点与其右边 600 bp 的 B 位点联系起来。同样,可以继续往两端延伸图谱。左边的 200 bp 也是用 A 酶切 B-1200 产生的,因此下一个 B 位点应该在左边 1 000 bp。右边的 600 bp 片段是用 B 酶切 A-1400 产生的,因此下一个 A 位点应该在右边 800 bp 处(见图 3-7)。

进一步可通过确定两端片段的来源来完成此图谱。在左边,1 000 bp 片段来自 B-1200 并以 A-1000 的形式存在,它不是由 B 酶切成的,因此 A-1000 处于图谱的末端。完整的 5 000 bp 左端,1 000 bp 后是 A 酶切点,1 200 bp 后是 B 酶切点(这就是在图谱中没有标识 B 切点的原因,尽管在分析中将此末端当作 B 切点)。在图谱的右边,800 bp 双酶切片段用 A 酶切产生 B-1300,因此必须在右边加上 500 bp。由酶 A 单切产生的 A-500 可见,这就是结束片段。至此,完整的图谱绘制完成(见图 3-7)。

3.3.2 基因组多态性

1. 遗传多态性普遍存在

依据孟德尔的基因组观点,将等位基因分为野生型(wild-type)和突变型。随后我们认识到由于多个等位基因存在,每一个都产生不同的表型(有些情况下,或许很难将一个基因定义为野生型)。

多个等位基因同时存在于一个基因座称为遗传多态性(genetic polymorphism)。任何稳定存在多等位基因的位点称为多态化(polymorphic)基因。如果一个等位基因在种群中出现的频率大于 1%,就可视为多态化基因。

突变等位基因多态性的基础是什么呢? 它们产生改变蛋白质功能的各种突变,引起突变表型。如果我们比较限制图谱和这些等位基因的 DNA 序列,可发现它们也是多态性的,因为每一个图谱或序列都是不同的。

虽然在表型上并不明确,野生型本身也是多态性的。野生型等位基因的差异可以用不影响其功能的序列变化加以区分,当然这种变化也不会引起表型差异。一个种群可能在基因型上存在广泛的多态性。在特定位点上可能有多个不同的序列,有些能影响表型是可以发现的,但另一些却无法察觉,因为它们不产生可见的效应。

因此一个基因座上存在多种连续的变化,包括改变 DNA 序列而不改变蛋白质序列,改变蛋白质序列而不改变蛋白质功能,产生有不同活性的蛋白质以及产生没有功能的突变蛋白质。

基因组中一些多态性可以通过比较不同基因组的限制性图谱进行检测,前提是限制酶酶切片段类型变化。当一个靶位点在一个基因组中出现而在另一个基因组中不存在时,第一个基因组中额外的切割会产生两个片段,而第二个基因组是单独的一个片段(图 3-8)。

2. 限制性片段长度多态性

因为限制图谱与基因功能是独立的,不论序列改变是否引起表型变化,此水平上的多态性都可被发现。限制性位点多态性很可能几乎不影响到表型,很多涉及不影响蛋白质产生的序列改变(比如,它们处于基因之间)。

两个体基因组限制图谱之间的差别称为限制性片段长度多态性(restriction fragmerit length polymorphism,RFLP)。RFLP 可以与其他标记一样作为遗传标记。可直接检验由限制图谱获得的基因型,而不是检测其表型的特点。图 3-9 表示三个世代限制图谱之间的血缘关系,其限制图谱在 DNA 标记片段水平按孟德尔规律分离。

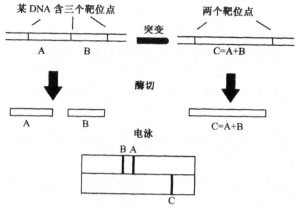

图 3-8　影响限制酶位点的点突变可经凝胶电泳片段大小的变化进行检测

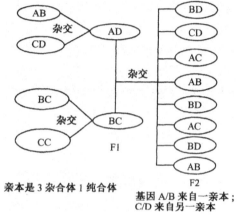

图 3-9　限制片段长度多态性(RFLP)可以按孟德尔方式遗传,4 种等位基因在每代中独立地分离,但图中经限制消化后所有等位基因之间的组合在凝胶电泳中都存在

重组频率也可用限制性标记和可见的表型标记来测量(图 3-10),因此遗传图谱可以包括基因型和表型标记。

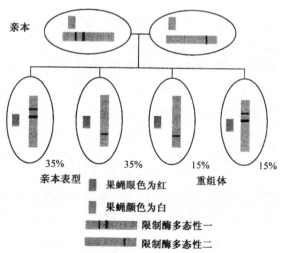

图 3-10　可用限制酶多态性作为遗传标记,测量两个重组子表型(如眼睛的颜色)所对应的遗传学距离图中做了简化,仅将有关的等位基因列出

3.RFLP 的应用

限制性标记并不限于在影响表型的基因组变化中应用,也在分子水平提供了一种检验遗传位点的有效技术。与已知表型相关突变的一个典型问题是,由于不知道相关的基因和蛋白质,因此难以确定相关遗传位点应放在遗传图谱的哪个位置。很多破坏性或致命性人类疾病属于这一类型。比如包囊纤维化表现孟德尔遗传,但是在该基因详细鉴定之前,此突变功能的分子实质一直是未知的。

如果限制酶多态性在基因组中自由发生,则有些会在特定基因附近产生。我们可以确定这样的限制性标记,因为该标记与突变表型密切相关。如果比较患病者的和正常人的 DNA 限制图谱,可能发现一个特定的限制性位点通常出现(或者丢失)在患者 DNA 中,原因是限制性标记与表型间 100% 相关。这暗示限制性标记与突变基因距离很近,以至于它们在重组中不能分离。

限制性标记的判定有两个重要作用:①为发现疾病提供诊断过程。有些遗传描述详细但是分子机制描述困难的人类疾病很难诊断,如果一个限制性片段与表型密切相关,那么无论是在出生前还是出生后,其存在都可用来诊断该种疾病。②为分离基因提供依据。如果两个位点很少或者从不重组,在遗传图谱中限制性片段应该距离基因相对很近。尽管遗传中"相对很近"用 DNA 碱基对表示可能是有一定距离,但它提供了一个使我们沿着 DNA 找到基因的起点。

RFLP 在人类基因组内发生非常频繁,对遗传作图很有用。如果等位基因序列在两条染色体上,其在个别碱基对上发生频率是 1/1 000 bp,影响限制性位点的碱基变化可通过 RFLP 检测出来(图 3-11)。

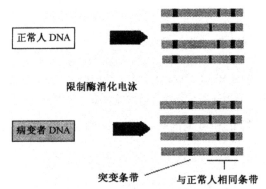

图 3-11　如果某限制性标记与一个表型相关,则该限制酶位点必定位于决定此表型的
基因附近图中,突变将正常人普遍存在的带转换成病人中普遍存在的带

一旦把 RFLP 分配到一个连锁群,即可置于遗传图谱上,并且与其两侧标记的距离可以确定。人和鼠 RFLP 的建立,使人们构建了两个相应基因组的连锁图。人类图谱包括超过 5 000 个相距 1.6 cM(1~2 Mb)的标记,鼠具有超过 7 000 个相距 0.2 cM(200 kb)的标记。任何不清楚的位点可以通过与这些位点的连锁检测出来,从而迅速地绘于图谱上。

多态性的频率意味着每个个体有独特的限制性位点。在特殊区域发现的位点重组称为单一型(haplotype)。单一型概念最初用于描述主要组织兼容性基因座的遗传组成。现在延伸到描述基因组限定区域的等位基因或限制性位点(或者任何其他遗传标记)的特殊重组。

4. 亲-子鉴定技术

RFLP 的存在为建立疑似亲-子关系鉴定技术提供了基础。如果亲本不能确定,比较可能亲本和子代适当染色体区域内 RFLP 图谱,就可找到他们之间确切的关系。使用 DNA 限制性分析确认个体被称为 DNA 指纹技术（fingerprinting）。

3.3.3　真核基因的组织形式

1. 多数真核基因是割裂基因

（1）割裂基因

真核基因通过分子作图鉴定之前，我们假定它们与原核基因有相同的组织形式，认为真核基因包括一段与蛋白质共线性的 DNA。但是 DNA 结构与相应 mRNA 的比较表明，在很多情况下并非如此。mRNA 通常包含依照遗传密码子与蛋白质产物恰好符合的核苷酸序列，但基因却包含位于编码区的额外序列，然后将代表蛋白质的序列割裂，这种组织形式称为割裂基因（interrupted gene）或不连续基因。

割裂基因 DNA 序列可分为两大类（图 3-12），外显子（exon）是在成熟 RNA 中出现的序列。根据定义，一个基因以外显子起始和结束，与 RNA 的 5′ 和 3′ 端相对应。内含子（intron）是插入的序列，在初始转录物加工时被切除，从而产生成熟 RNA。

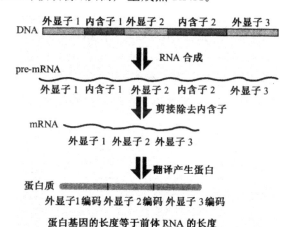

图 3-12　有内含子的基因首先转录成 mRNA 前体，之后内含子被去除，外显子被剪接到一起，成熟的 mRNA 只含有外显子序列

（2）割裂基因转录物需要加工

割裂基因的表达需要一些在非割裂基因中不存在的额外步骤。DNA 产生一个 RNA 拷贝（一个转录物），正好代表基因组序列。但是此 RNA 只是一个前体，它不能用于产生蛋白质。首先内含子必须从 RNA 中移走，从而产生只包含一系列外显子的信使 RNA，此过程称为 RNA 剪接（RNA splicing）。剪接涉及内含子从原始转录物（transcript）中的精确删除，外显子两端连接形成一个共价分子（我们将在第四章讨论剪接的原理和调控）。

结构基因（structural gene）是指基因组中与成熟 mRNA 5′ 和 3′ 端之间相对应的区域。转录从 mRNA 的 5′ 端起始延伸到 3′ 端，再经 RNA 剪接产生成熟 mRNA。基因的范围可以扩大到包括基因两端激活或终止基因表达的调节区域。

如何改变我们对基因的观点呢？内含子剪切后，外显子以其在基因上的顺序连接起来，因此基因和蛋白质的共线性在独立的外显子和蛋白质的相应部分仍然保留，基因中的突变序列与蛋白质中氨基酸替换保持一致。但是基因间的距离和蛋白质内的距离不再一致，基因的长度用前体 RNA 的长度衡量，而不是用 mRNA 的长度定义。

所有外显子都出现在一个 RNA 分子上,并且剪接只是作为分子间的反应发生。通常没有来自不同 RNA 分子上的外显子发生剪接,这种机制排除了任何代表不同等位基因序列之间的剪接。因此处于一个基因上不同外显子的突变不能互补另一个外显子上的突变,故而被认为是一个互补群的成员。

内含子突变会产生什么后果呢？由于内含子不是信使 RNA 的一部分,其突变不直接影响蛋白质的结构。但它通过阻止外显子的剪接,能够阻止信使 RNA 的产生。这种突变只作用于携带它的等位基因,因此不能与该等位基因上其他突变互补,并且是外显子互补群的一部分。

(3)有些真核基因是连续基因

真核基因并不一定都是割裂的,有些用原核基因中同样的方式与蛋白质产物直接对应。在酵母中,大多数基因是连续基因(uninterrupted)。高等真核基因大多是割裂基因,并且内含子比外显子长,使基因比其编码区域长很多。

2. 割裂基因的组织结构可能保守

(1)内含子可通过比较基因和 cDNA 的序列确定

无内含子基因,其 DNA 的限制图谱与 mRNA 的图谱完全对应(通过比较反转录的 cDNA 确定)。当一个基因具有内含子时,其末尾的图谱与信使 RNA 的末尾图谱相同,但基因图谱并不一致,因为基因中有额外的部分,并不与信使 RNA 一致,而非一致区域即内含子。图 3-13 比较了 β-珠蛋基因和 mRNA 的限制图谱。其中有两个内含子,每一内含子包含一些 cDNA 中不存在的限制性位点。但外显子和 cDNA 中限制性位点的模式相同。

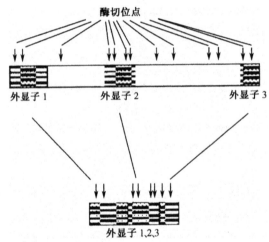

图 3-13　比较鼠 β-珠蛋白的 cDNA 和基因组 DNA 的限制图谱可以看到,β-珠蛋白的基因内有两个内含子,外显子可直接与 cDNA 的序列相对应

比较基因和 cDNA 的序列,可精确的定义内含子。在弄清基因片段之前,需要比较序列水平。如果含有不合适的限制性位点,短的内含子和外显子可能在限制图谱中缺失,但是序列比较并不明显。如果内含子在长的外显子之中,可能不会被发现;而一段小于 50 bp 的外显子则不能和 cDNA 探针杂交,从而在内含子中难以发现。处于编码区的内含子通常会打断一个读码框的整体性,但在 cDNA 中,通常会发现完整的读码框（图 3-14）。

对真核基因不同结构,尚没有特定的原因解释。有些基因是连续的,因此基因序列和 mR-NA 共线性。大多数高等真核基因是割裂的,但是内含子在数量和大小上变化非常大。核基因

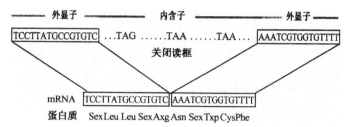

图 3-14　内含子是在基因中存在但在 mRNA 中不存在的序列，
能导致可读框关闭的三个终止码都在内含子中

的内含子一般在读码框上有终止密码子，因而无编码功能。

　　所有类型的基因都可能是割裂基因，包括编码蛋白质的核基因，编码 rRNA 的核基因，以及编码 tRNA 的基因。在低等真核生物中，线粒体也存在割裂基因。割裂基因在细菌和细菌噬菌体中也已发现，但在原核基因组中很少见。

　　(2)基因的割裂结构可能具有保守性

　　有些割裂基因只有一个或少数几个内含子。珠蛋白基因便是很好的例子。珠蛋白基因有 α 和 β 两种类型，二者具有相同的结构。哺乳类珠蛋白基因的一致性为珠蛋白家族基因结构提供了例证(图 3-15)。

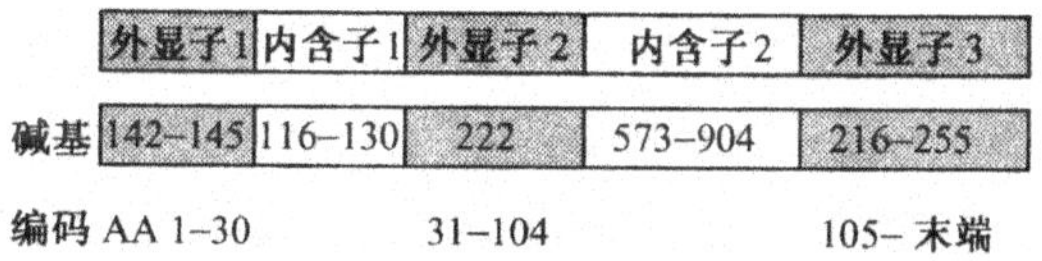

外显子1	内含子1	外显子2	内含子2	外显子3
碱基 142–145	116–130	222	573–904	216–255
编码 AA 1–30		31–104		105–末端

图 3-15　有功能的珠蛋白基因都是含有三个外显子的割裂基因
图中所示的序列长度适于哺乳动物的 β-珠蛋白基因

　　在所有已知的活性珠蛋白基因中，包括哺乳类、鸟类和两栖类，割裂发生在非常同源的位置(与编码区相关)。第一个内含子通常很短，第二个一般比较长，其实际长度有所变化。但多数不同珠蛋白基因间的长度变化皆是第二个内含子长度变化引起。在小鼠中，α-珠蛋白的第二个内含子只有 150 bp，基因总长度为 850 bp，而主要 β-珠蛋白为 1 382 bp。因此基因长度的变化比 mRNA 长度变化范围要更大(α-珠蛋白 mRNA 为 585 个碱基，β-珠蛋白 mRNA 为 620 个碱基)。

　　比较大的基因可能有多个外显子，如二氢叶酸还原酶(dihydrofolate reductase,DHFR)。哺乳类 DHFR 基因含有与 2 000 bp mRNA 相对应的 6 个外显子(图 3-16)，但其基因延伸成一条更长的 DNA，因为内含子非常长。在 3 种哺乳动物中，该基因外显子是一样的，内含子相对的位置发生了改变，但是个别外显子的长度变化很大，使基因长度变化范围为 25～31 kb。

　　珠蛋白和 DHFR 代表了一种普遍的现象：与进化相关的基因其组织结构非常相似，至少有一些内含子的位置是保守的。基因长度的变化主要由内含子的长度决定。

　　3. 外显子保守而内含子趋异

　　(1)外显子序列具有保守性

　　结构基因在其基因组中是独特的吗？答案可能是模糊的。整个基因的长度是独特的，但其外显子通常与其他基因外显子相关。一般而言，当两个基因相关时，其外显子的关系比内含子的关系更紧密。在特殊情况下，两个基因的外显子可能编码同一个蛋白质，但内含子可能不是这样。这表明这两个基因可能起源于一个共同的祖先基因，拷贝间内含子差异积累，但因编码蛋白

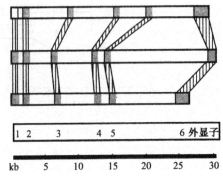

图 3-16 不同哺乳动物的二氢叶酸还原酶基因结构有相似性,即外
显子短内含子长,但内含子之间的长短差异很大

质功能的需要,其外显子区域必须保守。

外显子可能是基因进化的基石,它们可以通过不同的方式进行组合。一个基因可能含有几个与其他基因相关的外显子,但也存在一些并不相关的外显子。一般而言,此时其内含子也不相关。这些基因可能是由同一些外显子经复制和转移产生的。

(2)序列相似性作图比较

两个基因的相似性可用点阵作图进行比较(图 3-17)。一个点表明该位置上基因的序列相同。如果两个序列完全相同,则点组成一条 45 度的直线。若存在不相似区,则直线会被打断,并且另一个相关序列的缺失或插入会使其平行或垂直地被替换。

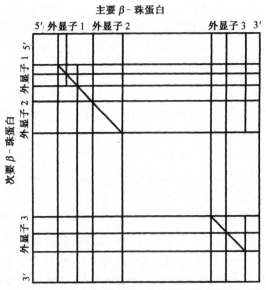

图 3-17 鼠 β^{maj} 和 β^{min} 珠蛋白基因编码区的序列很相似,但编码区的侧翼序列和大内含子序列的差异却很大

比较小鼠 β-珠蛋白基因时,直线延伸过 3 个外显子和一个小的内含子,但在两端和大内含子中消失。这种类型较普遍,编码区域相关密切,而其长内含子和基因两端相似性消失。

两个外显子总差异程度与蛋白质间的差异相关。在翻译区域,外显子需要编码氨基酸,在此限制下,其变异的可能性很小。但许多改变并不影响密码子的意义,如将一个密码子变成另一个密码依旧代表同一个氨基酸。在非翻译区(与 mRNA 5′引导区和 3′结尾区相一致),会有更大变异空间。

（3）内含子趋异

内含子趋异（divergence）的模式也包括大小的变化（由插入和缺失产生）以及碱基组成。内含子比外显子进化快。当比较不同种间的基因时，有时其外显子同源，而内含子间变化巨大，甚至不存在任何相关序列。

外显子和内含子中突变率是相同的，但在外显子中逆向选择使突变被更有效地剔除。与此相反，内含子不受编码功能的限制，其自由积累点突变比其他变异更快。这暗示内含子没有序列特异性功能，其存在对基因是否是必要，目前尚无定论。

4. 可利用保守的外显子分离基因

鉴定基因的主要方法大都以外显子的保守性和内含子的多变性比较为基础。一个功能在不同种内是保守的基因，其代表的蛋白质序列应该有两个性质：具有一个可读框，并与其他种属有相关的序列。这些特点可以用来分离基因。

（1）染色体步移

遗传学的研究已经证明，基因处于特定的染色体上。试想，如果我们缺少有关基因产物的实际信息，如何鉴定在如此之大区域（＞1 Mb）上存在的基因呢？

我们可以从此区域周围的一个克隆开始，沿着染色体此区域步移（chromosome walking），从文库中鉴定重复基因（图 3-18）。第一个克隆的一个小片段用来分离在染色体中延伸的克隆，这些克隆又可用来分离下一个系列。因为其限制图谱一端是与前一个克隆一致的，另一端携有新的序列，因此在每一次循环中，都会选出一个新的克隆。如此步移数百 kb 是有可能的，步移速率一般每个月超过 100 kb。染色体步移可将染色体中大的连续区域从基因文库中筛选出来。

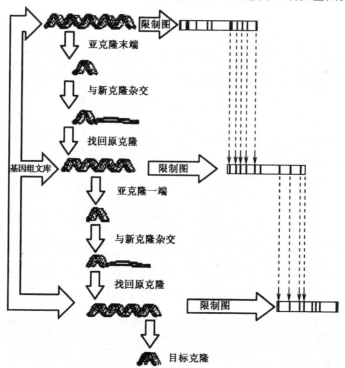

图 3-18　染色体步移通常是通过基因组克隆重叠区的连续杂交进行的，
每一新克隆的图谱一端带有重叠区另一端带有新序列区域

当然,如果染色体的全部序列被确定,鉴定一个独特的基因就更加容易。可对染色体步移中获得的连续系列克隆进行测序,或者通过其他方式(比如直接比较序列)使克隆相联系。若序列已知,基因可以通过比较其 RNA 或蛋白质产物来确定,或者通过序列中的一个突变进行鉴定。

(2)zoo blot 分析

在获得所有序列信息以前,成功鉴定一个有药物开发价值基因的有效方法,是在一定染色体区域搜寻小片段中保守基因应具有的两个性质。首先,寻找能够与其他物种杂交的片段,然后检查这些片段的可读框。

首先,使用动物标记和染色体步移获得的短片段(放射性标记的)作为探针,通过 Southern 杂交从不同物种中检测相关蛋白质。若发现几个物种杂交片段与探针相关(探针通常来自人类),探针就可作为探测基因外显子的候选者。此"候选者"测序后,如果包含可读框,就用来分离周围的基因组区域。如果看似是内含子的一部分,就可用它们来鉴定整个基因,分离相应的 cDNA 或 mRNA,最终鉴定其蛋白质,这种方法称为 zoo blot。

(3)DMD 基因的鉴定过程

当目标基因含有很多大的外显子且很长时,zoo blot 方法特别有用。一种肌肉退化失调症假肥大型(Duchenne)肌营养不良基因(DMD)鉴定,就是其中一例(图 3-19)。DMD 基因与 X 染色体连锁,并影响 1/3 500 比例的男性出生。

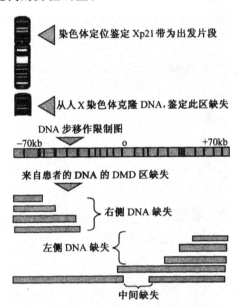

图 3-19　假肥大型肌营养不良基因(DMD)的定位过程如下:通过不断的染色体步移,作图,直至找到突变后能引起疾病的区域

连锁分析表明 DMD 座位位于 X 染色体 Xp21 条带上。DMD 患者通常在该条带上产生 DNA 重排(rearrangement)。通过比较 X-连锁 DNA 探针与患者 DNA 和正常人的杂交能力,可以获得重排或患者体内相关的克隆片段。

染色体步移用来建立探针两端的限制性图谱,范围可超过 100 kb 的区域。通过对一系列患者中获得的 DNA 分析,确定该区域有一段很大缺失,并在两个方向上延伸。最值得一提的是,缺失切除了一个对基因功能很重要的片段,并且该基因或至少基因的一部分包含在此区域内。

基因在染色体上的大致区域确定后,我们需要鉴定其内含子和外显子。采用 zoo blot 方法确定了与小鼠 X 染色体和其他哺乳动物 DNA 杂交的片段(图 3-20),详细检查片段内是否存在可读框和典型的内含子-外显子边界序列,然后将符合这些标准的片段作为探针,进一步在肌肉细胞 mRNA 构建的 cDNA 文库中检测同源序列。

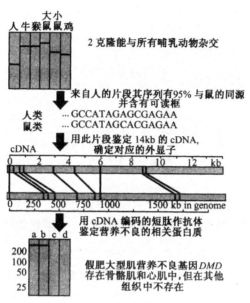

图 3-20　通过 Zoo-Blotting、cDNA 杂交、基因组杂交、蛋白质分析,DMD 被鉴定

杂交筛选鉴定了一个与基因 cDNA 相关、非常大的 mRNA,约 14 kb。与基因组杂交表明,此 mRNA 含 60 个以上的外显子,处于一段大于 2 000 kb 的 DNA 上,是目前已知 DNA 中鉴定为最长的基因,其长度是其他已知基因的 10 倍。该基因编码一个大约 500 kDa 的蛋白质,称为营养不良蛋白质(dystrophin),是肌肉的成分之一,但其含量甚微。所有 DMD 患者在此位点上都是缺失或无效,并且影响营养不良蛋白质的功能。

(4)外显子捕获技术

另一种在基因组片段上迅速找到外显子的方法是外显子捕获(exon trapping)技术(图 3-21)。该技术利用一个携带强启动子、在两个外显子间仅有一个内含子的载体。用这种载体转染细胞时,其转录产生大量含有两个外显子序列的 RNA。内含子上有一个限制性克隆位点,用来插入一段感兴趣区域的片段。如果此片段不包含外显子,那么剪接模式不会改变,并且 RNA 仅包含亲本载体一样的序列。当插入片段具有由两部分内含子包围的外显子结构时,其两端的剪接点就会被识别,将外显子序列插入到载体外显子之间的 RNA 中。所获得的 RNA 可反转录成cDNA,通过 PCR 扩增载体两个外显子之间的序列进行检测。因此若能扩增出来自靶片段的序列,则表明外显子被捕获。由于动物细胞中内含子通常很大而外显子很小,基因组 DNA 可能含有这种所需的结构,即一个外显子两端被部分内含子包围是有可能的。

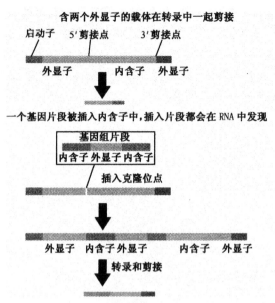

图 3-21 利用外显子捕获载体,若待捕获的某基因组片段含有一个外显子,那么此外显子必定能在细胞质 mRNA 中表现出来,但前提是该基因组片段含且仅含有一个内含子

3.4 基因组学

3.4.1 结构基因组学

1. 基因组作图

人类的单倍体基因组分布在 22 条常染色体和 X、Y 性染色体上,最大的 1 号染色体有 263 Mb,最小的 21 号染色体也有 50 Mb。人类基因组计划的首要目标是测定全部 DNA 序列,但由于人的染色体不能直接用于测序,因此人类基因组计划的第一阶段是要将基因组这一巨大的研究对象进行分解,将其分为容易操作的小的结构区域,这个过程简称为染色体作图(Mapping)。根据使用的标记和手段的不同,染色体作图可以分为遗传连锁作图和物理作图。

(1)物理图谱(physical map)

物理图谱指的是 DNA 序列上两点的实际距离,通常由 DNA 的限制性酶切片段或克隆的 DNA 片段有序排列而成,其基本单位是 kb(千碱基对)或 Mb(兆碱基对)。物理图谱反应的是 DNA 序列上两点之间的实际距离,而遗传图谱则反应这两点之间的连锁关系。在 DNA 交换频繁的区域,两个物理位置相距很近的基因或 DNA 片段可能具有较大的遗传距离,而两个物理位置相距很远的基因或 DNA 片段则可能因该部位在遗传过程中很少发生交换而具有很近的遗传距离。

人类基因组的物理图谱包含了两层意思。首先,基因组的物理图谱需要大量定位明确、分布较均匀的序列标记,这些序列标记可以用 PCR 的方法扩增,称为序列标签位点(Sequence Tagged Sites,STS)。其次,在大量 STS 的基础上构建覆盖每条染色体的大片段 DNA 的连续克隆系(Contig),为最终完成全序列的测定奠定基础。这种连续克隆系的构建最早建立在酵母人工染色体(Yeast Artificial Chromosome,YAC)上。YAC 可以容纳几百 kb 到几个 Mb 的 DNA 插入片段,构建覆盖整条染色体所需的独立克隆数最少。但 YAC 系统中的外源 DNA 片段容易发生丢失、嵌合而影响最终结果的准确性。90 年发展起来的细菌人工染色体(Bacterial Artificial Chromosome,BAC)系统克服了 YAC 系统的缺陷,具有稳定性高,易于操作的优点,在构建人类基因组的物理图谱中得到了广泛应用。BAC 的插入片段达 80 kb~300 kb,构建覆盖人类全部基因组的 BAC 连续克隆系,约需 3×10^5 个独立克隆(15 倍覆盖率,BAC 插入片段平均长150 kb)。除了上述两种系统,在构建人类基因组的物理图谱中所利用的系统还有 P1 噬菌体(Bacteriophage P1,插入片段最大 125 kb)和 P1 来源的人工染色体(P1-derived Artificial Chromosome,PAC,插入片段可达 300 kb)。

从精细的物理图谱出发,排出对应于特定染色体区域的重叠度最小的 BAC 连续克隆系后,就可以对其中的 BAC 逐个进行测序。进行 BAC DNA 测序的基本步骤是:

①将待测的 BAC DNA 随机打断,选取其中较小的片段(约 1.6 kb~2 kb)。

②将这些片段克隆到测序载体中,构建出随机文库。

③挑选随机克隆进行测序,达到对 BAC DNA 8~10 倍的覆盖率。

④将测序所得的相互重叠的随机序列组装成连续的重叠群(Contig)。

⑤利用步移(walking)或引物延伸等方法填补存在的缝隙。

⑥获得高质量的、连续的、真实的完成序列。

对一个 BAC 克隆而言,其内部所有缝隙被填补后的序列称为完成序列;而对一段染色体区域或一条染色体而言,序列的完成是指覆盖该区域的 BAC 连续克隆系之间的缝隙被全部填补。依照美国国立卫生研究院(NIH)和能源部联合制定的标准,最终的完成序列需要同时满足以下三个条件:

①序列的差错率低于 1/10 000。

②序列必须是连贯的,不存在任何缺口(gap)。

③测序所采用的克隆必须能够真实的代表基因组结构。

(2)遗传学图又称连锁图谱(1inkage map)

它是以具有遗传多态性(在一个遗传位点具有一个以上的等位基因,在群体中的出现频率皆高于 1‰ 的遗传标记)为"路标",以遗传学距离[在减数分裂事件中两个位点之间进行交换、重组的百分率,1% 的重组率称为 1 cM(centi Morgan)]为图距的基因组图。遗传图谱的建立为基因识别和完成基因定位创造了条件。

人类基因组遗传连锁图的绘制需要应用多态性标记。人的 DNA 序列上平均每几百个碱基会出现一些变异(variation),这些变异通常不产生病理性后果,并按照 Mendel 遗传规律由亲代传给子代,从而在不同个体间表现出不同,因而被称为多态性(Polymorphism)。现在的多态性标记主要有三种:

第一种是,限制性片段长度多态性(restriction fragment length polymorphism,RFLP)。

RFLP 是第 1 代标记,用限制性内切酶特异性切割 DNA 链,由于 DNA 的点突变所造成的能切与不能切两种状况,而产生不同长度的等位片段,可用凝胶电泳显示多态性,用于基因突变分析、基因定位和遗传病基因的早期检测等方面。RFLP 具有以下优点:

①在多种生物的各类 DNA 中普遍存在。

②能稳定遗传,且杂合子呈共显性遗传。

③只要有探针就可检测不同物种的同源 DNA 分子的 RFLP,缺点是需要大量相当纯的 DNA 样品,而且 DNA 杂交膜和探针的准备,以及杂交过程都相当耗时耗力,同时由于探针的异源性而引起的杂交低信噪比或杂交膜的背景信号太高等都会影响杂交的灵敏度。

第二种是,DNA 重复序列的多态性标记。

人类基因的多态性较多的是由重复序列造成的,这也是人类基因组的重要特点之一。重复序列的多态性有小卫星 DNA 多态性或 VNTR 的多态性和微卫星的 DNA 多态性等多种。

①小卫星 DNA 重复序列(minisatellite)或不同数目的串联重复(variable number of tandem repeats,VNTR)的多态性,指的是基因组 DNA 中有数十到数百个核苷酸片段的重复,重复的次数在人群中有高度变异,总长不超过 20 kb,是一种遗传信息量很大的标记物,可以用 Southern 杂交或 PCR 法检测。

②微卫星 DNA 重复序列(microsatellite)或短串联重复(short tandem repeats,SIR)多态性,是基因组中由 1~6 个碱基的重复,如(CA)n,(GT)n 等产生的,以 CA 重复序列的利用度为最高。微卫星 DNA 重复序列在染色体 DNA 中散在分布,其数量可达 5 到 10 万,是目前最有用的遗传标记。第二代 DNA 遗传标记多指 STR 标记。

第三种是,单核苷酸多态性标记(single nucleotide polymorphism,SNP)。

它是 1996 年 MIT 的 E. Lander 提出的,被称为"第三代 DNA 遗传标记"。这种遗传标记的特点是单个碱基的置换,与第一代的 RFLP 及第二代的 STR 以长度的差异作为遗传标记的特点不同,而且 SNP 的分布密集,每千个核苷酸中可出现一个 SNP 标记位点,在人类基因组中有 300 万个以上的 SNP 遗传标记,这可能达到了人类基因组多态性位点数目的极限。这些 SNP 标记以同样的频率存在于基因组编码区或非编码区,存在于编码区的 SNP 约有 20 万个,称为编码 SNP(coding SNP,cSNP)。

每个 SNP 位点通常仅含两种等位基因——双等位基因(Biallelic),其变异不如 STR 繁多,但数目比 STR 高出数十倍到近百倍,因此被认为是应用前景最好的遗传标记物。

2. 基因组测序

(1)全基因组的"鸟枪法"测序策略

全基因组的"鸟枪法"测序策略,是指在获得一定的遗传和物理图谱信息的基础上,绕过建立连续的 BAC 克隆系的过程,直接将基因组 DNA 分解成小片段,进行随机测序,并辅以一定数量的 10 kb 克隆和 BAC 克隆的末端测序结果,在此基础上进行序列拼接,直接得到待测基因组的完整序列。这一策略从一提出就受到质疑,并不为主流的公共领域所采纳。1995 年,由 Craig Venter 领导的私营研究所 TIGR(The Institute of Genomie Research)将这种方法应用于对嗜血流感杆菌(H. influenzae)全基因组的测序中,成功的测定了它的全基因组序列。该方法随后在对包括枯草杆菌、大肠杆菌等 20 多种微生物的基因组测序中得到了成功的应用。1998 年,TIGR 和 PE 公司联合组建了一个新的 Celera 公司,宣布计划采用全基因组的"鸟枪法"测序策略,在 2003 年底前测定人类的全部基因组序列。接着,Celera 公司与加州大学伯克利分校的果蝇计划(BDGD)合作,仅用了 4 个月的时间,就用全基因组的"鸟枪法"测序策略完成了果蝇基因组 120 Mb 的全序列测定和组装,证明了这一技术路线的可行性,成为利用同一策略进行人类基因组测序的一次预实验。2000 年 6 月,国际人类基因组测序小组和 Celena 公司共同宣布基本完成了人类基因组序列的工作草图,并于次年 2 月分别在 Nature 和 science 杂志上正式公布了工作草图。

（2）cDNA 测序

人类基因组中发生转录表达的序列（即基因）仅占总序列的约 5％，对这一部分序列进行测定将直接导致基因的发现。由 mRNA 逆转录而来的互补 DNA 称为 cDNA，代表在细胞中被表达的基因。由于与重要疾病相关的基因或具有重要生理功能的基因具有潜在的应用价值。使得 cDNA 测序受到制药工业界和研究机构的青睐，纷纷投入重金进行研究并抢占专利。cDNA 测序的研究重点首先放在 EST 测序，根据 EST 测序的结果，可以获得基因在研究条件下的表达特征。EST（expressed sequence tag）是基因表达的短 cDNA 序列，携带完整基因的某些片段的信息，是寻找新基因、了解基因在基因组中定位的标签。比较不同条件下（如正常组织和肿瘤组织）的 EST 测序结果，可以获得丰富的生物学信息（如基因表达与肿瘤发生、发展的关系）。其次，利用 EST 可以对基因进行染色体定位。至 2005 年 5 月 13 日，公共数据库内有 26 858 818 条 EST（其中人类 EST 有 6 057 800），更多的 EST 和全长 cDNA 则掌握在一批以基因组信息为产品的生物技术公司手中。

（3）人类基因组的测序

在世界各国科学家的努力下，人类基因组测序工作顺利开展，并取得了巨大的进展。与此同时，许多私营公司由于觑觎人类基因组计划在医药行业的巨大应用前景，纷纷投入巨资开展自己的测序计划。1998 年，由 PE 公司和 TIGR 合作成立的 Celera 公司宣布将在 3 年时间内完成人类基因组全序列的测定工作，建立用于商业开发的数据库，并对一大批重要的人类基因注册专利。面对私营领域的挑战，公共领域的测序计划也加快了步伐。2000 年 6 月 25 日，美、英、日、法、德和中国的 16 个测序中心或协作组获得了占人类基因组 21.1％的完成序列及覆盖人类基因组 65.7％的工作草图，两者相加达到 86.8％。同时，对整条染色体的精细测序也获得突破性进展。1999 年 12 月，英、日、美、加拿大和瑞典科学家共同完成了人类 22 号染色体的常染色体部分共 33.4 Mb 的测序。2001 年 2 月 15 日，国际公共领域人类基因组计划和美国的 Celera 公司分别在 Nature 和 Science 杂志上公布了人类基因组序列工作草图，完成全基因组 DNA 序列 95％的测序。2003 年 4 月 14 日，国际人类基因组测序共同负责人 Francis Collins 博士宣布，人类基因组序列图绘制成功，全基因组测序完成 99％。

（4）模式生物体的基因组测序

人类基因组计划除了要完成人类基因组的作图、测序，还对一批重要的模式生物体，如大肠杆菌、面包酵母、线虫、果蝇、拟南芥、小鼠等的基因组进行研究。低等模式生物体的基因组结构相对较简单，对其进行全基因组作图测序，可以为人类基因组的研究进行技术的探索和经验的积累。更重要的是，这些研究一方面有助于人们在基因组水平上认识进化规律，另一方面，可以通过对不同生物体中的同源基因的研究，以及利用模式生物体的转基因和基因敲除术（gene knockout）等方法研究基因的功能。随着遗传图谱和物理图谱的进一步完善，测序技术的进一步改进及测序成本的降低，对其他各种模式生物体，尤其是基因组很大的哺乳类动物和植物基因组的测序工作将会不断展开。1997 年，大肠杆菌的全基因组序列测定工作完成，人们第一次掌握了这种重要的模式生物的全部遗传信息。随后，在国际多方合作的基础上，面包酵母、线虫和果蝇的全基因组序列相继得到测定。我国科学家在完成了对水稻基因组的物理图谱的绘制工作以后，对它的全序列测定工作也已经开始。2000 年 4 月 4 日，美国孟山都（Monsanto）公司宣布与 Leory Hood 领导的研究小组合作测定了水稻基因组的工作草图。2002 年 5 月 6 日，国际小鼠基因组测序联盟宣布，完成了最重要的模式生物小鼠基因组的序列草图。

3.4.2 功能基因组学

1. 蛋白质组学

在后基因组时代，虽然已经掌握了多种生物体的基因组序列信息，并且运用基因测序也发现了许多新的基因，但对这些基因的功能还一无所知。即使是一些已被深入研究的模式生物，如大肠杆菌以及酵母，仍然有约一半基因的功能尚不清楚。为了研究基因组中每一个基因的功能，有必要发展一些大规模、高通量、能够集中反映基因功能的实验技术，包括基因水平上和蛋白质水平上的。作为功能基因组学的一个分支，蛋白组学应运而生。蛋白组学是对蛋白质性质和功能的大规模研究，包括对蛋白质的表达水平、翻译后修饰以及与其他分子的相互作用的研究，从而可以得到细胞进程在蛋白质水平上的宏观映象。蛋白质作为 mRNA 的产物在细胞中行使着大部分的功能，但是蛋白质水平与 mRNA 水平之间并不一定有严格的线性关系。实验证明，组织中 mRNA 丰度与蛋白质丰度的相关性并不好，尤其对于低丰度蛋白质来说，相关性更差。蛋白质复杂的翻译后修饰、蛋白质的亚细胞定位或迁移、蛋白质—蛋白质相互作用等都几乎无法从 mRNA 水平来判断。蛋白质本身的存在形式和活动规律，必须从直接对蛋白质的研究来解决。虽然蛋白质的可变性和多样性等特殊性质导致了蛋白质研究技术远远比核酸技术要复杂和困难得多，但正是这些特性参与和影响着整个生命过程。

蛋白质组的概念是 1994 年提出的，但在 80 年代初，在基因组计划提出之前，就有人提出过类似的蛋白质组计划，当时称为 Human Protein Index 计划，旨在分析细胞内所有的蛋白质。但由于种种原因，这一计划被搁浅。90 年代初期，各种技术已比较成熟，在这样的背景下，经过各国科学家的讨论，才提出蛋白质组这一概念。1996 年，澳大利亚建立了世界上第一个蛋白质组研究中——Australia Proteome Analysis Facility（APAF）。随后，丹麦、加拿大、日本和瑞士相继成立了蛋白质组研究中心。2001 年 4 月，在美国成立了国际人类蛋白质组研究组织（Human Proteome Organization，HUPO），欧洲、亚太地区也都成立了区域性蛋白质组研究组织，试图通过合作的方式，融合各方面的力量，完成人类蛋白质组计划（Human Proteome Project）。

蛋白质组学的研究内容大致可以分为两大类：结构蛋白质组学和功能蛋白质组学。前者的主要研究方向包括蛋白质氨基酸序列以及三维结构的解析、种类分析和数量确定；后者则以蛋白质的功能和相互作用为主要目标。

（1）蛋白质分离

迄今为止大通量分离蛋白质的主要方法是二维聚丙烯酰胺凝胶电泳（双向电泳）。这项技术起源于 70 年代，应用了 20 多年并已建立了多种不同细胞及组织类型的资料库。双向电泳是依据等电点和相对分子质量的不同在电场中将不同蛋白质分开，在平面聚丙烯酰胺凝胶上形成一个二维的图谱。双向电泳可以看作是先进行一次等电聚焦，然后再沿着等电聚焦电泳条带垂直方向进行 SDS 聚丙烯酰胺凝胶电泳。通常一块普通的二维凝胶可以分辨出 2 000 个蛋白质，即使最熟练的技术员用最好的凝胶也只能分辨出 11 000 个蛋白质

（2）蛋白质分析

蛋白质经二维电泳分离后，可以将单个的蛋白样点从凝胶中切割出来，用蛋白水解酶消化成多个多肽片段，用蛋白质谱仪进行分析。目前有两种主要方法：基质辅助激光解析电离飞行质谱（matrix-assisted laser desorption inoization-time of flight mass spectrometry，MALDITOF MS）和电喷雾电离随机质谱（electrospray ionization-tandem mass spectrometry，ESI-tandem MS）。

前者可获得多肽片段质量的信息,后者可获得多肽片段详细的资料。虽然两种操作的方式截然不同,但其原理都是带电粒子在磁场中运动的速度和轨迹依粒子的质量与携带电荷比的不同而变化,从而来判断粒子的质量和特性。

(3)蛋白质相互作用

在每一个细胞的生命进程中,大多数蛋白质通过直接的物理相互作用与其他蛋白质共同行使功能。通过掌握能够与某种蛋白质发生相互作用的一些蛋白质的特性,便可推断出该蛋白的功能。例如,一个功能未知蛋白被发现与一系列和细胞生长有关的蛋白有相互作用,那么可以推测该未知蛋白参与了类似的细胞生长过程。因此绘制细胞中蛋白-蛋白相互作用的图谱,对了解这种细胞的生物学属性有重大意义。

酵母双杂交系统是广泛运用于大范围内蛋白—蛋白相互作用研究的一种体内方法;蛋白质芯片可以用于蛋白质相互作用的体外研究。蛋白质芯片在研发上有一定难度,因为蛋白质拥有十分精密的三维立体结构,而且必须被固定在芯片的表面。目前许多大规模研究蛋白—蛋白相互作用的蛋白芯片正在研发当中。基于现已掌握的基因组测序信息,计算机分析也已经被广泛运用于推测蛋白质之间的功能性相互作用。计算机分析能够快速的描绘出许多生物个体的蛋白—蛋白相互作用图谱,指导运用实验室方法准确地绘制出整个基因组规模上的蛋白-蛋白相互作用图谱。

2. 生物信息学

人类基因组计划的直接结果是获得了大量的不连续的数据。蛋白质的复杂结构、繁杂的种类和活跃多样的相互作用,更是给生物信息学以很大的挑战。生物信息学是 20 世纪 80 年代末开始,随着基因组测序数据迅猛增加而逐渐兴起的一门新兴学科,是利用计算机对生命科学研究中的生物信息进行存储、检索和分析的科学。其研究主要是利用计算机存储核酸和蛋白质序列,研究科学算法,编制相应的软件对序列进行分析、比较与预测,从中发现规律。

(1)生物信息学数据库

目前,已经有美国的 GenBank,欧洲的 EMBL 和日本的 DDBJ 等国际性 DNA 数据库,用户可以通过光盘或其他存储媒体以及通过 Internet 获得这些序列,包括最新的序列。蛋白质的一级结构也建立了相应的数据库,其中著名的有 PIR 和 SWISS-PORT 等;迄今为止,已经有约 6 000 种蛋白质的空间结构被阐明,记录这些详尽空间结构的数据库为美国的 PDB。美国国立图书馆生物信息研究中心(National Center for Biotechnology Information,NCBI)的 Entrez 不但有序列数据库,还有大量的文献信息。除了这些主要的大型数据库之外,还有相对较小的专门性数据库,如 GenProEc 为大肠杆菌基因和蛋白质数据库。这些信息各异的数据库,由 Internet 网连接,构成了极其复杂、规模巨大的生物信息资源网络。

(2)生物信息学的目标和任务

生物信息学的研究目标是认识生命的起源、进化、遗传和发育的本质,破译隐藏在 DNA 序列中的遗传语言,揭示基因组信息结构的复杂性及遗传语言的根本规律,揭示人体生理和病理过程的分子基础,为人类疾病的诊断、预防和治疗提供最合理有效的方法和途径。

目前生物信息学的主要任务是:

(1)获取人和各种生物的完整基因组

测序仪的采样、分析、碱基读出、载体识别和去除、拼接与组装、填补序列间隙、重复序列标识、读框预测、基因标注等都依赖于信息学的软件和数据库。这是个信息的收集、整理、管理、处理、维护、利用和分析的过程,包括建立国际基本生物信息库和生物信息传输的国际互联网系统、建立生物信息数据质量的评估与检测系统、生物信息的在线服务,以及生物信息可视化等。

(2)发现新基因和新的单核苷酸多态性

发现新基因是当前国际上基因组研究的热点,使用生物信息学的方法是发现新基因的重要手段。利用 EST 数据库发现新基因称为基因的"电脑克隆"。EST 序列是基因表达的短 eDNA 序列,它们携带着完整基因的某些片段的信息。通过计算分析从基因组 DNA 序列中确定新基因编码区,已经形成许多分析方法,如根据编码区具有的独特序列特征、根据编码区与非编码区在碱基组成上的差异等。截止到 2005 年 5 月,在 GenBank 的 EST 数据库中,人类 EST 序列已超过 600 万条。

单核苷酸多态性研究是人类基因组计划走向应用的重要步骤。SNP 提供了一个强有力的工具,用于高危群体的发现、疾病相关基因的鉴定、药物的设计和测试以及生物学的基础研究等。SNP 在基因组中分布相当广泛,近年的研究表明,在人类基因组中每 300 个 bp 就出现一个 SNP 位点。大量存在的 SNP 位点使人们有机会发现与各种疾病相关的基因组突变。

(3)获取蛋白质组信息

基因芯片技术只能反映从基因组到 RNA 的转录水平上的表达情况,而从 RNA 到蛋白质还有许多中间环节的影响。这样,仅凭基因芯片技术人们还不能最终掌握蛋白质的整体表达状况。因此,近年在发展基因芯片的同时,人们还发展了二维凝胶电泳技术和质谱测序技术。通过二维凝胶电泳技术可以获得某一时间截面上蛋白质组的表达情况,通过质谱测序技术则可以得到所有这些蛋白质的序列组成。然而,最重要的是运用生物信息学的方法分析获得的海量数据,从中还原出生命运转和调控的整体系统的分子机制。

(4)蛋白质结构预测

基因组和蛋白质组研究的迅猛发展,使许多新蛋白序列涌现出来。然而,要了解这些蛋白质的功能,只有氨基酸序列是远远不够的.还需要了解其空间结构。蛋白质的功能依赖于其空间结构,而且在执行功能的过程中,蛋白质的空间结构会发生改变。目前,除了通过 X 射线衍射晶体结构分析、多维核磁共振波谱分析和电子显微镜二维晶体三维重构等物理方法获得蛋白质的空间结构外,还可以通过计算机辅助预测蛋白质的空间结构。一般认为,蛋白质的折叠类型只有数百到数千种,远远小于蛋白质所具有的自由度数目,而且蛋白质的折叠类型与其氨基酸序列具有相关性,因此有可能直接从蛋白质的氨基酸序列,通过计算机辅助方法预测出蛋白质的空间结构。

(5)生物信息分析的技术与方法研究

为了适应生物信息学的飞速发展,其研究方法和手段必须得到提高。例如:开发有效的能支持大尺度作图和测序需要的软件、数据库和若干数据库工具,以及电子网络等远程通讯工具;改进现有的理论分析方法,如统计方法、模式识别方法、复性分析方法、多序列比对方法等;创建适用于基因组信息分析的新方法、新技术,发展研究基因组完整信息结构和信息网络的方法,发展生物大分子空间结构模拟、电子结构模拟和药物设计的新方法和新技术。

第4章 DNA 的生物合成

4.1 DNA 复制的基本原理

4.1.1 DNA 的半保留复制

在细胞分裂的过程中,亲代细胞所含有的遗传信息会原原本本地传递给两个子代细胞。细胞的 DNA 携带了细胞的一切遗传信息。因此,亲代 DNA 也必须准确无误地复制成两个拷贝分配到两个子代细胞中去。那么遗传信息的复制是怎样进行的? Watson 和 Crick 在提出 DNA 双螺旋结构模型之后,对 DNA 的复制过程也进行了研究。DNA 分子是由两条多脱氧核苷酸链组成的,两条链的碱基之间按照碱基互补配对原则形成氢键使两条链结合在一起。当 DNA 新链合成时,它们将按通常的碱基配对规律进行,即 A 与 T,G 与 C,并且两亲代链分离,分别作为新链合成的模板。该假说曾推测在 DNA 复制时,子代双链 DNA 中,一条链来自亲代,而另一条链是新合成的。这就是半保留复制(semi-conservative replication)方式。这两条链中一条链上的碱基排列顺序决定了另一条链的碱基排列顺序。Watson 和 Crick 认为 DNA 双螺旋中的每一条 DNA 链都可以作为模板合成它的新链。

1985 年,Meselson 和 Stahl 进行了一个经典的实验。首先证实了 DNA 复制是以半保留方式进行的。他们将 *E. coli* 在 NH_4Cl 为唯一氮源的培养基中培养,然后将其转入以 ^{14}N 为氮源的培养基中培养。采用氯化铯密度梯度离心,观察各代培养物的 DNA 形成区带的位置和比例。如果复制是全保留的,那么重密度的亲代 DNA 会分成两条单链作模板,合成的一条新链是低密度的(L)。在组成两个子代双链分子时,一个子代双链分子完全由来自亲代的重密度(D)两条链组成;另一子代双链分子完全由新合成的两条轻密度链组成。在超离心中很容易把它们区分开。如果复制是半保留的,在 ^{15}N 中培养的细胞得到的 DNA 为重密度的双链(DD)。转入 ^{14}N 标记的培养基中生长。复制时分别作为模板,每一条亲代链都合成一条新的轻密度单链 DNA(L)。经第一代培养(每代约 20～30 min),子代双链 DNA 将由一条重密度(D)的亲代 DNA 和一条轻密度(L)的新合成的 DNA 组成,将是一条中等密度的杂合双链分子(DL)。见图 4-1。

实验出现了这样的结果:在 ^{15}N 为唯一氮源的培养基中生长的 *E. coli*,提取 DNA 经过 CsCl 密度梯度离心后形成一条带,位于离心管底部,说明亲代 DNA 分子都标记上了 ^{15}N(重链)。转入以 ^{14}N 为氮源培养基中生长的 *E. coli*,经 CsCl 密度梯度离心后,子一代 DNA 呈一条带,位置位于 ^{15}N(重链)带和 ^{14}N(轻链)带之间;子二代 DNA 形成两条带,一条带位于重链带和轻链带之间,另一条带位于轻链带位置上;子三代 DNA 也形成两条带,两条带的位置与子二代的 DNA 带相同,但是位于轻链带位置的区带变宽。

通过以上结果我们可以得出结论:DNA 是采用半保留的复制方式复制的。这是因为子一代 DNA 的区带位于重链带和轻链带之间,是一种"杂种链",是由 ^{15}N 标记的亲本链和 ^{14}N 标

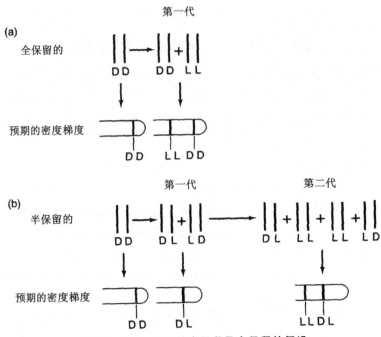

图 4-1　DNA 复制的半保留及全保留的假设

记的子链结合而成；子二代 DNA 的区带为两条带：轻链带和"杂种链"带，轻链带的 DNA 分子都是由 HN 标记的两条链组成的；子三代轻链带的 DNA 分子比例增大。假如 DNA 采用全保留复制方式进行复制，则子一代应该出现两条带，即重链带和轻链带，然而实验结果并非如此。假如 DNA 采用随机分散复制方式进行复制，则后代应该永久保持一条带，然而实验结果与此假设不符，因为子二代、子三代都出现了两条带。所以 DNA 的复制是采取半保留复制方式进行的。

此外，为了证实第一代出现的中等密度的 DNA 带是杂合分子，Meselson 等还做了另一个实验，将子一代"杂种链"的 DNA 分子加热变性，然后进行 CsCl 密度梯度离心，变性后由于子一代"杂种链"中 DNA 分子两条单链密度不同，出现了两条带，一条为 ^{14}N 带，另一条为 ^{15}N 带。实验结果进一步证明了大肠杆菌 DNA 半保留复制的正确性。

4.1.2　DNA 的半不连续复制

解决了 DNA 半保留复制的问题，我们又面临一个新的问题，那就是螺旋是如何产生的。图 4-2 是 Waston 和 Crick 提出来的双螺旋复制机制。

在图 4-2 中，我们看到复制叉处两条链必须互相绕着旋转。如果 DNA 分子在细胞里是伸展的，那么事情还算简单，但是 DNA 分子的长度是它在细胞中长度的 600 倍，也就是说 DNA 分子在双螺旋链中是高度被压缩的，这样高度被压缩的分子要进行旋转是不可能的。要想解决这个问题，一个简单的方法就是在复制叉前面的亲代链上造成一个切口，这样使得超螺旋区的一个小片段旋转。这个过程只需要被打开的链重新形成，但是这个被切开的切口的修复工作又必须在复制叉到达这个切口之前完成，否则子代链就会丢失。

在半保留复制中，两条 DNA 的新生链合成在同一复制叉中同时进行。但 DNA 复制原则上只允许以 5′→3′ 方向进行。因为 DNA 双螺旋的两条链是反向平行的,因此在复制叉附近解开的 DNA 两条链一条是 5′→3′ 方向,另一条是 3′→5′ 方向。那么方向为 5′→3′ 的那一条亲本链又是如何被复制的呢?似乎应该是以 3′→5′ 方向进行,而事实上并非这样。

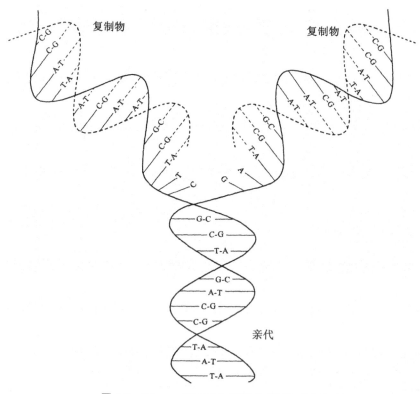

图 4-2　Waston 和 Crick 提出的 DNA 复制机制

1968 年冈崎(Okazaki)发现大肠杆菌用 ^{3}H 脱氧胸苷短时间标记,从中得到的 DNA 变性后用超离心方法可以得到许多 8～10S 的标记小片段,这些小片段被称为"冈崎片段"。标记时间延长,冈崎片段可转变为成熟 DNA 链,因此它们必然是复制过程的中间产物。按照这个结果,冈崎认为 DNA 合成至少在一条链上是不连续的。以复制叉向前移动的方向为准,以一条 3′→5′ 方向的模板链复制出一条 5′→3′ 方向的连续 DNA 单链,称为"前导链"(leading strand)。另一条链上新生 DNA 也是以 5′→3′ 方向合成,但与复制叉前进的方向相反,这一条链称"后随链"(lagging strand)。随着复制叉的移动,前导链继续被复制成连续长链,而后随链片段按反方向以不连续方式被复制。事实上,后随链与前导链合成的物理方向是相同的,因为后随链在复制叉处回转了 180°。合成后很多不连续的后随链可以连接起来成为一条完整的 DNA 链。如图 4-3 所示,就是半不连续复制。[1]

---

① 郜金荣,叶林柏. 分子生物学. 武汉:武汉大学出版社,2007,第 155 页

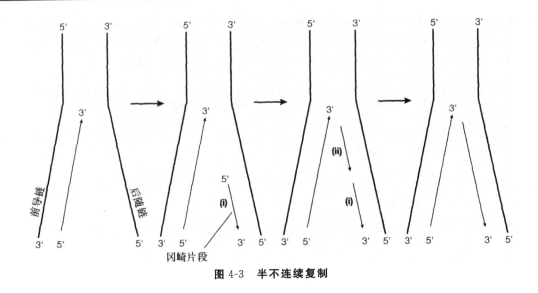

图 4-3　半不连续复制

4.1.3　DNA 的复制方式

在上文中,我们已经详细介绍了 DNA 的半保留复制和半不连续复制,除此之外,DNA 的复制还存在其他方式。

1. 双向复制

遗传信息都是如何复制的? 这是分子生物学发展到一定阶段,一定会涉及到的问题。Cairns 等用放射自显影技术研究大肠杆菌 DNA 的复制过程,证明其 DNA 是边解链边复制。DNA 复制时在解链点形成分叉结构,这种结构称为"复制叉",那么 DNA 是单向复制的还是双向复制的? 如果是单向复制,那么一个复制叉就会向远离另一个复制叉的方向移动;如果是双向复制,那么两个复制叉会向远离原点的方向反向移动。Elizabeth Gyurasits 和 R. B Wake 在研究枯草杆菌(Bacillus subtilis) DNA 复制时发现,DNA 的复制是双向的。见图 4-4。

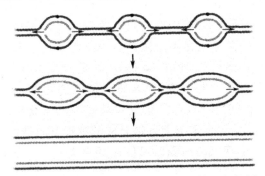

图 4-4　真核生物 DNA 多个复制叉的双向复制

2. 单向复制

那么是所有的遗传系统都是双向复制的吗,没有遗传系统是单向复制的吗? Lovett 在所有的遗传系统中发现质粒 colEl 是使用单向复制方式的事例。Lovett 用电子显微镜对正在复制的 colEl 分子进行了观察,结果发现只有一个运动着的复制叉。当然,如果实验者仅是简单地观察复制着的环形 DNA 分子,将只能观察到具有两个复制叉的复制泡,但无法确知复制是否发生在两个复制叉上。Lovett 在 DNA 分子上做出了标记,这些标记可以在复制期间的不同时段分别确认复制叉的位置。如果两个复制叉都发生了移动,就说明两个复制叉都在活动,DNA 就进行双向复制;反之,如果只有一个复制叉在活动,说明 DNA 进行单向复制。

Lovett 及同事选择的标记是 colEl DNA 分子上的限制性内切核酸酶 EcoRI 的酶切位点。如图 4-5 所示为 colEl 的复制示意图,我们可以清晰地看出,复制泡上方的一段 DNA 没有复制,而复制泡下方的复制叉却在活动,这说明质粒 colEl 是进行单向复制的。

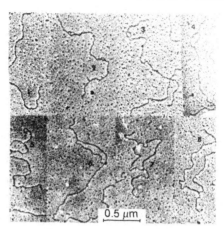

图 4-5　colEl 的单向复制

3. "θ"型复制

原核生物的染色体和质粒,真核生物的细胞器 DNA 都是环状双链 DNA 分子。环状双链 DNA 分子在进行复制的过程中,从一个固定的起点开始进行复制,复制方向大多数是双向的,产生两个复制叉,分别向两侧进行复制,个别复制产生一个复制叉,按照一个方向进行复制。环状双链 DNA 分子在复制叉处解开两条链,各自合成其互补链,在电子显微镜下可以看到形成如希腊字母 θ 型的结构,因此叫"θ"型复制。

4. 滚环复制

环状 DNA 分子除了能够进行"θ"型复制外,还可以进行滚环复制。在进行滚环复制时,亲代双链 DNA 的一条链在 DNA 复制起点处被切开,切口的 3'-OH 末端围绕着另一条环状模板被 DNA 聚合酶延伸。新链不断延伸,旧链就不断被置换,因此整个结构看起来像一个滚环。

某些环形 DNA 分子就采用滚环复制进行 DNA 的复制。例如 ΦX174 等具有单链环形基因组 DNA 的 E. coli 噬菌体都采用相对简单的滚环复制机制进行自身遗传信息的复制。滚环复制并非只产生单链 DNA 分子,一些噬菌体(如 λ 噬菌体)利用滚环机制可以复制双链 DNA 分子。

5. D 环复制

叶绿体和线粒体 DNA 采用的是 D 环复制。线粒体 DNA 复制是一种起始很特殊的单向复制模式。DNA 两条链的密度并不相同,分别称为"重链"和"轻链"。每一个 DNA 分子有两个相距很远的复制起始区 O_H 和 O_L。O_H 用于重链的合成,O_L 用于轻链的合成。两条链的合成都需要先合成 RNA 引物,但是它们是连续合成的。O_H 首先被启动,合成重链,合成的重链在延伸的同时取代了原来的重链。被取代的重链以单链环的形式游离出来,形成取代环,即 D 环(displacement-loop)。当重链合成约 2/3 时,O_L 暴露出来,开始轻链的合成。两个子代 DNA 在轻链完成前已经发生分离。

4.1.4 DNA 复制的酶类

在 DNA 复制中,酶促合成是一个复杂的过程,因为需要高度忠诚的复制,并且在复制过程中亲代链必须分离。在这个复杂的复制过程中,有许多种酶参与其中。事实上,现在知道的参与复制的蛋白质多达 20 多种。以下介绍几种常见的参与复制的酶种。

1.DNA 聚合酶

DNA 聚合酶又称为依赖 DNA 的 DNA 聚合酶。是以脱氧核苷三磷酸作为底物催化合成 DNA 的一类酶。从不同的生物包括细菌、植物、动物中都发现有多种 DNA 聚合酶。这些酶中只有一部分真正参与复制反应,被称为 DNA 复制酶(Replicase),其他的酶参与复制中的辅助作用或参与 DNA 的修复。1957 年,Kornberg 首次在大肠杆菌中发现 DNA 聚合酶 I。此后,在原核生物和真核生物中相继发现了多种 DNA 聚合酶。DNA 聚合酶又具体分为以下几种。

(1)DNA 聚合酶 I

DNA 聚合酶 I 是由 Kornberg 于 1956 年发现的一种多功能酶,它有 $5'{\rightarrow}3'$ 外切酶、$3'{\rightarrow}5'$ 外切酶、$5'{\rightarrow}3'$ 聚合酶活性中心三个不同的活性中心。用枯草杆菌蛋白酶水解 DNA 聚合酶 I 可以得到两个片段。其中大片段称为 Klenow 片段,含 $3'{\rightarrow}5'$ 外切酶活性中心和 $5'{\rightarrow}3'$ 聚合酶活性中心;小片段含 $5'{\rightarrow}3'$ 外切酶活性中心。DNA 聚合酶 I 活性低,主要功能是在复制过程中切除引物,填补缺口,而不是催化 DNA 复制合成。此外,DNA 聚合酶 I 还参与 DNA 的修复。

DNA 聚合酶有多种活性:

①聚合活性:在模板指导下,以脱氧核苷三磷酸为底物在引物的 $3'$-OH 末端加上脱氧核苷酸。每个酶分子每分钟添加 1 000 个单核苷酸。如果 DNA 的合成是由聚合酶催化的,那么都需要以下条件:(i)模板;(ii)一个 $3'$-OH 末端的引物,且该引物必须与模板形成氢键;(iii)合成从 $5'{\rightarrow}3'$ 方向进行。

②$3'{\rightarrow}5'$ 外切酶活性:在没有脱氧核苷三磷酸底物时,能从 $3'$-OH 开始以 $3'{\rightarrow}5'$ 方向水解 DNA,产生 $5'$ 单核苷酸。实际上 DNA 复制时,加上去的脱氧核苷酸不一定每次都正确,错误的机会不少,有时甚至加上一个不与模板配对的核苷酸,当 $3'$-OH 末端的碱基不与模板配对时,聚合酶就无聚合活性。

③$5{\rightarrow}3$ 外切酶活性:从图 4-6 中可以看到 DNA 聚合酶 I 具有 $5'{\rightarrow}3'$ 外切酶活性,它的特点是:(i)只能在 $5'$-P 末端一个接一个地切除核苷酸;(ii)可以连续地切除多个核苷酸;(iii)只切除配对的 $5'$-P 末端的核苷酸;(iv)既能切除脱氧核苷酸(DNA)也能切除核苷酸(RNA);(v)对只具有 $5'$-P 末端的切口也有活性。

DNA 聚合酶 I 的 $5'{\rightarrow}3'$ 外切酶活性和聚合活性同时作用可以进行切口平移,用来制造放射性探针。控制条件,使 DNA 聚合酶 I 在缺口处只具有聚合活性而不具有外切酶活性,在这种情况下,新生的链会取代亲代链,这样的取代被认为是 DNA 重组中重要的环节。

④内切酶活性:DNA 聚合酶 I 同时具有 $5'{\rightarrow}3'$ 外切酶活性和 $5'{\rightarrow}3'$ 内切酶活性。它们在两个碱基之间切开,产生一个具有 $5'$-P 末端的不配对碱基的片段。

(2)DNA 聚合酶 II

DNA 聚合酶 II 是一种多酶复合体,有 $5'{\rightarrow}3'$ 聚合酶活性中心和 $3'{\rightarrow}5'$ 外切酶活性中心,但没有 $5'{\rightarrow}3'$ 外切酶活性中心。DNA 聚合酶 II 的功能可能是在应急修复应答中起作用,DNA 聚合酶 II 也可以像 DNA 聚合酶 I 一样填补缺口,并在 DNA 损伤修复中更容易利用损伤的模板直

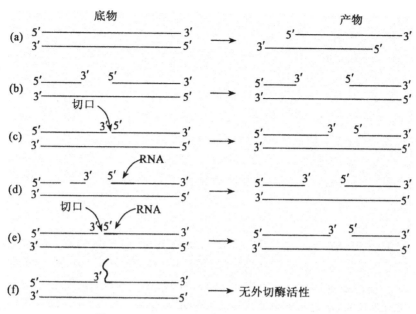

图 4-6　DNA 聚合酶 5′→3′外切核酸酶活性

接合成 DNA。

（3）DNA 聚合酶Ⅲ

带有 DNA 聚合酶 Ⅲ 的温度敏感突变（polC）的大肠杆菌在限制温度下是不能存活的，从这种菌株得到的裂解液也不能合成 DNA，当加入正常细菌的 DNA 聚合酶 Ⅲ 时可以恢复它的聚合能力，因此与前两种 DNA 聚合酶不同的是，聚合酶 Ⅲ 在体内复制 DNA 的过程中必不可少。

DNA 聚合酶Ⅲ是一种多美复合体，由 α、β、γ、δ、δ′、ε、θ、τ、χ 和 ψ 共十种亚基构成，其中 α、ε 和 θ 亚甲基构成了全酶的中心。α 亚基含 5′→3′聚合酶活性中心，ε 亚基含 3′→5′外切酶活性中心，θ 亚基可能起装配作用，其他亚基各有不同作用。

2. DNA 连接酶

DNA 连接酶可催化 DNA 分子中两段相邻单链片段的连接，但不能连接单独存在的 DNA 单链。DNA 连接酶催化一个 DNA 链的 5′磷酸根与另一条 DNA 链的 3′羟基形成磷酸二酯键，从而将两个相邻的 DNA 片段连接起来。因为 DNA 的复制是半不连续的，在复制的一定阶段需要 DNA 连接酶将不连续的冈崎片段连接完整。所以这两个链都必须与同一另外的链互补结合，而且在连接的过程中只能产生一个切口。

DNA 连接酶在 DNA 复制、重组和修复中作用显著，缺乏 DNA 连接酶的大肠杆菌突变株中冈崎片段积累，对紫外光敏感性增加。每个大肠杆菌约有 300 个连接酶分子，在 30℃下每分钟可以连接 7 500 个切口，而在实际过程中，每分钟需要连接的缺口只有 200 个左右，因此连接酶的含量是足够 DNA 进行复制的。

3. DNA 解旋酶

DNA 解旋酶是通过水解 ATP 获得能量来解开双链 DNA 的酶。它是一个复合体，通常为二聚体或六聚体，通过其复合结构提供 DNA 结合位点并沿 DNA 定位。它可能具有两种形式，一种形式与双链 DNA 结合，另一种形式与单链 DNA 结合。解旋酶在一个与双链区相连的单链区起始解螺旋，而且可能以特定的极性起作用，偏好与具有 3′端的单链 DNA 或具有 5′端的单链

DNA 结合。

解旋酶将 NTP 水解释放出来的化学能转化成可以让 DNA 解链的化学能、机械能,以及解旋酶沿着 DNA 移位的机械能,所以我们可以将解旋酶看做一种特殊的、以 DNA 为运动轨道的分子马达。

4. 单链结合蛋白

单链 DNA 结合蛋白可以和解开的单链 DNA 结合,让单链 DNA 保持稳定,防止其重新形成双链,并避免内切核酸酶对单链 DNA 的水解,保证单链 DNA 作为模板时的伸展状态。

单链结合蛋白能刺激同源的 DNA 聚合酶活力,如 T_4 的基因 32 蛋白可以刺激 T_4 DNA 聚合酶的活力,但是不能刺激大肠杆菌 DNA 聚合酶的活力,反过来也同样如此。单链 DNA 结合蛋白可以重复利用。

5. DNA 拓扑异构酶

DNA 拓扑异构酶是一类通过催化 DNA 链的断裂、旋转和重新连接而改变 DNA 拓扑学性质的酶。这里的拓扑是指物体或图像作弹性位移而保持物体原有的性质。在 DNA 复制过程中,需要部分 DNA 呈现松弛状态,这使其他部分的 DNA 由于呈现正、负超螺旋状态而出现打结或缠绕等拓扑学性质的改变。DNA 拓扑异构酶的作用是在 DNA 复制、转录、重组和染色质重塑等过程中,调节 DNA 的拓扑结构,促进 DNA 和蛋白质相互作用。拓扑异构酶也有两种形式。

(1)拓扑异构酶Ⅰ

最初从大肠杆菌中分离到一种 ω 蛋白,它可以在不改变共价闭环的超螺旋 DNA 活血组成或结构的同时,将其变成松弛态。由于反应的产物还是闭环 DNA,因此,酶反应机制只能是先切开双链 DNA 中的一条链,使链的末端沿螺旋的方向转动,然后把切口封起来。拓扑异构酶Ⅰ可以催化三种拓扑转换反应:解松超螺旋、拓扑结和形成环状双链。

(2)拓扑异构酶Ⅱ

拓扑异构酶Ⅱ又称 DNA 旋转酶(DNA gyrase),或紧旋拓扑异构酶(twisting topoisomerase),它由两个 α 亚基和两个 β 亚基组成。β 亚基可以结合 ATP,具有 ATP 酶的活性。拓扑异构酶Ⅱ的作用是水解 ATP,并且松弛状态环状 DNA 转变为负超螺旋 DNA,如图 4-7 是拓扑异构酶Ⅱ的工作机制,我们可以看出,拓扑异构酶Ⅱ每次可以使 DNA 的两条链同时切断,让另一条双链 DNA 穿过断口,再将已切断的末端重新封接起来。

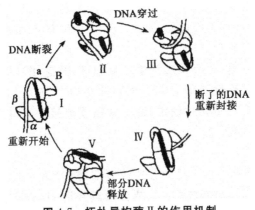

图 4-7　拓扑异构酶Ⅱ的作用机制

6. 引物酶

大肠杆菌中的引物酶是 Dna G 蛋白,在 DNA 复制中合成 RNA 引物,是 DNA 复制起始复合物中的复制蛋白之一。这种 RNA 聚合酶与转录时的 RNA 聚合酶不同,因为它对利福平不敏感。引物酶在模板的复制起始部位催化互补碱基的聚合,形成短片段的 RNA。

7. 引发前体蛋白

引发前体蛋白 n,n′,n″,Dna B,Dna C 和 I 是 DNA 复制起始过程中装配成引发前体的蛋白质。

4.2　原核生物 DNA 的复制

4.2.1　复制的起始

在上一节中,我们已经讨论了参与 DNA 复制的各种酶类。那么它们是怎样开始进行复制的呢。

E. coli 只有一个复制起点称为 OriC,由 245 bp 组成。这个顺序在大多数的细菌中是高度保守的。在 DNA 复制的起始阶段,需要在引发体的作用下,合成 RNA 引物。引发体的形成主要有以下几个步骤。

(1)在 HU 蛋白、整合宿主因子的帮助下,Dna A 蛋白四聚体在 ATP 参与下,在 OriC 的 9 bp 重复顺序下结合。这种结合使 20～40 个 Dna A 蛋白在较短的时间内结合到 OriC 附近的 DNA 上。HU 是细菌内最丰富的 DNA 结合蛋白,它与 IHF 具有相似的结构和性质。但是与 IHF 不同,HU 与 DNA 的结合具有非特异性,可以激活或抑制 IHF 与 OriC 的结合,HU 的调节的方向取决于 HU 和 IHF 之间的相对浓度。

(2)Dna A 蛋白组装成蛋白核心,DNA 则环绕在蛋白核心上形成类似核小体的结构。

(3)利用 Dna A 蛋白所具有的 ATP 酶活性水解 ATP 以驱动 13 bp 重复序列内富含 AT 碱基对的序列解链,形成长约 45 bp 的开放起始复合物。

(4)2 个 Dna B 蛋白在 Dna C 蛋白和 Dna T 蛋白的帮助下被招募到解链区,这个过程也需要消耗 ATP。

(5)在 Dna B 蛋白的作用下,OriC 内的解链区域不断扩大,形成复制泡和 2 个复制叉。随着单链区域的扩大,多个 SSB 结合于解开的 DNA 单链部分。Dna B 解螺旋形成的扭曲张力,在 TOP II 的作用下被消除。至此,DNA 复制的起始阶段基本完成,我们把形成的复合物称为预引发体。

4.2.2　复制的延伸

DNA 复制的延长是指在 DNA 聚合酶的催化下,底物 dNTP 通过磷酸二酯键依次加入引物或延长中的 DNA 子链上的过程。这个过程首先需要完成的是形成复制体。

在原核生物中,当 DNA pol III 全酶加入到引发体上后,DNA 和多种蛋白质组装在一起就形成了复制体。由于每个复制叉上只有一个复制体,所以,每个进行双向复制的复制子应该有两个复制体。当复制体中第一个 RNA 引物合成后,前导链在 DNA pol III 全酶催化下进行连续复制合成。在后随链复制合成的时候,DNA pol III 全酶的一部分需要暂时离开复制体,直到新的引物合成出来,DNA pol III 再重新组装,并启动下一个冈崎片段的合成。

当一个冈崎片段合成完成后,DNA pol Ⅰ 会及时切除其中的 RNA 引物,并填补因为引物切除而留下的缺口。DNA 聚合酶固有的 $3'→5'$ 外切活性起着校对的作用,提高了空隙填补的准确性。同时,DNA 连接酶会将新的冈崎片段与前一个冈崎片段连接起来。

在一个复制体上,前导链的复制在后随链的复制之前,但是两条链由同一个 DNA pol Ⅲ 全酶催化合成。这是因为后随链的模板在复制过程中形成凸环(100p)结构,这使正在被复制的后随链模板部分的方向与前导链模板的方向一致,如图 4-8 所示。

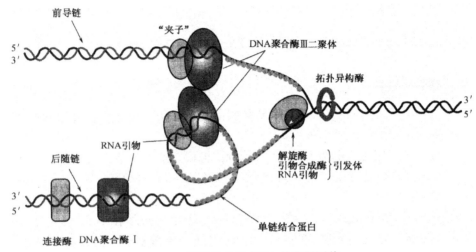

图 4-8　原核生物的 DNA 的复制延伸

4.2.3　复制的终止

复制的终止意味着从一个亲代 DNA 分子到两个子代 DNA 分子的合成结束。复制时,领头链可以连续合成,但是随从链是不连续合成的。因此,在复制的终止阶段,主要由 DNA 聚合酶 Ⅰ 切除引物,延长冈崎片段从而填补引物水解留下的空隙。当上一个冈崎片段 $3'$ 末端延伸至与下一个冈崎片段的 $5'$ 末端相邻时,DNA 连接酶可以催化前一个片段上 $3'$-OH 与后一个片段的 $5'$ 磷酸形成磷酸二酯键,缝合两个片段之间的缺口,从而得到连续的新链。

由于细菌的染色体 DNA 是环状结构,复制时经两个复制叉各自向前延伸,并互相向着一个终止点靠近。两个复制叉的延伸速度是可以不同的。如果把 $E.coli$ 的 DNA 等分成 100 等份,复制的起始点在 82 位点,复制终止点在 32 位点;而猿猴病毒 SV40 复制的起始点和终止点则刚好把环状 DNA 分为两个半圆,两个复制叉向前延伸,最后同时在终止点上汇合。复制终点有约 22 bp 组成的终止子,能结合专一性蛋白质 Tus。$E.coli$ 的终止子是 terA-terF,其中 terA,terD,terE 与 Tus 结合使顺时针方向的复制叉停顿,terB,terC,terF 使反时针方向的复制叉停顿,帮助复制的终止。

4.3　真核生物 DNA 的复制过程

4.3.1　复制的起始

真核生物 DNA 的复制要比细菌 DNA 的复制复杂得多,因为真核生物的基因组比较大。每条染色体上必须存在多个复制原点,才能解决真核生物复制叉移动较慢的问题,否则,就不可能在仅有几分钟的时间内完成复制。由于复制原点的多重性以及其他因素,研究真核生物 DNA 复制原点的实验工作要远远滞后于对于原核生物的探索。但是,当分子生物学家面临这样一个复杂问题时,他们通常将该问题诉诸如病毒等简单系统,从而获得有关宿主的线索。根据这样的策略,1972 年,科学家鉴别出了猴病毒 SV40 的 DNA 复制原点。下面我们以猴病毒 SV40 为例,为大家解释一下真核生物的复制原点的问题。

1972 年,由 Norman Salzman 和 Daniel Nathans 领导的两个研究小组分别鉴别出了猴病毒 SV40 的 DNA 复制原点,并且他们发现这个原点可以起始双向复制。Salzman 的研究策略是用 EcoR1 在一个特定的位点切割正在复制的 SV40 DNA 分子,切割之后,Salzman 及同事在电子显微镜下观察这些分子。研究者只观察到了 1 个复制泡,这就说明在 SV40 DNA 分子上只有 1 个复制原点。观察者们还发现复制泡向两个方向生长,在单一复制原点处形成 2 个相向远离的复制叉。研究小组对观察到的结果进行分析研究发现,复制原点与 EcoR1 酶切位点之间的距离长度大约基因组全长的 33%,但因为 SV40 DNA 为环形分子,而且图片上除了单一的 EcoR1 位点之外,没有其他任何标记,所以我们无法分辨哪一个方向是远离 EcoR1 位点的。

另一个研究小组用另一种限制性内切核酸酶(Hind Ⅱ)进行了实验,将实验结果与 Salzman 的实验结果进行综合比对,最终将复制原点定位在与 SV40 控制区重叠的位置上,靠近 GC 盒及具有 72 bp 重复序列的增强子。

在真核生物中,20～50 个复制子成串联排列成簇在 S 期的特定时间同时开始复制。S 期中较早复制的主要是常染色质,而异染色质内的部分相对较晚被激活。最后着丝粒 DNA 及端粒 DNA 被复制。这种方式反映了不同的染色质结构与起始因子结合的难易程度。可支持复制的最短的 DNA 长度只有 11 bp,它的保守序列是[A/T]TTTAT[A/G]TTT[A/T]。但是为了达到最佳效果,我们需要这一序列的多个拷贝。这一序列被起始点识别复合体(ORC)所结合,被 CDK 激活后可引导 DNA 解链以进行复制。研究者们认为每个复制子可能会在起始区域内的任意位置起始,而该区域可能有几个千碱基对长,并且有可能是散在重复 DNA 片段的一部分。

同原核生物相比,真核生物的复制子在每个细胞周期只起始一次复制。起始所必需的、并在作用后失活的特定蛋白质只有在有丝分裂期核膜解体时才能进入核内,这样就防止了复制完成前的再次起始。

4.3.2　DNA 链的延伸

真核生物在复制叉和引物生成后,DNA pol δ 在 PCNA 的协同作用下,在 RNA 引物的 3′-OH 上连续合成前导链。DNA pol δ 酶催化后随链的冈崎片段合成。研究证明,真核生物的冈崎片段的长度大致与核小体的大小(135 bp)或其倍数相当。当后随链合成至核小体大小时,DNA pol δ 酶脱落,而由 DNA pol α 再引发下一个引物的合成。当引物合成后,DNA pol δ 继续催化新的冈崎片段合成。与原核生物不同的是,真核生物 DNA 复制时的引物既可以是 RNA 也可以是 DNA。

4.3.3　复制的终止

真核生物染色体 DNA 是线性结构,复制子内部冈崎片段的连接及复制子之间的连接都可以在线性 DNA 的内部完成。但问题是染色体两端新链的 RNA 引物被去除后留下的空隙应该如何填补？如果产生的 DNA 单链不能填补成双链，那么就很有可能被核内 DNase 水解，造成子代染色体末端缩短，如图 4-9 所示，这就是"线性染色体末端问题"。

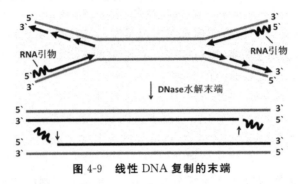

图 4-9　线性 DNA 复制的末端

事实上，由于染色体的末端有一特殊结构可以维持染色体的稳定性，所以大多数的真核生物染色体在正常生理状况下复制，都是可以保持其应有长度的。将这种真核生物染色体线性 DNA 分子末端的特殊结构称为端粒。在形态学上，染色体末端膨大成粒状，DNA 和它的结合蛋白紧密结合时，形成像两顶帽子盖在染色体两端，故有时又称之为"端粒帽"，端粒可以防止染色体间末端连接，并且可以补偿 DNA 5′末端去除 RNA 引物之后造成的空缺，可见端粒在对维持染色体的稳定性及 DNA 复制的完整性中起到了重要作用。端粒由 DNA 和蛋白质组成，DNA 测序发现端粒的共同结构是富含 TG 的重复序列。例如，人的端粒 DNA 含有 TTAGGG 的重复序列。端粒重复序列的重复次数由几十到数千不等，可以反折成二级结构。

4.3.4　真核与原核生物 DNA 复制的比较

真核生物与原核生物在 DNA 复制时有很多不同之处，具体比较如下。

(1)原核只有一个起始位点，而真核生物有多个复制起始位点。

(2)原核生物复制起始位点可以连续进行新的复制，尤其是快速繁殖的细胞，但是真核生物在启动复制后，在本次复制完成之前，就不能再启动新的复制。

(3)原核生物和真核生物拥有不同的复制调控。

(4)原核的 DNA 聚合酶 Ⅰ 具有 5′-3′外切酶活性，而真核生物的聚合酶没有 5′-3′外切酶活性，需要一种叫 FEN1 的蛋白切除 5′端引物。

(5)原核的 DNA 聚合酶 Ⅲ 复制时形成二聚体复合物，而真核的聚合酶保持分离状态。

4.4　病毒 DNA 的复制

4.4.1　单链 DNA 病毒 DNA 的复制

单链 DNA 病毒根据 DNA 信息可以分成两类：即有意义 DNA((＋)DNA)和反义 DNA((－)DNA)。有意义 DNA 是指它的序列与 mRNA 相同，不可以做转录的模板。有意义 DNA 必须复制反义 DNA 链，才能作为转录的模板。而反义 DNA 的序列与 mRNA 相反，可以直接被转录合成 mRNA。

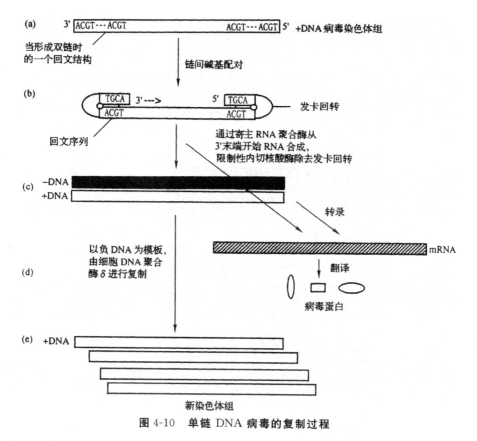

图 4-10　单链 DNA 病毒的复制过程

　　细小病毒在宿主细胞内进行反义链的合成和 DNA 复制。病毒借助宿主细胞的 RNA 聚合酶和 DNA 聚合酶的帮助，同时发生转录和复制过程。细小病毒（＋）DNA 基因组的两端都有 115～300 nt 的序列，自我折叠，部分有互补，形成发夹结构。$3'$ 端的发夹结构可以作为 DNA 复制的引物，合成互补链。通过 DNA 连接酶填补缺口，形成双链的环状 DNA。发夹结构被特异性限制性内切酶除去，再经过一系复杂的链分离和复制，恢复失去的部分片段，得到线性双链分子。单链 DNA 病毒的 DNA 复制过程如上图 4-10 所示。

4.4.2　双链 DNA 病毒 DNA 的复制

　　双链 DNA 病毒分为双链环状 DNA 或线状 DNA，前者如乙肝病毒，后者如腺病毒。一般可以分两类：在宿主细胞核内复制 DNA 者和完全在细胞质中复制 DNA 者。

　　即使在宿主细胞核内复制 DNA，情况还是有很大差异的。腺病毒双链 DNA 有专门的 DNA 聚合酶。乙肝病毒复制 DNA 时，要经历逆转录的 DNA 聚合酶。乳头瘤病毒编码一个蛋白质，它能启动宿主 DNA 聚合酶对病毒基因组进行复制。疱疹病毒的线性双链 DNA 能在复制过程中环化。单纯疱疹病毒有 3 个 ori，巨细胞病毒也可能有 1 个以上的 ori，并通过滚动环机制进行复制。线性 DNA 的末端形成的发夹结构，是 DNA 复制所必需的。如图 4-11 是双链 DNA 病毒的复制过程。

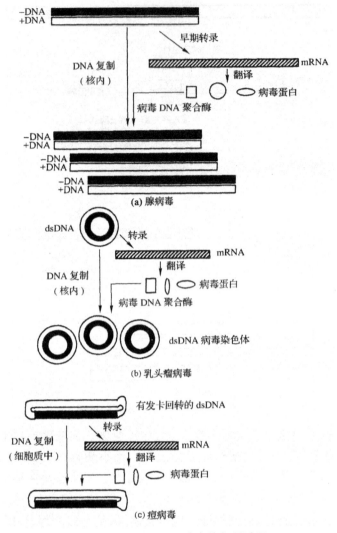

图 4-11　双链 DNA 病毒的复制过程

　　这些病毒的基因组通常在 DNA 复制之前,会有一部分基因率先进行转录,产生专门的蛋白质或者 DNA 聚合酶。这种先于 DNA 复制进行的转录被称为早期转录,它为 DNA 的复制准备了条件。也有些基因是在 DNA 复制之后完成转录的,这类转录被称为晚期转录。晚期转录是病毒合成结构蛋白和子代病毒的装配的过程中必不可少的。

4.4.3　病毒的逆转录

　　"中心法则"确定后,人们发现并不是所有的 RNA 都在 DNA 模板上复制。许多病毒并没有 DNA,只有单链的 RNA 作为遗传物质。当这些病毒侵入寄主细胞后,进行自我复制。除此之外,在某些真核细胞里原有的信使 RNA 也可以在复制酶的作用下复制自己。这样就需要对原来的"中心法则"进行修改,除了 DNA 可以进行自我复制之外,RNA 也具有自我复制的功能。

　　所有已知的致癌 RNA 病毒都含有逆转录酶,因此它们被称为逆转录病毒。当这些致癌病毒进入到宿主细胞之后,逆转录酶依次发挥逆转录活性、水解活性和复制活性,以 RNA 为模板,形成双链 DNA 分子,我们称它为前病毒,前病毒可以进入宿主细胞,并整合到宿主 DNA 中,随宿主 DNA 一起复制传递给子代细胞。在细胞浆中,病毒颗粒中的逆转录酶通过三个阶段合成 cDNA。如下图 4-12 所示。

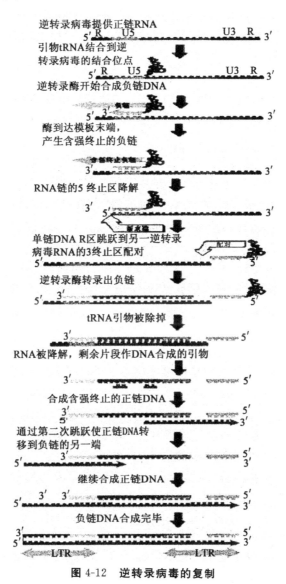

图 4-12 逆转录病毒的复制

我们从图中可以看出逆转录病毒的复制过程:首先,逆转录酶以病毒 RNA 为模板,合成负链 cDNA 的大半部分;然后再以负链 DNA 为模板,合成一小部分正链 DNA 链;最后分几步完成 cDNA 的所有复制。

4.5 DNA 的损伤和修复

4.5.1 DNA 的损伤类型

DNA 的损伤,是指生物体在生命过程中,DNA 双螺旋结构发生的改变。大体上将 DNA 的损伤分为两大类：一类是单个碱基的改变，另一类是结构扭曲。单个碱基改变只影响 DNA 的序列而不改变其整体结构，它在 DNA 双链被分开时通过改变序列作用于子代，改变子代的遗传信息，而不影响转录或复制。而结构扭曲则会对复制或转录产生物理性的损伤，如 DNA 一条链上碱基之间或相对链上碱基之间形成的共价连接能够抑制复制和转录。

引起 DNA 损伤的因素有很多，包括来自细胞内部的各种代谢产物和外界的物理、化学因素，以及 DNA 分子本身在复制等过程中发生的自发性损伤。

1. 自发性损伤

自发性损伤是指 DNA 内在的化学活性以及细胞中存在的正常活性分子所导致的 DNA 损伤。它主要包括以下几种形式。

（1）DNA 复制过程中的损伤

DNA 复制过程中的损伤是指 DNA 在复制过程中碱基配对时发生的误差，在经过 DNA 聚合酶的"校正"和单链结合蛋白等综合因素的作用下仍然存在的 DNA 损伤。

DNA 复制总体上来说是十分严格和精确的，但是也会有发生错误的时候。以大肠杆菌为例，DNA 复制时发生的碱基配对的错误频率约为 $10^{-2} \sim 10^{-1}$，经过 DNA 聚合酶的校正作用之后碱基错误配对频率降到约 $10^{-6} \sim 10^{-5}$，再经过 DNA 结合蛋白质和其他因素的校正作用，错误配对频率会下降到复制完成后的 10^{-10}。这种校正作用在原核和真核的 DNA 聚合酶中广泛存在，是对 DNA 复制错误的修复形式。但校正后的错配率仍在 10^{-10} 左右，也就是说每复制 10^{10} 个核苷酸大概会有 1 个碱基的错误。

（2）碱基的自发性化学改变

DNA 分子在细胞的正常生理活动过程中会发生各种自发性损伤，主要包括：

①碱基的互变异构：DNA 分子中四种碱基自发改变氢原子的位置，产生互变异构体，这些异构体之间自发互变，从而改变碱基的配对形式。

②碱基的脱氨基作用：碱基的环外氨基有时候会自发脱落，从而胞嘧啶会变成尿嘧啶、鸟嘌呤会变成黄嘌呤等，复制时，尿嘧啶会与腺嘌呤配对，而次黄嘌呤和黄嘌呤都会与胞嘧啶进行配对，这样就导致了子代 DNA 序列的错误变化。

③自发的脱嘌呤和脱嘧啶：自发的水解会使嘌呤和嘧啶从 DNA 链的糖-磷酸骨架上脱落，导致 DNA 失去相应的嘌呤/嘧啶碱基，而在碱基上编码的遗传信息就会丢失。

④碱基的氧化性损伤：由于在需氧细胞中存在着 O^{2-}、H_2O_2 以及·OH 等活性氧，所以会在正常条件下发生氧化损伤。

2. 物理因素引起的 DNA 损伤

（1）紫外线引起的 DNA 损伤

紫外线照射可以通过 DNA 链上相邻嘧啶每个碱基的 C5 双键和 C6 碳原子环化形成一个环丁烷，从而形成环丁烷嘧啶二聚体，它不能与其相对应的链进行碱基配对，从而导致 DNA 局部变性，产生破坏复制和转录的大块损伤，使得 DNA 双螺旋扭曲变形，引起局部变性，扰乱了 DNA 的正常功能。

（2）电离辐射引起的 DNA 损伤

电离辐射损伤 DNA 可以分为直接效应和间接效应两种方式。直接效应是指 DNA 因为直接吸收射线能量而遭受损伤；间接效应是指 DNA 周围以水分子为主的其他分子吸收射线能量后产生具有很高活性的自由基从而对 DNA 进行损伤。电离辐射可导致 DNA 分子的多种变化，主要包括：碱基损伤、DNA 链断裂、DNA 交联等。

3. 化学因素引起的 DNA 损伤

（1）烷化剂

烷化剂是可以将烷基加入核酸上各种位点的亲电化学试剂，但其加入位点和正常甲基化酶的甲基化位点有所不同。烷化剂引起的 DNA 损伤大部分是间接诱变而成的，这些损伤中的部分会在 DNA 复制及转录时干扰 DNA 解旋，因而可能是致死的。而 O^6-甲基鸟嘌呤由于可以在复制中与胸嘧啶配对，所以产生的损伤是直接诱变而成的。

（2）碱基类似物

碱基类似物是一种与碱基相似的人工合成的化合物，当它们进入细胞后，可以替代正常的碱基掺入 DNA 链中，从而干扰 DNA 的正常合成。

4.5.2　DNA 的修复方式

1. 光复活修复

人们最早用紫外线照射后立即用可见光照射的方法来提高细菌的存活率。后来发现光复活修复是由细菌中的 DNA 光解酶完成的，这种酶可以特异性识别紫外线造成的核酸链上相邻嘧啶光甲形成的二聚体并与之结合，这个步骤不需要光的参与。结合后如果受到 $300\sim600$ nm 波长的光照射，那么这种酶就会被激活，会将二聚体分解为两个正常的嘧啶单体，之后酶从 DNA 链上释放，DNA 恢复正常结构。DNA 光解酶含有一种辅基，可以吸收蓝光并将能量转移到待切环丁烷环中。

光复活修复是一种高度专一的直接修复方式，只作用于 UV 引起的 DNA 嘧啶二聚体。光复活修复在生物界分布很广，从低等单细胞生物一直到鸟类都有，而高等的哺乳类却没有。这种修复方式在植物中特别重要。高等动物更重要的是暗修复（dark repair），即切除含嘧啶二聚体的核酸链，然后再修复合成。

2. 切补修复

切补修复是指在一系列酶的作用下，将 DNA 分子中受损伤部分切除掉，并以完整的那一条链为模板，合成出切去的部分，使 DNA 恢复正常结构。切补修复是相对而言较为普遍的一种修复方式，对多种损伤都可以起到修复作用，并且这种修复是无差错的。

切补修复包括两个步骤，首先是由细胞内特异的酶找到 DNA 的损伤部位，切除含有损伤结构的核酸链；其次是修复合成并连接。

切除修复有碱基切除修复（base excision repair，BER）和核苷酸切除修复（nucletide excision repair，NER）两种形式。只有单个碱基缺陷时用前一种方式；如果 DNA 损伤造成 DNA 螺旋结构较大变形，那么采用后一种方式。

以碱基修复为例，它的修复过程如图 4-13 所示。首先由非常专一的 DNA 糖苷酶识别受损碱基，切除受损碱基与糖基之间的 N-β-糖苷键，留下一个脱嘌呤或脱嘧啶位点，我们统称为 AP 位点（自发碱基丢失也可产生 AP 位点）。AP 位点形成后，AP 核酸内切酶会在 AP 位点附近将 DNA 链切开。不同 AP 核酸内切酶的作用方式不同，有在 $5'$ 侧切开的，也有在 $3'$ 侧切开的。然后核酸外切酶将包括 AP 位点在内的 DNA 链切除。DNA 聚合酶 I 使 DNA 链 $3'$ 端延伸以填补空缺，DNA 连接酶将链连上。在 AP 位点切除若干核苷酸后，进行修复合成。核苷酸的切补过程在本质上与碱基修复相同。

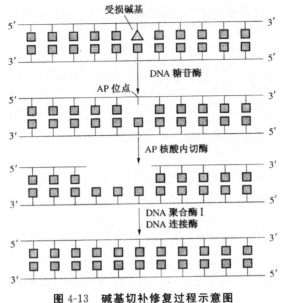

图 4-13　碱基切补修复过程示意图

3. 重组修复

光修复和切补修复都发生在 DNA 复制之前,因此又被称为复制前修复。然而在 DNA 已经开始复制后,尚未修复的损伤也可以先复制再进行修复,这就是重组修复,即遗传信息有缺损的子代 DNA 分子可以通过遗传重组来加以弥补。重组修复的修复过程大致是从同源 DNA 的母链上将相应核苷酸序列片段移至子链缺口处,然后用再合成的序列来补上母链的空缺。因为这一过程发生在复制之后,因此又可以称为复制后修复。如图 4-14 是重组修复的过程。

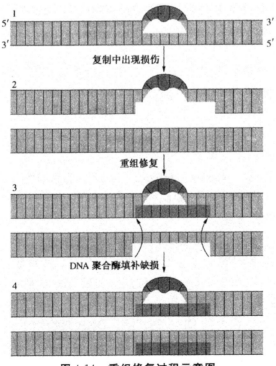

图 4-14　重组修复过程示意图

在重组修复的过程中,DNA 链的损伤并未完全除去。在进行第二轮复制时,留在母链上的损伤仍会给复制带来困难,复制经过损伤部位时所产生的缺口还需要进行再一次的重组过程来弥补,直到损伤被切补修复消除为止。但是随着复制的不断进行,即使损伤始终没有从亲代链中消除,若干代后细胞群中的损伤也会"冲淡"。实际上就已经消除了损伤带来的影响。

但是重组修复存在一个缺陷,就是可能会导致癌症。

4. SOS 修复

SOS 修复,又称为 SOS 反应,是细胞 DNA 受到严重损伤或复制系统受到抑制时,细胞处于危机状态下为求得生存而出现的应急效应。SOS 反应诱导的修复系统包括避免差错的修复和易错修复两类。

SOS 反应可以诱导切除修复和重组修复中某些关键酶和蛋白质的产生,提高这些酶和蛋白质在细胞内的含量,从而加强切除修复和重组修复的效果。除此之外,SOS 反应还能诱导产生缺乏 $3'$ 核酸外切酶校正功能的 DNA 聚合酶Ⅳ和Ⅴ,它们可以在 DNA 损伤部位进行复制而避免死亡。但是这样却带来了较高的变异率。SOS 的诱变效应就与此有关。所以 SOS 反应诱导的 DNA 修复结果只能维持基因组的完整性,提高细胞的生存率,但留下了较多的错误。

SOS 反应是由 RecA 蛋白和 LexA 阻遏物相互作用引起的。RecA 蛋白不仅在同源重组中起重要作用,而且也是 SOS 反应最初发动的因子。在有单链 DNA 和 ATP 存在时,RecA 蛋白被激活而促进 LexA 自身的蛋白水解酶活性。当 LexA 蛋白被 RecA 激活自身的蛋白水解酶活性后,会自我分解,使一系列基因得以表达,其中包括紫外线损伤的修复基因 uvrA、uvrB、uvrC(分别编码切除酶的亚基)以及 recA 和 lezA 基因本身,还有编码单链结合蛋白的基因 ssb、与 λ 噬菌体 DNA 整合有关的基因 himA、与细胞分裂有关的基因 sulA、ruv、与诱变作用有关的基因 umuDC(编码 DNA 聚合酶Ⅴ)和 dinB(编码 DNA 聚合酶Ⅳ)和 Ion 以及一些功能还不清楚的基因 dinD、dinF 等。

SOS 反应主要包括两个方面:DNA 修复和导致变异。广泛存在于原核生物和真核生物,是生物在不利环境中求得生存的一种基本功能。SOS 反应有可能在生物进化中起着重要作用。但是大多数能在细菌中诱导产生 SOS 反应的作用剂对高等动物都是致癌的,如 X 线、烷化剂、紫外线及黄曲霉素等。因此我们猜测癌变可能与 SOS 反应有关。

4.5.3　DNA 的修复和衰老

DNA 的修复是指细胞对 DNA 受损伤之后的一种反应,这种反应有可能使 DNA 结构恢复本来的样子,重新开始执行功能,但并不是所有的 DNA 修复都可以消除 DNA 的损伤。而如果损伤没有完全消除,那么可能会引发基因突变,最大的可能性就是导致遗传性癌症。

衰老在生物学上是指生物体随着时间的流逝,内部结构和机能衰退,抵抗力下降,是一种自发的必然过程。

研究 DNA 的修复对于未来人类抗衰老有重要的意义。未来人类的抗衰老可以通过对全身基因的置换和修复来实现。通过研究人体正常的组织结构机能,可以通过转基因等技术修复已经老化的 DNA 或细胞,改善或恢复损伤组织和器官的功能,延缓人体衰老。

4.6 DNA 的突变

当 DNA 遭遇到损伤以后,虽然细胞内的修复系统在很大程度上可以将绝大部分损伤及时修复,但是由于修复系统并不是完美的,因此会导致 DNA 的突变。突变(mutation)就是指发生在 DNA 分子上可遗传的永久性结构变化,具体来说就是在下一轮复制开始之前还没有被修复的损伤,有些会直接被固定下来传给子代细胞,有的会通过易错的跨损伤合成产生新的错误并最终也被保留下来。突变的本质是碱基序列与突变之前相比发生了改变。携带突变的生物个体、群体或是株系,被称为突变体(mutant)。由于突变体中碱基序列的改变,产生了突变体的表现型。没有发生突变的基因称为野生型基因,而含有突变位点在内的基因为突变基因。

对于多细胞动物来说,只有影响到生殖细胞的突变才具有进化层次上的意义,这样才可以传给后代,然而对细菌、原生动物、真菌、植物而言,发生在体细胞上的突变同样可以传给后代。

4.6.1 DNA 突变的特征

DNA 突变根据发生的频次、范围和过程等,可以总结出以下几个特征。

1. 广泛存在

基因突变在生物界中广泛存在,无论是低等生物,还是高等生物,甚至是人,都有可能发生基因突变。在自然条件下基因突变发生的频率很低,叫做自然突变;而在人工诱导下,发生基因突变的概率就大大提高,这种突变被称为人工诱变。人工诱变为育种提供了条件。

2. 随机发生

基因突变的发生在时间上、在发生这一突变的个体上、在发生突变的基因上,都是随机的。具体可以表现为:

(1)时间上的随机:基因突变可以发生在生物体成长发育中的任何阶段,甚至是趋于衰老的个体中。一般来说,基因突变在生物体生长中发生的时间越晚,那么个体表现出来的基因突变的部分就越少。

(2)空间上的随机:基因突变既可以发生在体细胞中,也可以发生在生殖细胞内。发生在体细胞中的基因突变被称为体细胞突变,它一般不会传给后代;而发生在生殖细胞内的基因突变会通过受精卵传给后代,使后代表现出突变型。

3. 基因可逆

发生了突变的基因又可以通过再一次的突变恢复成野生型基因。我们把这个过程称为回复突变。例如,我们把野生型基因称为 a,把突变基因称为 A,那么 a 可以通过基因突变变成 A,A 也可以通过回复突变变回 a。我们把 a→A 的过程成为正突变,把 A→a 称为回复突变。基因正突变的频率总是高于回复突变的频率。

4. 频率较低

基因突变的发生概率很低。在自然条件下,高等生物的基因突变率大约为 $10^{-10} \sim 10^{-5}$,而细菌的自发基因突变率一般为 $4 \times 10^{-10} \sim 1 \times 10^{-4}$。当然,不同的生物在不同的条件下基因突变率也会有所不同。

4.6.2　DNA 突变的种类

1. 碱基置换

碱基置换又称碱基替代,是最简单也是最常见的突变,专指 DNA 分子中单个碱基发生改变的突变,最简单的点突变是一个碱基转变成另一个碱基。碱基置换可以分为转换和颠换两种形式。前一种形式是指嘌呤和嘌呤之间的替换或嘧啶和嘧啶之间的替换,相对比较常见。后一种形式——颠换,是指嘌呤和嘧啶之间的替换,相对来说比较罕见。碱基置换的几种形式如下图 4-15 所示。

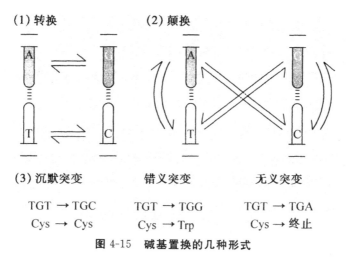

(1) 转换　　(2) 颠换

(3) 沉默突变　　错义突变　　无义突变

TGT → TGC　　TGT → TGG　　TGT → TGA

Cys → Cys　　Cys → Trp　　Cys → 终止

图 4-15　碱基置换的几种形式

碱基置换带来的后果取决于它发生的位置和具体方式。如果是发生在基因组的垃圾 DNA 中,那么就不会带来任何后果;如果是发生在基因的启动子或是其他调节基因表达的区域上,那么就有可能会影响到基因表达的效率;如果是发生在基因内部,那么就会出现多种可能性,这不仅取决于基因突变的终产物是蛋白质基因还是 RNA 基因,如果是蛋白质基因,那么就还和它发生的位置有关。

2. 移码突变

移码突变又称为移框突变,是指在 DNA 中插入或缺失非 3 的倍数的少数几个碱基。由于遗传密码是由 3 个核苷酸构成的三联体密码,因此这样的突变会使该 DNA 作为蛋白质的氨基酸顺序的信息被解读时,密码编组的移动,从而导致该突变位置之后的一系列编码发生移位错误。也有可能会提前引入终止密码子而使多肽链被截短。移码突变会对蛋白质功能有所影响,影响的具体内容主要取决于插入点或缺失点与起始密码子的距离。也就是说,插入点或缺失点离起始密码子越近,那么蛋白质功能丧失的可能性就越大。

3. 缺失突变

碱基缺失是指 DNA 序列缺失一个或多个碱基,且缺失的碱基数不是 3 的倍数,那么就会引起上一节提到的移码突变,从而使多肽链的氨基酸种类和序列发生改变。缺失突变通常情况下会使多肽链丧失原有的功能,不能组成所需的蛋白质。

4. 插入突变

插入突变与缺失突变相对,是指在 DNA 序列中插入一个或多个碱基,如果插入的碱基数不是 3 的整倍数,那么就会导致移码突变。

4.6.3 DNA 突变的影响

1. 同义突变

同义突变又称为沉默突变,是指在某些密码子(DNA 的非编码区、非调节区或密码子)的第三位碱基上发生的突变,由于这些密码子的简并性,突变后的密码子的意义不会发生改变,依然编码相同的氨基酸,并且不改变所编码蛋白的生物学功能。

2. 错义突变

若一个碱基的突变只改变蛋白质多肽链上的一个氨基酸,从而改变了基因产物的氨基酸序列,那么就称为错义突变。错义突变产生的效应与被影响的氨基酸有关,如果突变的基因是必需基因,那么错义突变可能会直接影响到蛋白质活性,引起生物的死亡,我们称这样的错义突变为致死突变;如果突变的基因仍有活性,介于突变型与野生型之间,那么我们称其为渗漏突变;还有一种情况是错义突变几乎不影响蛋白质的活性,不表现出明显的性状变化,我们称这样的为中性突变。

3. 无义突变

若突变在基因编码区中间形成新的终止密码子 AUU、AUG、AGU 等,就会使肽链的合成提前终止,这样的突变称为无义突变。无义突变可能会导致产生截短了的蛋白质产物,一般没有活性。它主要有琥珀型、赭石型和乳石型三种类型。

4.7 DNA 的重组和转座

4.7.1 同源重组

同源重组(homologous recombination)是指发生在同源 DNA 片段之间,在两个 DNA 分子的同源序列之间直接进行交换的一种重组形式。不同来源或不同位点的 DNA,只要二者之间存在同源区段,均可进行同源重组。因为其广泛存在,也称其为一般性重组(general recombination)。在同源重组中进行交换的同源序列可能是完全相同的,也可能是相当相近的。细菌的接合(conjugation)、转化(transformation)和转导(transduction),以及真核生物中姐妹染色单体的交换等都属于同源重组。

1. 同源重组的分子模型

同源重组的分子模型主要由以下三种。

(1)Holliday 模型

美国科学家 Holliday 于 1964 年提出了 Holliday 模型,Holliday 模型的大致步骤如图 4-16 所示。

Holliday 模型的大致步骤如下。

①切割:将两个相互靠近的同源 DNA 中的各一条链在相同的位置用特异性内切酶切开。

②交叉和连接:将被切开的两条链交叉,并与另一个分子的同源链连接,分子弯曲形成 Holliday 连接。因为其形状很像字母 x,也被称作 x 结构。

③拆分:早期关于 Holliday 连接的拆分,提出过两种方式,一种方法是将原来连接起来的链再切开,两个分子分离后重新连接,结果产生与原来完全相同的两个非重组 DNA;第二种方法是将另一条链切开,两个分子分离后再重新连接,从而产生重组的 DNA。对这一模型的一个重要

改进是在 Holliday 连接形成之后,其交叉点移动一定的距离,然后分子弯曲形成 x 结构。x 结构的切割可能出现以下两种情况。

一是水平方向的切割(WE 裂解),上图 4-16 中的一链在交叉点被切割,两个分子分离后再连接,产生了交换了 DNA 的一个小片段的重组体制,称为补丁重组体。

二是垂直方向的切割(NS 裂解),上图 4-16 中的＋链在交叉点被切割,两个分子分离后再连接,产生了有一条链由两个 DNA 分子的链拼接而成的重组体,称为拼接重组体。

Holliday 模型较好地解释了同源重组,得到了学术界的广泛支持。后来研究产生的其他分子模型都是在 Holliday 模型的基础上提出来的。

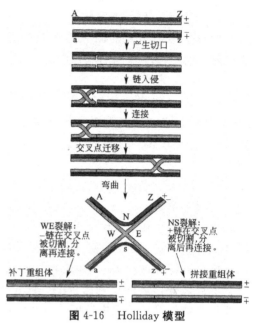

图 4-16　Holliday 模型

(2)单链断裂模型

1975 年,Aviemore 提出了单链断裂模型,随后 Me,selson 和 Radding 对此进行了修改,修改后的模型也可被称为 Aviemore 模型或 Meselson Radding 模型。单链断裂模型的大致步骤如下图 4-17 所示。

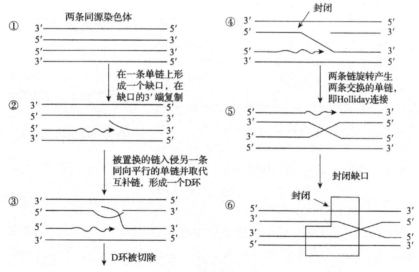

图 4-17　单链断裂模型

从图中我们可以看出,单链断裂模型认为,当进行同源重组时,只有两个的 DNA 分子的供体分子在同源区产生一个单链切口,之后,可以有多种机制产生 DNA 单链,供体 DNA 的单链入侵受体 DNA 分子,可以形成 Holliday 结构。之后进行的交叉点的移动和 Holliday 结构的拆分均与 Holliday 模型相同。

(3)双链断裂模型

1983 年,Szostak 等提出双链断裂模型。双链模型认为,受体双链两条链的断裂启动了链的交换,不产生断裂的被称为供体双链。随后发生的 DNA 修复合成以及切口连接导致形成两个 Holliday 连接。双链断裂模型示意图如 4-18 所示。

2. 原核生物的同源重组

原核生物细胞内的同源重组是个非常复杂的过程。它涉及到以下多个基因的联合作用。

(1)recA 基因

肠杆菌 recA 基因编码的 RecA 蛋白是一个 39 kDa 的单一多链肽,它在同源重组中担任重组酶的角色,主要作用是促进 DNA 同源片段的联会以及 DNA 分子间的单链交换。

(2)recBCD 基因

大肠杆菌的 recB、recC 和 recD 基因构成一个在同源重组中的功能单位 RecBCD 蛋白复合物。这个复合物可以利用水解 ATP 释放的能量使线型 DNA 解旋,还可以呈现出序列特异性的 DNA 单链内切酶活性。

除此之外,sbcABC 基因、recE 基因以及 recF 基因也在原核生物的同源重组中发挥着重要的作用。

原核生物的同源重组根据重组双方 DNA 底物分子的结构特性的不同,有两种同源重组模型:

(1)RecBCD 复合物和 Chi 位点介导的同源重组模型

RecBCD 复合物首先与双链 DNA 末端结合,同时解旋 DNA 产生噜噗环,进而形成兔耳结构(即双噜噗环)。当它遇到一个正确定位的 Chi 位点时,就会切割含 5'- GCTGGTGG-3' 序列的 DNA 链,将一个噜噗结构转变成两条单链 DNA。RecBCD 复合物持续地解旋延伸 3'-OH 尾巴(末端含 Chi 位点),并同时重旋缩短 5' 末端,直到导致第二个噜噗结构的消失。此时,RecBCD 复合物从含缺口的双链 DNA 分子上产生一条约数千碱基长的 3'-OH 单链 DNA 尾巴,RecA 和 SSB 蛋白则促进这一单链侵入到另一个双链 DNA 分子(由 DNA 促旋酶协助形成超螺旋)中,并产生 D-噜噗结构,而被置换的另一条 DNA 链在 RecA 和 SSB 蛋白因子的帮助下与第一条链的单链缺口互补配对,这个过程可能需要 DNA 拓扑酶 I 的参与或者由 RecBCD 复合物切开 D-噜噗结构。链交联形成的 hDNA 可以通过 RecBCD 复合物的解旋作用以及 RecA 和 SSB 蛋白的链传递作用不断延伸,在此期间 Holliday 中间体被切开,并交换 DNA 末端形成两对重组分子,之后由 DNA 聚合酶补平缺口,DNA 连接酶修复相应的磷酸二酯键。

(2)recE 和 recF 同源重组途径的模型

在 recE 和 recF 的同源重组途径中,RecA 蛋白促进同源的单链 DNA 与双链 DNA 之间的配对过程,ExoI(sbcB)和 ExoⅧ(recE)则破坏或者促进作为 RecA 蛋白底物的 3'-OH 单链结构的形成。

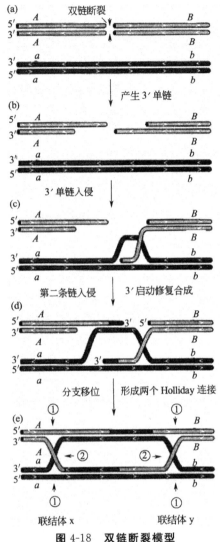

图 4-18 双链断裂模型

3. 真核生物的同源重组

减数分裂过程中的同源重组发生在细胞减数分裂前期 I 两个配对的同源染色体之间,主要有两方面的作用:先在细线期和合线期形成联会复合体,再在粗线期进行交换。如图 4-19 是减数分裂中的同源重组。

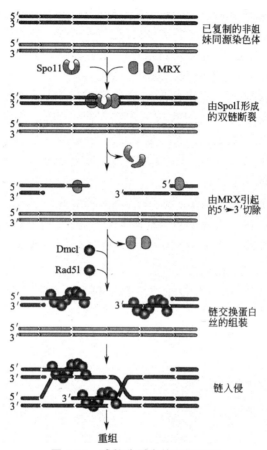

图 4-19　减数分裂中的同源重组

如上图所示,减数分裂同源重组由染色体 DNA 的双链断裂而启动。减数分裂的过程主要分为以下两个步骤。

(1)减数分裂前期 I 配对阶段

在这一时期,同源染色体开始配对 SpoI I 蛋白在染色体的多个位置上切断 DNA。SpoI I 的切割位点在染色体上多分布于染色体上核小体包装疏松的区域,而不是随机分布。SpoI I 蛋白由两个亚基组成,每个亚基上特异的酪氨酸分别进攻 DNA 分子两条单链上的磷酸二酯键,从而切断 DNA,并且在断裂处形成磷酸-酪氨酸连接。

(2)减数分裂重组阶段

在断裂的地方,MRX 酶复合体利用其 $5'→3'$ 的外切酶活性降解 DNA,生成 $3'$-单链末端,之后 Rad51 和 Dmcl 在减数分裂重组中发挥重要作用,它们是两种在真核细胞中发现的与细菌 RecA 蛋白同源的蛋白质,它们在减数分裂重组中介导链的交换。Rad51 在进行有丝分裂和减数分裂的细胞中广泛表达,而 Dmcl 则仅在细胞进入减数分裂时被表达,依赖 Dmcl 的重组倾向于发生在非姐妹染色单体之间。

4.7.2 位点特异性重组

1. 位点特异性重组的机制

位点特异性重组指发生在 DNA 特应性位点上的重组,它广泛存在于各类细胞中。位点特异性重组的主要作用有某些基因表达的调节,发育过程中 DNA 的程序性重排,以及有些病毒和质粒 DNA 复制循环过程中发生的整合与切除等。此过程往往发生在一个特定的短(20~200 bp)DNA 序列内,并且有特异的重组酶和辅助因子参与。

位点特异性重组的结果取决于重组位点的位置和方向。如果两个重组位点存在在同一个 DNA 分子上,且为反向重复序列,即以相反方向存在于同一 DNA 分子上,那么重组的结果是两个重组位点之间的 DNA 片段交换位点;如果重组位点以相同方向存在于同一 DNA 分子上,那么重组结果是两个重组位点之间的 DNA 片段被切除;如果重组位点以相同方向存在于不同的 DNA 分子上,重组的结果是发生整合。

参与位点特异性重组的酪氨酸重组酶家族有 140 多个成员,如酵母的 FLP 蛋白、整合酶以及 *E. coli* 的 XerD 蛋白等。这一类重组酶通常由 300~400 个氨基酸残基组成,有两个保守的结构域。通常有 4 个酶分子作用于两个 DNA 分子的 4 个位点上,其主要步骤如图 4-20 所示。

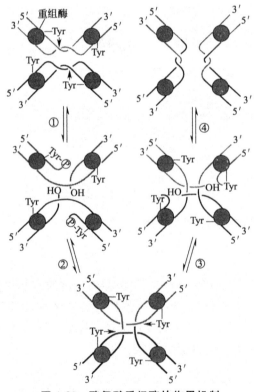

图 4-20　酪氨酸重组酶的作用机制

2. λ 噬菌体 DNA 的整合和切除

位点特异性重组最早是在 λ 噬菌体的遗传学研究中被发现的,当 λ 噬菌体侵入大肠杆菌细胞后,λDNA 存在两种状态,即裂解状态和溶原状态。在裂解状态下,λDNA 以独立的环状分子存在于被感染的细胞中。在溶原状态下,λDNA 则作为细菌染色体的一部分,称为原噬菌体 (prophage)。两种类型间的转换是通过位点特异性重组实现的:①为了进入溶原状态,游离的 λDNA 必须整合到宿主 DNA 中。②为了从溶原状态进入裂解周期,原噬菌体 DNA 必须从染色体上切除下来。

关于 λ 噬菌体 DNA 的整合和切除,我们要了解以下两个内容。

(1)重组反应发生在附着位点上。

整合和切除过程是在细菌和噬菌体 DNA 上被称为附着位点(attachment site)的特殊位置上,通过重组作用而实现的。我们把细菌染色体上的这个附着点称为 att$^\lambda$。该着位点是根据以下事实确定的:当发生突变时,它就会阻碍 λ 噬菌体的整合作用;在溶原菌株中,其上整合有 λ 原噬菌体。当大肠杆菌染色体缺失 att$^\lambda$ 位点时,λ 噬菌体因为有侵染能力,因此可以通过别处的整合作用建立溶原性,但是它整合效率相当低。

(2)λ 噬菌体 DNA 的整合和切除的具体过程

我们把噬菌体的附着点称为 attP,通过删除实验的研究,确定 attP 的长度是 240 bp,细菌相应的附着位点 attB 只有 23 bp,二者共同的核心序列为 15 bp。用 POP$'$ 表示 attP 的序列,用 BOB$'$ 表示 attB 位点。整合需要的重组酶由 λ 噬菌体编码,称为 λ 整合酶(λ integrase,INT),此外还需要由宿主编码的整合宿主因子(integration host factor,IHF)参与。整合酶作用于 POP$'$ 和 BOB$'$ 序列,分别交错 7 bp 将两个 DNA 分子切开,然后再交互连接,噬菌体 DNA 被整合,其两侧形成新的重组附着位点 attL 和 attR。在形成新的重组附着位点的过程中不需要水解 ATP 提供能量,因为整合酶的作用机制类似于拓扑异构酶 I,它催化磷酸基转移反应,而不是水解反应,所以没有能量丢失。在切除反应中,需要将原噬菌体两侧附着位点联结到一起,因此除 INT 和 IHF 外,还需要噬菌体编码的切除酶 XIS 蛋白参与。

3. 免疫球蛋白基因的重组

免疫球蛋白(Ig)是 B 淋巴细胞合成和分泌的,由两条重链(H)和两条轻链(L)组成。我们把 Ig 重链和 Ig 轻链的氨基端的氨基酸序列称为可变区(VH),它因 Ig 的抗原结合特异性不同而变化,Ig 重链和轻链的可变区中各存在三个高度变异区(HVR)或互补决定区(CDR),分别为 CDR1、CDR2 和 CDR3,这些高度变异区通过空间构象可以形成"抗原捕捉器",从而结合抗原。羧基端是恒定区(CH),Ig 的重链有三个恒定区,分别是 CH1、CH2 和 CH3,介导 Ig 的生物学功能。它的特性包括结合补体、巨噬细胞、自然杀伤细胞等。

Ig 的重链和轻链分别由三个独立的基因家族编码,其中两个基因家族(κ 和 λ)编码轻链,另外一个基因家族编码重链。决定轻链的基因家族上各有 L、V、J 和 C 四类基因片段,L 是前导片段,V 是可变片段,J 是连接片段,C 是恒定片段。决定重链的基因家族上共有 L、V、D、J 和 C 五类基因片段,其中 D 是多样性片段。在胚系细胞中,染色体上的 V、D、J 基因片段互相分离,各自的多个基因片段可在重组时形成不同的组合,在完成重组之前,无转录活性。在 B 细胞发育过程中,V、D 以及 J 通过重组连在一起,形成 Ig 的转录单位。下图 4-21 是免疫球蛋白的基因重组过程。

从图中可以看出,免疫球蛋白进行基因重组时,首先由重组激活基因(recombination activating gene,RAG)表达的重组激活酶 1(RAG1)和重组激活酶 2(RAG2)形成的复合体 RAG1/ RAG2 与重组信号序列(recombination signal sequence,RSS)结合,编码序列与重组信号序列之间的双链通过复合体 RAG1/RAG2 断裂,形成 3$'$-OH 和 5$'$-P 末端,3$'$-OH 对双链 DNA 的另一

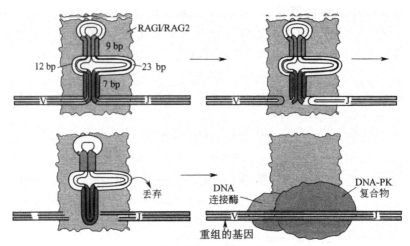

图 4-21　免疫球蛋白的基因重组过程

条链磷酸酯键发生攻击,在编码序列的末端形成发夹结构。然后 RSS 形成环状结构并脱离复合体。连接位点经过切割和加工,产生两个黏性末端。最后,DNA 依赖性蛋白激酶(DNA-PK)和 DNA 连接酶负责填补缺口,连接切口,完成重组。在连接前,由于连接位点可以进行多样化的切割加工,因此免疫球蛋白的多样性被进一步加强。

4.7.3　转座重组

1. 转座子的概念

转座子(transposon)是指能够改变自身位置的 DNA 片段,它们存在于生物基因组中,可以作为独立的单位从基因组的一个位置移动到另一个位置。1951 年,转座子首先在玉米中被发现;20 年后,人们又从细菌中首次分离出了转座子。所有的转座子都符合两个特征,首先它们的两端为反向重复序列,其次是它们当中至少含有一个编码转座酶。

2. 原核生物的转座子

20 世纪 40 年代,McClintock 已经在她的研究中提出过关于基因位置的固定性问题。但是由于当时科学发展不够先进,人们的思想意识比较落后等限制因素,这个论点并没有得到广泛的关注。直到 20 世纪 60 年代末,在大肠杆菌中发现了可以转移位置的插入序列,之后又发现了转座子,人们才开始意识到基因组中的遗传因子位置移动的问题。

20 世纪 60 年代后期,转座子首次在细菌中被发现,科学家们在大肠杆菌的半乳糖操纵子中发现了转座子。

原核生物的转座子可以大致分为以下三类。

(1)插入序列:是指除与其自身的转座作用有关的基因外不带有任何其他基因的转座因子。它们体积较小,主要存在于染色体和质粒上。

(2)转座子:与插入序列相反,转座子除了与其自身的转座作用相关的基因外,还带有其他的基因。它们普遍体积较大。最初在抗药性质粒上发现了带有抗药基因的转座子。

(3)某些温和噬菌体,例如大肠杆菌的菌体 Mu。一般的温和噬菌体在染色体上有一定的整合位置,可是 Mu 可以引起大肠杆菌的几乎任何一个基因发生插入突变,所以它既是一个噬菌体,又具有转座因子的特性。

3. 真核生物的转座子

真核生物中也存在转座因子。确切地来说,转座因子首先是在真核生物中被发现的。

20 世纪 40 年代后期,Barbara McClintock 在玉米中发现了有些 DNA 片段能在基因组内不同区域转移,之后在果蝇中也发现了类似的成分,目前,科学家们已经对这些成分进行了更深层次的研究,对他们的组成过程、转移机制以及在基因交流中的具体作用有了更进一步的了解。

(1)玉米中的转座子

从分子水平看,玉米的转座子具有通常的结构特征:末端具有反向重复序列;转座后在靶序列上产生较短的同向重复序列。

玉米转座子包括自主成分 Ac 和非自主成分 Ds。分析 Ac/Ds 家族发现,Ac 是 Ac/Ds 成分中最长的。转录后,RNA 含有 5 个外显子,产物是转座酶。Ac/Ds 家族的转座子以剪贴的机制进行转座,DNA 复制后产生了半甲基化的序列,半甲基化的状态可激活转座子。这种调控与细菌中的 Tn10 十分相似。

在玉米中的转座子被发现之后,孟德尔在豌豆中发现了可以控制种子是圆粒还是皱粒的基因。这种变型的变化就和转座子相关。

(2)果蝇中的转座子

转座对遗传的影响在果蝇中也有发现。有些果蝇为 P 品系,有些则为 M 品系。用 P 品系的雄蝇和 M 品系的雌蝇杂交,后代会出现杂种不育。但是如果用 P 品系的雌蝇和 M 品系的雄蝇杂交就不会出现这种情况。果蝇的这种生殖障碍是生殖细胞的毛病,由于在 P×M 杂种一代中,体细胞正常但是性腺不发育,导致了杂种不育的情况。研究表明,这类生殖障碍都是由一段 DNA 插入 ω 位点造成的,从而把这段 DNA 叫做 P 成分。P 成分是典型的转座子。每个 P 成分都有 31 bp 的反向末端重复,可在靶位点上产生 8 bp 的同向重复。

4. 转座的分子机制

转座子可以通过两种机制进行转座。一种是保守型转座,另一种是复制型转座。

(1)保守型转座。在保守型转座中,从供体位点上把转座元件切割下来,插到靶位点上。因此保守型转座又称为剪切-粘贴转座。保守型转座包括很多插入序列元件和复合转座子,都是通过剪切-粘贴机制转座的。保守型转座中的转座子不会发生复制,只有靶序列被复制。

在复制型转座中,转座子被复制,转座的 DNA 序列是原转座子的一个拷贝,而不是它本身。因此,复制型转座伴随着转座子拷贝数的增加。转座时,转座酶结合到转座子的末端序列上,把转座子从供体 DNA 分子上切割下来。转座酶会在受体 DNA 上产生一个交错的双链切口,从而使转座子插入到受体 DNA 分子中。然后,由转座酶把转座子的 3′-末端和靶序列的 5′末端连接起来,在转座子两侧分别形成一个缺口。在缺口被宿主细胞中的 DNA 聚合酶填补后,一段短的靶序列就被复制了。

(2)复制型转座。在复制型转座中,转座子被复制,转座的 DNA 序列不是它本身,而是原转座子的一个拷贝。因此,复制型转座伴随着转座子拷贝数的增加。复制型转座操作的第一步是转座酶在供体转座子的两侧各产生一个单链切口,使转座子序列的两个 3′-OH 末端得到释放。这时,转座子 DNA 并不会像保守型转座那样从原来的序列上被切割下来。除此之外,转座酶还在受体 DNA 分子上形成一个交错的双链切口。之后,复制型转座进入第二步,供体转座子的 3′-OH 末端和受体 DNA 的 5′-末端连接在一起,产生双交叉的 DNA 分子。转座子的 3′-端被共价连接到新的靶位点,而 5′端还连接在原来的位置。中间产物的两个 DNA 交叉成为一个复制叉结构,以断开的靶 DNA 的 3′-端为引物,从两个方向复制转座子,产生两个拷贝的转座子 DNA。复制结束后,新形成的链的 3′-末端和供体 DNA 上游离的 5′-末端连接在一起,形成新的共整合体。复制型转座的最后一步是共整合体的解离,产生两个拷贝的转座子,一个在供体位点上,另一个在靶位点上。

4.7.4 逆转录转座子

1. 逆转录转座子的结构

我们把从 DNA→DNA 的转移过程称为转座,则 DNA→RNA→DNA 的转移过程就称为逆转录转座。

逆转录作用中的关键酶是逆转录酶和整合酶。逆转录转座子可以自身编码逆转录酶和整合酶。在逆转录转座子的结构中,含有与逆转录病毒类似的长末端重复结构、gag 和 pol 基因和 3′polyA,但是不含被膜蛋白基因。在逆转录转座子的中心编码区含有 gag 和 pol 类似的序列,并且 5′端常常被截短。

由于真核生物的核结构,它的转录和翻译过程往往被分隔开,与转录有关的酶并不是由移动因子编码,而是由其他基因通过反式作用来提供。

逆转录转座子根据复制模式的不同可以分为两类:一类是带有 LTR 的逆转录转座子,它们的复制模式与逆转录病毒类似,但是它们不会在细胞间传递病毒颗粒。另一类就是不含 LTR 的逆转录转座子。

含有 LTR 的逆转录转座子以寄主基因组 DNA 开始,产生一个 RNA 的拷贝,然后再一个类病毒颗粒中进行逆转录。最后插入到寄主基因组的新位点。

而不含 LTR 的逆转录转座子,可以编码内切核酸酶,使靶 DNA 产生切口,还有利于新的DNA3′端引发 RNA 的逆转录。在第二链合成后开始在其靶位点上复制。它们在转录时即开始新一轮的转座。

除上述所说的两种主要的逆转录转座子之外,还有非自主逆转录转座子以及 Ⅱ 型内含子。

2. 逆转录转座子的生物学意义

逆转录转座子的发现在生物学中有着重要的意义,主要有以下几条。

(1)逆转录转座子的研究对基因表达产生重要影响:由于逆转录转座子可以提供同源序列,因此能够促进同源重组;逆转录转座子还可以通过逆转录作用插入新的位点,除此之外,逆转录转座子编码的反式因子和顺式序列可以导致基因的重排。这些都对基因的重排方式产生了作用,最终影响基因的表达。

(2)逆转录转座子在进化中的作用:除上述所述,逆转录转座子可以影响基因的重排之外,在进化中也发生着作用。逆转录转座子能促进基因组的流动,有利于生物遗传多样性;它们分散存在在基因组中,作为进化的种子,当碰到合适的基因组时,就通过突变反应成为新的基因、基因结构域或是与已经存在的基因匹配成为新的调节因子。

第 5 章　RNA 的生物合成

5.1　转录的基本原理

5.1.1 转录

DNA 是遗传信息的贮存者,它通过转录(transcription)生成信使 RNA,再以 RNA 为模板翻译生成蛋白质来控制生命现象。转录和翻译(translation)统称为基因表达(gene expression)。在整个过程当中,转录是基因表达的核心步骤,具体是指拷贝出一条与 DNA 链序列完全相同(除了 T→U 之外)的 RNA 单链的过程。我们把与 mRNA 序列相同的 DNA 链称为编码链(coding strand)或有义链(sense strand),并把另一条根据碱基互补原则指导 mRNA 合成的 DNA 链称为模板链(template strand)或反义链(antisense strand),如图 5-1 所示。

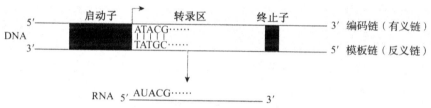

图 5-1　DNA 的有义链和反义链

转录(transcription)是由 RNA 聚合酶(RNA polymerase,RNA pol)催化的。当 RNA pol 结合到基因起始处,即启动子(promoter)上时,转录过程就开始进行。最先转录成 RNA 的一个碱基对是转录起始点(transcription start point)。从转录起始点开始,RNA pol 沿着模板链不断合成 RNA,直到遇见终止子(terminator)。从启动子到终止子的一段序列称为一个转录单元(transcription)。转录起始点前面的序列称为上游序列(upstream sequence),后面的序列称为下游序列(downstream sequence)。从转录起始点(＋1)上游的第一个核苷酸开始标记为−1,此后的核苷酸依次编为负序号,如−2、−3、−4、……;从转录起始点开始的下游核苷酸则依次编为正序号,如＋2、＋3、＋4、……。典型的转录单元结构如图 5-2 所示。

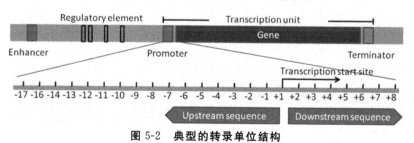

图 5-2　典型的转录单位结构

5.1.2 转录的基本特征

(1)转录具有选择性,也就是说转录只能在特定的基因组或基因之间进行。这是因为,在基因组内,只有部分基因在某一类型的细胞中或在某一发育阶段能被转录,并且随着细胞的不同生长发育阶段和细胞内外条件的改变转录只能在特定的基因组或者基因之间进行。转录时只对被转录基因的转录区进行转录,因为启动子是不被转录的。

(2)转录的底物是三磷酸核苷酸(NTP),包括 ATP、GTP、CTP 和 UTP,每个 NTP 的 3 位和 2 位碳原子上都有一个羟基。在聚合酶作用下一个 NTP 的 $3'-OH$ 和另一个 NTP 的 $5'-P$ 反应,并需要 M^{2+} 参与,去掉焦磷酸,形成 $3',5'-$磷酸二酯键。

(3)在被转录的双链 DNA 分子中只有一条单链为模板。在转录区域内 DNA 双链必须部分解链,形成模板链 DNA,与转录产物 RNA 形成 DNA-RNA 杂交分子,随着转录向前推进,释放出 RNA,又恢复成双链 DNA。

(4)RNA 合成方向是 $5'\rightarrow3'$,单核苷酸只加到新生 $3'-OH$ 上,RNA 链与模板链呈反方向平行。

(5)RNA 的碱基顺序由 DNA 的顺序决定,且依靠 NTP 与 DNA 上的碱基配对的亲和力被选择,这一点与 DNA 复制相同,只是 T 由 U 代替。

(6)在 RNA 的合成中不需要引物。

(7)只有 5-NTP 掺入到 RNA 合成中,起始转录处的第一个核苷酸是 $5'-$三磷酸,其 $3'-OH$ 是下一个核苷酸的接触点,所以这样合成的 RNA 分子的 $5'$ 端具有三磷酸。

(8)转录的起始由 DNA 分子上的启动子(promoter)控制。启动于通常都靠近转录起点。

5.2 转录相关的调控元件

5.2.1 顺式作用元件

顺式作用元件(cis-acting element),是指与结构基因串联的特殊 DNA 序列,是转录因子的结合位点,它们通过与转录因子结合而调控基因转录的精确起始和转录效率。从分子遗传学角度出发,作用元件相对同一染色体或 DNA 分子而言为"顺式"(cis),而相对不同染色体或 DNA 分子来说为"反式"(trans)。

原核生物的顺式元件包括启动子、操纵子和其他 DNA 序列。真核生物的顺式作用元件主要有启动子、增强子和沉默子等。

顺式作用元件的作用是参与基因转录的调控。顺式作用元件本身不编码任何蛋白质,仅仅提供一个作用位点,要与反式作用元件(trans-acting element)相互作用而起作用。

1. 启动子

启动子(promoter)位于结构基因上游,其长度从 100 bp 到 200 bp 不等,是转录起始时 RNA 聚合酶特异性识别和结合的一段核苷酸序列,是基因表达不可缺少的重要调控序列。启动子就像"开关"一样控制基因表达(转录)的起始时间和表达的程度,从而决定基因的活动。启动子本身并不控制基因活动,而是通过与转录因子结合控制基因活动的。

启动子需要与终止子(terminator)以及中间的结构基因一起共同构成一个转录单元(transcription unit),原核生物与真核生物的启动子具有明显的差异,原核生物的启动子序列相对简单,序列相对保守,具有明显的序列特征,如-10 位点的 Pribnow 框(pribnow box)和-35 位点的 GACA 框(GACA box)。通常情况下,RNA 聚合酶只要能够识别和结合原核生物的启动子区就可以进行基因的转录。原核生物启动子序列按功能的不同可分为三个部位,即起始部位、结合部位和识别部位。

(1)起始部位(start site):指 DNA 分子上开始转录的作用位点,该位点有与转录生成 RNA链的第一个核苷酸互补的碱基,该碱基的序号为+1。

(2)结合部位(binding site):是 DNA 分子上与 RNA 聚合酶的核心酶结合的部位。Pribnow将各种原核生物的基因同 RNA 聚合酶全酶结合后,用 DNase Ⅰ 水解 DNA,最后得到与 RNA 聚合酶结合而未被水解的 DNA 片段,这些片段都包含一个由 6 个核苷酸(TATAAT)组成的相同的或者相似的序列,称其为共有序列(consensus sequence),并以发现者的名字命名为 Pribnow框,Pribnow 框的中心部位于转录起始点上游-10 bp 处,碱基序列具有高度保守性,富含 TATA序列,故也称为 TATA 盒(TATA box)。

(3)识别部位(recognition site):是 RNA 聚合酶识别并结合的 DNA 区段。此区域位于Pribnow 框的上游,其中心位于-35 bp 处,绝大多数启动子在此区域都有一个共有序列(TTGA-CA),因此该区域也叫 GACA 框。

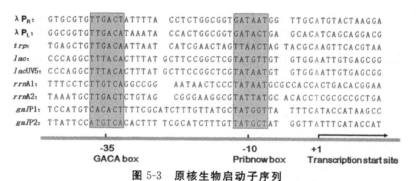

图 5-3　原核生物启动子序列

真核生物的启动子比原核生物的启动子要复杂的多,真核生物的启动子没有明显的共有序列。对于真核生物来说,仅仅依赖 RNA 聚合酶识别和结合启动子区域并不能启动基因的转录,这还需要多种蛋白质因子的相互协调作用。不同基因转录起始及其调控所需的蛋白因子不同,不同的蛋白质因子又能与不同 DNA 序列相互作用,因而不同启动子序列也不相同。

真核生物的 RNA 聚合酶有三种类型(表 5-1),不同的 RNA 聚合酶识别不同的启动子,因而真核生物的启动子有三种类型。

表 5-1　真核生物 RNA 聚合酶的种类及性质

	定位	α-鹅膏蕈碱的敏感性	功能
RNA 聚合酶 Ⅰ	核仁	不敏感	合成 rRNA 前体
RNA 聚合酶 Ⅱ	核质	低浓度敏感	合成 mRNA 前体及大多数 snRNA
RNA 聚合酶 Ⅲ	核质	高浓度敏感	合成 5S rRNA 前体、tRNA 前体及其他的核和胞质小 RNA 前体

类别Ⅰ型启动子(Class Ⅰ promoter)控制 rRNA 基因的转录,由 RNA 聚合酶Ⅰ识别。类别

Ⅰ型启动子由核心启动子（Core promoter）和上游调控元件（Upstream control element，UCE）组成。核心启动子是指能够使 RNA 聚合酶正常转录起始所必需的、最少的 DNA 序列。核心启动子位于转录起始点附近—45 到＋20 bp 的区域，这包含转录起始点（＋1），上游调控元件位于转录起始点上游 107～180 bp 的区域，这两个区域都有富含 GC 的 GC 框（GC box）。

类别Ⅱ型启动子（Class Ⅱ promoter）主要由 RNA 聚合酶Ⅱ识别，类别Ⅱ型启动子涉及众多编码蛋白质的基因表达的控制。该类启动子包含基本启动子（Basal promoter）、起始子（Initiator）、上游元件（Upstream element）、下游元件（Downstream element）和各种应答元件（Response element）。这些元件本身的序列变化及其不同的组合构成数量庞大的各种启动子。

基本启动子位于转录起始点上游 25～30 bp 的区域，此区域有一个 7 bp 核苷酸组成的共有序列（TATAA/TAA/T），称为 TATA 框（TATA box），TATA 框是 Hogness 等发现在绝大多数真核生物的启动子中存在的一个类似原核生物 Pribnow 框的共同序列（TATAAT），也称为 Hogness 框（Hogness box），该区域主要与 TATA 结合蛋白结合，以协助形成 RNA 聚合酶转录复合物。

上游元件主要包括 CAAT 框（CAAT box）、GC 框（GC box）及八聚体框（Octamer box）组成。这些元件需要与相应的蛋白因子结合才能提高或改变基因的转录效率。不同基因具有不同的上游启动子元件，其位置也不相同，所需要的相应蛋白因子也不同（表 5-2）。

表 5-2　真核生物启动子元件及相应的蛋白因子

元件名称	共同序列	结合的蛋白因子		
		名称	相对分子量	结合 DNA 长度
TATA box	TATAA/TAA/T	TBP	30 000	～10 bp
GC box	GGGCGG	SP-1	105 000	～20 bp
CAAT box	GGCCAATCT	CTF/NF1	60 000	～22 bp
Octamer box	ATTTGCAT	Oct-1	76 000	～10 bp
		Oct-2	53 000	～20 bp
kB	GGGACTTTCC	NFkB	44 000	～10 bp

CAAT 框在转录起始点上游 70～80 bp 处，是一段共同序列（CCAAT），这与原核生物中-35 bp 处的 GACA 框相对应。GC 框位于 CAAT 框的两侧，该框由 CCGCCC 或者 GGGCGG 组成，是一个转录调节区，有激活转录的功能（图 5-4）。八聚体框含有 8 bp 的共有序列（ATGCAAAT），它的识别因子为 Oct-1 和 Oct-2。

类别Ⅲ型启动子（Class Ⅲ promoter）为 RNA 聚合酶Ⅲ识别，主要控制 5S rRNA、tRNA、胞质小 RNA、核内小 RNA（snRNA）基因等。5S rRNA、tRNA 和胞质小 RNA 基因的启动子位于转录起点下游，即基因内部启动子（intragenic promoter），主要有 A 框（A box）、B 框（B box）、C 框（C box）和中间元件（Intermediate element，IE）等组成，其中 tRNA 基因含 A 框（＋8～＋30）和 B 框（＋51～＋72）；编码 snRNA、U6 和人 7SK RNA 基因启动子位于转录起始上游，即基因外启动子，包括 TATA 框、近侧序列元件（proximal sequence element，PSE）和八聚体框等元件，

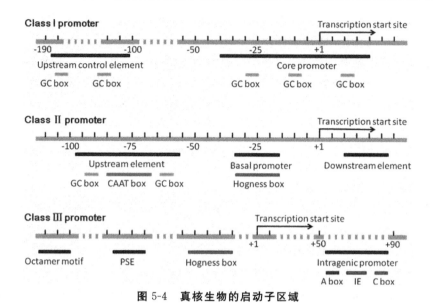

图 5-4 真核生物的启动子区域

与其他类型的启动子相似。此外还有混合型启动子,该启动子的序列分布在基因内和转录起始上游。

2. 增强子

增强子是一种能够提高转录效率的顺式调控元件,最早是在 1981 年由 Benerji 在 SV40 病毒中发现的长约 200 bp 的一段 DNA 序列,它能大大提高 SV40/兔 β-血红蛋白融合基因的表达水平,其后在多种真核生物,甚至在原核生物中都发现了增强子。增强子长度约为 100～200 bp,多半是重复序列,一般长 50 bp。增强子和启动子一样由若干元件构成,其基本核心元件为 8～12 bp (GGTGTGGAAAG),能够以单拷贝或多拷贝串连形式存在(图 5-5)。

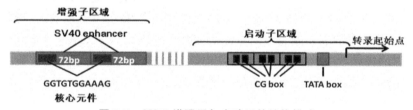

图 5-5 SV40 增强子与启动子的结构模式

增强子可分为细胞专一性增强子和诱导性增强子两类:①组织和细胞专一性增强子。许多增强子的增强效具有很高的组织和细胞专一性,只有在特定的转录因子(蛋白质)参与下,才能发挥其功能。②诱导性增强子。这种增强子的活性通常要有特定的启动子参与。例如,金属硫蛋白基因可以在多种组织细胞中转录,又可受类固醇激素、锌、镉和生长因子等诱导而提高转录水平。

增强子有以下几个特点。

(1)增强子可以远距离提高同一条 DNA 链上基因转录效率,通常距离靶基因 1～4 kb,个别情况下离开所调控的基因 30 kb 仍能发挥作用,而且在基因的上游或下游都能起作用。

(2)增强子作用与其序列的正反方向无关,将增强子方向倒置依然能起作用,而将启动子颠倒就不能起作用。

(3)增强子要有启动子才能发挥作用,没有启动子存在,增强子不能表现活性。增强子对启动子没有严格的专一性,同一增强子可以影响不同类型启动子的转录。例如,当含有增强子的病毒基因组整合入宿主细胞基因组时,能够增强整合区附近宿主某些基因的转录;当增强子随某些染色体段落移位时,也能提高新位置周围基因的转录,使某些癌基因转录表达增强,这可能是肿瘤发生的因素之一。

(4)增强子与其他顺式调控元件一样,必须与特定的蛋白质因子结合后才能发挥增强转录的作用。

(5)增强子一般具有组织或细胞特异性,许多增强子只在某些细胞或组织中表现活性,是由这些细胞或组织中特异的蛋白质因子决定的。

通过免疫组织化学或流式细胞仪分析单一细胞中待检测基因或报告基因的活性发现增强子的转录作用具有两种作用方式,即"开或关"模式和"渐进"模式。"开或关"模式中,增强子仅仅是决定基因能否进行转录,其并不能影响细胞中该基因的表达水平,每一个细胞中的基因的表达水平都处于一个均衡状态。该模式指出启动子是决定基因转录水平的重要因素,而增强子仅仅决定该启动子是否处于活化状态。通常情况下,增强子是通过与特异结合因子及辅助因子的协同作用激活启动子,使启动子能够促进转录因子及 RNA 聚合酶的识别和结合,从而形成大量稳定的转录初始复合物,促进细胞进行基因转录。许多增强子的作用方式都属于这种模型,如 SV40 增强子、α-珠蛋白基因的 HS-40 及胰肽酶Ⅰ基因(ELAI)的增强子等。在"渐进"模式中,增强子能够增强启动子的活性,从而提高细胞中基因的表达水平。该模式认为基因录水平的高低在一定程度上取决于增强子的活性。增强子在其相应反式作用因子的协同作用下,帮助已处于激活状态的启动子招募大量乙酰化酶、磷酸化酶等辅助因子,提高了转录起始复合物的活性,从而增强了启动子的活性。

目前,普遍认为增强子对基因转录起促进作用,然而也存在对基因转录起负调节作用的增强子,即负增强子(nagative enhancer)。1986 年 Waksman 的研究发现 β-IFN 基因调节元件(β-IFN regulatory element,IRE)的 3′端缺失 19 个碱基的情况下能够在无干扰素诱导剂的情况下增强 IFN 基因的转录,其 5′端的剩余碱基序列可作为增强子正调控基因的转录。而完整的 IRE 则不能增强 IFN 基因的转录,这说明 IRE 调节元件的 3′端可能存在具有负调控功能的区域,由于该区域存在于增强子上,因此该元件也被称为负增强子。

3. 操纵子

操纵子(operator)是指能被调控蛋白特异性结合的一段 DNA 序列,常与启动子邻近或与启动子序列重叠,当调控蛋白结合在操纵子序列上,会影响其下游基因转录的强弱。

操纵子学说是关于原核生物基因表达调控的学说。在原核生物里,基因的表达主要通过操纵子进行调控。操纵子、启动子和一些上游调节元件共同组成了原核生物的顺式作用元件。操纵子也可称为操纵元(operon),是基因表达的操纵单元,这包含了操纵序列、启动序列和要操纵的结构基因。

原核生物中经典的操纵子是乳糖操纵子,乳糖操纵子的 DNA 序列具有回文(palindrome)样的对称性一级结构,能形成茎环(stem loop)结构。不少操纵子都具有类似的对称性序列,可能与特定蛋白质的结合相关(图 5-6)。

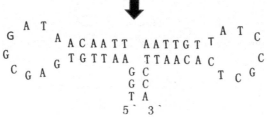

图 5-6　乳糖操纵子的回文结构

乳糖操纵子(o)序列位于启动子(p)与被调控的基因之间,部分序列与启动子序列重叠(图 5-7)。乳糖操纵子单独不具备功能,其需要和阻遏蛋白(Repressor protein)共同作用才能调控基因的转录。阻遏子(Repressor)是反式作用元件,其编码的阻遏蛋白可以和操纵子特异的结合。当阻遏蛋白结合操纵子后,妨碍了 RNA 聚合酶与启动子的结合从而阻止了结构基因(Structural gene)的转录。最早只把与阻遏蛋白结合并起阻遏作用的序列称为操纵子,但其后发现一些操纵元的操纵序列能与不同构像的蛋白质结合,分别起阻遏或激活基因转录的作用,因而凡能与调控蛋白特异性结合,从而影响基因转录强弱的序列,不论其对基因转录的作用是减弱、阻止还是增强,都可称为操纵子。

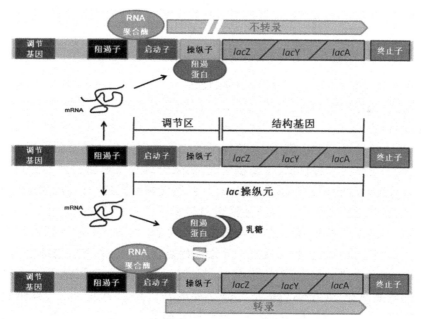

图 5-7　乳糖操纵元及其调控转录的过程

4. 沉默子

某些基因含有的一种负性调控元件,当其结合特异的蛋白因子时,对基因转录起阻遏作用,从而使该基因无法正常表达,这些特殊的负向调控元件被称为沉默子(Silencer),也叫抑制子(inhibitor)。有些 DNA 序列既可作为正向,又可作为负向调节元件发挥顺式调节作用,这取决于不同类型细胞中 DNA 结合因子的性质。

与增强子相同,沉默子也是参与调节基因表达正确时空模式的顺式作用元件。沉默子最早在酵母中发现,以后在 T 淋巴细胞的 T 抗原受体基因的转录和重排中证实这种负调控顺式元件的存在。目前对这种在基因转录降低或关闭中起作用的序列研究还不多,但从已有的例子中发现沉默子的作用可不受序列方向的影响,也能远距离发挥作用,并可对异源基因的表达起作用。沉默子是由多个元件构成,不同的元件和特异蛋白因子结合后协同产生复杂的阻遏模式。对最早发现的酵母 HMR-E 沉默子进行突变体研究,分析沉默子的组件构成及相互之间的联系。在 HMR-E 中包含至少三个与沉默子功能有关的组件 A、E 和 B,每个组件都是蛋白因子的结合位点,其中元件 E 和 B 分别与细胞内两种高丰度蛋白 RAP1(repressor-activator binding protein)和 ABFI(ARS-binding factor)结合,但 ABFI 和 RAP1 与其他的元件结合时通常是作为转录激活蛋白存在;A 元件中含有 11 bp 的 ARS(Autonomous replication sequence)保守序列(TTT-TATATTTA),其能够与酰基辅酶 A 结合蛋白(acyl-CoA-binding protein,ACBP)结合。这三个元件单独都不能行使阻遏功能,其中 E、B 组件均促进转录,而 A 组件则可起始质粒的自主复制,当三个组间相互协同的时候才能够阻遏基因转录(图 5-8)。

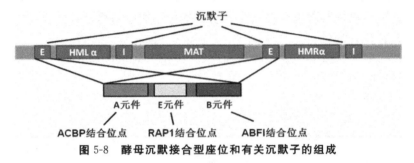

图 5-8 酵母沉默接合型座位和有关沉默子的组成

关于沉默子的作用模型,目前有以下几种假设。

(1)沉默子直接介导的沉默,沉默子改变 DNA 的空间结构,阻止转录因子与 DNA 的相互作用,从而抑制基因转录。

(2)含阻遏蛋白结合序列的沉默子,该沉默子的阻遏蛋白结合区结合阻遏蛋白后阻止基因转录。在这种情况下,可分为几种模型:①直接阻遏,沉默子结合阻遏蛋白后与转录起始复合物中的成员结合使转录起始复合物无法形成而丧失活性;②竞争性阻遏,某些沉默子与增强子等正调控元件相邻或重叠,阻遏蛋白结合后阻止激活蛋白与邻近正调控元件的结合从而阻遏转录;③淬灭性阻遏,沉默子与增强子相邻,阻遏蛋白与沉默子结合后,虽不影响激活蛋白与 DNA 的结合,却通过蛋白之间的相互作用阻止激活蛋白与转录起始复合物的正确接触来抑制其活性。

(3)含有骨架结合位点的沉默子,这类沉默子如酵母的 HMR-E 沉默子,其结合蛋白 RAP1 是核骨架蛋白的重要成分(对于染色体成环是必要的),沉默子通过与核骨架蛋白相互作用使 DNA 成环,改变了 DNA 的空间构象,阻止了启动子与转录起始复合物的结合,从而抑制基因转录;或者 DNA 成环后使组蛋白的修饰和拓扑结构发生改变,导致关键的转录因子不能正确结合从而阻止基因转录。

5.2.2 反式作用元件

负转录调控元件也称反式作用元件(trans-acting element),其本质是蛋白质,也称反式作用因子(trans-acting factor)。反式作用元件能够与顺式作用元件相互作用,并调控基因转录表达。

反式作用元件根据其对转录的影响分为正调控反式作用元件和负调控反式作用元件,正调控反式作用元件具有转录激活功能,而负调控反式作用元件具有抑制转录的功能。

原核生物中的反式作用因子主要包括特异因子、阻遏子(repressor)和激活子(activator)。它们分别对基因表达起促进或抑制作用。

特异因子决定 RNA 聚合酶对一个或一套启动序列的特异性识别和结合能力。原核生物中最典型的特异因子是大肠杆菌 RNA 聚合酶的 σ 亚基。σ 亚基也称 σ 因子,其功能在于识别启动子−10 和−35 区的序列,引导 RNA 聚合酶稳定的结合到 DNA 启动子上。不同的 σ 因子识别不同类型的启动子,从而调节基因的转录。通常情况下,大多数大肠杆菌的基因都由 σ^{70} 因子识别,其他的基因由不同的 σ 因子介导转录(表 5-3)。

表 5-3　大肠杆菌中的各种 σ 因子

σ 因子	编码基因	主要功能
σ^{70}	rpoD	参与对数生长期和大多数碳代谢过程基因的调控
σ^{54}	rpoN	参与多数氮源利用基因的调控
σ^{38}	rpoH	分裂间期特异基因的表达调控
σ^{32}	rpoS	热休克基因的表达调控
σ^{28}	rpoF	鞭毛趋化相关基因的表达调控
σ^{24}	rpoE	过度热休克基因的表达调控

阻遏子和激活子都属于调节基因,需要和顺式作用元件的操纵子一起对基因转录进行调控。阻遏子和激活子本身可以编码蛋白质,所编码的蛋白质分别是阻遏蛋白和激活蛋白。当调节基因(阻遏子)的产物阻遏蛋白与操纵子结合后,即可阻止其邻近的启动子起始转录。阻遏子属于负调控元件,其介导的负性调节机制在原核生物普遍存在。当调节基因(激活子)的产物激活蛋白与操纵子结合后,即可促进 RNA 聚合酶与启动序列的结合,增强 RNA 聚合酶的活性,从而促进基因的转录。激活子的作用属于正向调节机制,因此是正调控元件。

在真核细胞中 RNA 聚合酶通常不能单独发挥转录作用,而需要与其他转录因子共同协作。真核生物中能够与 RNA 聚合酶直接或者间接结合的反式作用元件可统称为转录因子(Transcription Factors, TF),转录因子通常可分为三大类。

(1)RNA 聚合酶相关的普遍性转录因子(general transcription factor,GTFs)或者基本转录因子(basal transcription factor),它们主要是协同 RNA 聚合酶进行基因的转录。与 RNA 聚合酶Ⅰ、Ⅱ、Ⅲ协同作用的转录因子分别称为 TFⅠ、TFⅡ、TFⅢ,其中对 TFⅡ研究最多(表 5-4)。

表 5-4　RNA 聚合酶Ⅱ的基本转录因子

转录因子	分子量(kD)	功能
TBP	30	与 TATA 盒结合
TFⅡ-B	33	介导 RNA 聚合酶Ⅱ的结合
TFⅡ-F	30,74	解旋酶
TFⅡ-E	34,37	ATP 酶
TFⅡ-H	62,89	解旋酶
TFⅡ-A	12,19,35	稳定 TFⅡ-D 的结合
TFⅡ-I	120	促进 TFⅡ-D 的结合

TFⅠ是类别Ⅰ型启动子的转录所需的反式作用因子,主要包含上游结合因子 UBF(upstream binding factor)、选择因子 1(selectivity factor 1, SL-1)、TFⅠ-C 和 TFⅠ-A。UBF 可结合核心启动子和上游启动子序列;SL-1 结合核心启动子序列,由 TATA 盒结合蛋白(TATA box binding protein, TBP)和三种 TBP 相关因子(TBP associated factors, TAF)组成;TFⅠ-C 和 TFⅠ-A 主要结合和激活 RNA polⅠ(图 5-9)。

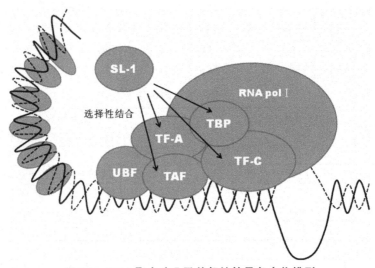

图 5-9 RNA 聚合酶Ⅰ及其起始转录复合物模型

TFⅡ是类别Ⅱ型启动子起始转录所必须的反式作用因子,TFⅡ-X 中的 X 是根据 TFⅡ型转录因子的发现顺序进行命名的。TFⅡ-A、B、E、F 等转录因子与 RNA 聚合酶Ⅱ结合形成一个具有最低转录功能基础的转录前起始复合物(pre intitiation complex, PIC),从而启动基因的转录(图 5-10)。以前认为与 TATA 盒结合的蛋白因子是 TFⅡ-D,后来发现 TFⅡ-D 实际包括两类成分:一类是 TBP,TBP 是唯一能识别 TATA 盒并与其结合的转录因子,是三种 RNA 聚合酶转录时都需要的转录因子;另一类是 TBP 相关因子(TBP associated factors, TAF),TAF 至少包括八种能与 TBP 紧密结合的因子。

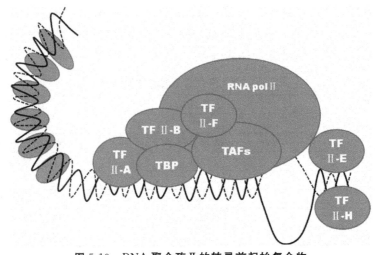

图 5-10 RNA 聚合酶Ⅱ的转录前起始复合物

（2）特异性 DNA 结合的调控因子（gene-specific DNA-binding regulatory factors），包含激活因子和抑制因子两种类型，其中一类与靶基因启动子和增强子（或沉默子）特异结合的转录因子，具有细胞及基因特异性，可以增强或抑制靶基因的转录。

（3）协调因子（co-regulatory factors），要么改变局部染色质的构像（如组蛋白酰基转移酶和甲基转移酶），对基因转录的起始具有推动作用，要么直接在转录因子和前起始复合物之间发挥桥梁作用（如中介因子），推动前起始复合物形成和发挥作用。

TFⅢ属于类型Ⅲ型启动子转录必须的转录因子，主要与 RNA 聚合酶Ⅲ型相互作用。TFⅢ-A 负责结合 5S rRNA 基因内部控制区（ICR，C box），含 9 个锌指（zinc finger）结构；TFⅢ-C 结合 tRNA 基因内启动子，酵母中为 τ 因子，可结合 A/B box（τA/τB）；TFⅢ-B、TFⅢ-C 及 DNA 彼此结合形成转录复合物从而定位 RNA pol Ⅲ 的结合（图 5-11）。

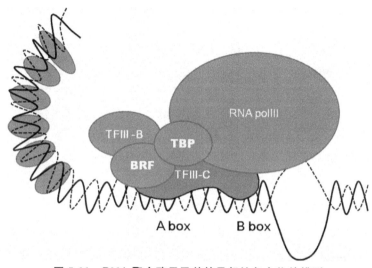

图 5-11　RNA 聚合酶Ⅲ及其转录起始复合物的模型

不同的基因具有不同的启动子，能与不同的转录因子结合，这些转录因子通过与 DNA 上的顺式作用元件或者转录因子与转录因子之间的相互作用来影响基因的转录效率。目前已经发现：①同一 DNA 序列可被不同的转录因子所识别，但能直接结合 DNA 序列的转录因子是少数；②转录因子之间可以通过蛋白质—蛋白质相互作用与 DNA 序列结合并影响转录效率。

转录因子之间或转录因子与 DNA 的结合都会引起 DNA 的构象变化，从而影响基因的转录效率，这主要和转录因子的结构有关。所有的转录因子从功能上分为不同的区域：①DNA 结合域（DNA binding domain），多由 60～100 个氨基酸残基构成的几个亚区组成；②转录激活域（activating domain），常由 30～100 氨基酸残基组成，这结构域富含酸性氨基酸、谷氨酰胺、脯氨酸等不同种类，以酸性结构域最多见；③连接区，即连接上述两个结构域的区域。不与 DNA 直接结合的转录因子没有 DNA 结合域，但能通过转录激活域直接或间接作用于转录复合体而影响转录效率。

与 DNA 结合的转录因子大多以二聚体形式起作用，与 DNA 结合的功能域常见有以下几种。

①螺旋—转角—螺旋（helix-turn-helix，HTH）及螺旋—环—螺旋（helix-loop-helix，HLH）：这类结构至少有两个 α 螺旋，其间由短肽段形成的转角或环连接，两个这样的结构以二聚体形式

相连,距离正好相当于 DNA 一个螺距(3.4 nm),两个 α 螺旋刚好分别嵌入 DNA 的深沟。

②锌指(zinc finger):每个重复的"指"状结构约含 23 个氨基酸残基,锌以 4 个配价键与 4 个半胱氨酸或 2 个半胱氨酸和 2 个组氨酸相结合。整个蛋白质分子含有 2 个锌指重复单位。每个锌指单位通过其"指"部伸入 DNA 双螺旋的深沟,接触 5 个核苷酸。例如与 GC 盒结合的转录因子 SP1 中就有连续的 3 个锌指重复结构。

③碱性亮氨酸拉链(basic leucine zipper,bZIP):具有该结构的蛋白质分子的肽链上每隔 6 个氨基酸就有 1 个亮氨酸残基,这些亮氨酸残基都在 α 螺旋的同一个方向出现。两个相同结构的两排亮氨酸残基就能以疏水键结合成二聚体,该二聚体的另一端的肽段富含碱性氨基酸残基,借其正电荷与 DNA 双螺旋链上带负电荷的磷酸基因结合。如果不形成二聚体则对 DNA 的亲和结合力明显降低。在肝脏、小肠上皮、脂肪细胞和某些脑细胞中有称为 C/EBP 家族的一大类蛋白质能够与 CAAT 盒和病毒增强子结合,其特征就是 bZIP 二聚体结构(图 5-12)。

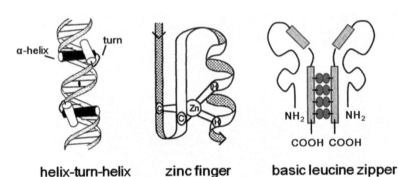

图 5-12　与 DNA 结合的三种转录因子功能域结构

由此可见,转录调控的实质在于蛋白质与 DNA(反式作用元件与顺式作用元件)、蛋白质与蛋白质之间(反式作用元件与反式作用元件)的相互作用,构象的变化正是蛋白质和核酸相互作用的结果,这些作用的结果就是基因的转录。

目前,人们对于生物大分子之间的识别、相互作用、结构变化及其生命活动意义的研究还处于起步阶段,其中许多现象和规律还一无所知,这有待于进一步的努力探索。

5.3　原核生物 RNA 的合成

5.3.1　原核生物的 RNA 聚合酶

大肠杆菌 RNA 聚合酶由 α、β、β′、σ 和 ω 五个亚基组成,不同亚基在基因转录过程中具有不同的性质和功能。

具有催化转录作用的酶称作 RNA 聚合酶(RNA polymerase,RNA pol),或者 DNA 指导的 RNA 聚合酶(DNA-directed RNA polymerase)。原核生物的转录,不论其产物是 mRNA,rRNA,还是 tRNA,都是由同一种 RNA 聚合酶催化合成的。用 SDS-PAGE 分离 *E. coli* 的 RNA 聚合酶可得几个大小不等的亚基,即 α、β、β′、σ 和 ω,不同亚基在基因转录过程中具有重要的功能。α 亚基的相对分子量为 4.0×10^4;β 和 β′ 亚基的相对分子量分别为 1.5×10^5 和 1.6×10^5;σ 亚基的相对分子量在 $3.2 \times 10^4 \sim 9.2 \times 10^4$;ω 亚基的分子量最小,为 0.9×10^4(表 5-5)。

表 5-5　大肠杆菌 RNA 聚合酶各亚基的性质和功能

亚基	编码基因	相对分子量	数目	功能
α	*rpo*A	40 000	2	酶的装配与启动子上游元件的活化因子结合
β	*rpo*B	155 000	1	结合核苷酸底物催化磷酸二酯键的形成
β′	*rpo*C	155 000	1	与 DNA 结合
σ	*rpo*D	32 000～92 000	1	识别启动子促进转录的起始
ω	?	9 000	1	未知

　　Burgess 和 Travers 等用磷酸纤维素柱层析分离出由各个亚基组成的全酶（holoenzyme），其亚基组成为 $\alpha_2\beta\beta'\omega$，相对分子量约为 4.65×10^5。并发现 σ 亚基易于从全酶上解离，其他的亚基则比较牢固地结合成为核心酶（core enzyme）。σ 亚基也叫 σ 因子，当 σ 因子与核心酶结合成全酶时，即能起始转录，当 σ 因子从转录起始复合物中释放后，核心酶沿 DNA 模板移动并延伸 RNA 链。可见 σ 因子为转录起始所必需，但对转录延伸并不需要。全酶以四种核苷三磷酸为原料，以 DNA 为模板，在 37℃下，以 40 nt/s 的速度从 $5'\rightarrow3'$ 合成 RNA。一个 *E. coli* 约含 7 000 个 RNA 聚合酶分子，大约 2 000～5 000 个聚合酶同时催化 RNA 的合成。

　　原核生物 RNA pol 大都由多亚基组成，但噬菌体 T3 和 T7 的 RNA pol 只由一条多肽链（相对分子量为 1.0×10^5）组成，它能识别特异的 DNA 结合序列，并以 200 nt/s 的高速度合成 RNA。

　　细菌 RNA pol 的核心酶含两个相同的 α 亚基（由 *rpo*A 基因编码），为核心酶的组装所必需，负责识别和结合启动子，其 N-端结构域参与聚合酶的组装，C-端结构域参与和调节亚基之间的相互作用以及和增强子元件结合。此外，α 亚基在全酶与某些转录因子相互作用也发挥重要作用。

　　β 和 β′ 亚基分别由基因 *rpo*B 和 *rpo*C 编码，目前认为二者共同构成催化部位。β 亚基是催化部位的主体。研究表明，β 亚基有两个结构域，分别负责转录的起始和延伸，β′ 亚基带正电荷，与 DNA 静电结合，可结合两个 Zn^{2+} 参与催化过程。利福平能与 β 亚基结合，强烈抑制原核生物转录的起始，但对真核生物的 RNA pol 不起作用，因此，可用于治疗结核病和麻风病。转录的另一种抑制剂肝素，因富含阴离子，能与 DNA 竞争性地结合于 β′ 亚基上，表明 β′ 亚基可能是 RNA pol 与模板 DNA 的结合部位。

　　E. coli 的 σ 因子由基因 *rpo* D 编码，其主要作用是特异性地识别转录的起始位点启动子。启动子（promoter）是 RNA 聚合酶识别、结合并起始转录的一段特异性的 DNA 序列，一般位于转录起始位点（＋1）的上游，可以同 RNA 聚合酶特异性结合，但本身的序列不被转录。核心酶虽可与 DNA 结合，但不能区别启动子和一般的 DNA 序列，或者说不能正确识别启动子的特异序列。σ 因子与核心酶结合后，全酶对启动子的特异性结合能力是对其他 DNA 序列结合能力的 107 倍。其原因是，核心酶对 DNA 序列结合的亲和力建立在碱性蛋白和酸性核酸之间静电吸附作用力之上，这种结合是没有特异性的松散结合，而且结合的 DNA 仍然保持双螺旋状态。σ 因子能大大降低 RNA pol 与一般 DNA 序列的结合常数和停留时间，同时又增加 RNA pol 与启动子的结合常数和停留时间，使 RNA pol 能正确地识别启动子的特异序列，并与之结合。

　　不同的 σ 因子可以识别不同的启动子。如 *E. coli* 的一般基因由 σ^{70}（相对分子量为 $7.0\times$

10^4）识别，枯草芽孢杆菌 d 因子的主要类型为 σ^{43}。识别热休克应激蛋白基因启动子的为 σ^{32}。温度升高时，基因 $rpoH$ 的产物 σ^{32} 浓度升高，温度回降时，σ^{32} 浓度降低。可以假设 σ^{70} 与 σ^{32} 通过竞争已有的核心酶，调控蛋白质合成的起始。诱导 σ^{32} 产生的基本信号是因温度升高引起的未折叠蛋白的聚集。在固氮菌中识别固氮酶相关基因启动子的为 σ^{50}，当培养基中缺乏氮时，$E. coli$ 中会有少量矿 10^{54} 存在，在这种情况下，基因会转向利用其他可替代的 N 源。

ω 亚基由基因 $rpoZ$ 编码，相对分子量为 1.10×10^4，曾长期被忽略，甚至许多人不把它作为聚合酶的组分。然而，现在已经肯定，ω 亚基是嗜热水生菌 RNA pol 必不可少的组分，也是体外变性的 RNA pol 成功复性所必需的，它与 β 亚基一起构成催化中心，稳定其与 β' 亚基的结合。

在低分辨率的电镜下观察到，细菌 RNA pol 具有类似手掌形的结构，其旁侧有一个直径约为 2.5 nm 的通道，适于进出 16 bp 的 B-DNA，故称为 DNA 结合通道（DNA-binding channel）。在高分辨率电镜下观察 RNA 聚合酶形似螃蟹的大钳，β 钳子和 β' 钳子之间的宽度约为 2.7 nm，能够容纳一个双螺旋 DNA，还含有 Mg^{2+}。核心酶单独存在时，β 钳子和 β' 钳子闭合，核心酶与 σ 因子结合时即张开。DNA 随之进入沟内。识别启动子时，β 钳子和 β' 钳子闭合，并形成闭合型复合物，此时 DNA 双链被局部解旋，形成转录泡，随即在模板链上开始合成 RNA 链。当 RNA 链延伸至 8～9 个核苷酸时，σ 因子从全酶上解离，此时核心酶牢固钳住 DNA，转录得以持续进行直至终点。图 5-13（a）为栖热水生菌（$Thermus aquattcus$，Taq）RNA pol 晶体结构的带状图解，图 5-13（b）为其空间结构的示意图。

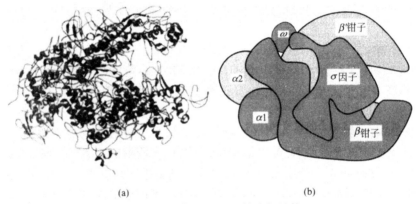

(a)　　　　　　(b)

图 5-13　细菌 RNA pol 的空间结构

噬菌体 T7 RNA pol（相对分子量为 9.9×10^4）X 衍射图像表明，该酶由阿 α 螺旋绕成圆筒形，圆筒之间以 β' 折叠连接，再绕成类似手形的结构。新生 RNA 链延伸时期，其拇指覆盖着 DNA 结合通道，以保护 DNA 模板顺利指导 RNA 的合成。

尽管 RNA pol 与 DNA pol 都是以 DNA 为模板，从 $5'\to3'$ 方向催化多聚核苷酸的合成，但是，这两类聚合酶有明显的差别。

（1）RNA pol 只有 $5'\to3'$ 的聚合酶活性，没有 $5'\to3'$ 外切酶和 $3'\to5'$ 外切酶的活性，缺乏自我校对的能力，转录的错配率较高。且聚合反应的速度低，平均速率只有 50 nt/s。

（2）细菌的 RNA pol 具有解链酶的活性，本身能够促进 DNA 双链解链。

（3）RNA pol 能直接催化 RNA 的从头合成，不需要引物。

（4）RNA pol 的底物是核苷三磷酸，而不是脱氧核苷三磷酸。RNA pol 与进入其活性部位的 NTP 2'-OH 有多重接触位点，而进入 DNA pol 活性中心的 dNTP 无 2'-OH。

(5)RNA pol 催化产生的 RNA 与 DNA 形成的杂交双螺旋长度有限,在转录过程中,从转录泡伸出的是单链 RNA,而在复制过程中,从 DNA pol 上伸展出来的是 DNA 双链分子。

(6)RNA pol 启动转录需要识别启动子,转录的起始阶段受到多种调节蛋白的调节。

5.3.2　转录的起始

1. 转录起始位点的结构

为了确定启动子的位置和序列,科学工作者首先使 DNA 与 RNA pol 结合,再用核酸内切酶处理。同时,另取 1 份未与 RNA pol 结合的 DNA,用同样的内切酶处理。然后,在两个泳道进行凝胶电泳,对比二者所形成的电泳条带。未与 RNA pol 结合的 DNA 可形成较多的电泳条带,与 RNA pol 结合的 DNA 片段不能被内切酶水解,会形成较少的电泳条带。根据缺失条带所处的位置,可以确定与 RNA pol 结合的 DNA 片段,这种实验称足迹法(fool printing)(图 5-14)。足迹法实验证明,若以 DNA 编码链对应于 RNA 的第一个核苷酸为 +1,其下游(downstream)即转录区依次记为正数,上游依次记为负数(没有零),则 RNA pol 结合区即启动子从 −70 延伸到 +30。对比分析多种原核生物的启动子,发现几乎在所有的启动子起始点的上游都有一个 6 bp 的一致序列。这个六联体的中心位于起始点上游 10 个碱基处,大多位于位置 −18 到 −8 之间,根据它的位置,六联体被命名为 −10 区序列,或以发现者的名字命名为 Pribnow 框(Pribnow box)。它的一致序列(consensus sequence)是 TATAAT。若用下标表示碱基在不同基因的启动子中出现的概率,−10 区序列可表示为 $T_{80}T_{95}T_{45}T_{60}T_{50}T_{86}$,如果此位置对于任何碱基都没有明显的优先性则标为 N。另一个保守六联体在起始点上游 −35 处,称 −35 序列。保守序列为TTGACA,可表示为 $T_{82}T_{84}G_{78}A_{65}C_{54}A_{45}$。对上述共有序列进行化学修饰和定位诱变证明,−35 区序列与聚合酶对启动子的特异性识别有关,−10 区富含 A-T 对,有利于 DNA 局部解链。

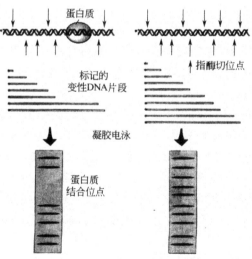

图 5-14　足迹法确定启动子的位置和序列

−35 和 −10 区之间的序列为 15～20 bp,其中 90% 在 16～18 bp。虽然这一序列的确切顺序是不重要的,但它的长度对于使 −35 和 −10 序列保持适当的距离,以适应 RNA pol 的几何形状是非常重要的。此外,某些转录活性超强的基因如 rRNA 基因,除了 −35 区域和 −10 区域的启动子序列以外,在 −40 和 −60 之间的区域还有一种富含 AT(5′-AAAAT-TATTTT-3′)的上游增强元件(upstream enhance element),该序列可将转录活性提高 30 倍。

启动子的一致序列是综合统计了多种基因的启动子序列以后得出的结果,迄今为止,在 *E. coli* 中还没有发现哪一个基因的启动子序列与一致序列完全一致。一个基因的启动子序列与一致序列越相近,则该启动子的启动效率就越高。不同基因在启动子序列上的差异,是基因表达调控的一种重要途径。

2. 转录起始的过程

起始复合物的形成是转录的限速步骤,起始频率主要由启动子强度决定。强启动子平均每秒钟启动一次,弱启动子每启动一次大概需要一分钟或更长的时间。转录一旦启动,RNA 链延伸的速度与启动子强弱无关。

(1)RNA pol 全酶与双链 DNA 的非特异性结合

核心酶与 σ 因子结合成全酶,RNA pol 全酶与非特异性 DNA 序列具有一定的亲和性,但亲和性较低。然而,一旦聚合酶与 DNA 结合,即可沿 DNA 滑动扫描,直到发现启动子序列。RNA pol 与启动子的结合则是特异性的,具有很高的亲和性。

(2)RNA pol 与启动子形成封闭复合物

一旦 RNA pol 遇到 -35 区,便形成封闭复合物(closed complex)。在此阶段,DNA 并没有解链,聚合酶主要以静电引力与 DNA 结合。这种复合物并不十分稳定,半衰期为 $15\sim20$ min。足印法分析表明,在此阶段聚合酶覆盖 -55 到 $+5$ 区域。目前,已发现两种不同形式的封闭复合物,在 RNA pol 刚刚结合的时候,启动子区域发生弯曲,形成的是封闭复合物 1,这时候的足印长度为 60 bp。随着聚合酶与启动子区域的进一步结合,以及聚合酶构象发生的变化,封闭复合物 1 异构化为封闭复合物 2,足印长度随之增加到 90 bp。

(3)封闭复合物转化成开放复合物

σ 因子使 DNA 部分解链,形成大小为 $12\sim17$ bp 转录泡,使 DNA 模板链进入活性中心,封闭复合物转变成开放复合物(open complex)。一开始,转录泡覆盖 -10 至 -1 区域,但它很快以一种依赖于 Mg^{2+} 的方式从 -12 延伸到 $+2$ 区域。开放复合物十分稳定,其半寿期在几个小时以上,此时的聚合酶与启动子的相互作用既有静电引力,又有氢键。足印法测定表明,在此阶段聚合酶覆盖 $-55\sim+20$ 区域。

1988 年 Helmann 和 Chamberlin 对 σ 因子的结构与功能作了详细的研究,发现 σ 因子具有 4 个保守的结构域,每一个结构域又可分为更小的保守区域。结构域 1 只存在于 σ^{70},可分为 1.1 和 1.2 两个亚基,1.1 阻止 σ 因子单独与 DNA 结合(除非它与核心酶结合形成全酶)。结构域 2 存在于所有的 σ 因子,为一因子最保守的区域,它又分为四个亚区(2.1~2.4),其中 2.4 形成螺旋,负责识别启动子的 -10 区。结构域 3 参与 σ 因子同核心酶以及同 DNA 的结合。结构域 4 可分为两个亚区(4.1 和 4.2),其中 4.2 含有螺旋—转角螺旋基序,负责与启动子的 -35 区结合。

从封闭复合物转化成开放复合物后,β 钳子和 β' 钳子牢固地固定了下游 DNA,σ 因子的 1.1 区域移动了约 5 nm 的距离,使 DNA 可以进入钳状结构的裂隙中。非模板链离开酶的活性中心进入非模板链通道(NT),模板链则穿过酶的活性中心进入模板链通道(T),新合成的 RNA 通过 RNA 出口通道从酶的活性中心伸出(图 5-15)。

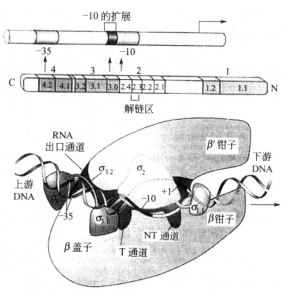

图 5-15　开放复合物上 σ 因子和通道的位置

（4）RNA 合成的起始

在前两个与模板链互补的 NTP 从次级通道进入聚合酶的活性中心以后，由活性中心催化第一个 NTP 的 3′-OH 亲核进攻第二个 NTP 的 5′-磷酸基，形成第一个磷酸二酯键。第一个掺入的核苷酸总是嘌呤核苷酸，这是因为聚合酶的第一个 NTP 结合位点优先结合嘌呤核苷三磷酸，而第二个 NTP 结合位点与四种 NTP 结合的亲和力相同。此外，新合成的初级转录物一般含有 5′三磷酸，这与成熟的 RNA 分子不同。一旦有了第一个磷酸二酯键，RNA-DN-RNA pol 的三元复合物（the ternary complex）就形成了。已发现位于 β′亚基上的 NADFDGDQM 序列在所有的 RNA 聚合酶里面都是高度保守的，其中的 3 个 D(Asp)残基最为重要，是 RNA D01 的活性所必需的。3 个 D 促进两个 Mg^{2+} 参与双金属离子（twometal ion mechanism）催化机制，许多核酸酶有这样的催化机制。RNA pol 全酶催化形成 6～10 个磷酸二酯键以后，与核心酶结合的 σ 因子即释放出来，从此转录进入延伸阶段。

在 σ 因子脱离核心酶之前，其结构域 3.2 位于 RNA 出口通道的中部，使 RNA 小片段无法从 RNA 出口通道伸出去。由于聚合酶的活性中心只能容纳 8 nt 的 RNA 链，若已经合成 6 nt 左右的 RNA 链，σ 因子未能脱离核心酶，则新合成的 RNA 小片段会脱离复合物，重新启动转录，这种现象称无效合成或流产合成（abortive synthesis）。RNA pol 在调节自身对于起始和伸长的需要时，会进入一种进退两难的境地。起始需要 RNA pol 与 DNA 模板紧密结合，而伸长需要 RNA pol 与 DNA 模板序列解离。σ 因子的解离是转录由起始阶段进入伸长阶段的关键，如果 σ 因子过早离开核心酶，转录的正确起始就无法保障了。因此，无效合成可能是为正确起始而付出的代价。

5.3.3　RNA 链的延伸

1.RNA 链延伸的过程

一旦 RNA pol 合成了大约 10 nt 左右的 RNA 链，延伸便开始了。这时转录物的长度足以让 RNA 取代 σ 因子的位置，使 RNA pol 的核心酶与口因子解离。核心酶因此而可以离开启动子,沿模板链移动了,这一过程称启动子清空(promoter clearance)。在 σ 因子被释放以后,延伸因子 Nus -A 蛋白加入进来,转录即进入延伸阶段。失去 σ 因子的核心酶通过封闭的钳子握住 DNA,以更快的速度沿着 DNA 模板链移动,使延伸反应可以持续进行。RNA pol 的结构变化使延伸中的 RNA 链从 RNA/DNA 杂交双链中脱离,单链 DNA 重新与互补链配对,转录泡的大小维持在 17 bp 左右。也就是说,随着 RNA 链的延伸,转录泡与核心酶一起沿着 DNA 模板链同步移动。释放出来的 σ 因子可以重新与核心酶结合,启动新一轮 DNA 的转录,称为 RNA pol 的循环。

转录泡的维持需要 DNA 在转录泡前面解链,同时在转录泡后面重新形成双链,拓扑异构酶能够在转录泡的前方解除因解链形成的正超螺旋,在转录泡的后方解除因解链形成的负超螺旋。

由于新掺入的核苷酸总是被添加在 RNA 链的 3′-OH 端,RNA 链延伸的方向是从 5′→3′。在延伸过程中,RNA pol 不断地移位,以转录新的模板链序列,有两种模型被用来解释 RNA pol 的移位机制。一种是热棘轮(the thermal ratchet)模型,此模型认为 NTP 的结合和掺入引起了 RNA pol 的空间结构变化,酶在两种移位状态之间的交替变化,使其能够沿着模板链移动,有点像受热驱动的热棘轮在拉动传送带。另外一种为能击模型(The power stroke),此模型认为形成磷酸二酯键时释放 PPi 伴随的化学能,以及 PPi 水解释放的化学能,转化成了 RNA pol 移位的机械能(图 5-16)。

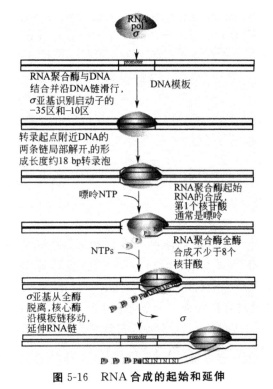

图 5-16　RNA 合成的起始和延伸

2. 延伸的暂停和阻滞

在延伸阶段,RNA pol 每催化 1 个新的磷酸二酯键形成,就面临三种选择,其一是继续延伸合成新的磷酸二酯键;其二是倒退切除新掺入的核苷酸;其三是延伸复合物解离,完全停止转录。

（1）暂停

若在转录过程中,转录产物形成了特定的二级结构,如发夹结构,或 NTP 暂时短缺,均有可能造成转录暂停。暂停有可能使原核生物转录和翻译同步,也有可能对转录调节蛋白发挥作用有帮助,还有可能是转录倒退或完全终止的前奏。RNA 合成的重新启动需要 GreA 和 GreB 蛋白来解除暂停状态,在 RNA pol 倒退后,GreA 和 GreB 切除 3′-端几个核苷酸,以便让 RNA 的 3′-OH 能重新回到活性中心。

（2）倒退

如果在转录过程中发生了错误,RNA pol 即向后滑动,新生 mRNA 的 3′ 端被暴露出来,错误的寡聚核苷酸被内源核酸酶 GreA 或 GreB 蛋白切除。OreA 和 GreB 很相似,它们的氨基酸序列有 35% 是相同的。然而,它们的作用机制略有不同,其中 GreA 切除 2～3 nt 长的寡聚核苷酸,GreB 切除 2～9 nt 长的寡聚核苷酸。可见,倒退可能是对新合成 mRNA 进行校对的一种手段。

（3）阻滞

若暂停的 RNA pot 倒退,使 RNA 堵塞了有关的通道,转录就会被完全阻滞。解除 RNA pol 的阻滞状态,同样需要 GreA 或 GreB 剪切突出的 RNA。解除 RNA pol 前进的障碍。

5.3.4　转录的终止

转录终止于具有终止功能的特定 DNA 序列,这一特定的序列称作终止子(terminator)。协助 RNA pol 识别终止子的辅助因子(蛋白质)称终止因子(termination factor)。根据终止子结构的特点和其作用是否依赖于终止因子,将 E.coli 的终止子分为两类:一类称为不依赖于 ρ 因子的终止子,属于强终止子;另一类为依赖于 ρ 因子的终止子,属于弱终止子。

1. 不依赖于 ρ 因子的转录终止

不依赖于 ρ 因子的终止子(Rho-independent terminator)通常有一个富含 AT 的区域和一个或多个富含 GC 的区域,具有回文对称序列,该序列转录生成的 RNA 能形成茎环二级结构,可终止 RNA 聚合酶的转录作用。茎环结构的下游有一串 U 序列,而 RNA 上的多聚 U(ru)和 DNA 模板上的多聚 A(dA)之间的碱基对,具有相对较弱的氢链,使 RNA 链容易从模板脱离,从而终止转录。另外,茎环结构也可能促进 RNA 聚合酶从模板链脱离(图 5-17)。突变实验证明,凡是影响到富含 GC 茎稳定的突变,或改变 dA-rU 杂交片段长度的突变均会影响终止子的效率。RNA pol 延伸的速率,RNA 发夹结构的强度和大小,以及 U 的长度均能影响到终止的效率。

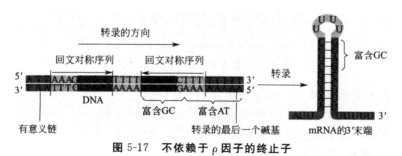

图 5-17　不依赖于 ρ 因子的终止子

不依赖于 ρ 因子的终止是原核系统转录终止的主要方式,也称为简单终止(simple termination)。当转录物的 3′端自发地形成富含 GC 碱基对的茎环结构后,就导致 RNA pol 在终 1′子停顿,并诱导聚合酶的构象发生变化。由于茎环结构下游的 RNA 与 DNA 模板链通过熔点较低的 dA-rU 结合,其结合力较弱,RNA pol 构象的变化足以使 RNA 分子从模板链脱离,最终导致转录物的释放和转录的完全终止。关于终止子导致 RNA 脱离模板链的机制,已提出两个截然不同的模型。发夹入侵模型(hairpin-invasion)认为,发夹结构入侵 RNA 离开通道,引起 RNA pol 构象的变化,导致 RNA 脱离模板链。RNA 拉离模型(RNA pull-out)认为,发夹结构不能深入 RNA 离开通道,导致 RNA 移位,并从模板链脱离。

2. 依赖于 ρ 因子的转录终止

依赖于 ρ 因子的终止子(Rho dependent terminator),其回文对称序列中不含 GC 区,其下游也无一串 U 序列。这一结构所形成的茎环结构,是一类弱终止子。依赖于 ρ 因子的终止子在细菌染色体中较少见,而在噬菌体中广泛存在。

ρ 因子是一个相对分子量为 4.5×10^4 的蛋白质因子,聚集为六聚体时显示出依赖于 RNA 的 ATPase(或 NTPase)活性和特异的解旋酶活性。在 RNA 存在时,能水解核苷三磷酸,为其结合到新生 RNA 链上,并沿 RNA 移动提供能量。ρ 因子优先结合的位点称 ρ 因子利用位点(Rho utilization site,rut 位点),ρ 因子与新生转录物的结合需要 rut 位点和大概 $30 \sim 40$ nt 的游离 RNA,如果没有 rut 位点,ρ 因子结合需要约 100 nt 的游离 RNA。因此提出 ρ 因子作用模型,首先,ρ 因子与 rut 位点结合,在水解 ATP 的情况下,向转录物的 3′端前进,当 RNA 聚合酶遇到终止子的发夹结构,而使转录暂停时(暂停的原因也是转录物的 3′端形成了发夹结构),ρ 因子快速追上聚合酶,利用其解旋酶活性,从转录泡内 RNA DNA(一段模板)杂合体中释放 RNA,并促使聚合酶脱离转录泡,ρ 因子同时从模板上脱落下来(图 5-18)。

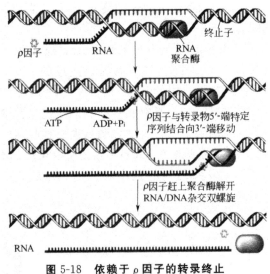

图 5-18　依赖于 ρ 因子的转录终止

有些终止作用可被特异的蛋白因子所阻止,致使 RNA 聚合酶能够越过终止位点的蛋白因子称为抗终止因子(antitermination factor),如 A 噬菌体 DNA 转录过程中,N 蛋白就是一个抗终止蛋白因子。NusA 因子能阻止不依赖于 ρ 因子的终止作用,依赖于 ρ 因子的终止作用,需要有四种 Nus 蛋白的参与,其作用机制比前者复杂。

5.4　真核生物 RNA 的合成

5.4.1　真核生物的 RNA 聚合酶

在真核细胞的细胞核中,有三种 RNA 聚合酶,分别是 RNA 聚合酶Ⅰ、RNA 聚合酶Ⅱ和 RNA 聚合酶Ⅲ。这三种 RNA 聚合酶最早是依据它们从 DEAE-纤维素柱上洗脱的先后顺序命名的。后来经研究发现,不同生物的三种 RNA 聚合酶的洗脱顺序并不相同,因而改用对 α-鹅膏蕈碱(α-amanitin)的敏感性的不同而加以区分。不同的 RNA 聚合酶负责合成不同性质的 RNA,而这些 RNA 的模板有时被称为 polⅠ、polⅡ和 polⅢ基因。

RNA 聚合酶Ⅰ合成 5.8S rRNA、18S rRNA 和 28S rRNA,存在于核仁中,对 α-鹅膏蕈碱不敏感。RNA 聚合酶Ⅱ合成所有的 mRNA 以及部分 snRNA,存在于核质中,对 α-鹅膏蕈碱非常敏感。RNA 聚合酶Ⅲ合成 tRNA、5S rRNA 和某些 snRNA,也存在于核质中,对 α-鹅膏碱中度敏感。

每种真核细胞 RNA 聚合酶都含有两个大亚基和 12～15 个小亚基,其中一些亚基为两种或三种 RNA 聚合酶所共有。酵母的 RNA 聚合酶是研究得最为清楚的真核生物 RNA 聚合酶,编码酵母 RNA 聚合酶各亚基的基因已被克隆和测序,RNA 聚合酶各亚基也通过 SDS-聚丙烯酰胺凝胶电泳得到了分离。酵母的 RNA polⅠ、polⅡ和 polⅢ分别具有 14 个、12 个和 17 个亚基(图 5-19)。

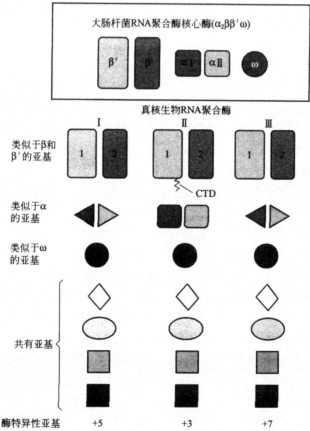

图 5-19　三种真核生物 RNA 聚合酶的组成

三种 RNA 聚合酶的核心亚基和大肠杆菌的核心聚合酶的 β、β′、α₂ 和 ω 亚基在序列上有同源性。三种 RNA 聚合酶中最大的亚基与 *E.coli* RNA 聚合酶的 β′ 亚基相似,第二大亚基与 *E.coli* RNA 聚合酶的 β 亚基相似。RNA 聚合酶Ⅰ和 RNA 聚合酶Ⅲ的两个亚基(AC40 和 AC19)中的某些区段与大肠杆菌 RNA 聚合酶 α 亚基的某些区段有同源性。RNA 聚合酶Ⅱ含有两个 B44 亚基,该亚基与大肠杆菌的 α 亚基也有序列上的相似性。各种来源的 RNA 聚合酶的核心亚基在氨基酸序列上的广泛同源性,说明这种酶在进化的早期就出现了,并且相当保守。三种 RNA 聚合酶还有 4 个共同的亚基,以及 3～7 个不同的酶特异性小亚基。

与原核生物的 RNA 聚合酶不同,真核生物 RNA 聚合酶本身不能直接识别启动子,必须借助于转录因子才能结合到启动子上。

所有 RNA polⅡ的最大亚基的 C 端都含有一段由七肽单位(Tyr-Ser-Pro-Thr-Ser-Pro-Ser)串联重复形成的一个尾巴,称为羧基末端结构域(carboxyl terminal domain,CTD)。酵母的 polⅡ的 CTD 中有 27 个七肽重复,小鼠有 52 个重复,人类有 53 个重复。CTD 通过一个连接区与酶的主体相连接,PolⅠ和 PolⅢ均无此重复序列。

5.4.2　RNA 聚合酶Ⅰ催化的转录

1. 核糖体 RNA 基因

rRNA 是细胞内占优势的转录产物,占细胞 RNA 总量的 80%～90%。真核细胞中有四种 rRNA,即 5S、5.8S、18S 和 28S rRNA(酵母细胞为 25S rRNA)。在真核细胞基因组中,18S、5.8S 和 28S rRNA 基因构成一个转录单位,由 RNA 聚合酶Ⅰ负责转录。5S rRNA 则单独由 RNA 聚合酶Ⅲ转录。

每一 rRNA 基因簇被称为一个核仁组织者区(nucleolar organizer region)。经过有丝分裂后形成的子细胞要重新开始 rRNA 的合成,并在 rRNA 基因所在的染色体部位出现小核仁(tiny nucleoli)。在 rRNA 合成活跃的细胞中,一个转录单位由许多 RNA 聚合酶进行转录。延伸中的 rRNA 转录产物从 rDNA 上伸出,在转录单位的起始处可以观察到短的转录产物,随着转录的进行,转录物逐渐伸长直至转录单位的末端,形成"圣诞树"样结构(图 5-20)。

2. RNA polⅠ启动子及转录的起始

人类的 rRNA 基因的启动子由核心启动子元件(core promoter element)和上游控制元件(upstream control element,UCE)两部分构成(图 5-21)。核心启动子元件包括转录起始位点,跨越从 −45 到 +20 之间的区域,可以单独起始转录。位于 −180～−107 的上游控制元件可以显著提高转录效率。两种元件密切相关,二者有 85% 的序列一致性,并且富含 GC。一般来说,转录起始位点附近的序列富含 AT,使 DNA 分子在此区段容易解螺旋。

rRNA 基因启动子具有高度的种属专一性。不同种属的 rRNA 基因缺少普遍适用的保守启动子顺序。来自某一种属的 rRNA 基因一般不能在其他种属的细胞中转录。例如,人类的 rRNA 基因不能被小鼠的 polⅠ转录装置转录,反之亦然。

RNA 聚合酶Ⅰ起始转录需要两种辅助因子,即上游结合因子和选择因子 1。上游结合因子(upstream binding factor,UBF)是一种 DNA 序列特异性结合蛋白,以二聚体的形式与 UCE 和核心启动子结合,启动转录起始复合体的装配,因此也被称为装配因子(assem-bly factor)。在 UBF 与启动子结合后,选择因子 1(selectivity factor 1,SL1)与 UBF DNA 复合物结合。SL1 的主要作用是引导 RNA 聚合酶Ⅰ在 rRNA 基因启动子上的正确定位,从而使转录在正确的位置

(a) 正在进行转录的rRNA基因，呈"圣诞树"样结构

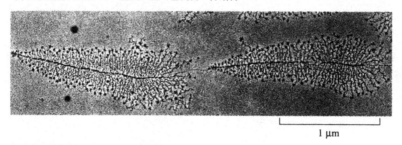

1 μm

(b) 根据电镜照片绘制的模式图

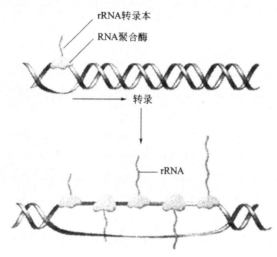

图 5-20　rRNA 的转录

起始，因此 SL1 又称定位因子（positional factor）。SL1 至少由 4 个亚基组成，其中一个亚基是 TBP（TATA binding protein），其他三个亚基叫做 TBP 相关因子（TBP-associated factor，TAF）。pol Ⅰ通过其伴随因子 Rrn3 与 SL1 相互作用形成前起始复合物（preinitiation complex，PIC）。此时，启动子即转换到"开启"状态，转录起始。随后，Rrn3 脱离 PIC 并失去活性，导致 pol Ⅰ从启动子释放，转录进入延伸阶段。此时，尽管 pol Ⅰ离开了启动子，但 UBF 和 SL1 仍然保留在启动子区域，可募集下一个 pol Ⅰ于同一地点再一次启动转录。

3. RNA pol 转录的终止

哺乳动物 rRNA 基因的终止子位于前体 rRNA 转录区的下游，被称作 Sal 盒（图 5-21）。小鼠的 Sal 盒为一在非转录间隔区重复 10 次的 18 bp 基序，而人类的 Sal 盒较短，为 11 bp 基序。Sal 盒是转录终止因子（transcription termination factor 1，TTF 1）的识别位点。TTF1 与 Sal 盒结

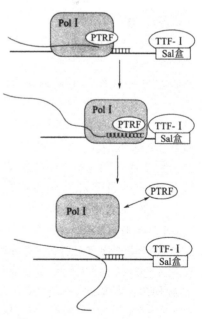

图 5-21　rRNA 基因转录的终止

合导致 Pol I 的停顿,但不会造成三元复合体的解体。新生 RNA 链和 Pol I 与模板脱离还需要转录释放因子 PTRF(Pol I transcription release factor. PTRF)和转录释放元件(transcription release element)。转录释放元件为一富含 T 的序列,位于 Sal 盒的上游,是转录终止的地方。很可能 PTRF 与新生 RNA 链 3′-末端的一串 U 结合,促进了新生 RNA 链的释放。所以,Pol I 的转录终止包含两个步骤,第一步是 TTF1 与 Sal 结合导致转录的停顿,第二步是 PTRF 介导新生的 RNA 链和 Pol T 与模板脱离。

5.4.3 RNA 聚合酶 Ⅲ 催化的转录

RNA 聚合酶 Ⅲ 是三种 RNA 聚合酶中最大的一种,至少由 16 种不同的亚基组成,负责多种细胞核和细胞质小 RNA 的转录,包括 5s rRNA、tRNA、U6 snRNA 和 7SL RNA 等。

1. tRNA 基因的转录

tRNA 基因的启动子位于转录起始位点之后,属于内部启动子,由两个非常保守的序列构成,分别被称为 A 框(5′-TGGCNNAGTGG-3′)和 13 框(5′-GGTTCGANNCC-3′)。同时这两个序列还编码 tRNA 的 D 环和 TφC 环,这意味着 tRNA 基因内的两个高度保守序列同时也是启动子序列。

转录因子 TFⅢ-C 负责与 tRNA 基因启动子的 A 框和 B 框结合,TFⅢ-C 是一个很大的蛋白质复合体,由 6 个亚基构成,其大小相当于 RNA 聚合酶 Ⅲ。TFⅢ-B 在 TFⅢ-C 的作用下结合到 A 框上游约 50 bp 的位置,促使 RNA 聚合酶 Ⅲ 与转录起始位点结合并起始转录。TFⅢ-B 没有序列特异性,它的结合位点由 TFⅢ-C 在 DNA 上的结合位置决定。体外研究表明,酵母 TFⅢ-B 与模板结合后,即使在转录系统中除去 TFⅢ-C,TFⅢ-B 也能够单独募集 RNA 聚合酶重新起始 tRNA 基因的转录,因此,TFⅢ-C 是一个指导 TFⅢ-B 在 DNA 分子上定位的装配因子,TFⅢ-B 则是指导 RNA 聚合酶 Ⅲ 与 DNA 结合的定位因子。TFⅢ-B 由 3 个亚基组成,其中 1 个是为三种 RNA 聚合酶的通用转录因子所共有的 TBP。

2. rRNA 基因的转录

与 RNA 聚合酶 Ⅰ 转录的 rRNA 基因一样,5S rRNA 基因也是串联排列形成基因簇。在人类基因组中有一个大约由 2 000 个 5S rRNA 基因组成的基因簇。5S rRNA 基因的启动子位于转录起始位点下游、转录区的内部,也是内部启动子。启动子被分成 A 框和 C 框两个部分,A 框位于 +50～+65,C 框位于 +81～+99。

TFⅢ-C 不能直接与 5S rRNA 基因启动子结合。在装配转录起始复合体时,首先是 TFⅢ-A 与启动子的 C 框结合(图 5-22)。TFⅢ-A 由一条多肽链组成,含有锌指结构。TFⅢ-A 与启动子结合后招募 TFⅢ-C 与启动子结合,随后 TFⅢB 被招募到转录起始位点附近。最后,RNA 聚合酶通过与 TFⅢ-B 相互作用而被招募到转录起始复合体中,起始转录。

3. 人类 U6 snRNA 基因的转录

U6 snRNA、7SK RNA、7SL RNA 基因的启动子位于转录起始位点的上游,属于外部启动子。这类启动子含有三种元件,分别是紧靠在起始位点上游的 TATA 框,以及 TATA 上游的近端序列元件(proximal sequence element,PSE)和远端序列元件(distal sequenceelement,DSE)。DSE 的作用是募集转录激活因子 Oct-l。与 DSE 结合的 Oct-1 又促进 snRNA 激活蛋白复合体(snRNA activating protem complex,SNAPe)与 PSE 结合。然后,TFⅢ-B 在 SNAPc 的介导下,通过其 TBP 亚基与启动子的 TATA 框结合。实际上 TBP 就是识别 TATA 框的亚基,TFⅢ-B

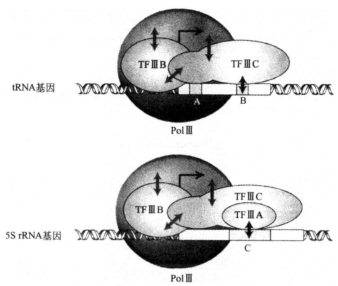

图 5-22　tRNA 和 5SrRNA 的启动子及转录因子

中的其他亚基称为 TBP 关联因子(TBP associated factor,TBF)。TBP 及其相关蛋白的作用是保证 RNA 聚合酶Ⅲ的准确定位。

4.RNA PolⅢ转录的终止

RNA 聚合酶Ⅲ负责三类 RNA 的合成。尽管这三类基因的启动子结构各不相同,但是它们的终止子序列是一致的,为一串长度不同的胸腺嘧啶核苷酸。RNA 聚合酶Ⅲ能够精确、有效地识别这段富含 T 的一致序列,并终止转录。终止反应主要由 PolⅢ两个特有的亚基 C37 和 C53 介导。C37-C53 异二聚体能够降低 polⅢ的转录速度,延长其在终止子序列处的停顿时间,这有利于新生 RNA 链的释放。缺少 C37-C53 异二聚体的 polⅢ不能有效终止 RNA 的合成,造成终止子的通读。

pol-Ⅲ基因的转录效率非常高,原因是 pol-Ⅲ基因的转录的终止与重新起始是相关联的。pol-Ⅲ在终止第一轮转录后,并不与模板脱离,而是以更快的速度起始同一转录单位的再次转录。

5.4.4　RNA 聚合酶Ⅱ催化的转录

1. 转录起始

所有的真核生物 RNA 聚合酶自身均不能识别启动子,它们需要转录因子的辅助才能与启动子结合起始体外转录。RNA 聚合酶Ⅱ进行体外基本转录所必需的转录因子称为通用转录因子,基本转录的起始依赖于转录因子、启动子和 RNA 聚合酶Ⅱ之间的相互作用。正是通过这种复杂相互作用,转录因子和 RNA 聚合酶Ⅱ按照特定的时空顺序组建前转录起始复合体(PIC)。功能上,前转录起始复合体相当于大肠杆菌的 RNA 聚合酶全酶。TFⅡ-D 的 TATA 结合蛋白(TATA binding protein,TBP)与 TATA 框的结合则是前起始复合体组装过程的第一步(图 5-23)。

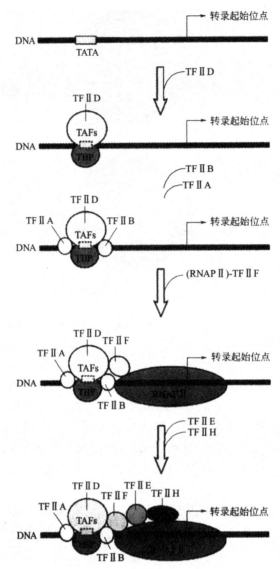

图 5-23　转录前起始复合体在 TATA 框处的组装

　　TFⅡ-D 的 TBP 亚基为一种序列特异性 DNA 结合蛋白,呈马鞍形(saddle shaped)结构,作用于 DNA 的小沟。马鞍形结构的内部与 TATA 框结合,使 DNA 发生弯曲变形,为其他转录因子和聚合酶的组装提供了一个平台。因此,TBP 的功能是识别启动子的核心元件,并在转录起始复合体的装配中起核心作用,复合体中的其他亚基称为 TAF。

　　TFⅡ-A 与 TFⅡ-D 结合,稳定 TFⅡ-D-DNA 复合体。在体外转录中,TFⅡ-D 被纯化后,就不再需要 TFⅡ-A 了。在细胞中,TFⅡ-A 的作用似乎是通过与 TFⅡ-D 的结合阻止转录抑制因子与 TFⅡ-D 的结合,从而消除它们对转录的抑制作用,让转录起始复合体的组装过程得以继续。

　　一旦 TFⅡ-D 与 DNA 结合,另一个转录因子 TFⅡ-B 就会与 TFⅡ-D 结合,而 TFⅡ-B 又可以与 RNA 聚合酶结合。这似乎是转录起始过程中的重要一步,因为通过与 TFⅡ-D 和 RNA 聚合酶的相互作用,TFⅡ-B 引导 RNA 聚合酶Ⅱ和另一转录因子 TFⅡ-F 一起加入到起始复合体中，并正确定位。TFⅡ-F 为一异二聚体，它在通用转录因子中比较特殊，只有它能够与 polⅡ 形成稳定的复合体，其作用是帮助 RNA 聚合酶与启动子结合，稳定 DNA-TBP-TFⅡ-B 复合体，并且在转录的延伸阶段起作用。体外研究表明，TBP 和 TFⅡ-B 介导 RNA 聚合酶Ⅱ准确定位。

在 TFⅡ-F 的协助下，TFⅡ-E 和 TFⅡ-H 按顺序迅速结合到复合体上。这些蛋白质因子是体外转录所必需的。TFⅡ-H 是一个大的由多个亚基构成的蛋白质复合体。与其他的通用转录因子不同，TFlⅡ-H 具有多种催化活性，包括 DNA 依赖性 ATPase、DNA 解旋酶和丝氨酸/苏氨酸激酶活性。TFⅡ-H 的激酶活性使 RNA 聚合酶Ⅱ的羧基末端结构域磷酸化。TFⅡ-E 的作用是引导 TFⅡH 与起始复合体结合，并对 TFⅡ-H 的解旋酶活性和激酶活性进行调节。

由通用转录因子 TFⅡ-D、TFⅡ-B、TFⅡ-E、TFⅡ-F 和 TFⅡ-H 以及 polⅡ 等组成的前起始复合体在启动子处装配完成后，DNA 双螺旋在转录起始位点打开，形成开放型转录复合体。一旦开放复合体建立起来，两个起始核苷三磷酸与模板链互补配对，并在 polⅡ 的催化下形成第一个磷酸二酯键。与细菌中的过程相似，在聚合酶离开启动子进入延伸阶段之前，有一个无效起始时期。在无效起始过程中，聚合酶合成并释放一系列短的转录产物。对于酵母的 polⅡ 来说，当新生的 RNA 的长度到了 23 nt 就能形成稳定的转录延伸复合体（transcription elongation complex，TEC）。

转录起始的最后阶段是启动子清空（promoter clearance）。polⅡ 以低磷酸化的形式被募集到启动子，而在转录的过程中 CTD 是高度磷酸化的。在转录的起始阶段，CTD 的 Ser 5 被 TFⅡ-H 的激酶活性磷酸化，诱导启动子逃离（图 5-24）。根据一个简单的模型，CTD 的磷酸化改变了转录起始复合体内各组分之间的相互作用，促使 RNA 聚合酶脱离起始复合体，进入转录区。

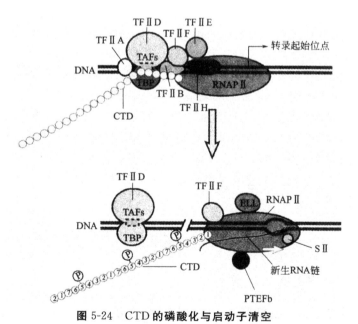

图 5-24　CTD 的磷酸化与启动子清空

对于只含起始元件不含 TATA 框的启动子来说，TBP 的功能与它在 polⅠ、polⅢ 启动子中的作用类似，似乎是通过与结合在起始元件上的蛋白质发生相互作用来确定转录起点的位置的。其他的转录因子和 RNA 聚合酶在启动子上依次装配，形成转录起始复合物。

2. 转录的延伸

在转录的延伸阶段,pol Ⅱ并非沿着 DNA 模板匀速移动,它会因遇到一些阻遏而出现暂停(pausing)、阻滞(arrest),甚至终止转录。pol Ⅱ必须有效地克服这些障碍才能最终完成转录过程。pol 沿模板移动出现暂停时,转录延伸复合体(transcription elongation complex,TEC)能够自发地或者在转录延伸因子的作用下继续转录。已经发现有多种转录因子可以对转录的停顿产生影响。例如,TFⅡ-F 不但在转录的起始阶段发挥重要作用,而且能够促进延伸、减少 Pol Ⅱ 暂停的时间。研究表明,TFⅡ-F 并不随 TEC 一起沿模板移动。只是当 TEC 遇到阻遏出现停顿时,TFⅡ-F 才重新结合到 TEC 上,诱发 TEC 中的聚合酶发生继续转录所必需的构象改变。当转录恢复正常以后,TFⅡ-F 又会与 TEC 脱离。能消除转录暂停的延伸因子还有 P-TEFb(positive transcription elongation factor b)、Elongins 和 ELL 等。

TEC 也可以利用转录暂停来对前体 RNA 进行修饰。在转录延伸的初始阶段,转录延伸因子 DSIF(DRB-sensitivity inducing factor)和 NELF(negative elongation factor)会介导 TEC 暂停转录,为加帽酶的募集和新生 RNA 5′端加帽留出足够的时间。DSIF 在转录起始后不久即与pol Ⅱ 结合。NELF 识别 RNAP DSIF 复合体阻止转录的延伸,这时 CTD 和 DSIF 的 Spt5 亚基募集加帽酶,催化加帽反应。加帽反应完成后,转录延伸因子 P-TEFb 磷酸化 CTD 的 Ser2 和 DSIF 的 Spt5 亚基导致 NELF 的解离,并将 DSIF 逆转为促进转录延伸的因子,刺激 pol Ⅱ 的转录延伸活性,重新启动转录延伸。

阻滞被认为是 pol Ⅱ沿着 DNA 模板向后滑动造成的。由于聚合酶的移位使 RNA 链的 3′-末端偏离酶的活性中心。与停顿不同,处于停滞状态的 RNAP 不能自发地重新启动转录,必须在转录延伸因子的协助下,利用自身的 3′→5′外切酶活性,切除一段新生的 RNA 链后才能重新开始转录。TFⅡ-S 就是这样一种能够促进 pol Ⅱ通读 DNA 分子上停滞位点的延伸因子。TFⅡ-S的功能是介导 RNAPⅡ从新生 RNA 链的 3′-末端切去一段核苷酸序列,协助 pol Ⅱ通读停滞位点。

3. 转录的终止

mRNA 分子上的加尾信号同时指导转录的终止反应。当加尾信号被传送到延伸复合体时,TEC 的构象会发生相应的变化,导致具有抗转录终止作用的延伸因子(PaflC,PC4)脱离 TEC。同时,与转录终止反应有关的蛋白质因子(例如 Xrn2)与 TEC 结合。mRNA 的 3′-末端一旦发生切割反应,Xrn2 就结合到下游 RNA 分子的 5′末端。Xrn2 是一种 5′→3′外切核酸酶,它一边降解 RNA,一边追赶 pol Ⅱ,这一过程可能需要 RNA/DNA 解旋酶 SETX 的协助。当 Xrn2 赶上pol Ⅱ,会介导 pol Ⅱ与模板脱离终止转录过程。与 pol Ⅰ和 polⅢ一样,在转录终止之前 pol Ⅱ也会在加尾信号出现之后停顿。

5.5　RNA 病毒 RNA 的合成

5.5.1　双链 RNA 病毒的 RNA 复制

双链 RNA 病毒在感染宿主细胞后,其基因组 RNA 不能用作 mRNA,因此在病毒包装的时候就将 RdRP 包装到病毒颗粒之中,以便在病毒进入宿主细胞之后能够通过转录合成 mRNA。

目前对于这一类病毒的基因组复制的机理知道的并不多,研究较多的是轮状病毒(Rota-viruses)。轮状病毒都有双层的衣壳结构,在进入宿主细胞以后,外层衣壳因为蛋白酶的水解而脱去,而在细胞质留下裸露的核心颗粒。在颗粒内部的 RdRP 催化下,双链 RNA 的负链作为模板,转录出带有帽子结构,但没有 PolyA 尾巴的单顺反子 mRNA,其大小与正链相同。在转录过程中,mRNA 伸入到细胞质之中与核糖体结合进行翻译。翻译产物有结构蛋白和 RNA 依赖 RNA 聚合酶(RNA dependent RNA polymerase, RdRP)。它们与 mRNA 结合形成病毒质(viroplasm),然后再组装成非成熟的病毒颗粒,在颗粒内部以 mRNA 为模板,合成负链 RNA,形成双链 RNA。

5.5.2 单链 RNA 病毒的 RNA 复制

1. 正链 RNA 病毒的 RNA 复制

这一类病毒的基因组 RNA 与 mRNA 同义(如脊髓灰质炎病毒),可直接用作 mRNA。一旦病毒进入宿主细胞,基因组 RNA 被作为模板,进行翻译。而基因组 RNA 的复制由 RdRP 催化,经过互补的基因组(antlgenomlc)负链 RNA 中间物,再合成出新的基因组 RNA(图 5-25)。以 SARS 病毒(Severe Acute Resplratory syndrome Virus)为代表的冠状病毒(coronavirus)为例,其 RNA 复制的基本步骤包括(图 5-26):

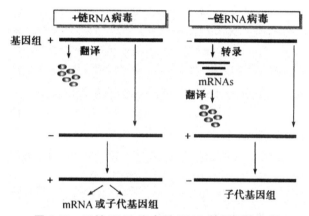

图 5-25　正链 RNA 和负链 RNA 基因组的复制

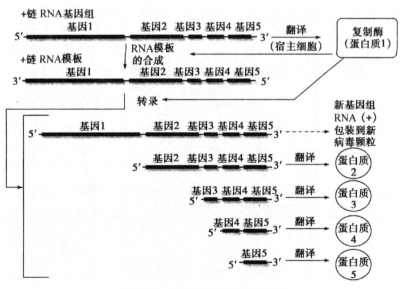

图 5-26　正链 RNA 病毒的复制

(1)在病毒感染宿主细胞之后,基因组 RNA 上的 RdRP 基因立即被翻译。

(2)翻译好的 RdRP 催化反基因组 RNA 即负链 RNA 的合成。

(3)以负链 RNA 作为模板,转录一系列 3′-端相同、但 5′-端不同的亚基因组 mRNA。

(4)每一个亚基因组 mRNA 只有第一个基因被翻译成蛋白质。

(5)全长的 mRNA 并不与核糖体结合进行翻译,而是作为基因组 RNA 被包装到新病毒颗粒之中。

2. 负链 RNA 病毒的 RNA 复制

这一类病毒的基因组 RNA 与 mRNA 正好反义,例如麻疹病毒(measles virus)和流感病毒(influenza virus),因此在病毒进入宿主细胞之后,必须拷贝成与其互补的正链 RNA 以后,才能制造出病毒蛋白。于是,在新病毒颗粒装配的时候,需要将 RdRP 包装到病毒颗粒中,以便在病毒进入新的宿主细胞之后能够迅速转录出 mRNA。

以禽流感病毒(avianinfluenza virus,AIV)为例,其基因组由 8 股负链 RNA(vRNA)节段构成,分别编码不同的蛋白质,图 5-27 为流感病毒的生活史,共由 7 个阶段组成。

(1)病毒通过受体介导的内吞方式进入宿主细胞。

(2)进入宿主细胞的病毒颗粒脱去外面的衣壳,释放出 8 股基因组 RNA。

(3)基因组 RNA 进入细胞核,通过病毒 RNA 聚合酶复合物(PB1、PB2 和 PA)和 NP 蛋白的作用被转录成互补 RNA(cRNA)。

(4)一部分 cRNA 从宿主细胞 mRNA 中"窃"得帽子结构以后进入细胞质进行翻译,得到各种蛋白质产物 NS1、NS2、PB1、PB2、PA、NP、M1、M2、HA 和 NA,其中 HA 和 NA 在粗面内质网上翻译,经过高尔基体转运到细胞膜。

(5)一部分 cRNA 作为模板,复制出子代病毒的 8 股基因组 vRNA。

(6)8 股基因组 vRNA 先与进入细胞核的病毒蛋白 PB1、PB2、PA 和 NP 形成复合物,然后离开细胞核进入细胞质,被含有 HA、NA、M1、M2 等质膜蛋白包被,装配成新的病毒颗粒。

(7)新的病毒颗粒通过出芽的方式释放出来。

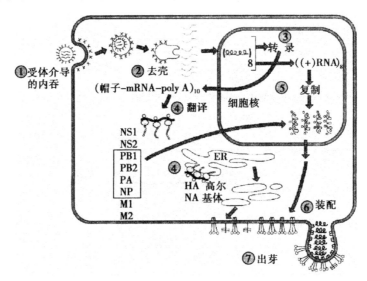

图 5-27   流感病毒的生活史

5.6　原核生物 RNA 的转录后加工

5.6.1　原核生物 tRNA 前体的加工

原核生物的 tRNA(transfer RNA)都有很长的前体分子,转录产物以多顺反子(poly-cis-tron)形式合成。所谓多顺反子,就是编码多个蛋白质或 RNA 的基因组织成一个转录单元,其转录产物 RNA 是含有多个分子信息的前体分子。

tRNA 前体以几种方式存在:

(1)多个相同 tRNA 串联排列在一起。

(2)不同的 tRNA 串联排列。

(3)tRNA 与 rRNA 混合串联排列在一起。

由于这几个特点,RNA 前体必须经历加工,完成 tRNA 与一些 RNA 片段之间先切断,完成者是 RNaseⅢ。然后,RNA 片段再进行 5′端、3′端加工,某些碱基进行修饰(图 5-28)。

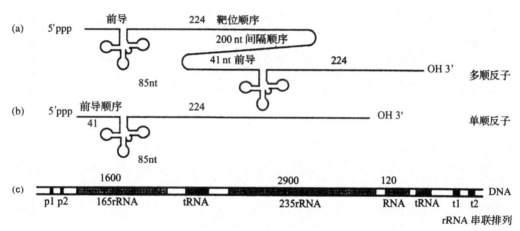

图 5-28　原核细胞三种 tRNA 前体分子

1. 5′端的成熟

RNaseⅢ 把 tRNA 前体切成片段后,tRNA 分子 5′端和 3′端仍有额外的核苷酸。5′端额外的几个核苷酸由 RNaseP 催化切除。RNaseP 来自细菌和真核细胞核。它由两个亚基组成,但与其他二聚体酶不同,它的一个亚基含有 RNA,而不是单单由蛋白质组成。事实上,该酶分子大部分是 RNA,因为酶中 RNA(M1 RNA)的分子量约 125kD,而蛋白质只有 14 kD。它是一种核糖核蛋白(ribonucleoprotein)。分离纯化后,人们疑虑 RNaseP 酶的哪一部分具有催化活性,是 RNA 还是蛋白质?用 pre-tRNA 作底物,在 20mmol/LMg^{2+}的条件下,RNaseP 的 RNA 部分即 M1 RNA,可以把约一半多的 pre-tRNA 切断,释放出单核苷酸和成熟的 tRNA 分子。现在已经肯定,真核细胞核的 RNaseP 非常像原核生物的 RNaseP 酶,都含有 RNA 和蛋白质,其中 RNA 亚基具有催化活性。tRNA 前体的 5′端,大多具有约 40 nt 的核苷酸片段,称为前导序列。RNaseP 不识别特定的序列,而是识别茎环二级结构的内切核酸酶,把 tRNA 前体 5′端额外的核苷酸逐个切除。

2. 3′端的成熟

tRNA 的 3′端成熟要比 5′端复杂,因为要有 6 种 RNase 共同参与。在离体条件下,这 6 种酶是 RNaseD,RNaseBN,RNaseT,RNasePH,RNase Ⅱ 和多核苷酸磷酸化酶(polynucleotide phosphorylase,PNPase)。每种酶对 3′端加工都是必要的。如果这些基因失活,tRNA 加工就会受阻。所有这些基因失活,将导致细胞致死。而任何一种酶的存在,又足以保证存活和 tRNA 加工成熟。因此 3′端的成熟还有很多疑点。

在细菌中有两类 tRNA 前体,Ⅰ 型分子有 3′端 CCA 尾巴,Ⅱ 型没有 CCA 尾巴。Ⅱ 型的 CCA 是 3′端加工后上去的。

真核生物中所有 tRNA 前体分子都是 Ⅱ 型的。3′端的加工,先由 RNase Ⅱ 和多核苷酸磷酸化酶(PNPase)共同作用,除去前体 3′端绝大多数额外的核苷酸,但是剩下两个核苷酸的程度就停止了,结果 3′端有两个额外核苷酸(图 5-29)。

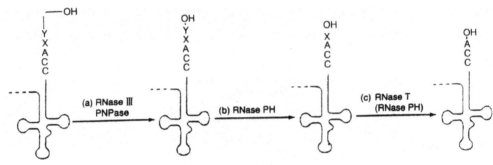

图 5-29　*E. coli* 的 3′端加工模型

遗传学证据也认为 RNase T 和 RNase PH 对 tRNA 3′端正确的成熟十分重要。RNase PH 参与从 3′端除去两个额外核苷酸的加工反应。在缺乏 RNase T 时,RNase PH 就能切除末端的两个核苷酸;但要切除更多的核苷酸,就有困难。与 RNaseH,RNase PH 相比,其他两个酶的重要性就差得多了,或许还未被认识。加 CCA 是由 tRNA 核苷酸转移酶(tRNA Mucleotidyl transferase)来完成的,加上 CCA 的 tRNA 分子才成为有活性的 tRNA。

5.6.2　原核生物 rRNA 前体的加工

E. coli 基因组有 7 个 rRNA 的转录单位(操纵子,operon),称为 rrnA~G。它们在染色体上并不紧密连锁。每个 rRNA 操纵子都含有 16S rRNA,23S rRNA,5s rRNA 基因,它们的排列和序列同源性十分保守。并且还含有 tRNA 基因,例如 rrnD 操纵子含有 3 个 tRNA 基因。tRNA 基因在 rrn 中的数量、种类和位置都不固定,或在 16S rRNA 和 23S rRNA 之间的间隔序列(intervening sequence)中,或在 5s rRNA 3′端之后。

如图 5-30 所示,每个转录单位的初始转录产生的是 30SrRNA 前体分子,它必须经过加工,剪切成成熟的 rRNA 分子和 tRNA。所有的转录单位,都有双重启动子(double promoter)P1 和 P2。P1 在 16S rRNA 基因的转录起始位置上游约 150~300 bp,不同 rrn 中可能有不同的距离,可能是整个操纵子的基本启动子。P2 是第二个启动子,在 P1 下游 110 bp。

rRNA 前体的加工是由 RNaseⅢ 负责的,至少各个大 rRNA 之间的最初切断是由它完成的。其一种证据是 RNaseⅢ 基因的缺陷会导致 30S rRNA 前体分子的积累。在比较两个不同的 rRNA 前体分子(来自 rrn x 和 rrn D)的 DNA 序列时,发现 rRNA 之间的间隔序列非常相似,并

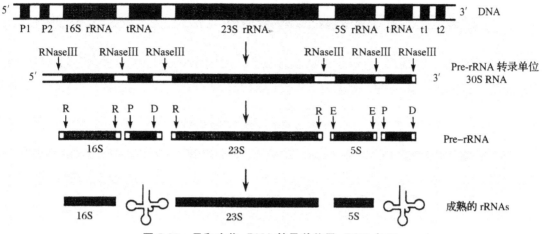

图 5-30　元和生物 rRNA 转录单位及 rRNA 加工

且 16S rRNA 和 23S rRNA 的两侧序列有互补关系。序列互补性预期 rRNA 前体分子可以形成两个伸展的茎环结构,在 23S rRNA,16S rRNA 各自的 5′ 端与 3′ 端可以配对,形成茎环。23S rRNA,16S rRNA 分别在 2 900 nt 和 1 600 nt 的环内。RNaseⅢ的酶切位点在茎部内的配对区(不是非配对的小泡),呈交叉切断。另一核糖核酸酶 RNase E 与 5S rRNA 从前体分子切出有关。

从 RNaseⅢ酶切得到的 16S rRNA 或 23S rRNA 前体分子,其实在各自的 5′ 端及 3′ 端尚有额外的核苷酸序列,还需要进一步加工后才能成为成熟的 16S rRNA 或 23S rRNA。在 rrn 操纵子的 16S rRNA 与 23S rRNA 基因之间具有 400～500 bp 的间隔序列,在此有一个或几个 tRNA 基因。例如,有 4 个 rrn 操纵子的这一间隔序列内有单个 $tRNA_2^{Glu}$ 基因。其他三个 rrn 操纵子的间隔序列有 2 个 tRNA 基因,($tRNA_2^{Ile}$ 和 tRN 和 $tRNA_2^{Glu}$)

5.6.3　原核生物 mRNA 前体的加工

一般来说,原核生物 mRNA 很少经历加工过程,基因的初始转录产物即是成熟的 mRNA。初始转录产物边转录边翻译,不存在时空间隔,没有转录后加工的阶段。一个大的多顺反子 mRNA 被翻译成多个蛋白质分子(图 5-31)。但是有少数例外,多顺反子 mRNA 产物先被内切核酸酶切割成较小的单位,然后分别作为翻译的模板,产生各自的蛋白质分子。例如,*E. coli* 位于 89～90 位置的一个操纵子就是后一情况的例子,该操纵于含有核糖体大亚基蛋白 L10、核糖体大亚基蛋白 L7/L12,RNA 聚合酶 β 亚基)和 RNA 聚合酶 β′ 亚基 4 个基因。操纵子先转录成为多顺反子 mRNA 前体,然后经 RNaseⅢ切割开,4 个基因两两分开,产生两个成熟的 mRNA,各自进行翻译。

另一个例子是 T7 噬菌体早期转录区的 6 个基因,它们共同组成一个转录单位,转录产生多顺反子的大分子 mRNA 前体。前体分子内每个 mRNA 之间分别形成茎环结构。由 RNaseⅢ对茎环结构中茎内不配对的小泡进行酶切,使前体分子酶切成为 6 个成熟的 mRNA,各自进行翻译。

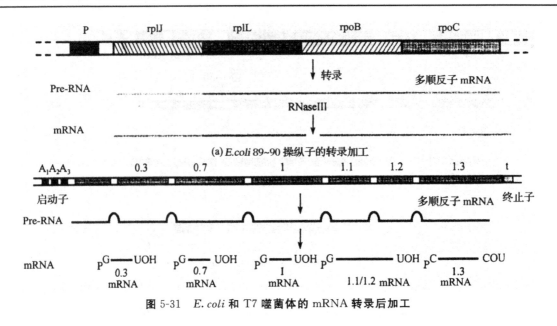

图 5-31 *E. coli* 和 T7 噬菌体的 mRNA 转录后加工

5.7 真核生物 RNA 的转录后加工

真核生物 tRNA 和 rRNA 前体的加工包括转录初始产物中基因之间间隔序列的除去、内含子的剪接、5′ 和 3′ 端修饰、碱基的修饰等。这些过程需要酶和蛋白质的参与。与原核 tRNA、rRNA 加工相比较，要复杂得多。总体来说，它们属于第二类的剪接方式，不需要小分子 RNA 参与。最初在四膜虫 rRNA 内含子剪接的研究中发现，RNA 分子自身具有剪接的催化功能。后来的研究发现，RNA 剪接依靠其自我剪接作用方式还可以分为 I 型和 II 型。越来越多的例子证实，特定的序列和空间结构的 RNA 具有酶的催化功能。这种非蛋白质具有催化功能的 RNA 称为 ribozyme（核酶）。在本小节中我们将讨论 tRNA 和 rRNA 前体需要酶、蛋白质的加工。而 rRNA 自我剪接的问题将在本章有关小节中讨论。

真核生物 mRNA 前体（pre-mRNA，即 hnRNA）的剪接是非常复杂的反应，由众多的小分子核内 RNA（small nuclear RNA，snRNA）参与，这些 snRNA 与蛋白质因子构成核糖核蛋白体，称为 snRNP。snRNP 在内含子上装配成超分子的剪接体（splicesome）。剪接体具有催化功能，进行内含子的切割和外显子的连接。这个切割、连接的过程称为剪接（splicing）。

5.7.1 真核生物 tRNA 前体的转录后加工

1. 真核 tRNA 前体及其加工的特点

从 tRNA 基因的结构上看，真核生物 tRNA 与原核的有很大的差异，主要表现在：

（1）真核生物 tRNA 前体是单顺反子，各个 tRNA 基因单独作为独立的转录单位。但在基因组内，tRNA 基因成簇排列，各基因之间有间隔区（spacer）。

（2）真核生物 tRNA 基因数目比原核的多得多。如 *E. coli* 约 60 个基因，酵母有 320～400 个，果蝇有 750 个，爪蟾约 8 000 个。

（3）真核生物 tRNA 基因有内含子，因而前体需要剪接（splicing）。其内含子的特点是：内含子长度和序列各异，没有共同性，一般有 16～46 个核苷酸，都位于反密码子的下游（即 3′ 侧），内含子和外显子之间的界面上无保守序列,因而剪接方式不符合一般规律,需要 RNase 参与,内含子与反密码子之间碱基配对,需要形成新的茎环结构。

上述三点也是是真核生物 tRNA 前体与原核生物 tRNA 之间的主要差异。

酵母、哺乳动物、果蝇和植物等 tRNA 的加工基本相同,包括:

(1)剪切(cleaving)、修剪(clipping)和剪接(splicing)。

(2)真核生物 tRNA 的 3′端需要添加 CCA$_{OH}$。

(3)核苷酸修饰。这些都是酶催化的反应。

真核生物 tRNA 内含子的切除与 mRNA 前体内含子的切除不同。tRNA 前体没有内含子与外显子的交界序列,也没有内部引导序列。它依赖于 RNase,而不是核酶(ribozsnne)或小分子的核 RNA(snRNA)。那么 tRNA 精确切除的信号是什么呢?内含子的序列及其大小都不重要,内含子的碱基突变并不影响 tRNA 的剪接。剪接信号是 tRNA 共同的二级结构,而不是内含子的保守序列。tRNA 分子内高度保守的中间产物都可以分离,进行分子杂交并作电镜观察。实验表明,rRNA 加工的基本机理在整个真核生物中都是保守的。二级结构,包括受体臂、D 环、TφC 环和反密码环等的立体构象对于它的加工是极重要的。

2. 真核生物 tRNA 前体加工的机理

真核生物 tRNA 前体的内含子剪接类似于Ⅱ型内含子的剪接机制。因为 tRNA 前体的内含子在相同的位置和所有 tRNA 前体都有相似的外形,使它的剪接机理相对比较简单一些。真核 rRNA 前体或Ⅱ型内含子的剪接都有两个步骤:①端剪接位点受到内含子的核苷酸残基或游离核苷酸的攻击;②第Ⅰ外显子对第Ⅱ外显子的攻击。在这两步中,磷酸二酯键的数量保持不变。tRNA 前体剪接也分两步:第一步由 tRNA 内切核酸酶(tRNA endonuclease)切割内含子,此反应识别的是内含子外的序列和空间结构;第二步是 RNA 连接酶(RNAligase)把两个半分子连接在一起(图 5-32)。

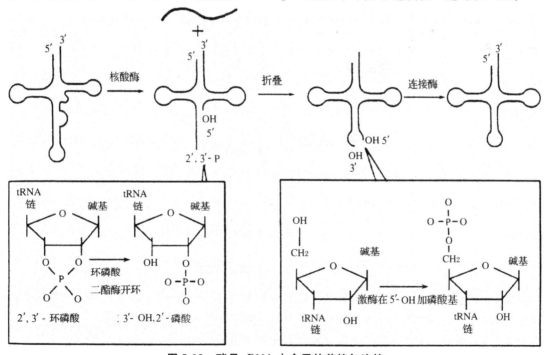

图 5-32　酵母 tRNA 内含子的剪接与连接

RNA 前体分子加入内切核酸酶后，不需要加入 ATP。反应后用凝胶电泳检查，结果出现两条带。其中一条是剪切后游离的内含了片段，另一条是通过氢键配对结合在一起的外显子。5′端和 3′端的外显子，也称为 tRNA 半分子(tRNA half molecules)，是剪切的中间产物，切点具有 2′,3′环磷酸和 5′OH 基。5′ 和 3′外显子新产生的末端十分特别，不能直接连接。通过环磷酸二酯酶(phosphodiesterase)使 2′,3′-环磷酸部分水解、开环，形成 3′-OH 和 2′磷酸基。3′端半分子的 5′-OH 基在多核苷酸激酶(polynucleotide kinase)催化下磷酸化。磷酸二酯酶和多核苷酸激酶是 RNA 连接酶分子内的不同功能区。

在 RNA 连接酶分子内另一功能区腺苷酸合成酶活性催化下，RNA 连接酶先与 ATP 反应，活化，然后再把两个半分子连接起来。连接产物的接口上有 2′磷酸单酯键和 3′,5′磷酸二酯键。最后，一种磷酸酶(phosphotase)水解 2′-磷酸基，剩下的是两个半分子连接的成熟 tRNA 分子（图 5-33）。

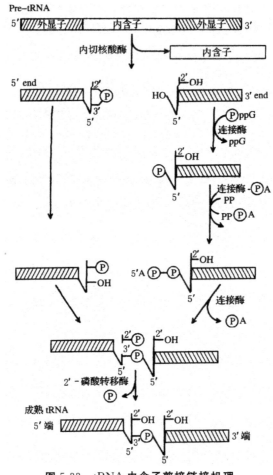

图 5-33　tRNA 内含子剪接链接机理

由图 5-33 看出，第一步切除内含子。第二步连接外显子，此时需要 GTP 和 ATP，形成 2′,3′-环磷酸键。剪接过程通过蛋白酶催化。GTP 提供磷酸基因形成 3′-5′-磷酸二酯键，将两个外显子连接起来。ATP 通过形成连接酶-AMP 共价中间物使连接酶激活。

CCA 的添加。经过上述剪接加工的 tRNA 分子，由于 3′端缺乏-CCAO，结构，在翻译反应中没有活性。因此，必须在 tRNA 核苷酸转移酶(tRNA nucleotide transferase)催化下进行末端加成：

缺乏 CCaoH 末端的 tRNA→tRNA-CCA$_{OH}$

核苷酸修饰。参加 tRNA 核苷酸修饰的酶包括：①tRNA 甲基化酶，如有高度专一性的 tRNA 甲基化酶催化特定位置的 A→m^{7}A。催化 tRNA 鸟嘌呤 7 位甲基化，可使 tRNA 中第 55 位等发生 G→m^{7}G。②tRNA 异戊烯转移酶催化 tRNA△^{2}异戊烯合成。③tRNA-鸟嘌呤转糖苷酶。④催化 S4u 以及含硫的嘧啶化合物合成的 tRNA 硫转移酶等。tRNA 分子中核苷酸修饰很频繁，但其功能不甚了解。

5.7.2　真核生物 rRNA 前体的转录后加工

真核生物 rRNA 基因在基因组内成串重复数百次，集中在核仁(nueleolus)内。在 DNA 分子中，转录区(transcribed spacers)与非转录区(non transcribed spacers, NTS)交替排列。每个 rRNA 基因的转录单位由 RNA 聚合酶Ⅰ合成 rRNA 前体。前体大小约 45S。新生的 rRNA 前体与蛋白质结合，形成巨大的核糖核蛋白前体(pre-rRNP)颗粒。已经从哺乳动物细胞核内提取了几种大小不同的 pre-rRNP，其中最大的是 80S。前体长度约为成熟 rRNA 的两倍，含有 28S rRNA，5.8s rRNA 和 18S rRNA。因此 rRNA 前体必须剪切成各个成熟的 rRNA 分子。剪切过程在核仁中进行。真核 rRNA 基因没有内含子，无需剪接内含子这一步骤。

1. rRNA 前体加工的基本步骤

哺乳动物细胞 rRNA 前体的剪切过程要通过四个步骤。

(1)首先在 5′端切除非编码的序列，生成 41S 中间物。

(2)41S 的 RNA 切成 32S 和 20S 两段，分别含有 28S rRNA 和 18S rRNA，32S 中还含有 5.8S rRNA。

(3)20S 剪切成 18S。

(4)32S 剪切成 28S rRNA 和 5.8S rRNA，它们相互进行碱基配对(图 5-34)。

从图 5-34 可以看出，在不同的真核生物中，rRNA 前体的加工过程可能有所不同。但总的来说，每个转录单位内各 rRNA 的排列顺序和加工过程都十分保守。由于 rRNA 加工速度较慢，同位素^{32}P 标记的各中间产物都可以分离，进行分子杂交并作电镜观察。实验表明 rRNA 加工的基本机理在整个真核生物中都是保守的。

rRNA 前体的加工机制如何决定哪一片段要除去，哪一片段要保留？切割位置的特异性如何决定？它们的信号是什么？这些问题十分复杂，有核糖核酸酶对特定立体结构的识别，或有其他蛋白质的参与。目前相对了解比较多的有两点：

(1)小分子核仁 RNA(small nucleolar RNA, snoRNA)的参与。

(2)rRNA 前体分子的甲基化。

2. snoRNA 参与 rRNA 前体加Ⅰ

rRNA 前体的剪切出现于 RNA 特定序列上，小分子核仁 RNA(small nucleolarRNA, snoRNA)可能催化这一过程，类似于后面所述的小分子核 RNA(snRNA)催化 mRNA 前体的剪接反应。

十多年来已相继发现了 200 多种 snoRNA。它们稳定地存在于核仁(nueleolus)内，长约 87～275 个核苷酸，能与特定的蛋白质如核仁纤维蛋白或自身免疫抗原等结合，生成 snoRNP。

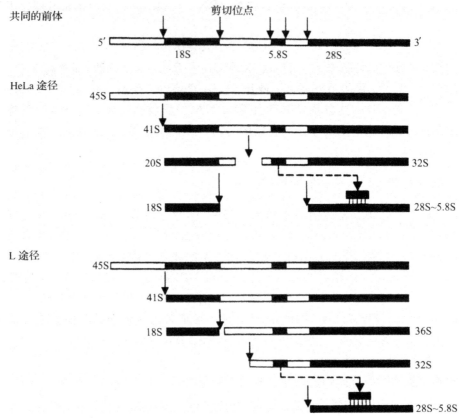

图 5-34 人 HeLa 细胞和小鼠 L 细胞的 rRNA 前提转录后加工的过程

snoRNP是一类新的调控分子,参与 rRNA 前体的加工,并指导 rRNA 中核糖和碱基的修饰。如同参与 mRNA 前体剪接的几种 snRNA 含有 Sm 蛋白一样,几种 snoRNP 含有核仁纤维蛋白(fibrillarin,分子量 34 kD)。snoRNA 在线粒体 DNA 复制时可能参与合成 RNA 引物,所以 snoRNP 又称为线粒体 RNA 加工酶(mitochondrial RNA processing enzyme,MRP)。snoRNA 还可能以分子伴侣(molecular chaperone)形式参与 rRNA 高级结构的形成。

(1)snoRNA 的结构

根据其结构,可以分为 box C/D 类和 boxH/ACA 类两类。

box C/D 类的 snoRNA,在 5′端有 box c(VGAVGA),3′端有 box D(CVAG)。box C 的下游还有一个 box D′,box D′与 box D 之间含有 box C′。它们的顺序是 CD′C′D、box C′/D′之间、box C′/D′之间只有一个核苷酸之差。box D 或 box D′的上游都有一段序列,可与成熟的 rRNA 内 8~10 nt 保守序列互补。此类 snoRNA 的前体一般具有茎环结构,有利于蛋白质结合。

boxH/ACA 类,整个分子形成两个茎环结构,由一条单链的铰链区 RNA(含保守的 ANANNA,box H)连接。3′端上游有 ACA 或类似的 AGA,AVA 结构。

(2)snoRNA 的功能

snoRNA 参与 rRNA 前体的加工,是加工体的重要组分,但必须与蛋白质结合成 snoRNP。box C/D 类具有互补序列,是指导 rRNA 中 2′-O-核糖的甲基化修饰的系统。Box C′参与甲基转移反应,所以 box C/D 类 snoRNA 也称为指导甲基化的 snoRNA。

box H/ACA 类的 snoRNA 所形成的二级结构与 rRNA 特定序列互补。rRNA 特定的构象,除了 RNA 自身碱基互补作用外,有 snoRNA 参与。snoRNA 代谢周期与 rRNA 前体的成熟同步,并且 snoRNA 分子内有多个与 rRNA 互补的片段,可以相当密集的方式覆盖着 rRNA 分子的保守区域。当新生的 rRNA 修饰后,在 RNA 解旋酶(RNA helicase)的作用下,snoRNA 从 rRNA 解离下来,再与新生的 rRNA 前体结合。因此与 rRNA 的关系呈结合—解离—再结合的特征。这些相互作用具有分子伴侣的特征。

(3)snoRNA 基因

有两类基因组织(gane organization)。一类是独立转录的基因,如 U3,U8 和 U13 等基因,它们含有启动子、终止子和调控元件,由 RNA 聚合酶 Ⅱ 转录。在植物中有由 RNA 聚合酶 Ⅲ 转录的 U3,7-2/ MRP RNA 等。

第二类型是 snoRNA 基因位于蛋白质基因的内含子中,脊椎动物的大多数 snoRNA 基因属于此类。它们依赖于寄生基因而转录。

3. rRNA 前体的甲基化

rRNA 前体的剪接还与其 rRNA 前体的甲基化有关。来自人 HeLa 细胞 rRNA 前体分子中有约 110 个甲基化位点,其中绝大多数在核糖部分的 2′-羟基上。这些甲基化位点在转录后就已出现在 rRNA 前体分子中,但非编码区域没有任何甲基化位点和甲基基因。

因而有理由推测,甲基化是加工机制的信号,标明 rRNA 前体中哪些序列删除,哪些序列保存。有些甲基化酶从 rRNA 前体加工一直保存到成熟的 rRNA。约 74 个甲基化位点在 28S rRNA 上,39 个结合在 18S rRNA 上,另外 4 个是在细胞质中较晚加上去的。现在尚不知道加工的细节,但已经知道,45S rRNA 前体分子一旦产生,就立即与蛋白质结合,在核糖核蛋白体上被甲基化酶、核糖核酸酶结合、催化。

5.7.3 真核生物 mRNA 前体的加工

真核生物细胞 mRNA 是在转录时或在转录后的短时间内在细胞核内被加工修饰的。真核生物的 mRNA 并没有游离的 5′端,而有一种被称为帽子(cap)的结构。几乎所有 mRNA 都有 5′帽子结构,多数还有 3′的 polyA 尾巴,这些结构都是在转录后修饰的结果。除了加帽和加尾之外,真核生物的 mRNA 还要去除内含子、连接外显子等过程。只有在所有的修饰和加工完成之后,mRNA 才能由细胞核转运到细胞质。

1. 帽子结构

真核生物的转录起始于一个核苷三磷酸(经常是嘌呤,A 或者 G)。第一个核苷酸保留着其 5′三磷酸,通常的磷酸二酯键在其 3′位与下一个核苷酸的 5′位之间生成。转录产物的初始序列可以描述为 5′pppA/GpNpNpNpN…。将成熟的 mRNA 降解为单核苷酸时,其 5′端经常是两个核苷酸,通过 5′-5′三磷酸键相连。最末端的碱基是带有甲基的鸟嘌呤,是在转录后加到原始转录物的 5′末端的第一个碱基上的。添加 G 残基的反应是在转录产物的 5′端刚刚显现时发生的,先由 RNA 三磷酸酶脱去新生 RNA 链末端的 γ 磷酸基,再由鸟苷酸转移酶催化 G 残基的添加。鸟苷酸转移酶与 RNA 聚合酶 Ⅱ 已发生磷酸化的 CTD 尾巴相连,G 残基是以 GMP 的形式加入的。随后 G 残基再经过甲基化,就形成了真核生物 mRNA 的帽子结构 m⁷GpppApNpNp-…,负责催化这种修饰反应的酶是鸟嘌呤-7-甲基转移酶(guanine-7-methyltransferase)。在加帽(capping)的过程中,初始转录物的 5′三磷酸被一个鸟苷酸在相反方向上(3′→5′)取代,这样就封闭了 5′端。该反应可以看做是 GTP 与新生 RNA 的 5′三磷酸末端之间的缩合反应,反应如下:

$$Gppp + pppApNpNp\cdots\cdots - GpppApNpNp\cdots\cdots + pp + p$$

其中,缩合产生的焦磷酸来自 GTP,另一分子的磷酸来自新生 RNA 5′末端的嘌呤。图 5-35 显示了所有可能的甲基化位点都加 E 甲基之后的帽子结构,帽子的类型由这些位点发生了甲基化的多少而区分。真核生物的帽子结构可归纳为三种;m7GpppX 为帽子 0;m7GpppXm 为帽子 1;m7GpppXmYm 为帽子 2。不同真核生物的 mRNA 可有不同的帽子结构,同一种真核生物的 mRNA 也常有不同的帽子结构。同一种 mRNA 是否有不同的帽子结构,目前尚不清楚。

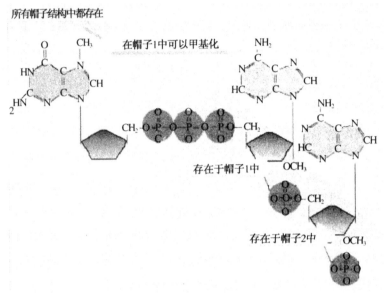

图 5-35 真核生物的三种帽子结构

真核生物 mRNA5′帽子结构的作用还不十分清楚,但可以肯定具有重要的功能。目前认为它有下列作用。

(1)为核糖体识别 mRNA 提供信号。

(2)增加 mRNA 的稳定性。

(3)与某些 RNA 病毒的正链 RNA 的合成有关。

2. polyA

多数真核生物 mRNA(酵母除外)的 3′端具有约为 200 bp 长的 polyA。具有此特征的 mR-NA 表示为 polyA$^+$,不具有该特征的写为 polyA$^-$。polyA 不是由 DNA 所编码,而是转录后在 RNA 末端腺苷酸转移酶(RNA terminal riboadenylatetransferase)的催化下,以 ATP 为前体,在 mRNA 3′末端添加腺苷酸形成的。核 RNA 也具有 polyA 结构。无论是 mRNA 还是核 RNA,其 polyA 都与 polyA 结合蛋白(polyA binding protein,PABP)结合。PABP 的单体分子质量为 70 kDa,可与 polyA 序列中的 10~20 个碱基结合。PABP 与真核生物翻译起始因子 eIF4G 结合形成一个封闭的环状复合物,mRNA 的 5′和 3′端被封闭于同一个蛋白复合体中。这个复合体的形成可能对 polyA 在 mRNA 中的特性有影响。polyA 通常可以稳定 mRNA,这种保护作用需要 PABP 的结合。

RNA 末端腺苷酸转移酶又称为 polyA 聚合酶(polyA polymerase),分子质量为 300 kDa。polyA 的添加位点并不在 RNA 转录终止的 3′端,而是首先由一个 360 kDa 的内切酶和特异因子

cPSF 识别切点上游大约 13～20 碱基处的保守序列 AAUAAA 和下游的 GUGUGUG(有些情况例外),然后切除一段序列。在此基础上,由 RNA 末端腺苷酸转移酶催化添加 polyA。因此,AAUAAA 被称为多聚腺苷酸化信号(polyadenylation signal),其保守性很强,这段序列的突变可阻止 polyA 的形成。polyA 聚合酶催化 polyA 的生成可分为两个阶段。

首先在 mRNA 的 3' 端添加 10 个左右的 polyA,该过程严格依赖 AAUAAA 的存在,且是在特异因子 CPSF 的协助下完成的。第二个阶段将 polyA 尾延长至全长,这一过程不依赖 AAUAAA,而是需要另外一个刺激因子 PABn 识别已形成的 polyA 并引导其延长。当 polyA 达到 200～250 碱基时,PABⅡ 还负责终止 polyA 聚合酶向 mRNA 的 3' 末端添加腺苷酸的反应。

有些 mRNA 的 3 端无 polyA,如组蛋白的 mRNA,其 3' 末端的正确形成依赖于 RNA 本身形成的茎环结构,即转录终止于此处。组蛋白 mRNA 成熟 3' 末端的形成也需要剪切过程,如组蛋白 H3mRNA,其转录原始产物要经切除一段序列才能成为成熟的 mRNA。另外,还有其他一些成分参与了 polyA 的形成过程,如 U1 snRNA(small nuclear RNA)。现已明确,polyA 在细胞质中可受核酸酶的降解,但总是维持在 100～200 bp。其机制尚不十分清楚,可能是细胞质中有一种 polyA 聚合酶,能延长已有的 polyA。

关于 polyA 的功能,目前认为与 mRNA 的寿命有关,去掉 polyA 的 mRNA 易被降解。但 polyA 的长度与其寿命间没有发现相关性。polyA 的缺失可抑制体外翻译的起始,而酵母 PABP 的缺乏也能抑制翻译。例如在胚胎发育过程中,mRNA 的 polyA 化对其翻译有影响。非 polyA 化的 mRNA 作为一种储存形式,添加 polyA 后开始翻译。将含 polyA 的 mRNA 去除 polyA,可减弱其翻译。另外,polyA 在分子生物学实验中有很大的应用价值。利用 mRNA 的该特性,可用寡聚 T[oligo(dT)]为引物反转录合成 cDNA,也可将 oligo(dT)与载体相连,用于从总 RNA 中分离纯化 mRNA。

3. 后加工与 mRNA 的稳定性

转录后加工是产生各种成熟 RNA 分子的重要过程。各种 RNA 分子的加工都是在特定的酶的参与下完成的,包括核酸内切酶和核酸外切酶。核酸酶除参与后加工过程外,还负责过剩 RNA 的降解。无论是原核还是真核生物,各种 mRNA 分子在细胞内转录的强弱是不同的,其被降解的速度也不同。但转录和降解可以达到一种平衡状态,使细胞内各种 nLRNA 分子保持在特定的均衡水平。每种核酸酶对其水解的靶序列有一定的要求。但目前还没有弄清哪些特殊的序列在决定着 RNA 的稳定性。

原核生物的 mRNA 在核酸内切酶和核酸外切酶的综合作用下持续地降解。mRNA 降解的方向为 5'→3',可能是由内切酶在最后一个核糖体后面发挥作用。余下的片段由外切酶按 3'→5' 方向水解成核苷酸。现在已经发现了几个内切酶水解 mRNA 的位点。另外,mRNA 分子中的二级结构可以阻止外切酶的作用。

真核生物 mRNA 的稳定性可能取决于去稳定元件(destabilizing element)。将这一元件与 mRNA 结合可引起该 mRNA 的降解。目前已发现了两种类型的去稳定元件。一种情况是在有些不稳定 mRNA 分子中有一共同的结构特征,即 3' 端区域有一约 50 碱基的富含 AU 的序列,称为 AU 元件(AU-rich element,ARE),其保守序列为 AUUUA,重复 7 次。ARE 可以诱导 mRNA 脱去 polyA,mRNA 失去了 PABP 的保护,很容易被降解。

另一种情况是在转铁蛋白 mRNA 的 3' 端非翻译区(3'-UTR)有一称为 IRS 的序列,控制着 mRNA 的稳定性。IRS 含有茎环结构,与一个 IRE 蛋白质结合,该蛋白与 mRNA 的结合力受铁离子的控制。当该蛋白质与铁离子结合以后,可与 IRS 结合,从而抑制了去稳定序列的作用,mRNA 不被降解;当该蛋白质与铁离子解离后,便不能与 IRS 结合,mRNA 被降解。这是一个 mRNA 稳定的通用模型,也就是说抑制去稳定元件的功能,便可提高 mRNA 的稳定件。

5.8 内含子与外显子

5.8.1 外显子

外显子(Exon)是真核生物基因的一部分,它在剪接后仍会被保存下来,并可在蛋白质生物合成过程中被表达为蛋白质所有的外显子一同组成了遗传信息,该信息会体现在蛋白质上。剪接方式并不是唯一的(参看替代剪接),所以外显子只能在成体 mRNA 中被看出。即使是使用生物信息学方法,要精确预测外显子的位置也是非常困难的。在反式剪接中,不同 mRNA 的外显子可以被接合在一起。

5.8.2 内含子的类型

1. Ⅰ 型内含子

(1) Ⅰ 型内含子的发现

1980 年代初,在研究原生动物四膜虫(*Tetruhymenu*)RNA 前体的内含子时,发现它的 rRNA 内含子能够自我剪接(self splicing),这一类内含子随后被称作 Ⅰ 型内含子。

为了研究 rRNA 前体的自我剪接,科学工作者将四膜虫 rRNA 基因克隆到质粒中,并与 *E. coil* 的 RNA 聚合酶一起保温,发现转录产物除了约 400 nt 的 rRNA 内含子外,还有一些小片段。从凝胶中回收 rRNA 前体,在无蛋白质的条件下保温培养,并电泳观察。单一的 rRNA 前体依然可形成片段更小的电泳条带,其中移动最快的是 39 nt 的条带,测序后发现,它相当于 413 nt 的 rRNA 内含子中的一个 39 nt 的片段。进一步实验把四膜虫 26SrRNA 基因的一部分(第 1 个外显子 303 bp+完整的内含子 413 bp+第 2 个外显子 624 bp)克隆到含噬菌体 SP6 启动子的载体内,再用 SP6 RNA 聚合酶转录该重组质粒,将获得的产物与 GTP 一起保温,发现可以得到剪接产物,但缺乏 GTP 时无剪接反应,证明了 rRNA 前体的确可以进行有 GTP 参与的自我剪接。

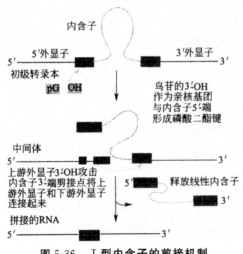

图 5-36 Ⅰ 型内含子的剪接机制

（2）Ⅰ型内含子的剪接机制

Ⅰ型内含子的剪接过程。如图 5-36 所示，Ⅰ型内含子剪接的第一次转酯反应，是由一个游离的鸟苷或鸟苷酸（GMP,GDP 或 GRIP）启动的。鸟苷酸或鸟苷的 3'-OH 亲核攻击内含子 5'-端剪接点的磷酸二酯键，将 G 转移到内含子的 5'-端，同时切割内含子与上游外显子之间的磷酸二酯键，在上游外显子末端产生新的 3'-OH。在第二次转酯反应中，上游外显子 3'-OH 攻击内含子 3'-端剪接点的磷酸二酯键，将上游外显子和下游外显子连接起来，并释放线性的内含子。两次转酯反应是连续的，即外显子连接和线性内含子的释放同时进行。因此，实验不能得到游离的上游外显子和下游外显子。第三次转酯反应是线性内含子的环化，发生在已切除的内含子片段中，内含子的 3'-OH 攻击其 5L 端附近的第 15 和第 16 核苷酸之间的磷酸二酯键，从 5'-端切除 15 nt 的片段，并形成 399 nt 的环状 RNA。环状 RNA 随即被切割生成线状 RNA，由于切割位置与环化位置相同，生成的线状 RNA 依然为 399 nt。接着，再从 5'-端切去 4 个核苷酸，最终产物是 395nt 的线性 RNA，由于这一产物比最初释放的内含子少 19 个核苷酸，因而被称作 L19。

Ⅰ型内含子的结构。Ⅰ型内含子剪接的最重要特点是自我催化（self-catalysis），即 RNA 本身具有酶的活性，又称为核酶。Ⅰ型内含子的自我剪接活性依赖于 RNA 分子中的碱基配对。通过比较不同的Ⅰ型内含子序列，发现其中有 9 个主要的碱基配对区域，命名为 P1～P9。Ⅰ型内含子中高度保守的双链结构有 3 个，即 P1 的内部引导序列（internal guide sequence,IGS），P4 的保守短序列元件 P/Q,P7 的保守短序列元件 S/R，其他配对区的序列因内含子不同而异。Ⅰ型内含子自我剪接所需的最小催化活性中心由 P3、P4、P6 和 P7 组成。该结构包括由两个结构域构成的催化核心，每个结构域由两个碱基配对区域构成。包含上游外显子末端序列和内含子端 IGS 的 P1，构成底物结合位点，IGS 是内含子中能与外显子进行碱基配对的序列，这种配对使剪接位点暴露而易受攻击，同时使剪接反应具有专一性（图 5-37）。

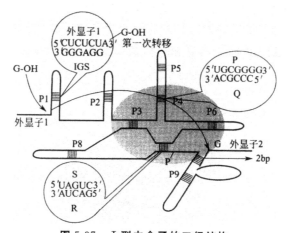

图 5-37　Ⅰ型内含子的二级结构

Ⅰ型内含子剪接与核 Pre-mRNA 剪接体切除内含子的主要区别是，剪接体内含子使用内含子自身的一个核苷酸，而Ⅰ型内含子的剪接反应使用外源核苷酸，即鸟苷酸或鸟苷，因此，在其剪接过程中不能形成套索结构。

2.Ⅱ型内含子

（1）Ⅱ型内含子的特点

Ⅱ型内含子主要存在于某些真核生物的线粒体和叶绿体 rRNA 基因中，也具有催化功能，能够完成自我剪接。此外,大约 25% 的细菌基因组中有Ⅱ型内含子。几乎所有的细菌Ⅱ型内含子能够编码逆转录酶,并可作为逆转录转座子,或逆转录转座子的衍生物高频率插入特定区域,或低频率插入其他区域。Ⅱ型内含子与Ⅰ型内含子自我剪接的区别在于,转酯反应无需游离鸟苷酸或鸟苷的启动,而是由内含子靠近 3'-端的腺苷酸 2'-羟基攻击 5'-磷酸基启动剪接过程,经过两次转酯反应连接两个外显子,并切除形成套索结构的内含子(图 5-38)。

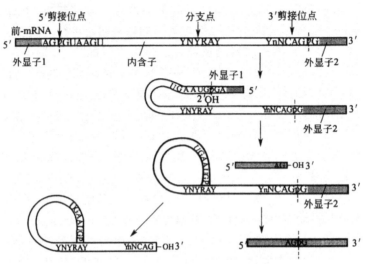

图 5-38　Ⅱ型内含子的剪接机制

(2)Ⅱ型内含子的剪接机制

Ⅱ型内含子的 5'-端和 3'-端剪接位点序列为 5'↓GUGCG...YnAG↓3',符合 GU...AG 规则。Ⅱ型内含子的空间结构保守而复杂,其自我剪接的活性有赖于其二级结构和进一步折叠的构象,因此其在细胞内的存在受到限制。在Ⅱ型内含子特有的二级结构中,有 6 个茎环结构形成的结构域(d1~d6),在空间上靠近的 d5 和 d6,构成催化作用的活性中心(5-39)。

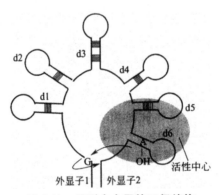

图 5-39　Ⅱ型内含子的二级结构

在Ⅱ型内含子剪接过程中,首先由内含子靠近 3'-端 d6 结构中的分支点保守序列上 A 的 2'-OH 向 5'-剪接位点的磷酸二酯键发动亲核攻击,形成外显子 1 的 3'-OH,内含子 5'-端的磷酸基与分支点 A 的 2'-OH 形成 2',5'-磷酸二酯键,产生套索结构,完成第一次转酯反应。接着,外显子 1 的 3'-OH 亲核攻击 3'-剪接位点,切断 3'剪接位点的磷酸二酯键,并形成外显子 1 与外显子 2 之间的 3',5'-磷酸二酯键,完成第二次转酯反应。经过两次转酯反应,两个外显子被连接在一起,并释放含有套索结构的内含子。

尽管某些 II 型内含子在体外就能够完成自我拼接,不需要任何蛋白质的帮助。但在体内,有一种拼接因子即成熟酶参与了 II 型内含子的剪接。成熟酶是由内含子编码的逆转录酶(RT),与其中内含子 d6 结构中的分支点保守序列有很高的亲和力,二者相互结合后,由于蛋白质 RNA 的相互作用,导致内含子构象发生变化,促进了 RNA 的拼接反应。在拼接结束以后,RT 仍然与释放的内含子结合,参与随后的转座反应(图 5-40)。

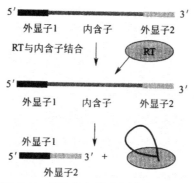

图 5-40　RT 参与的 II 型内含子剪接

II 型内含子主要的转座事件是归巢(homing),归巢的实质是以内含子 RNA 作为模板,将逆转录合成的 DNA 插入靶位点。逆转录反应由与 RNA 内含子结合的 RT 催化,属于靶位点为引物的逆转录(target primed reverse transcription)。归巢反应开始于双链 DNA 外显子连接点上 RNA 内含子在靶位点的反拼接(reverse splicing)插入,这一步由 RNA 催化,RT 协助,相当于由成熟酶协助的拼接反应的逆反应。随后,RT 的 En 结构域在下游 9～10 bp 的位置切开 DNA 的另一条链,再由 RT 催化,以被切开的 DNA 链作为引物进行逆转录反应。最后,通过 DNA 的修复合成和连接完成内含子的插入。

5.8.3　内含子剪接机制的比较

从内含子的剪接机制来看,I 型内含子、II 型内含子和核 pre-mRNA 剪接的 III 型内含子是相似的,只有 tRNA 的 IV 型内含子剪接机制完全不同。

对比研究发现,III 型内含子的剪接体内 snRNA 的整体形态和 II 型内含子自我剪接时的形态类似,特别是剪接体的 snRNA 和 II 型内含子的催化部位之间的结构和功能十分相似。可以认为,这些 snRNA 可能来自早期自我剪接系统的 II 型内含子。例如,U1 snRNP 和 5'-端剪接点配对,U6-U2 和分支点序列配对形成的空间结构,与 II 型内含子本身 d5 和 d6 配对形成的空间结构很相似。看来,在生物进化过程中,snRNA 和 mRNA 前体之间的相互作用,取代了 II 型内含子剪接过程中有关片段之间的相互作用。与 II 型内含子自身的结构相比,snRNP 具有更加复杂和完善的结构,因而具有更加高级而复杂的调控功能和更加高效的催化功能。

I 型内含子与 II 型内含子都能够完成自我剪接,不像 III 型内含子那样需要结构复杂的剪接体。正因为如此,I 型内含子与 II 型内含子剪接的效率和调控远远比不上 III 型内含子。I 型内含子的剪接反应使用外源鸟苷酸或鸟苷,II 型内含子的转酯反应无需游离鸟苷酸或鸟苷的启动,由内含子内部的腺苷酸引起,也许 II 型内含子剪接的效率和精确度比 I 型内含子更好一些。

5.9 RNA 生物合成的抑制

5.9.1 碱基类似物

有些人工合成的碱基类似物能干扰和抑制核酸的合成。其中重要的有：6-巯基嘌呤、硫鸟嘌呤、2,6-氨基嘌呤、8-氮鸟嘌呤、5-氟尿嘧啶及 6-氮尿嘧啶。其结构式如下：

6-巯基嘌呤　　硫鸟嘌呤　　2,6-二氨基嘌呤　　8-氮鸟嘌呤　　5-氟尿嘧啶　　6-氮尿嘧啶

这些碱基类似物在生物体内的作用方式有以下两类。

(1)作为代谢拮抗物,直接抑制核苷酸生物合成有关酶类,如 6-巯基嘌呤进入体内后,在酶催化下与 5-磷酸核糖焦磷酸反应,或经其他途径,可变为巯基嘌呤核苷酸,在核苷酸水平上抑制嘌呤核苷酸的合成。具体有两种作用:一是抑制次黄嘌呤核苷酸转变为腺嘌呤核苷酸和鸟嘌呤核苷酸;二是通过反馈抑制 5-磷酸核糖焦磷酸与谷氨酰胺反应生成 5 磷酸核糖胺。6-巯基嘌呤可作为重要的抗癌药物,临床上用于治疗急性白血病和绒毛膜上皮癌等。此类物质一般需转变为相应的核苷酸才能表现出抑制作用。

(2)通过掺入到核酸分子中去,形成异常 RNA 或 DNA,从而影响核酸的功能并导致突变。5-氟尿嘧啶类似尿嘧啶,可进入 RNA,与腺嘌呤配对或异构成烯醇式与鸟嘌呤配对,使 A-T 对转变为 G-C 对。因为正常细胞可将其分解,而癌细胞不能,所以可选择性抑制癌细胞生长。

5.9.2 DNA 模板功能的抑制剂

1. 烷化剂

烷化剂抑制物有氮芥、磺酸酯、氮丙啶等。这些物质中带有活性烷基,能使 DNA 烷基化。鸟嘌呤烷化后易脱落,双功能烷化剂可造成双链交联,磷酸基烷化可导致 DNA 链断裂。烷化剂通常有较大毒性,引起突变或致癌。有些能较有选择地杀伤肿瘤细胞,在临床上用于治疗恶性肿瘤。例如,环磷酰胺在体外几乎无毒性,但进入肿瘤细胞后受磷酰胺酶的作用水解成活性氮芥,用于治疗多种癌症。苯丁酸氮芥含有较多的酸性基因,不易进入正常细胞,而癌细胞因酵解作用旺盛,积累大量乳酸使 pH 降低,故容易进入癌细胞。环磷酰胺和苯丁酸氮芥的结构式如下：

环磷酰胺　　　　　　　　　　　　　　　　　苯丁酸氮芥

2. 放线菌素类

放线菌素类抑制物具有抗菌和抗癌作用。放线菌素可与 DNA 形成非共价复合物,抑制其模板功能。低浓度时,阻止 RNA 链的延长,高浓度时可抑制 RNA 的起始,也抑制 DNA 复制。与放线菌素类似的色霉素 A_3、橄榄霉素、光神霉素等抗癌抗生素都能与 DNA 形成非共价复合

物而抑制模板功能。

3. 嵌入染料

含有扁平芳香族发色团的嵌入染料,可插入双链 DNA 相邻碱基对之间。嵌入染料与碱基大小类似,插入后使 DNA 在复制时缺失或增加一个核苷酸,导致移码突变。它们抑制质粒复制以及转录过程。溴化乙锭是高灵敏的荧光试剂,与核酸结合后抑制其复制和转录,常用于检测 DNA 和 RNA。这类化合物的结构式如下:

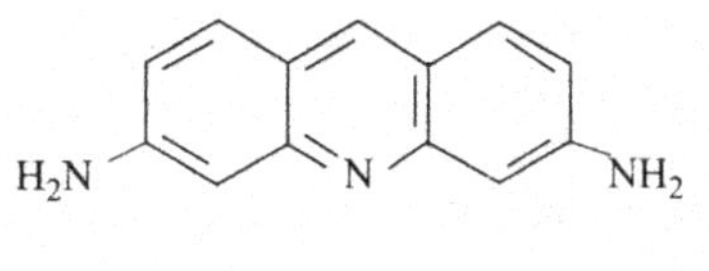

原黄素 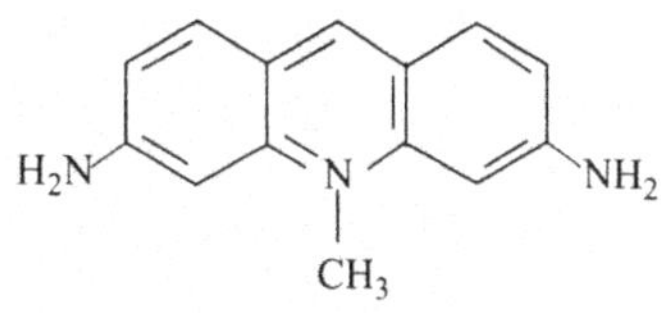　　　　吖啶黄

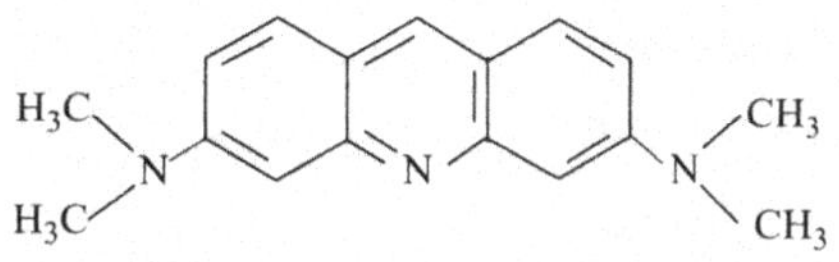

吖啶橙 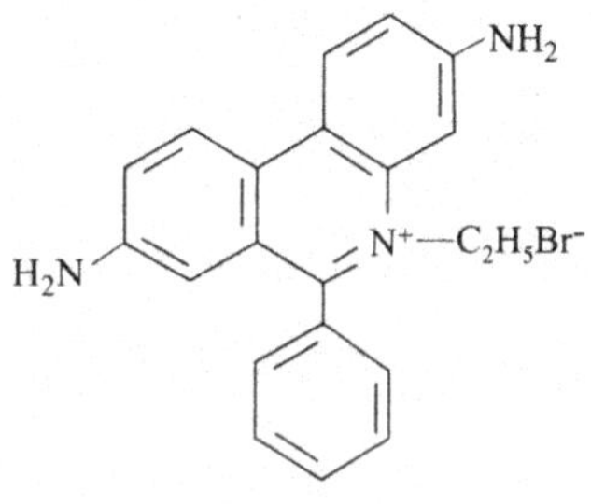　　　　溴化乙锭

5.9.3　RNA 聚合酶的抑制物

RNA pol 抑制剂作用于 RNA pol,使 RNA pol 的活性改变或丧失,从而抑制转录的进行。这类抑制剂只抑制转录,不影响复制,是研究转录机制和 RNA pol 性质的重要工具。

1. 利福霉素

能强烈抑制革兰氏阳性菌和结核杆菌,利福霉素 D 衍生物利福平具有广谱抗菌作用,对结核杆菌有高效,并能杀死麻风杆菌,在体外有抗病毒作用。其作用机制是与原核细胞 RNA pol 的 β 亚基非共价结合,阻止 RNA 转录的起始,对真核生物 RNA pol 无作用。

2. 利链菌素

与细菌 RNA pol 的 β 亚基结合,抑制转录过程中链的延长。其结构式如下所示。

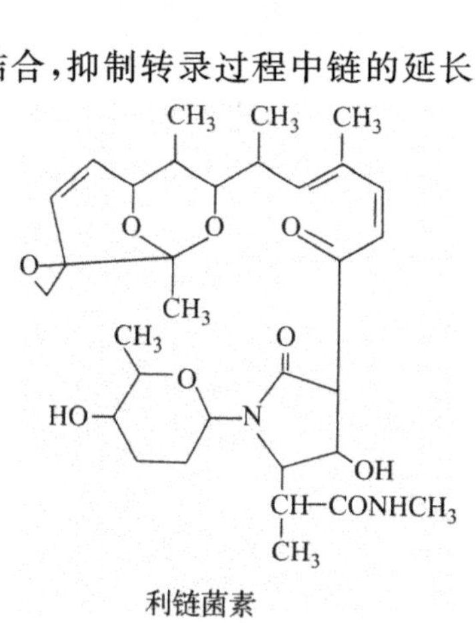

利链菌素

3. α-鹅膏蕈碱

α-鹅膏蕈碱是从毒蕈（鬼笔鹅膏 *Amanita phalloides*）中分离出来的一种八肽化合物，它是真核生物 RNA polⅡ 的抑制剂，对细菌 RNA pol 的抑制作用极为微弱。不同的抑制剂作用于不同的 RNA pol。

α-鹅膏蕈碱

第6章　蛋白质的生物合成与功能结构

6.1　参与蛋白质合成的物质

6.1.1　蛋白质的组成单位——氨基酸

蛋白质的种类据估计在 $10^{10} \sim 10^{12}$ 数量级,尽管如此,从细菌到人类所有蛋白质主要有 20 种常见的氨基酸组成。在这 20 种氨基酸之中,有 19 种具有以下结构:

$$H_2H—CH—COOH$$
$$|$$
$$R$$

不同氨基酸之间的差别仅在侧链 R 上。除甘氨酸外,组成蛋白质的 20 种氨基酸的碳原子均为不对称碳原子,有 L-型和 D-型两种异构体;但组成蛋白质的氨基酸一般为 L-构型。为什么生物体选择了 L-氨基酸参与蛋白质的组成,是自然界留给人类的难解之谜。

除常见的 20 种氨基酸外,蛋白质中也含有一些修饰氨基酸,如羟脯氨酸(Hyp)、羟赖氨酸(5-羟赖氨酸,Hyl)等;这些氨基酸大多是在肽链合成后经修饰而产生的。此外,自然界中还有许多氨基酸,它们并不是蛋白质的组成成分,它们多以游离的或结合的形式存在于生物界,且具有重要的生物学功能,表 6-1 列出了常见的一些非蛋白质氨基酸。

表 6-1　常见的非蛋白质氨基酸

名称	结构式	存在与功能
β-丙氨酸	$H_2N—CH_2—CH_2—COOH$	泛酸和辅酶 A 的组成成分
γ-羧基谷氨酸	$COOH—CH—CH_2—CH—COOH$ 中 $COOH$ 和 NH_2	存在于脑组织中,是重要的神经递质
同型半胱氨酸 (homocysteine)	$HS—CH_2—CH_2—CH—COOH$ 中 NH_2	蛋氨酸代谢的中间产物
同型丝氨酸 (homoserine)	$HO—CH_2—CH_2—CH—COOH$ 中 NH_2	苏氨酸、天冬氨酸等代谢的中间产物
γ-氨基丁酸	$NH_2—CH_2—CH_2—CH_2—COOH$	与脑组织营养及神经传递有关
牛磺酸 (taurine)	$HO_3S—CH_2—CH_2—NH_2$	广泛存在于动物组织,是儿童不可缺少的营养素
瓜氨酸(cit)	$NH_2—C—NH—(CH_2)_3—CH—COOH$ 中 O 和 NH_2	尿素合成的中间化合物
鸟氨酸 (ornithine,orn)	$NH_2—(CH_2)_3—CH—COOH$ 中 NH_2	尿素合成的中间化合物

除了上述氨基酸外,D-氨基酸在生物界也普遍存在,尤其在植物和微生物中;微生物体内存在的 D-氨基酸,多以结合态存在。如短杆菌肽 S 中存在 D-苯丙氨酸,多粘菌肽中含 D-丝氨酸和 D-亮氨酸。动物体内的 D-氨基酸多以自由肽形式或小肽形式存在,如家蚕血液和蚯蚓体内含有 D-丝氨酸。人牙齿蛋白中含有 D-精氨酸,它的含量变化与人的年龄及衰老有关。D-氨基酸的存在与某些蛋白质的功能密切相关。如萤火虫尾部的发光物质——荧光素,含有 D-半胱氨酸;如果换以 L-半胱氨酸,则不能发光。同样,青霉素分子中的 D-半胱氨酸若换成 L-型的,则失去抗菌效能。

6.1.2 mRNA 是蛋白质合成的模板

生物的遗传信息主要贮存于 DNA 的碱基序列中,但 DNA 并不直接决定蛋白质的合成。这是因为 DNA 在细胞核内,而蛋白质是在细胞质中合成的。很显然这就需要有一种中介物质,传递 DNA 上控制蛋白质合成的遗传信息。

在 1956～1961 年期间,由 Jacob 等人领导的四个不同的实验室,通过用 T4 噬菌体感染大肠杆菌,发现了指导蛋白质合成的直接模板是 mRNA。T4 噬菌体感染大肠杆菌以后,发现所有在宿主细胞内合成的蛋白质都不再是细胞本身的蛋白质,而是噬菌体感染的蛋白质。同时同位素标记实验证明,宿主细胞大肠杆菌的 RNA 合成在噬菌体感染后几乎停止了,细胞中出现了少量半衰期很短的 RNA,这种 RNA 仅来源于 T4 噬菌体的 DNA,RNA 的碱基组成不仅与 T4 噬菌体 DNA 非常相似,而且能与 tRNA 和大肠杆菌的核糖体结合指导蛋白质的合成。因为 T4 RNA 携带了 T4 DNA 的遗传信息,并在核糖体上指导合成蛋白质,所以称为信使 RNA。

蛋白质体外合成实验,进一步证明了 mRNA 是蛋白质合成的模板。在生物体内,蛋白质合成过程中需要 200 多种生物大分子参加,包括核糖体、mRNA、tRNA 及多种蛋白质因子。蛋白质体外合成实验用正在活跃进行蛋白质合成的大肠杆菌来制备细胞提取液,同时加入 DNase 破坏 DNA。在含有核糖体、mRNA、tRNA 及酶的细胞液中加入 ATP,GTP 和放射性氨基酸,于 37℃保温不同时间,沉淀蛋白质,从沉淀的放射活性测出氨基酸掺入蛋白质的量。由于在提取液中存在 RNase,这就使得 mRNA 非常容易降解,所以合成一般只进行几分钟便逐渐减慢以至停止。但是,如果将新的 mRNA 加入到已停止合成蛋白质的提取液中,就会发现蛋白质的合成会重新开始。这个实验首先证明大肠杆菌的无细胞体系(cell-free system)也可以进行蛋白质的合成,同时蛋白质合成需要 mRNA 作为模板。而且用已停止合成蛋白质的提取液,加入不同的 mRNA,都可进行蛋白质的合成。后来的实验又进一步证明,在体外条件下可准确地按 mRNA 的遗传信息合成相应的蛋白质。

由此不难看出,mRNA 是作为中间物质传递 DNA 分子上遗传信息的。它具有以下特点:①其碱基组成与相应的 DNA 的碱基组成一致;②mRNA 链的长度不一,这样它所编码的多肽链长度是不同的;③在肽链合成时 mRNA 能够与核糖体结合;④mRNA 的半衰期很短,代谢速度快。

虽然 mRNA 在所有细胞中都执行相同的功能,即通过遗传密码翻译生成蛋白质,但是它们生物合成的具体过程在原核和真核细胞内是不同的。原核生物中,mRNA 的转录和翻译不仅发生在同一细胞空间内,而且这两个过程几乎同时进行,蛋白质的生物合成一般在 mRNA 刚开始转录时就开始了。细菌基因的转录一旦开始,核糖体就会结合到新生的 mRNA 链的 5′端,启动蛋白质合成,而此时 mRNA 的 3′-端还远远没有转录完。因此,在电子显微镜下,往往会看到一连串的核糖体紧跟在 RNA 聚合酶的后面。另外,原核细胞的 mRNA 半衰期非常短,mRNA 的降解紧跟着蛋白质翻译过程发生了,一般认为是 2 min 左右。现在认为,转录开始后 1min,降解就开始了,其速度大概是转录或翻译速度的一半。真核生物就很不一样了,其 mRNA 通常会有一个前体 RNA 出现在核内,只有成熟的、经过化学修饰的 mRNA 才能进入细胞质,参与蛋白质的合成。所以,真核生物 mRNA 的合成和蛋白质合成发生在细胞不同的时空中,mRNA 半衰期也相对较长,大约是 1～24 h 之间。

不管原核生物还是真核生物,mRNA 作为翻译的模板,都需要具备至少含有一个由起始密码子开始、以终止密码子结束的一段由连续的核苷酸序列构成的开放阅读框(open reading frame,ORF)。对于起始密码子来说,原核生物常以 AUG,有时也会是 GUG,甚至是 UUG 作为起始密码子。而真核生物几乎永远以 AUG 作为起始密码子。一般 mRNA 的 5′-端和 3′-端通常含有一段并不决定氨基酸序列的非编码序列(non-coding sequence,NCS)或者叫非翻译区(un-translated regi,on,UTR)。mRNA 一般包括 3 个部分:编码区、位于 AUG 之前的 5′-端上游非编码区、位于终止密码子之后的不翻译的 3′-端下游非编码区。

在 mRNA 的第一个基因的 5′-端有核糖体的结合位点(ribosome binding site,RBS)。RBS 含有富含嘌呤的 SD(Shine-Dalgarno)序列,能被核糖体结合并开始翻译。每一个 ORF 的上游一般都有 SD 序列,每一个 ORF 编码一个多肽或蛋白质。原核生物的 mRNA(包括病毒)有时可以编码几个多肽,而一个真核细胞的 mRNA 最多只能编码一个多肽。我们把只编码一个蛋白质的 mRNA 称为单顺反子 mRNA(monocistronic mRNA),把编码多个蛋白质的 mRNA 称为多顺反子 mRNA(polycistronic mRNA)。对于第一个顺反子来说,一旦 mRNA 的 5′-端被合成,翻译起始位点即可与核糖体相结合,而后面几个顺反子翻译的起始就会受到上游顺反子结构的调控(图 6-1)。多顺反子 mRNA 是一组相邻或相互重叠基因的转录产物,这样的一组基因称为一个操纵子。

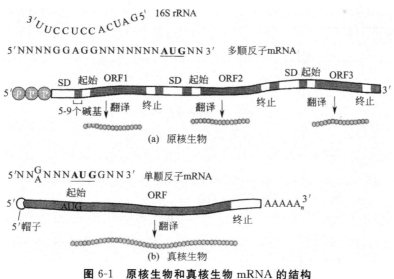

图 6-1　原核生物和真核生物 mRNA 的结构

6.1.3　核糖是蛋白质的合成场所

在蛋白质生物合成的过程中,核糖体(ribosome)就像是一个沿着 mRNA 模板移动的生产车间。核糖体是由几种核糖体 rRNA 和核糖体蛋白组成的亚细胞颗粒,位于细胞质内。一类核糖体附着于粗面内质网,参与分泌性蛋白质合成,另一类游离于胞浆,参与细胞固有蛋白质合成。在一个生长旺盛的细菌中大约有 2 000 个核糖体,在真核细胞中更高达 10^6 个,看得出来,真核细胞的核糖体比原核细胞要多得多。线粒体、叶绿体及细胞核内也有其自身的核糖体。在核糖体中的蛋白质占到了细胞总蛋白质的 10%,其中的 RNA 占到了细胞总 RNA 的 80%。

核糖体有大、小两个亚基,大亚基约为小亚基相对分子质量的一倍。每个亚基包含一个主要的 rRNA 成分和许多不同功能的蛋白质分子。大亚基中除了主要的 rRNA 以外,还有一些含量较小的 RNA。虽然核糖体亚基中的主要 rRNA 基因的拷贝数很多,但是序列却相当保守,这说明 rRNA 在组成功能核糖体时起着重要的作用。

核糖体上不止有一个活性中心,每一个中心由一组特殊的蛋白质构成。这些蛋白质具有催化功能,但如将它们从核糖体上分离出来,催化功能也会消失。所以说,核糖体是一个许多酶的集合体,从而共同承担蛋白质生物合成的任务。核糖体蛋白不仅作为核糖体的组分参与翻译,而且还涉及 DNA 复制、修复、转录、转录后加工、基因表达的自体调控和发育调节等。已知原核生物 70S 的核糖体中,50S 大亚基由 23S、5S rRNA 各一分子和约 30 种蛋白质构成。30S 小亚基由 16S rRNA 和约 20 种蛋白质构成。核糖体 RNA 暴露在亚基表面。真核生物 80S 的核糖体中 60S 大亚基由 28S、5.8S 和 5S rRNA 以及大约 40 种蛋白质组成,其中 5.8S 相当于原核生物 23S rRNA 5′-端约 160 个核苷酸,40S 小亚基由 18S rRNA 和约 30 种蛋白构成(图 6-2)。

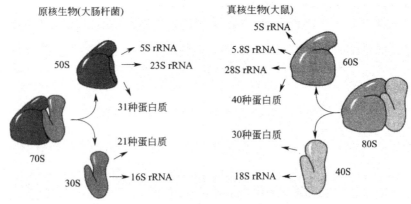

图 6-2　核糖体的组成

原核生物核糖体 50S 大亚基上的 23S rRNA 一级结构有 2 904 个核苷酸。以大肠杆菌为例,研究表明有一段核苷酸序列能与 tRNA^{Met} 序列互补,表明 23S rRNA 可能与 tRNA^{Met} 的结合有关。同时,在 23S rRNA 的 5′-端有一段 12 个核苷酸的序列与 5S rRNA 的一部分序列互补,说明在 50S 大亚基上这两种 RNA 之间可能存在相互作用。

16S rRNA 含有 1 475～1 544 个核苷酸。其结构十分保守,其 3′-端一段 ACCUCCUUA 的保守序列,与 mRNA 5′-端翻译起始区富含嘌呤的 SD 序列互补,同时还有一段与 23S rRNA 互补的序列,在 30S 和 50S 亚基的结合之间起作用。

5.8S rRNA 是真核生物核糖体大亚基特有的 rRNA,长度为 160 个核苷酸,它含有的一段 CGAAC 序列与原核生物 5S rRNA 中的序列一样,表明它们可能具有相同的功能。此外,真核生物 40S 小亚基中的 18S rRNA 可能与原核生物的 16S rRNA 同源。

5S rRNA 含有 120 个核苷酸,其中有两个高度保守区域:一个含有保守序列 CGAAC,是与

tRN A 分子 TψC 环上的 GTψCG 序列相互作用的部位,即 5S rRNA 与 tRNA 相互识别的序列。另一个含有保守序列 GCGCCGAAUGGUAGU,与 23S rRNA 中的一段序列互补,是 5S rRNA 与 50S 核糖体大亚基相互作用的位点。

核糖体的空间结构是结构学家经过 30 多年的努力才发现的。利用电子显微镜术、免疫学方法、中子衍射技术、双功能试剂交联法、不同染料间单态—单态能量转移测定、活性核糖体颗粒重建等方法完成了对 E.coli 核糖体 52 种蛋白质氨基酸序列及三种 rRNA 一级和二级结构的测定。大肠杆菌核糖体的 30S 小亚基为扁平不对称颗粒,大小为 5.5 nm×22 nm×22 nm,分为头、颈、体,并有 1~2 个突起称为平台。50S 大亚基呈三叶半球形,大小为 11.5 nm×23 nm×23 nm,rRNA 主要定位于核糖体中央,蛋白质在颗粒外围。大亚基由半球形主体和三个突起组成。中间突起是 5S rRNA 结合之处,两侧突起分别称为柄(stalk)和脊(ridge)。30S 和 50S 形成的 70S 核糖体直径约 22 nm,小亚基斜着以 45°角在 50S 亚基的肩和中心突之间。在核糖体中,rRNA 有着与其结构相对应的重要功能。

不同生物体内的核糖体大小有别,但是其组织结构和执行的功能是完全相同的。也就是说,在多肽合成过程中,不同的 tRNA。将相应的氨基酸带到蛋白质合成部位,并与 mRNA 进行专一性的相互作用,以选择与遗传信息专一的 AA-tRNA。核糖体还必须能同时容纳另一种携带肽链的 tRNA,并使其能处于肽键易于生成的位置上。rRNA 与蛋白质共同构成的核糖体功能区是核糖体表现功能的重要部位,主要包括:①mRNA 结合部位,位于大小亚基的结合面上。②氨酰 tRNA 结合位点(aminoacyl-tRNA site),即 A 位点,其大部分位于大亚基而小部分位于小亚基,是结合或接受氨基 tRNA 的部位,也称为受体位点(acceptor site, A site)。③肽酰 tR-NA 结合部位(peptidyl-tRNA site),即 P 位点,又称给位(donor site)。它大部分位于小亚基,小部分位于大亚基。④出位(exit site),即 E 位点,即空载 tRNA 在离开核糖体之前与核糖体临时结合的部位。⑤肽酰转移酶(p eptidyl transferase)活性位点,即形成肽键的部位(转肽酶中心)。⑥多肽链离开的通道。此外,还有负责肽链延伸的各种延伸因子的结合部位(图 6-3)。

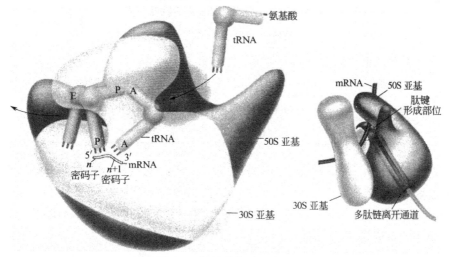

图 6-3　核糖体的功能部位

核糖体的三维结构在各种生物体内是高度保守的,以原核生物为例,1 个 tRNA 因为反密码子和 mRNA 上的密码子的配对而与 30S 亚基结合在一起,同时 tRNA 运载的氨基酸又与 50S

亚基相互作用,也就是说一般核糖体的小亚基负责对 mRNA 进行特异性识别,如起始部位的识别、密码子和反密码子的相互作用等,mRNA 的结合位点也在小亚基上。大亚基负责 AA-tRNA、肽基-tRNA 的结合和肽键的形成等。A 位、P 位、转肽酶中心等主要在大亚基上。新生的肽链必须通过离开通道离开核糖体。一般来说,通过核糖体移动,一个 tRNA 分子可从 A 部位到 P 部位,再到 E 部位。

核糖体是一个由几种 rRNA 和多种蛋白质组成的超分子复合物,rRNA 和蛋白质先自组装成大小两个亚基,再由两个亚基结合成一个完整的核糖体。这种组合是可逆的,核糖体在体内及体外都可解离为亚基或结合成 70S/80S 的颗粒。在翻译的起始阶段,亚基是需要解离的,随后再结合成 70S/80S 颗粒,开始翻译过程。

6.1.4　参与蛋白质合成的各种辅因子

蛋白质合成的起始、延伸和终止过程各自都要有蛋白因子的协助。

在原核生物中参与翻译的蛋白因子,主要有起始因子(initiation factors,IF)如 IF-1、IF-2 和 IF-3,延伸因子(elongation factor,EF)如 EF-Tu、EF-Ts 和 EF-G,参与多肽链释放的释放因子(release factor,RF)如 RF-1、RF-2 和 RF-3,还有促进核糖体循环的核糖体循环因子(ribosome recycling factor,RRF)。其中的某些蛋白质因子属于能够与鸟苷酸结合的小分子 G 蛋白(表 6-2)。

表 6-2　原核生物参与与翻译的起使因子、延伸因子和终止因子

辅助因子	功能
IF-1	无专门功能,辅助 IF-2 和 IF-3 的作用
IF-2(GTP)	是一种小分子 G 蛋白,与 GTP 结合,促进 fMet-tRNA^{fMet} 与核糖体 30S 小亚基结合
IF-3	促进核糖体亚基解离和 mRNA 的结合
EF-Tu(GTP)	是一种小分子 G 蛋白,与 GTP 结合的形式促进氨酰-tRNA 进入 A 部位
EF-Ts	是鸟苷酸交换因子,使 EF-Tu、GTP 再生,参与肽链延伸
EF-G(GTP)	是一种小分子 G 蛋白,使肽链-tRNA 从 A 位点转移到 P 位点
RF-1	识别终止密码子 UAA 或 UAG
RF-2	识别终止密码子 UAA 或 UGA
RF-3(GTP)	是一种小分子 G 蛋白,与 GTP 结合,刺激 RE-1 和 RF-2 的活性
RRF	翻译终止后促进核糖体解体的作用

真核生物的起始因子(eukaryote initiation factor,eIF)为数较多,有些为亚基结构,目前已发现的真核起始因子有 12 种左右,各有其功能。延伸因子为 eEF-1、eEF-2 和 eEF-3,释放因子有 eRF-1 和 eRF-3。这些蛋白因子在蛋白质合成的过程中会发挥出各自的作用,将在介绍翻译过程时进行更加详细的解读。

6.2　原核生物蛋白质的合成

6.2.1　翻译起始

核糖体与 mRNA、fMet-tRNA$_f^{Met}$ 装配成 70S 起始复合体的过程称为原核生物翻译的起始阶段,其中 fMet-tRNA$_f^{Met}$ 的反密码子将与 mRNA 的起始密码子正确配对。所以,从起始密码子启动蛋白质合成,从而确定正确的阅读框为翻译起始的核心内容。

原核生物蛋白质合成的起始阶段包括:

核糖体解离→30S 小亚基与 mRNA 结合→30S 起始复合体形成→70S 起始复合体形成,如图 6-4 所示。

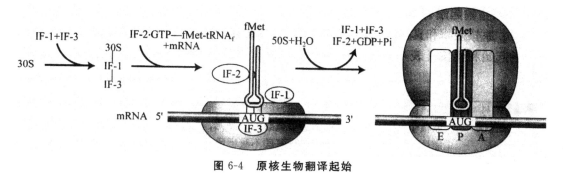

图 6-4　原核生物翻译起始

1. 核糖体

解离核糖体复合体的装配是从游离的 30S 小亚基开始的。所以,70S 核糖体必须解离。IF-1 和 IF-3 为核糖体解离所需要的翻译起始因子。

IF-1 功能如下:

①协助 IF-2 的结合。

②促进核糖体解离,并与 30S 小亚基 A 位点结合,阻止 fMet-tRNA$_f^{Met}$ 提前结合。

③阻止 30S 小亚基与 50S 大亚基提前结合形成 70S 核糖体。

IF-3 功能如下:

①阻止 30S 小亚基与 50S 大亚基提前结合形成 70S 核糖体。

②协助 30S 小亚基与 mRNA 结合。

③协助起始密码子-反密码子结合,从而使 fMet-tRNA$_f^{Met}$ 正确结合。

IF-1 和 IF-3 在 50S 大亚基结合前必须释放。

2. 30S 小亚基与 mRNA 结合

即 30S 小亚基与 mRNA 的 5′端结合。

开放阅读框的 5′端和内部都存在 AUG。核糖体通过寻找核糖体结合位点鉴别编码起始甲酰蛋氨酸的 AUG。

原核生物 mRNA 的核糖体结合位点位于 5′非翻译区,包括 SD 序列,即起始密码子上游 8~13 nt 处的一段保守序列。该序列含 4～9 个嘌呤核苷酸,共有序列为 AGGAGGU,与 16SrRNA3′端的 3′-UCCUCCA-5′序列互补。SD 序列与 16S rRNA 的 3′端至少要 3 个 Watson-Crick 碱基对,才能促进 30S 小亚基与 mRNA 的有效结合,如图 6-5 所示。

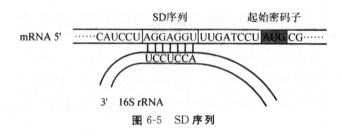

图 6-5　SD 序列

3. 30S 起始复合体形成

IF-2 先与 GTP 形成 IF-2·GTP，然后与 fMet-tRNA$_f^{Met}$ 结合并协助其与 mRNA、30S 小亚基 P 位点结合。30S 小亚基、mRNA、fMet-tRNA$_f^{Met}$、GTP、IF-1、IF-2、IF-3 各分子构成 30S 起始复合体。fMet-tRNA$_f^{Met}$ 的反密码子与 mRNA 的起始密码子正确配对。

4. 70S 起始复合体形成

70S 起始复合体是由 30S 起始复合体与 50S 大亚基结合形成，IF-2 脱离。IF-2 是一种 G 蛋白，具有核糖体依赖性 GTP 酶(GTPase)活性，可以被 70S 起始复合体激活，水解 GTP，脱离 70S 起始复合体。

6.2.2　翻译延长

依托核糖体的 A 位点、P 位点和 E 位点，把氨基酸接到肽链上的过程称为延长阶段。每次连接一个氨基酸，分如下三步进行：

即氨酰 tRNA 进位→肽键形成→核糖体沿着 mRNA 移位。

每秒钟可以连接 15～20 个氨基酸。核糖体读码的方向即在 mRNA 上移动的方向是 $5'→3'$。肽链合成的方向是 N 端→C 端，因此起始甲酰蛋氨酸位于肽链的 N 端。

1. 进位

在蛋白质合成起始阶段完成时，70S 核糖体复合体三个位点的状态不同：

①E 位点是空的。

②P 位点对应 mRNA 的第一个密码子 AUG，结合了 fMet-tRNA$_f^{Met}$。

③A 位点对应 mRNA 的第二个密码子，是空的。

一个氨酰 tRNA 进入 A 位点即为进位。何种氨酰 tRNA 进位由 A 位点对应的 mRNA 密码子决定，并且需要翻译延长因子 EF-Tu 和 EF-Ts 通过进位循环完成。

进位循环：

①EF-Tu 与 GTP 结合，形成 EF-Tu·GTP 复合物。

②EF-Tu·GTP 复合物与氨酰 tRNA 结合，形成氨酰 tRNA-EF-Tu·GTP 三元复合物。

③三元复合物进入 A 位点。

④EF-Tu·GTP 水解所结合的 GTP，转化成 EF-Tu·GDP，脱离核糖体。

⑤EF-Ts 使 GTP 取代 GDP 与 EF-Tu 结合，形成新的 EF-Tu·GTP 复合物，开始下一进位循环，如图 6-6①所示。

2. 成肽

成肽反应，是指当 fMet-tRNA$_f^{Met}$ 结合于 P 位点、第二个氨酰 tRNA 结合于 A 位点时，第二个氨酰基的 α 氨基与 fMet-tRNA$_f^{Met}$ 的 fMet 反应，形成肽键。成肽反应由肽基转移酶催化，既不消耗高能化合物,也不需要其他因子,如图 6-6②所示。

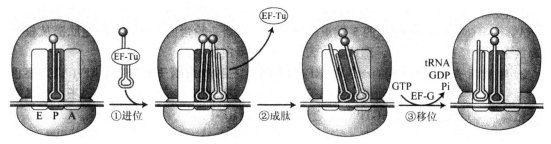

图 6-6　原核生物翻译延长

肽基转移酶实际上是 23SrRNA 的一个活性中心,其所含的一个腺嘌呤直接催化肽键形成。

3. 移位

肽键形成之后,P 位点结合的是脱酰 tRNA,A 位点结合的是肽酰 tRNA。接下来是移位,即核糖体向 mRNA 的 3′端移动一个密码子,而脱酰 tRNA 及肽酰 tRNA 与 mRNA 之间没有相对移动。移位之后:

①脱酰 tRNA 从核糖体 P 位点移到 E 位点再脱离核糖体。

②肽酰 tRNA 从核糖体 A 位点移到 P 位点。

③A 位点成为空位,并对应 mRNA 的下一个密码子。

④核糖体恢复 A 位点为空位时的构象,等待下一个氨酰 tRNA-EF-Tu·GTP 三元复合物进位,开始下一循环 6-6③。

移位需要翻译延长因子 EF-G(也称为移位酶)与一分子 GTP 形成的 EF-G·GTP 复合物。EF-G·GTP 水解所结合的 GTP,转化成 EF-G·GDP,同时推动核糖体沿着 mRNA 移位。

综上所述,蛋白质合成的延长阶段是一个包括三个步骤的循环过程,每一循环在肽链的 C 端连接二个氨基酸。结果,新生肽链不断延伸,并穿过核糖体大亚基的一个肽链通道甩出核糖体。

6.2.3　翻译终止

核糖体移位遇到终止密码子,蛋白质合成进入终止阶段,由释放因子协助终止翻译。

1. 终止过程

终止阶段需要释放因子决定 mRNA-核糖体-肽酰 tRNA 的命运。当核糖体移位遇到终止密码子时,一种释放因子与终止密码子及核糖体 A 位点结合,另一种释放因子随之结合,改变核糖体肽基转移酶的特异性,催化 P 位点肽酰 tRNA 水解,使肽链从核糖体上释放,如图 6-7 所示。

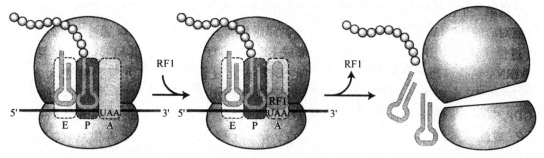

图 6-7　原核生物翻译终止

然后,释放因子进一步促使脱酰 tRNA 脱离核糖体,促使核糖体解离成亚基而脱离 mRNA。核糖体可在 mRNA 的 5′端重新装配,从而开始新一轮蛋白质合成。新生肽链从核糖体上释放之后,经过加工修饰,形成具有天然构象的蛋白质。

2. 释放因子

RF-1、RF-2 和 RF-3 为大肠杆菌的三种释放因子(RF)其功能如下:

RF-1 识别终止密码子 UAA 和 UAG;RF-2 识别终止密码子 UAA 和 UGA;RF-3 不识别终止密码子,但具有核糖体依赖性 GTP 酶活性,与 GTP 结合之后可以协助 RF-1 或 RF-2 使翻译终止。

RF-1、RF-2 的作用机制已阐明。它们有着相似的空间结构,由七个结构域构成,其中 D 结构域含一个三肽决定子(determinant)。Pro-Ala-Thr 为 RF-1 的决定子,Ser-Pro-Phe 为 RF-2 的决定子。决定子可以直接识别并结合终止密码子。决定子的第一氨基酸与终止密码子的第二碱基结合,第三氨基酸与终止密码子的第三碱基结合。结合具有特异性,即 Thr/Ser 可以与 A/G 结合,Pro/Phe 只与 A 结合,所以 RF-1 识别 UAA、UAG。RF-2 识别 UAA、UGA,如图 6-8 所示。

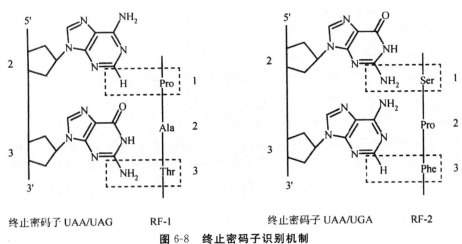

图 6-8 终止密码子识别机制

3. 多核糖体循环

细胞可以通过以下两种方式提高翻译效率:

(1)核糖体在一轮翻译完成之后,解离成亚基,回到 mRNA 的 5′端,重新装配,开始新一轮翻译合成,形成核糖体循环。

(2)多个核糖体同时翻译一个 mRNA 分子:在绝大多数情况下,当原核生物合成蛋白质时,会有多个核糖体结合在同一个 mRNA 分子上,形成多核糖体结构,同时进行翻译。

4. 转录与翻译偶联

原核生物的 DNA 就在细胞浆内;此外,原核生物 mRNA 的编码区是连续的。所以,原核生物 mRNA 的转录合成与蛋白质的翻译合成可以同时进行。真核生物有完整的细胞核,其 DNA 在细胞核内,转录合成的 mRNA 前体经过加工之后才能成为成熟 mRNA,用于指导合成蛋白质,如图 6-9 所示。

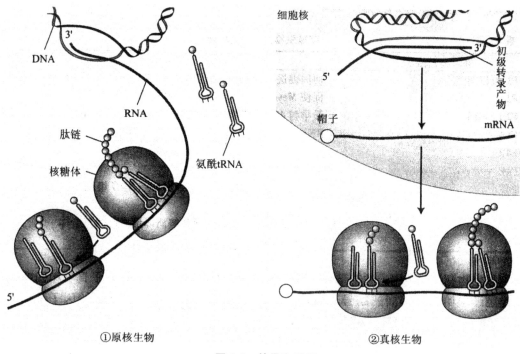

图 6-9　转录和翻译

6.3　真核生物蛋白质的合成

6.3.1　翻译起始

真核生物与原核生物在翻译起始阶段区别在于：

①真核生物起始 $Met-tRNA_i$ 不需要甲酰化。

②真核生物 mRNA 含 Kozak 序列，其包含的起始密码子是翻译起始位点。

③真核生物 mRNA 没有 SD 序列，核糖体结合位点是其 5′端帽子结构。

1. 起始扫描模型

由 Kozak 提出，认为真核生物核糖体通过扫描 mRNA 寻找开放阅读框的起始密码子，如图 6-10 所示。

扫描机制：核糖体与 mRNA5′端帽子结合，向 3′端移动，通过 $fMet-tRNA_f^{Met}$ 识别起始密码子，开始翻译。研究人员通过研究发现：有 5%～10% 的 mRNA 并不是以其第一个 AUG 作为起始密码子，而是要越过一个或几个 AUG。真核生物 mRNA 真正的起始密码子位于称为 Kozak 序列的保守序列中，CCRCCA—U—GG 为其共有序列，其中 R 为嘌呤核苷酸。若将起始密码子的 A 编为 +1 号，则 −3 位 R 和 +4 位 G 最影响核糖体与 mRNA 的识别和结合。

2. 翻译起始因子

真核生物翻译起始也需要翻译起始因子，且真核生物的翻译起始因子与原核相比更为复杂，其具有如下功能：

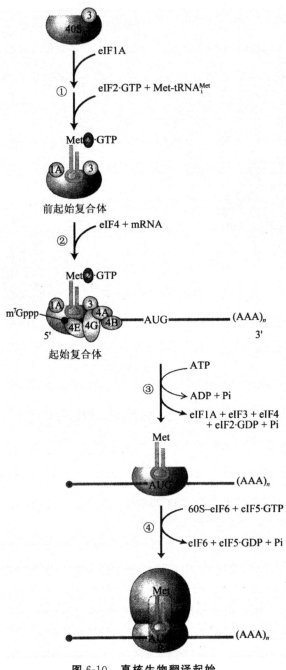

图 6-10　真核生物翻译起始

①参与形成 80S 起始复合体。

②参与识别 mRNA 的帽子。

③某些翻译起始因子是翻译调控点，如表 6-3 所示。

表 6-3　真核生物翻译起始因子

翻译起始因子	功能
eIFl,eIFl A	协同促进 40S 小亚基复合体的形成
eIF2	促使 Met-tRNA$_i^{Met}$ 与 40S 小亚基结合
eIF2B,eIF3	最早与 40S 小亚基结合,促进后续反应
eIF4A	RNA 解旋酶,使 mRNA 与 40S 小亚基结合
eIF4B	结合 mRNA,协助寻找起始密码子
eIF4E	与帽子结合
eIF4F	帽子结合蛋白,由 eIF4A、eIF4E、eIF4G 组成
eIF4G	与 eIF4E 及 poly(A)尾结合
eIF5	促使其他因子与 40S 小亚基解离以形成起始复合体
eIF6	促使核糖体解离

真核生物翻译起始因子的符号都以 eIF 表示,与原核生物翻译起始因子具有相同功能的真核生物翻译起始因子用同一编号。

3. 起始过程

在启动蛋白质合成时,真核生物核糖体的两个亚基必须解离,解离需要翻译起始因子 eIF3 和 eIF6,如图 6-11 所示。

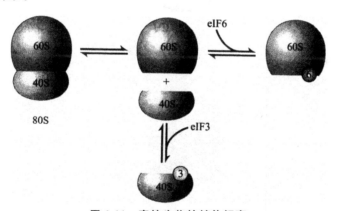

图 6-11　真核生物核糖体解离

40S 小亚基-eIF3 复合体与 eIFl A 及一个三元复合物(Met-tRNA$_i^{Met}$-eIF2. GTP)装配 43S 前起始复合体(preinitiation complex,图 6-10①所示)为起始的第一步。

同时,mRNA 通过帽子与 eIF4 的 elF4E 亚基结合,从而形成 mRNA-eIF4 复合物。然后该复合物通过 eIF4G-eIF3 相互作用与 43S 前起始复合体结合,形成起始复合体(initiation complex,图 6-10②)。之后,起始复合体由 elF4A 推动沿着 mRNA 向 3′方向移动扫描。elF4A 具有解旋酶活性,它利用 ATP 供能,松解 RNA 二级结构。在 tRNA$_i^{Met}$ 反密码子读到起始密码子时,扫描停止。eIF2·GTP 水解其结合的 GTP,转化成 eIF2·GDP,从而阻止已经读到起始密码子的起始复合体继续扫描,如图 6-10③所示,同时有利于接下来 60S 大亚基与 40S 小亚基的结合。

eIF5 协助 60S 大亚基的结合,并且 eIF5 结合的一个 GTP 被水解,如图 6-10④所示。GTP 的水解使 60S 大亚基的结合过程不可逆。

6.3.2　翻译延长

蛋白质合成的延长阶段真核生物和原核生物非常相似,所需翻译延长因子也一致,只是命名不同(图 6-12,表 6-4)。

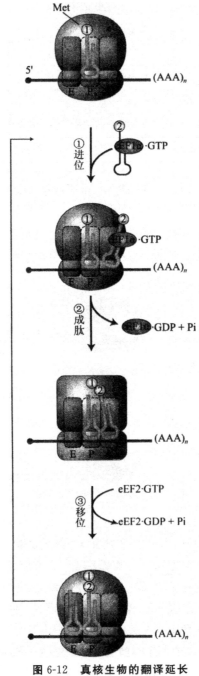

图 6-12　真核生物的翻译延长

表 6-4 原核生物与真核生物翻译延长因子对比

生物	翻译延长因子
原核生物	EF-Tu,EF-Ts,EF-G
真核生物	eEF1α,eEF1βγ,eEF2

6.3.3 翻译终止

蛋白质合成的终止阶段真核生物和原核生物基本一致,只不过释放因子有区别。真核生物有两种释放因子:eRF1 和 eRF3。eRF1 可以识别全部三种终止密码子。eRF3 具有 GTP 酶活性,作用与原核生物的 RF-3 一致。eRF3·GTP 与 eRF1 协同作用,促使肽酰 tRNA 水解释放新生肽链。

6.3.4 多核糖体循环

真核生物可以形成环状多核糖体,该结构使核糖体循环效率更高。真核生物细胞浆内有一种 poly(A)结合蛋白Ⅰ(PABPⅠ),它可以同时与 poly(A)尾及 elF4 的 elF4G 亚基结合。此外,elF4 的 elF4E 亚基又与 mRNA 的 5′端帽子结合。使 mRNA 的两端通过这些蛋白因子搭接在一起,形成环状 mRNA 结构为上述作用的结果。由于 mRNA 的两端靠得很近,核糖体亚基从 3′端解离之后很容易与结合在 5′端的 elF4 作用,启动下一轮蛋白质合成。图 6-13 描述了该循环过程,它存在于许多真核生物细胞内,通过促进核糖体循环提高翻译效率。

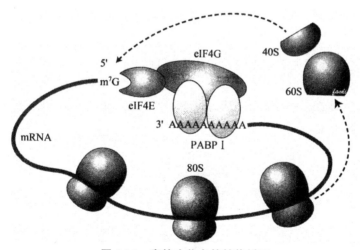

图 6-13 真核生物多核糖体循环

6.4 蛋白质翻译后修饰

化学修饰涉及将化学基因添加到多肽链的末端氨基或羧基基因上,或者内部的氨基酸残基侧链上具有反应活性的基因上。已报道蛋白质有 150 多种不同的修饰方式,每种修饰都是高度特异的,表现为同一种蛋白质的每个拷贝的同一氨基酸都是以同一种方式修饰的。蛋白质的化学修饰具有许多重要的生理功能,在某些情况下,多肽链的化学修饰是可逆的。表 6-5 列举了蛋白质翻译后修饰的几种方式。

表 6-5 翻译后化学修饰举例

修饰	被修饰的氨基酸	蛋白质举例
添加小化学基因 乙酰化 甲基化 磷酸化 羟基化 N-甲酰化	赖氨酸、N 端氨基酸 赖氨酸 丝氨酸、苏氨酸、酪氨酸 脯氨酸、赖氨酸 N 端甘氨酸	组蛋白 组蛋白 参与信号转导的一些蛋白质 胶原 蜂毒肽
添加糖侧链 O-连接糖基化 N-连接糖基化	丝氨酸、苏氨酸 天冬氨酸	多种膜蛋白和分泌蛋白 多种膜蛋白和分泌蛋白
添加脂类侧链 脂酰化 N-肉豆蔻酰化	丝氨酸、苏氨酸、半胱氨酸 N 端甘氨酸	多种膜蛋白 参与信号转导的一些蛋白质
添加生物素 生物素化	赖氨酸	多种羧化酶

6.4.1 乙酰化

乙酰化是指乙酰基因添加到多肽链游离的末端氨基上,是一种最为常见的化学修饰。据估计大约有 80% 的蛋白质发生乙酰化作用。乙酰化在控制蛋白质寿命方面发挥着重要作用,因为不被乙酰化的蛋白质被细胞内的蛋白酶快速降解。另外,组蛋白 Lys 的乙酰化是真核生物调控基因表达的一种重要途径。

6.4.2 甲基化

某些蛋白质通过甲基化修饰来改变活性。例如组蛋白 H4 的 Lys20 可被单甲基化或双甲基化修饰。

6.4.3 甲基化

多肽链的内部氨基酸能够被一系列的化学基因修饰。Ser、Thr 和 Tyr 的磷酸化是一种最常见的修饰方式(图 6-14)。真核生物借助于磷酸化和脱磷酸化来调节一系列蛋白质或酶的活性。对于微生物而言,磷酸化发生在 His 上。细菌通过 His 的磷酸化感应环境中的信号,并对信号刺激做出反应。

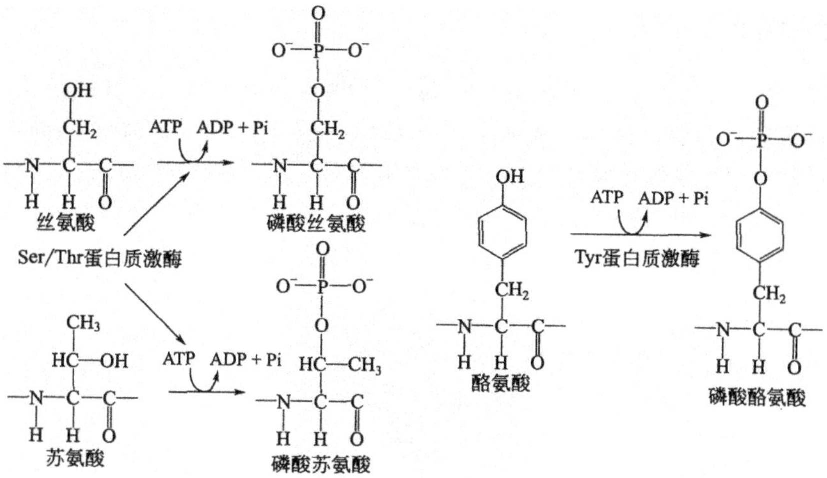

图 6-14　蛋白质的磷酸化

6.4.4　羟基化

胶原蛋白分子中的脯氨酸变成羟脯氨酸是羟基化修饰的典型例子。脯氨酸的羟基化有助于胶原蛋白螺旋的稳定。

6.4.5　糖基化

Asn、Ser 和 Thr 的侧链是糖基化的位点。糖蛋白通常是分泌蛋白,或者分布于细胞的表面。糖侧链对于糖蛋白在内质网中的折叠以及蛋白质在亚细胞结构中的定位发挥着重要作用,同时也是细胞间互作的识别位点。有两类糖基化形式,O-连接的糖基化是将糖侧链通过丝氨酸或苏氨酸的羟基连接到蛋白质上,而 N-连接的糖基化则是将糖侧链连接到天冬酰胺的侧链氨基上(图 6-15)。

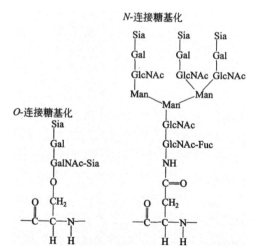

图 6-15　蛋白质 N-连接糖基化和 O-连接糖基化

6.4.6 脂酰基化

一些膜蛋白含有共价修饰的脂酰基,这些蛋白质借助于疏水的脂肪酸链被锚定在膜上。在某些情况下,脂肪酸被共价连接到核糖体上正在延伸的多肽链的 N 末端上。例如在 M 豆蔻酰化的过程中,豆蔻酸(14 碳脂肪酸)被连接到 N 末端的甘氨酸残基上(图 6-16)。甘氨酸通常是第二个掺入到新生多肽链的氨基酸,而起始氨基酸在脂肪酸添加之前已被酶解掉。N-豆蔻酰化的蛋白质通常与质膜的内表面结合。

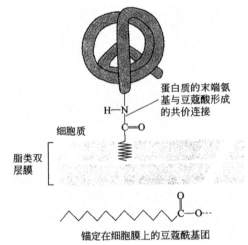

图 6-16　蛋白质通过脂肪酸链锚定在细胞膜上

6.5　蛋白质的靶向转运

在生物体内,蛋白质的合成位点与功能位点通常被一层或多层生物膜所隔开,那么就产生了蛋白质运输的问题。蛋白质的靶向输送(protein targeting)即蛋白质合成后经过复杂机制,定向运输到最终发挥生物功能的目标地点。真核生物蛋白在胞质核糖体上合成后,有如下三种去向:

一是保留在胞液;

二是进入细胞核、线粒体或其他细胞器;

三是分泌到体液。

上述二,三情况,蛋白质都必须先通过膜性结构才能到达。然而蛋白质是怎样从合成部位运输到功能部位的? 它们又是如何跨膜运输的? 跨膜之后又是依靠什么信息到达各自"岗位"的?

通过研究发现,细胞内蛋白质的合成有两个不同的位点:游离核糖体与膜结合核糖体,因而也就决定了蛋白质的去向和转运机制不同。①翻译运转同步机制:指在内质网膜结合核糖体上合成的蛋白,其合成与运输同时发生,包括细胞分泌蛋白、膜整合蛋白、滞留在内膜系统的可溶性蛋白;②翻译后运转机制:指在细胞质游离核糖体上合成的蛋白,其蛋白从核糖体释放后才发生运转,包括预定滞留在细胞质基质中的蛋白、质膜内表面的外周蛋白、核蛋白以及渗入到其他细胞器的蛋白等。

上述所有靶向输送的蛋白质结构中均存在分选信号,主要为 N 末端特异氨基酸序列,可引导蛋白质转移到细胞的适当靶部位,此类序列称为信号序列(signal sequence),是决定蛋白靶向输送特性的最重要元件。20 世纪 70 年代,美国科学家 Blobel 发现当很多分泌性蛋白跨过有关细胞膜性结构时,需切除 N 末端的短肽,从而提出著名的"信号假说"——蛋白质分子被运送到细胞不同部位的"信号"存在于它的一级结构中。靶向不同的蛋白质各有特异的信号序列或成分,如表 6-6 所示。

表 6-6　靶向输送蛋白的信号序列或成分

靶向输送蛋白	信号序列或成分
分泌蛋白	N 端信号肽,13~36 个氨基酸残基
内质网腔驻留蛋白	N 端信号肽,C 端-Lys-Asp-Glu-COO-(KDEL 序列)
内质网膜蛋白	N 端信号肽,C 端 KKXX 序列(X 为任意氨基酸)
线粒体蛋白	N 端信号序列,两性螺旋,12~30 个残基,富含 Arg、Lys
核蛋白	核定位序列(-Pro-Pro-Lys-Lys-Lys-Arg-Lys-Val-,SV40T 抗原)
过氧化物酶体蛋白	C 端-Ser-Lys-Leu(SKL 序列)
溶酶体蛋白	Man-6-P(甘露糖-6-磷酸)

下面重点讨论分泌蛋白、线粒体蛋白及核蛋白的靶向输送过程。

6.5.1　分泌蛋白的靶向输送

如前所述细胞分泌蛋白、膜整合蛋白、滞留在内质网、高尔基体、溶酶体的可溶性蛋白均在内质网膜结合核糖体上合成,并且边翻译边进入内质网,使翻译与运转同步进行。这些蛋白质首先被其 N 末端的特异信号序列引导进入内质网,再由内质网包装转移到高尔基体,并在此分选投送,或分泌出细胞,或被送到其他细胞器。

(1)信号肽(signal peptide)

信号肽即各种新生分泌蛋白的 N 端都有保守的氨基酸序列,其长度一般在 13~36 个氨基酸残基之间。其具有如下三个特点:

①N 端常常有 1 个或几个带正电荷的碱性氨基酸残基。

②中间为 10~15 个残基构成的疏水核心区,主要含疏水中性氨基酸。

③C 端多以侧链较短的甘氨酸、丙氨酸结尾,紧接着是被信号肽酶(signal peptidase)裂解的位点。

(2)分泌蛋白的运输机制

为翻译运转同步进行。分泌蛋白靶向进入内质网,需要多种蛋白成分的协同作用。

①信号肽识别颗粒(signal recognition particles,SRP):是 6 个多肽亚基和 1 个 7S RNA 组成的 11S 复合体。SRP 至少有三个结构域:信号肽结合域、SRP 受体结合域和翻译停止域。当核蛋白体上刚露出肽链 N 端信号肽段时,SRP 便与之结合并暂时终止翻译,从而保证翻译起始复合物有足够的时间找到内质网膜。SRP 还可结合 GTP,有 GTP 酶活性。

②SRP 受体:内质网膜上存在着一种能识别 SRP 的受体蛋白,称 SRP 受体。DP 由 α(69 kDa)和 β(30 kDa)两个亚基构成,其中 α 亚基可结 1GTP,有 GTP 酶活性。当 SRP 受体与 SRP 结合后,即可解除 SRP 对翻译的抑制作用,使翻译同步分泌得以继续进行。

③核糖体受体：也为内质网膜蛋白，可结合核糖体大亚基使其与内质网膜稳定结合。

④肽转位复合物（peptide translocation complex）：为多亚基跨 ER 膜蛋白，可形成新生肽链跨 ER 膜的蛋白通道。

分泌蛋白翻译同步运输的主要过程如下：

①胞涌游离核糖体组装，翻译起始，合成出 N 端包括信号肽在内的约 70 个氨基酸残基。

②SRP 与信号肽、GTP 及核糖体结合，暂时终止肽链延伸。

③SRP 引导核糖体-多肽-SRP 复合物，识别结合 ER 膜上的 SRP 受体，并通过水解 GTP 使 SRP 解离再循环利用，多肽链开始继续延长。

④与此同时，核糖体大亚基与核糖体受体结合，锚定 ER 膜上，水解 GTP 供能，诱导肽转位复合物开放形成跨 ER 膜通道，新生肽链 N 端信号肽即插入此孔道，肽链边合成边进入内质网腔。

⑤内质网膜的内侧面存在信号肽酶，通常在多肽链合成 80% 以上时，将信号肽段切下，肽链本身继续增长，直至合成终止。

⑥多肽链合成完毕，全部进入内质网腔中。内质网腔 Hsp70 消耗 ATP，促进肽链折叠成功能构象，然后输送到高尔基体，并在此继续加工后储于分泌小泡，最后将分泌蛋白排出胞外。

⑦蛋白质合成结束，核糖体等各种成分解聚并恢复到翻译起始前的状态，再循环利用，如图 6-17 所示。

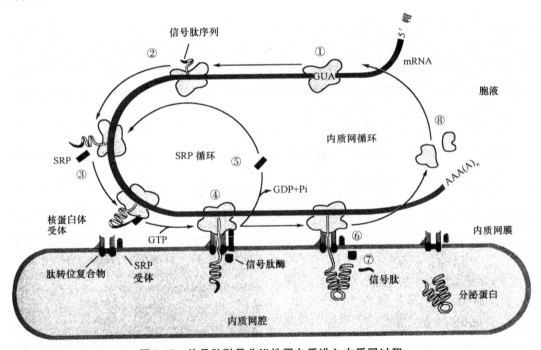

图 6-17　信号肽引导分泌性蛋白质进入内质网过程

6.5.2　线粒体蛋白的跨膜转运

线粒体蛋白的输送属于翻译后运输。90% 以上的线粒体蛋白前体在胞液游离核糖体合成后输入线粒体，其中大部分定位基质，其他定位内、外膜或膜间隙。线粒体蛋白 N 端均有相应信号序列,如线粒体基质蛋白前体的 N 端含有保守的 12～30 个氨基酸残基构成的信号序列,称为前导肽。前导肽通常具有下述特性:富含带正电荷的碱性氨基酸;经常含有丝氨酸和苏氨酸;不含酸性氨基酸;有形成两性 α-螺旋的能力。

线粒体基质蛋白翻译后运转过程如下:

①前体蛋白在胞液游离核糖体上合成,并释放到细胞液中。

②细胞液中的分子伴侣 Hsp70 或线粒体输入刺激因子与前体蛋白结合,以维持这种非天然构象,并阻止它们之间的聚集。

③前体蛋白通过信号序列识别、结合线粒体外膜的受体复合物。

④再转运、穿过由线粒体外膜转运体(Tom)和内膜转运体(Tim)共同组成的跨内、外膜蛋白通道,以未折叠形式进入线粒体基质。

⑤前体蛋白的信号序列被线粒体基质中的特异蛋白水解酶切除,然后蛋白质分子自发地或在上述分子伴侣帮助下折叠形成有天然构象的功能蛋白,如图 6-18 所示。

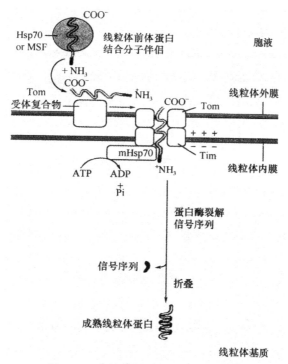

图 6-18 真核线粒体蛋白的靶向输送

6.5.3 核定位蛋白的运输机制

细胞核蛋白的输送也属于翻译后运转。所有细胞核中的蛋白,包括组蛋白及复制、转录、基因表达调控相关的酶和蛋白因子等都是在胞液游离核糖体上合成之后转运到细胞核的,且均是通过体积巨大的核孔复合体进入细胞核的。

经过研究发现,所有被输送到细胞核的蛋白质多肽链都含有一个核定位序列。与其他信号序列不同,NLS 可位于核蛋白的任何部位,不一定在 N 末端,并且 NLS 在蛋白质进核后不被切除。所以,在真核细胞有丝分裂结束核膜重建时,胞液中具有 NLS 的细胞核蛋白可被重新导入核内。

蛋白质向核内输送过程需要几种循环于核质和胞质的蛋白质因子,包括 α、β 核输入因子 (nuclear importin) 和一种相对分子质量较小的 GTP 酶 (Ran 蛋白)。三种蛋白质组成的复合物停靠在核孔处,α、β 核输入因子组成的异二聚体可作为胞核蛋白受体,与 NLS 结合的是 α 亚基。下述为核蛋白转运过程:

①核蛋白在胞液游离核糖体上合成,并释放到细胞液中。

②蛋白质通过 NLS 识别结合 α、β 输入因子二聚体形成复合物,并被导向核孔复合体。

③依靠 Ran GTP 酶水解 GTP 释能,将核蛋白-输入因子复合物跨核孔转运入核基质。

④转位中,β 和 α 输入因子先后从复合物中解离,胞核蛋白定位于细胞核内。α、β 输入因子移出核孔再循环利用,如图 6-19 所示。

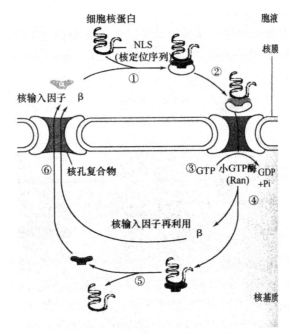

图 6-19　细胞核蛋白的靶向输送

6.6　蛋白质的结构与功能

蛋白质是重要的功能分子,种类很多,但是基本成分为 20 重左右的氨基酸。不同种类的蛋白质所含的氨基酸种类、数目及其排列顺序不同,构象不同,但是他们各自承担着特定的生物功能;研究生物大分子(如蛋白质)结构与功能的关系,是从分子水平上认识生命现象的最终目标。本节将围绕一级结构与功能,蛋白质的构象与功能的关系等作扼要阐述,以便在生物体的总体水平上加深对蛋白质结构与其功能关系的认识。

6.6.1　白质的一级结构决定其高级结构

核糖核酸酶分子中含有 124 个氨基酸残基,一条肽链经不规则折叠而形成一个近似于球形的分子;构象的稳定除了氢键等次级键外,还有 4 个二硫键。C. Antinsen 以核糖核酸酶为对象,研究了维系蛋白质查问构象的二硫键(—S—S—)还原和重氧化对该酶活性的影响发现,在蛋白质变性剂(如尿素和巯基乙醇)存在下,核糖核酸酶分子中的 4 个二硫键全部被还原为硫氢基(SH),酶的三维结构破坏,肽链完全伸展(图 6-20A),酶活力也全部丧失;当用透析方法慢慢除去变性剂和巯基乙醇后,酶的大部分活性可以恢复,这是因为变性的核糖核酸酶的硫氢基被空气氧化,二硫键重新形成,使多肽链自发折叠成活性形式。若将还原后的核糖核酸酶在 8 mol/L 尿素中重氧化,产物只有 1‰ 的酶活性;为什么在有尿素存在下硫氢基的重氧化所得到的核糖核酸酶只有原酶活性的 1‰? 因为硫氢基没有正确的配对。变性核糖核酸酶的 8 个硫氢基相互配对形成二硫键的几率是随机的,但只有一种是正确的,104 种是不正确的;这些不正确配对的产物被称为"错乱"(Scrambled)核糖核酸酶;Anfinsen 向含有"错乱"核糖核酸酶的溶液中加入微量的巯基乙醇,大约 10 小时后发现,"错乱"核糖核酸酶转变成为天然的、有全部酶活性的核糖核酸酶(图 6-20B)。微量的巯基乙醇催化二硫键的重新形成;"错乱"核糖核酸酶转变为稳定的、天然的核糖核酸酶的过程是一个自由能降低的过程;因此天然状态的核糖核酸酶是热力学上最稳定的形式。值得注意的是,许多蛋白质的折叠是由酶协助完成的,酶催化这些蛋白质达到它的最低的能量状态。以上实验说明,蛋白质的变性是可逆的,也就是说变性蛋白在一定的条件下之所以能自动折叠成天然的构象,是由于形成复杂的三维结构所需的全部信息都包含在它的氨基酸排列顺序上。蛋白质多肽链的氨基酸排列顺序包含了自动形成正确构象所需要的全部信息,即一级结构决定其高级结构。由于蛋白质特定的高级结构的形成,出现了它特有的生物活性。

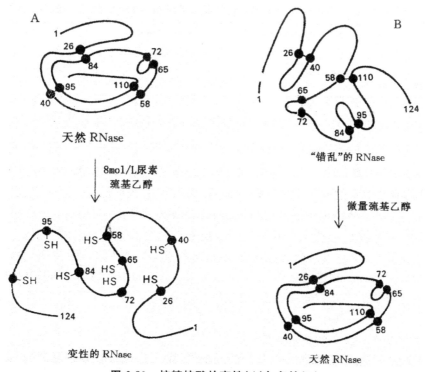

图 6-20　核糖核酸的变性(A)与复性(B)

6.6.2　蛋白质的一级结构与功能

蛋白质实现其生物学功能,从根本上来说是决定于它的一级结构。关于蛋白质一级结构与其功能的关系的研究报道很多,如蛋白质分子的进化,蛋白质分子异常而导致的分子病等,都从一个侧面反映了蛋白质一级结构与其功能的关系。

1. 蛋白质的一级结构与生物进化

有些蛋白质存在于不同的生物体内,但具有相同的功能,这些蛋白质被称为同功能蛋白质或同源蛋白质。研究发现不同种属的同一种蛋白质,其一级结构上有些变化,这就是所谓的种属差异;由于物种的变化起因于进化,故从比较生化的角度来研究同功能蛋白质的结构在种属之间的差异,有助于对分子进化的研究。同源蛋白质的氨基酸顺序中,许多位置的氨基酸对所有的种属来说都是相同的,这些称为不变残基,但其它位置的氨基酸,对不同种属来说差异较大,这些称为可变残基。这说明不同种属的生物中具有同一功能的蛋白质在进化过程中可能来自相同的祖先,但存在着种属差异;在长期的进化过程中不断分化出结构与功能相适应的蛋白质。

细胞色素 C 是一类存在于线粒体内膜上与呼吸过程有关的蛋白质。尽管它们的来源不同,但具有相同的生物学功能。脊椎动物的细胞色素 C 含有 104 个氨基酸残基,昆虫的细胞色素 C 含有 108 个氨基酸残基,植物的细胞色素 C 含有 114 个氨基酸残基。所有的细胞色素 C,其 N-端均为乙酰化的。对 100 多种不同来源的细胞色素 C(包括脊椎动物、某些无脊椎动物、酵母、高等植物等)的一级结构分析发现,亲缘关系愈接近,其结构也愈相似;亲缘关系愈远,其结构上的差异愈大(表 6-7)。

表 6-7   与人细胞色素 C 所差的氨基酸残基数目

生物	残基改变数	生物	残基改变数
黑猩猩	0	马	12
恒河猴	1	昆虫	25
兔子	9	小麦	35
鲸、牛	10	酵母	44

不同种属的细胞色素 C 的一级结构虽有较大的差异,但它们的空间构象十分相似(图 6-21),因而具有相同的功能。细胞色素 C 含有血红素辅基,血红素辅基是整个分子的重要组成部分。不同种属细胞色素 C 的晶体结构分析,结合其他研究方法的结果都说明,第 18 位组氨酸(反硝化细菌细胞色素 C 中为 His_{19}),是与血红素铁原子相连的氨基酸残基;血红素周围的其他残基,如金枪鱼细胞色素 C 中的 Met_{80},光合细菌细胞色素 C 中的 Met_{91},反硝化细菌细胞色素 C 的 Met_{99} 也是与血红素铁原子相连的基因;此外,22 位和 25 位的半胱氨酸也是与血红素相连的残基;它们使血红素处于分子中的正确位置,它们围绕着血红素,在它周围形成一个疏水的环境,这对于细胞色素 C 参与呼吸链中的电子传递十分重要。

2. 一级结构上的细微变化可直接影响功能

胰岛素分子病,是由于胰岛素分子中 B 链的第 24 位苯丙氨酸被亮氨酸取代,使胰岛素成为活性很低的分子,不能降血糖。

分子病的概念是 L. Pauling 提出来的。它是由于遗传基因的突变导致了蛋白质分子结构的改变或某种蛋白质的缺乏所引起。如血浆凝血因子缺乏所引起的血友病,血红蛋白分子中两个氨基酸的改变而导致的镰刀形红细胞贫血症等;1949 年,Linus Pauling 及其同事对正常人的血

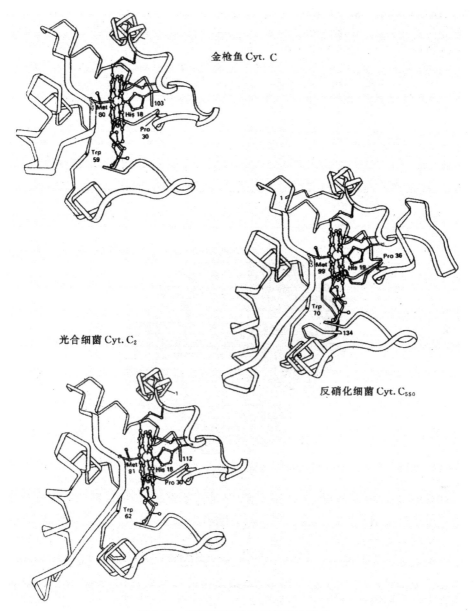

金枪鱼 Cyt. C

光合细菌 Cyt. C$_2$

反硝化细菌 Cyt. C$_{550}$

图 6-21　不同来源的细胞色素的构象

红蛋白(HbA)和患有镰刀形红细胞贫血症患者的血红蛋白(HbS)的物理化学性质进行了分析研究,发现无论氧合 HbS 还是脱氧 HbS 的等电点都高于 HbA 的等电点(表 6-8)。

表 6-8　HbA 和 HbS 的等电点

	HbA 的 pI	HbS 的 pI	差值
氧合 Hb	6.87	7.09	0.22
脱氧 Hb	6.68	6.91	0.23

表 6-8 说明两种 Hb 分子中所含的可解离基因的种类和数目不同。已知 Hb 溶液中每一

pH 单位的变化相当于约 13 个电荷的变化,那么 0.23 单位的变化相当于有 3 个电荷的变化。1954 年,Vernon Ingram 采用指纹图谱分析法(fingerprinting)证明了两种 Hb 分子结构上的差异,如下所示:

$$HbA \quad Val—His—Leu—Thr—Pro—Glu—Glu—Lys$$
$$HbS \quad Val—His—Leu—Thr—Pro—Val—Glu—Lys$$
$$\beta \quad 1 \quad\quad 2 \quad\quad 3 \quad\quad 4 \quad\quad 5 \quad\quad 6 \quad\quad 7 \quad\quad 8$$

这样相当于在 HbS 分子中多了一个非极性氨基酸。从构象看,由于 β 链上的这个氨基酸处于分子的表面(图 6-22),从而引起脱氧血红蛋白溶解度下降,在细胞内易聚合沉积,丧失结合氧分子的能力,并使正常的椭圆形红细胞变为长而薄,呈新月状(crescentlilk)或镰刀形(sicklecell)的红细胞。

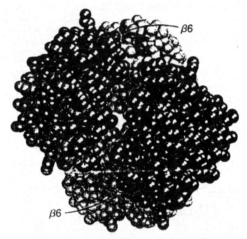

图 6-22   脱氧 HbS βVal_6 的位置

镰刀形红细胞贫血症(Hbs)是一种分子病,它是由于红细胞蛋白基因中的一个苷酸的突变变导致该蛋白分子中 β 链第 6 位的谷氨酸被缬氨酸取代;血红蛋白异常是分子病的一种类型,它反映出分子结构的异常导致生物个体患病。人类的遗传疾病也是一类分子病,如苯丙酮酸尿症,患者体内缺乏苯丙氨酸羟化酶,不能使苯丙氨酸转变为酪氨酸而使苯丙酮酸在体内累积所致。镰刀形红细胞贫血症病因的阐明清楚地反映出蛋白质的氨基酸组成、排列顺序在决定它的高级结构和生物学功能方面的重要作用。1988 年,美国国立癌症研究所的 Barbacid 和麻省理工学院的 Weinberg 发现,膀胱癌细胞中的一种 P21 蛋白(相对分子质量为 2.1×10^4)与正常细胞中的这一蛋白相比,也仅仅是一个氨基酸的差异(第 12 位甘氨酸被 Val 取代),因而发生癌变。

3. 一级结构与记忆

自古以来,记忆的问题一直是哲学家和心理学家所研究的课题。随着蛋白质分离提纯技术的发展以及蛋白质一级结构测定的进展,对探讨记忆的物质基础起了很大的作用。目前认为肽类物质似乎与这一过程有关。现在已有一些实验室致力于这方面的研究工作。1972 年,Unger 从经过训练的老鼠脑中提取出一种含有 15 个氨基酸残基的肽,将此肽注射到未经训练的老鼠脑中,也能起到与经过训练的动物相同的效果,这是从生化角度探讨记忆的物质基础。

6.6.3　蛋白质的空间结构与功能

生物体内各种蛋白质都具有一定的构象,而这种构象是与它们各自的功能相适应的。除了前面谈到的细胞色素 C 以外,胰岛素、血红蛋白也是如此。

1. 二硫键位置与蛋白质的功能

稳定蛋白质构象的力主要是非共价的相互作用,但在某些蛋白质中尚有二硫键。

蝎毒的主要作用成分是蝎毒神经毒蛋白。它有两种,即蝎毒昆虫神经毒蛋白(ITx)和蝎毒哺乳类动物神经毒蛋白(MTx)。对纯化的两种毒蛋白的结构分析发现,二者分子中都有 4 个二硫键,其中的 3 个同源,只有 1 个的连接不同(图 6-23),可能正是由于这一变化,导致了两者空间结构的不同,使 ITx 对昆虫的神经系统产生毒性,而 MTx 对哺乳类动物具有很强的致死效应。

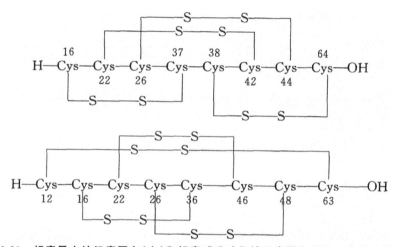

图 6-23　蝎毒昆虫神经毒蛋白(上)和蝎毒哺乳动物神经毒蛋白(下)二硫键位置比较

蛇毒磷脂酶 A2(PLA2)的相对分子质量为 1.4×10^4。研究发现,尽管该酶的相对分子质量很小,但是一个非常稳定的酶;在高温、低 pH 条件下处理仍能保留酶的活性。其部分原因是分子中的 7 个二硫键。对 30 多种不同来源的磷脂酶 A2 的氨基酸组成分析发现,分子中有 32 个氨基酸残基是绝对保守的,这些残基多为起催化作用的残基(His_{48},Asp_{99})、结合辅因子 Ca^{2+} 离子的残基(Asp_{49}),以及所有的参与—S—S—形成的残基等;由于多个二硫键的存在,不仅使该酶具有稳定的空间结构,而且具有相同的生物活性。

2. 血红蛋白的构象与功能

研究发现,人的血红蛋白、昆虫的血红蛋白和豆血红蛋白的一级结构有较大的差异(结构的相似性小于 20%),但它们的构象十分相似(图 6-24A);与血红素相连的氨基酸都是组氨酸和苯丙氨酸,它们使血红素正确定位。这说明不同的氨基酸排列顺序可以产生相同的三维构象,使它们执行相同的功能。

(1)血红蛋白与氧的结合具协同性

血红蛋白分子由两条 α-链和两条 β-链组成,血红蛋白的 α-链和 β-链与肌红蛋白的三级结构十分相似,尤其 β-链。由于血红蛋白亚基的构象和肌红蛋白的构象相似,因此使它们都具有基本的氧合功能(图 6-24B)。

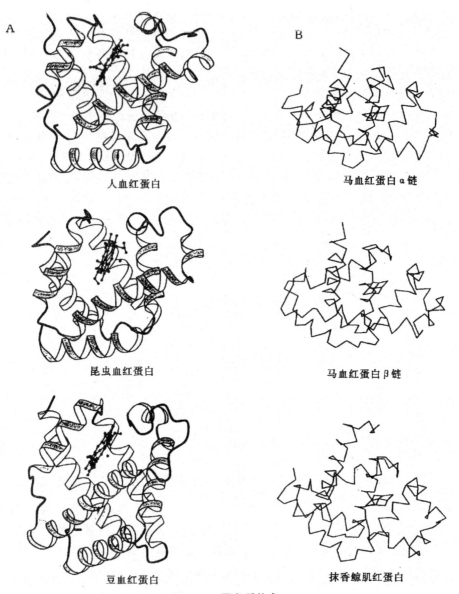

A
人血红蛋白

昆虫血红蛋白

豆血红蛋白

B
马血红蛋白 α 链

马血红蛋白 β 链

抹香鲸肌红蛋白

图 6-24　蛋白质构象

在溶液中,血红蛋白分子上已结合氧的位置数与可能结合氧的位置的总数之比称为饱和度(饱和分数,saturation),用式子表示如下:

$$饱和度(Y) = \frac{[Hb(O_2)_n]}{[Hb] + [Hb(O_2)_n]}$$

以饱和度(Y)值为纵坐标,氧分压$[O_2]$(氧浓度)为横坐标作图可得到氧合曲线。血红蛋白的氧合曲线为 S 型曲线,肌红蛋白的为双曲线(图 6-25);从中可以看出:在任意给定的氧分压下,肌红蛋白的饱和度都高于血红蛋白;这意味着肌红蛋白对氧的亲和力要高于血红蛋白。通常用 P_{50} 来表示某一分子和氧的亲和力,它是指 50% 的氧结合部位被占据时所对应的氧分压,即 $Y=0.5$ 时的氧分压。肌红蛋白的 $P_{50}=1$ torr,而血红蛋白的 $P_{50}=26$ torrs;S 型曲线说明血红蛋白与氧的结合具协同性。

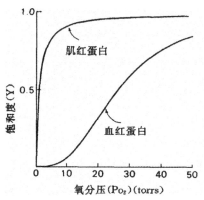

图 6-25　血红蛋白和肌红蛋白的氧合曲线

血红蛋白与氧结合的协同性的生物学意义是：肺泡中的氧分压（P_{O_2}）较高，为 100 torrs，这使血红蛋白最大限度地与氧结合，氧结合的饱和度维持在较高的水平上（Y＝0.98）；肌肉中的氧分压较低，为 20 torrs；如用肌红蛋白输氧，从肺泡到肌肉，外界氧分压虽有相当大的改变，但 y 值变化不大（0.98～0.97），因此到达肌肉后释放出的氧不多；若用血红蛋白输氧，在相应的氧分压下，肺泡中的 Y＝0.98，而肌肉中 Y＝0.25，二者的差值△Y＝0.73，即每分子的血红蛋白从肺泡到肌肉释放出的氧要相对地多；Y 值之差是血红蛋白输氧效率的指标，协同效应增加△Y 值，提高了血红蛋白的输氧效率。正如任何一种运输工具一样，只考虑装载量大而不考虑卸货的方便，效率是不可能高的。要提高效率，每一次的"卸货量"也要大；协同效应就使血红蛋白在肌肉中的"卸货量"增加。血红蛋白的四聚体结构是它成为一个易被氧饱和而又易于释放氧的分子，因此它输氧的效率比肌红蛋白要高得多。

1965 年，Jacques Monod、Jeffries Wyman 和 Jean-Pierre Changeux 根据具有协同性的蛋白质都是寡聚体，而且都具有正协同性的事实，提出了齐变模型（Concerted model，也称为 Monod-Wyman-Changeux 模型，简称 M. W. C 模型）来解释变构的相互作用。该模型的要点是：变构蛋白至少存在两种构象，R 构象和 T 构象，且相互之间处于平衡状态；这种蛋白的所有亚基只能取同种构象，即所有亚基都必须以 R 构象或都必须以 T 构象存在，不存在杂合体（RT）构象。配基如氧分子与 T 构象的亲和力低，而与 R 构象的亲和力高。一分子配基的结合增加了全部亚基都转变为 R 构象的可能性，由于所有的亚基从 T 态变为 R 态是同步进行的，所以称为齐变模型（图 6-26A）。

根据 M. W. C 模型，溶液中的 Hb 在氧合前就有两种构象平衡存在，一种与氧的亲和力很低，称为紧密型的 T 构象；另一种是与氧亲和力较高的松弛型（R）构象；无氧时，Hb 主要以 T 构象存在。有氧时，O_2 优先与 R 构象结合，可使原来的 T 与 R 平衡向 R 方向移动，使氧的结合部位迅速增加，从而表现出 5 型的结合曲线。

1966 年，Daniel Koshland、Nemethy 和 Filmer 三人以 Koshland 提出的诱导锲合理论为基础提出了 KNF 模型，该模型认为：血红蛋白的任意亚基只有 T 和 R 两种构象存在。由于配基如氧分子与蛋白质的一个亚基结合，引起该亚基构象的变化，进而可增加或减弱同一分子中其它亚基与氧的结合能力。这种模型也称为序变模型（Sequential model），序变模型可用图 6-26B 简单加以说明。

当氧分子与血红蛋白的第一个亚基结合后，该亚基的构象发生变化，从而引起邻近的亚基构

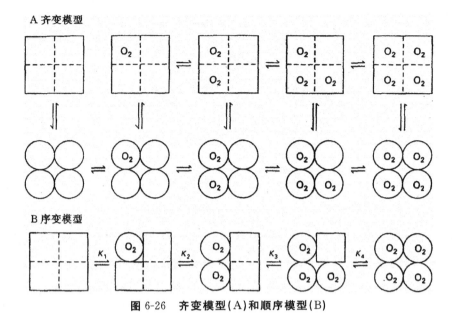

图 6-26　齐变模型(A)和顺序模型(B)

象发生变化；这种构象的变化更易于和氧结合，并继续影响第三个亚基、第四个亚基，故表现出 5 型的结合曲线。

　　该模型犹如连在一起的四张邮票，在撕掉第一张邮票时，必须撕掉两个边，撕第二张、第三张时只须撕掉一个边，第四张就不必撕了。

　　血红蛋白和肌红蛋白结合氧的能力依赖于分子中的血红素辅基或称铁卟啉。血红蛋白的每一条肽链都含有一个血红素辅基。血红素辅基由四个吡咯环构成的原卟啉（protoporphyrin）和一个铁原子组成，铁原子与原卟啉环中央的四个氮原子连接。铁的结合价是 6 价，与四个氮原子结合后还剩下两个结合价，可以在卟啉环的两侧继续结合；一个与邻近的 His_{93} 残基结合，一个与氧相连（非氧合状态时该位置由水分子占据）。64 位组氨酸（E7）就在它的附近，中间的孔隙正好容纳一个氧分子（图 6-27A）。

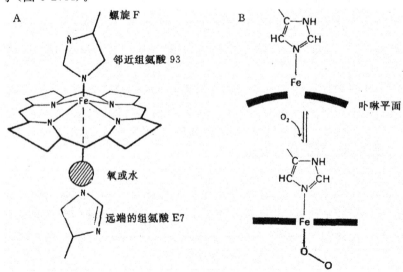

图 6-27　血红蛋白氧合前后构象的变化

从空间结构看,血红蛋白分子中的四个血红素是埋在贴近分子表面的袋穴中,周围是一个疏水的环境。血红素中的铁原子可以是二价的,也可以是三价,相应的血红蛋白分别称为亚铁血红蛋白(rerrohemoglobin)和正铁血红蛋白(ferrihemoglobin)。只有亚铁血红蛋白才能与氧结合;铁原子因电子所占外层轨道的不同,有高自旋和低自旋两种形式;铁原子在低自旋状态时半径较小,它能进入卟啉环内而位于4个氮原子所形成的平面中央,氧作为一个配位体,当它和血红素作用时将铁原子从高自旋状态转变为低自旋状态,从而使铁原子落入卟啉环内,成为带动高级结构变化的一个关键的配位体。

X-射线晶体结构分析也提出了 Hb 氧合前后相当丰富的结构信息。在氧合前,铁原子由于它高自旋状态,近位的 His 和卟啉环氮原子间产生斥力,使铁原子位于卟啉环平面外大约 0.06 nm,铁原子和邻近的组氨酸都位于卟啉环平面圆屋顶上(图 6-27B);整个分子由于链间的盐桥,处于一种非常紧张的状态,它很难与氧结合;有氧时,当氧与一条 α 链的铁结合后,铁便进入卟啉平面中央,从而使邻近的 His 残基向平面位移,导致分子中的许多部分的改变;这些构象的改变反过来导致亚基间的相互作用,结构的改变,促使链间盐桥断裂,此种变化与血红蛋白的输氧功能是密切相关的。

研究发现,在一定的条件下,血红蛋白的亚基可解离;分离到的 a 链与肌红蛋白的性质十分相似。α 链本身与氧的亲和力较高。氧合曲线为双曲线,且与氧的结合能力不受 pH、CO_2 和二磷酸甘油酸(BPG)水平的影响;分离到的 p 链易聚合形成四聚体结构(β4),与氧的亲和力高,但与 α 链、肌红蛋白一样,β4 也没有血红蛋白的变构性质;由此可见,血红蛋白的功能单位是由两类多肽链组成的四聚体结构,它的变构性质来自于它的亚基间的相互作用。早在 1938 年,Felix Haurowit。就发现,脱氧血红蛋白的晶体暴露于氧中时结构被破坏,而脱氧血红蛋白可以结合并释放氧;经多年的 X-射线晶体结构分析证明,氧合的和脱氧的血红蛋白的四级结构明显不同。

(2)二磷酸甘油酸可降低血红蛋白与氧的亲和力

血红蛋白与氧的结合不仅具有协同性,而且受环境中二氧化碳浓度、pH 及 2,3-二磷酸甘油酸水平的调节;肌红蛋白与氧的结合无此现象。

早在 1921 年,Joseph Barcroft 就想知道 Hb-O_2 复合物的形成过程中是否必须有第三种物质的存在;1967 年,Reinhold Benesch 和 Ruth Benesch 发现 BPG 与血红蛋白结合后可极大地影响血红蛋白与氧的亲和力。BPG 存在于人的红细胞中,和 Hb 的摩尔浓度相同,是红细胞内糖酵解的特殊产物。如高原缺氧、心肺功能不全或贫血时,均可使 2,3-二磷酸甘油酸产生增加;在 BPG 不存在时,Hb 的 P_{50} 等于 1torr,和肌红蛋白一样;Hb 和 BPG 结合后,氧合曲线向右移,此时 Hb 的 $P_{50}=26$ torrs(图 6-28),这是 Hb 在组织的毛细管中释放氧所必须的;由于体内各组织的毛细管中氧分压(P_{O_2})等于 26 torrs,因此,BPG 的存在使 Hb 结合氧的

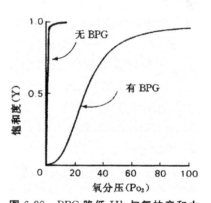

图 6-28 BPG 降低 Hb 与氧的亲和力

能力降低,即释放氧的量增加,以满足组织的需要,故有重要的生理意义。但 BPG 只影响脱氧 Hb 与氧的结合能力,不影响氧合 Hb 与氧的亲和力。

为什么 BPG 的存在可降低 Hb 与氧的亲和力?从血红蛋白的构象来看,它的 4 个亚基相互靠近,分子的中央有一个空隙(cavity),X-射线结构分析证实了 BPG 是结合在这个空隙中(图 6-29A)。

在生理 pH 条件下，BPG 带有负电荷，可与附近两条 β 链上的带正电荷的残基如 His_2、Lys_{82} 和 His_{143} 形成盐键；从立体化学看，BPG 与血红蛋白分子中心空隙区的这些正电荷基因形成的星座结构互补，使脱氧血红蛋白处于稳定的 T 构象（图 6-29B）。也就是说，BPG 的结合提供了额外的交联，加之原来的 8 对盐键，使血红蛋白处于稳定的 T 态，与氧的亲和力降低。在氧合血红蛋白中，由于分子中的盐键被打断，血红蛋白的四级结构发生了相当大的变化，其分子中央孔穴太小而不能容纳 BPG 分子。

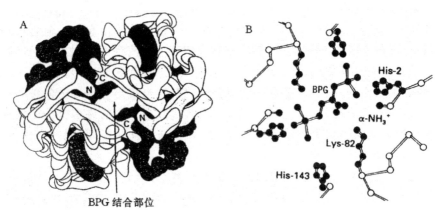

图 6-29　血红蛋白的结构

A. 脱氧 Hb 中央孔穴内的 BPG 结合位置；B. 脱氧 Hb 中央孔穴内的带电氨基酸残基

　　人们早已知道胎儿血与氧的亲和力较高，但直到发现了 BPG 后才弄清了原因。胎儿的 Hb 有两条。β 链和两条 γ 链组成，称为 HbF。它的重要特性之一是在生理条件下比成人的血红蛋白与氧的亲和力要高，但与 BPG 的结合能力小于成人的 Hb，这是由于成人的血红蛋白（HbA）β 链第 143 位是组氨酸；HbF 分子中 γ 链的第 143 位残基是不带电荷的丝氨酸，它使 HbF 与 BPG 的结合能力减弱，而与氧的亲和力增加，以利于从母体获得足够的氧。BPG 不存在时，HbF 与氧的亲和力要小于成人的 Hb 与氧的亲和力；这使人们认识到，在不同组织中的同一种蛋白质存在不同形式的生理作用，这种蛋白质可称为同型蛋白（isoform or isotypes）。

　　(3)质子(H^+)和二氧化碳(CO_2)促进血红蛋白释放氧

　　1904 年丹麦科学家 Christian Bohr 发现，血红蛋白与氧的亲和力依赖于 pH，而肌红蛋白无此现象。二氧化碳也影响血红蛋白的氧结合性质；进一步的研究发现，在生理 pH 范围内，降低 pH 可使血红蛋白的氧合曲线向右移动；因此血红蛋白与氧的亲和力降低（图 6-30）。在 pH 恒定的条件下，增加 CO_2 的浓度也能降低血红蛋白与氧的亲和力。在代谢旺盛的组织如可收缩的肌肉中产生较多的 CO_2 和酸性物质，因此促进这些组织中氧合血红蛋白释放氧，这一现象称为 Bohr 效应。10 年后，J. S. Haldane 发现肺泡中有相应而相反的效应，血红蛋白结合氧，释放出 CO_2 和质子，这具有重要的生理学意义；血红蛋白结合氧并输入氧，结合二氧化碳并输出二氧化碳是它的另一个重要的生理功能。

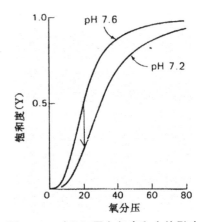

图 6-30　对血红蛋白氧亲和力的影响

　　因为 CO_2 易溶于水,红细胞中的碳酸酐酶可在催化下迅速反应生成碳酸氢盐:CO_2+H_2O $=HCO_3+H^+$,产生的质子与脱氧血红蛋白结合成为 Bohr 效应的一个组成部分;其余的 CO_2 与 Hb N-末端的 a-NH。可逆反应形成氨基甲酸血红蛋白,氨基甲酸为带电基因,与周围的带正电性的基因发生静电的相互作用也使血红蛋白处于稳定的 T 构象;因此二氧化碳的结合降低了血红蛋白与氧的亲和力。

　　3. 膜蛋白的结构与功能

　　膜蛋白的种类很多。有的膜蛋白只附着在膜脂质双层的内外表面,称为表面蛋白;有的深埋在脂质双层中或贯穿脂质双层,这种膜蛋白称为内在膜蛋白。内在膜蛋白是细胞膜的主要蛋白质,占膜蛋白总量的 $70\%\sim80\%$,几乎所有的内在膜蛋白都贯穿脂质双层,与膜脂质双层的碳氢链相互作用,对膜的稳定和功能都有密切的关系。

　　由于大多数膜蛋白处于生物膜内部的高度疏水的环境中,故它的结构与处于水溶液中的蛋白质的结构有所不同;血型糖蛋白 A(glycophorin A)是一种跨膜的内在膜蛋白,具一条肽链,由131 个氨基酸和 16 个寡糖链组成。Vincent Marchesi 及其同事首先报道了该蛋白的氨基酸排列顺序(图 6-31),蛋白傅水解及化学修饰法研究证明该蛋白由三个结构域组成:①氨基端的 $1\sim71$ 位氨基酸残基位于细胞外,连接所有的 16 个寡糖链;其中的 15 个是与丝氨酸或苏氨酸的侧链羟基相连,一个与天门冬酰胺侧链上的亚氨基相连;这些寡糖链都富含唾液酸,唾液酸带负电荷,使得红细胞有一个亲水的阴离子外壳;在血管中可自由地流动而不至于相互粘结或粘附于细胞壁上。②疏水的中间段即 $72\sim92$ 位氨基酸残基,其中有 13 个高度疏水的氨基酸,使人们推测血型糖蛋白的这个区域可贯穿脂双层膜并折叠成 α-螺旋结构,它埋藏于膜的碳氢核心中。用人工合成的多肽链的研究发现,α-螺旋结构在疏水环境中要比在水中稳定得多。因为水的存在可破坏主链内的氢键。③羧基端 $93\sim131$ 位氨基酸残基,富含极性的、带电荷的氨基酸,位于红细胞膜的细胞质一侧。细菌视紫红质(bacteriorhodopsin)是存在于嗜盐细菌细胞膜内的一种蛋白质,相对分子质量为 2.5×10^4,与动物的视紫红质相似,其功能是作为一种跨膜的光驱动质子泵,将光能转变为跨膜的质子梯度用于 ATP 的合成。该蛋白的膜内肽段主要形成一螺旋结构,分子中的疏水残基多位于膜内部的疏水环境中,而不是像处于水环境中的球蛋白那样,把疏水基因多埋于分子的内部。

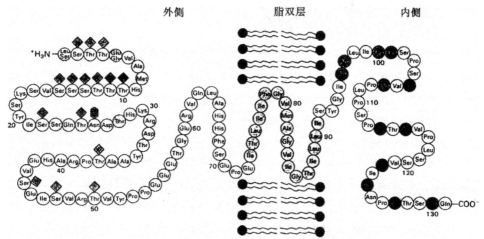

图 6-31　血型糖蛋白 A 的氨基酸排列顺序

4. 钙调节蛋白的结构与功能

钙调节蛋白也称为钙调素(calmodulin,CaM),是细胞内 Ca^{2+} 信号传导系统中极其重要的组成部分。它广泛存在于包括高等植物在内的所有真核生物中,许多酶的活性受钙调素的调节。钙调素由 148 个氨基酸残基组成,其相对分子质量为 $1.7×10^4$,是 EF 手性家族中的一个成员。

X-射线衍射晶体分析法研究已揭示出许多钙结合蛋白的结构信息。如鲤鱼肌肉中的小清蛋白(parvalbumin)是第一个被发现的钙结合蛋白,相对分子质量为 $1.2×10^4$,含有两个相同的钙结合部位;每一个结合部位由螺旋 E 和螺旋 F 构成,基本结构为 a 螺旋—环～a 螺旋;螺旋 E 和螺旋 F 的相对位置很像右手的食指和拇指(图 6-32),Ca^{2+} 结合部位在两个螺旋之间的环处;Robert Kretsinger 称这种结构为 EF 手性结构(EF hand)。John Collins 发现肌肉收缩过程中的调节剂——肌钙蛋白 C(troponin C)与小清蛋白的氨基酸残基顺序十分相似,氨基端和羧基端各有一个球型结构域,且结构相似。两个结构域之间由一条长 8 圈的 α 螺旋连接(图 6-33B),每个结构域含有两个结合 Ca^{2+} 的部位。羧基端的那个结构域与钙的亲和力高,而氨基端的结构域与钙的亲和力低。目前已知 100 多个蛋白质分子中有 EF 手性结构存在。

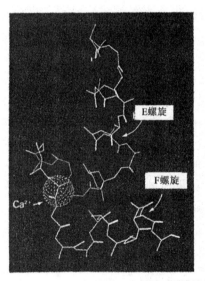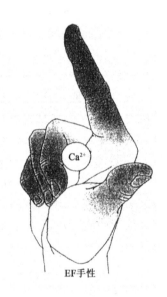

图 6-32　EF 手性结构及 Ca^{2+} 的结合位置

钙调素也由两个相似的球形结构区域组成:氨基末端结构区域和羧基末端结构区域;每个球形结构区域内含有两个 EF 手性结构域,即螺旋-环-螺旋区;两个 EF 手性结构域相隔约 1.1 nm,每个 EF 手性结构域内有一个 Ca^{2+} 结合部位;两个球形结构区域之间有一松散的 α-螺旋链相连,其长度约为 6.5 nm,使整个分子呈哑铃形结构(图 6-33A)。EF 手性结构总是成对出现的,因为两个 EF 手性结构的钙结合部位之间能通过反平行的 β 折叠片之间的氢键和疏水相互作用使结构得以稳定。钙调素分子中有四个钙结合部位,在每一个 EF 手性结构中,钙离子与蛋白质分子中的六个氧原子及一个水分子结合(图 6-34);在钙调素结构中有一较浅的疏水穴,其周围是一些带负电荷的酸性氨基酸如谷氨酸;同时在其表面常分布有几个蛋氨酸残基。Ca^{2+} 与钙调素的结合具协同性,当细胞质中 Ca^{2+} 水平超过 500 nmol/L 时,钙调素与 3～4 个 Ca^{2+} 结合后被活化,并伴随着钙调素构象的变化,主要表现在疏水穴的扩大与加深,分子延长,变得更加紧密,以实现对多种酶、泵及其它的靶蛋白活化的调节;重要的靶蛋白包括肌球蛋白轻链激酶(MLCK)和多功能的 CaM 依赖性蛋白激酶Ⅱ(CaM 激酶Ⅱ)。Ca^{2+}-CaM 与 CaM 激酶Ⅱ结合后使该酶活化,活化后的 CaM 激酶Ⅱ使许多蛋白质磷酸化,进而调节燃料分子的代谢、离子的通透性、神经介质(neurotransmitter)的合成和神经介质的释放。

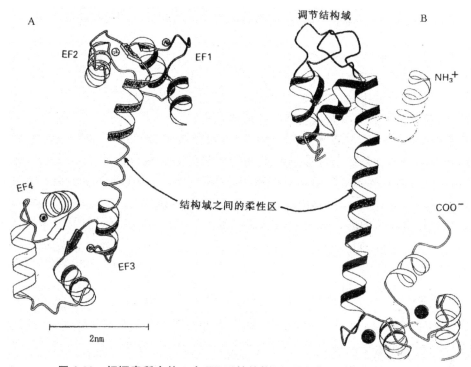

图 6-33　钙调素所含的 4 个 EF 手性结构(A)及肌钙蛋白 C 的结构(B)

不同来源的钙调素的结构分析表明,其氨基酸组成具有高度的保守性。那么,钙调素如何识别不同的靶蛋白?对靶蛋白的钙调素结合结构域的氨基酸顺序比较发现,尽管不同来源的钙调素的氨基酸组成高度保守,但其靶蛋白的钙调素结合位点的序列却有较大的差异;人们发现,人和几种动物的钙调素结合蛋白中存在着一种保守的碱性双亲 α-螺旋结构,钙调素可识别这种带正电的、双亲的 α-螺旋结构,是钙调素结合结构域。双亲的肽段一般仅由亮氨酸、赖氨酸和色氨酸组成,这些氨基酸能与 Ca^{2+}-CaM 紧密结合,但不能与不含钙的

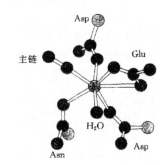

图 6-34　Ca^{2+} 与钙调素结合的模式

蛋白质结合。Ca^{2+}-CaM 的每一个球形结构区域含有大而疏水的区段(patches),钙离子的结合使这些疏水的区域相互靠拢,易与它的靶蛋白分子中的正电性的、双亲的 α-螺旋互补结合。CaM 中央的螺旋像一条柔性的系绳,使两个球形结构区域相互靠近以容纳各种不同的靶蛋白。

第 7 章　原核生物基因表达调控

7.1　基因表达的组成性、可诱导性、可阻遏性

原核生物是单细胞生物，细胞结构相对比较简单，与其周围环境直接接触，周围的营养状况和环境因素可能随时发生变化。通过进化的过程，原核生物形成了适应环境改变的能力，其途径之一就是改变其基因的表达，使基因表达的产物正好适合新的环境。原核生物基因表达调控的一个重要特点，是不断调整自身基因表达以适应周围环境。

原核生物能够通过诱导或阻遏合成一些相应的蛋白质，来调整与外环境之间的关系。由于原核生物转录与翻译的过程是同时发生的，而且这种过程只需数分钟，同时由于大多数原核生物的 mRNA 在几分钟内就受到酶的影响而降解，因此就消除了外环境突然变化后所造成的不必要的蛋白质的合成。因此，原核生物基因表达的一个特点是快速。

细菌的染色体由环状的单分子 DNA 组成，约有 95％的 DNA 编码基因，只有约 5％为基因间的 DNA。有一部分基因间的 DNA 是有重要功能的，如复制原点，另一些基因间区域可能涉及和 DNA 包装蛋白的相互作用。根据基因表达产物的区别，可把基因分为两类：调节型基因的表达受细胞生长的环境影响，在不同的生长时期有不同的表达活性；组成型基因也叫管家基因，其特点是，不论环境条件如何，这些基因呈现持续表达，其基因产物维持了细胞生长和分裂的正常功能。由于在生长的细胞中这些基因总是处于活性状态，因此这些基因也叫做组成型基因。不论是调节型基因还是管家基因，表达都受到调控，只是调控方式不一样。

大肠杆菌及其他大多数细菌能利用葡萄糖、半乳糖、乳糖、蔗糖、阿拉伯糖等糖类中的任何一种作为能源。在葡萄糖存在的情况下，大肠杆菌通常会优先代谢葡萄糖。当葡萄糖不存在时，大肠杆菌可以利用其他碳源进行很好的生长。例如，细胞在乳糖作为唯一碳源的培养基上生长时，可以合成 β-半乳糖苷酶和 β-半乳糖苷通透酶特异来分解利用乳糖。β-半乳糖苷通透酶将乳糖泵入细胞内，β-半乳糖苷酶将乳糖分解为葡萄糖和半乳糖。这两种酶任何一种的缺乏都会导致大肠杆菌细胞无法吸收利用乳糖。合成这两种酶需要消耗相当多的 ATP 和 GTP 能量。因此，大肠杆菌细胞已经进化形成这样一种调控机制：当存在乳糖时，乳糖分解代谢酶表达启动，反之则关闭。

在肠道与下水道等环境中，大肠杆菌细胞遭遇缺乏葡萄糖而存在乳糖这种状况相当罕见。因此，大肠杆菌细胞编码乳糖代谢酶的基因多数时间都是关闭的。而当细胞由非乳糖碳源培养基转移到乳糖作为唯一碳源的培养基上时，它们可以迅速合成乳糖代谢所需的酶（图 7-1）。这种为了应答环境中的某种物质而开启基因表达的过程称为诱导，这类基因称为可诱导基因。

乳糖、半乳糖、阿拉伯糖等的分解代谢与利用途径所涉及的酶都是典型的可诱导酶类。诱导作用改变了酶分子的合成速率。诱导与酶活化不同，酶活化是小分子结合在酶上而使酶活性升高的过程，但不影响酶合成速率。

酶合成的诱导

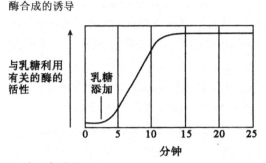

图 7-1　大肠杆菌中乳糖(作为碳源)利用相关酶合成的诱导

　　细菌能够合成细胞生长所需要的大部分有机分子如氨基酸、嘌呤、嘧啶和维生素等。例如,大肠杆菌基因组中包含五个色氨酸合成催化酶编码基因,为了保证蛋白质合成过程中所需要的氨基酸数量,这五个基因在缺乏色氨酸的环境中必须全部表达。色氨酸充足时,大肠杆菌细胞的指数生长,继续表达色氨酸合成酶会造成能源的浪费。因此,当色氨酸充足时,大肠杆菌会关闭色氨酸合成酶编码基因的表达(图 7-2)。在此途径中基因表达被关闭的过程称为阻遏。当基因表达重新开启时,称为去阻遏。生物合成途径中的酶一般是可阻遏的。与诱导作用类似,阻遏作用也会发生在转录水平。阻遏作用与反馈抑制不同,反馈抑制是指当生物合成途径中的某个产物结合并抑制途径中第一个酶的活性,而并不影响酶的合成。

酶合成的抑制

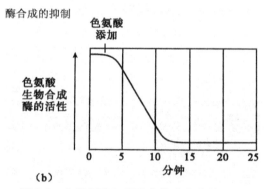

(b)

图 7-2　大肠杆菌色氨酸生物酶合成的阻遏

7.2　基因表达的正调控与负调控

　　基因表达的模式可以分为两大类:若在没有调节蛋白质存在时,基因是关闭的,加入调节蛋白后,基因活性被开启,即为正调控;若在没有调节蛋白存在时,基因是表达的,加入调节蛋白后基因表达活性被关闭,即为负调控。在正调控中,调节蛋白称诱导蛋白或者激活蛋白。在负调控中,调节蛋白称阻遏蛋白。原核生物以负调控为主,这与原核生物染色体的结构有关。原核生物染色质没有核小体结构,DNA 是没有遮蔽的,催化转录的 RNA 聚合酶很容易发现启动子,启动基因的表达,因而基因表达的调节很容易通过阻遏蛋白来实现。更重要的是,负调控提供了一个非常保险的机制。即使调节系统失灵,蛋白质照样可以合成,只是有点浪费而已,不会因细胞缺乏必需蛋白质而造成致命的后果,这种负调控的机制是原核生物为适应多变的环境,通过长期的进化而来的。很多原核操纵子(元)系统,特异的阻遏蛋白是控制原核启动序列活性的重要因素。当阻遏蛋白与操纵序列结合或解聚时,就会发生特异基因的阻遏或去阻遏。原核基因调控普遍涉及特异阻遏蛋白参与的开、关调节机制。正负调控机制在图 7-3 中的可诱导与可阻遏系统中有详细说明。

  RNA 聚合酶结合在启动子上开启基因表达,合成包含基因编码区的 RNA 转录本,调控基因产物结合在与结构基因启动子相邻的调控蛋白结合位点(RPB S)上发挥作用。当调控蛋白结合在 RPB S 位点上时,在正调控系统中结构基因转录开启(图 7-3 右),在负调控系统中结构基因转录则关闭(图 7-3 左)。调控蛋白是否结合于 RPB S 位点取决于细胞中效应分子的存在与否。效应分子通常是些小分子,如氨基酸、蔗糖以及代谢类似物等。参与基因表达诱导的效应分子称为诱导剂;而参与基因表达阻遏的效应分子称为辅阻遏物。

  效应分子(诱导剂与辅阻遏物)结合在调控蛋白(激活物与阻遏物)上,引起调控蛋白三维结构发生变化。蛋白构象变化通常会导致蛋白质活性发生改变。就激活物和阻遏物而言,效应分子结合引起的别构转换通常会改变调控蛋白与结构基因启动子毗邻的调控蛋白结合位点的结合能力。

  在可诱导的负调控机制中(图 7-3 左),当不存在诱导剂时,自由的阻遏物能结合在 RPB S 位点上阻遏结构基因的表达;而当存在诱导剂时,诱导剂结合在阻遏物上,导致阻遏物/诱导剂复合物不能结合在 RPB S 位点上,RNA 聚合酶结合在启动子上并开启基因转录。在可诱导的正调控机制中(图 7-3 右),结合诱导剂的激活物结合在 RPB S 位点上,结构基因的转录只在诱导剂出现时才开启。

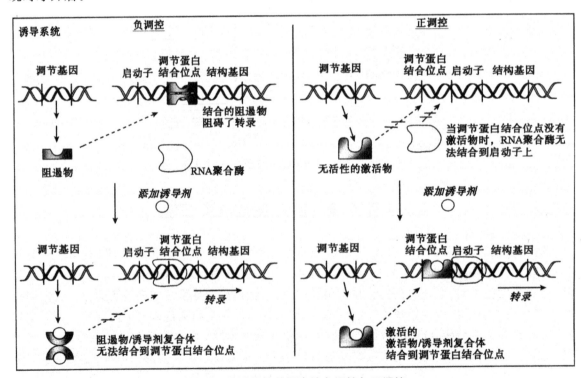

图 7-3 可诱导的基因表达负调控与正调控

  调控基因产物(即调控蛋白)是正调控中开启基因表达负调控中关闭表达所需要的在可阻遏

的负调控机制中(图 7-4 左),当不存在辅阻遏物时,结构基因转录开启。当阻遏物复合体结合在 RPB S 位点上时,阻止了 RNA 聚合酶启动结构基因的转录;而当辅阻遏物不存在时,自由的阻遏物不能结合在 RPB S 位点上,这样 RNA 聚合酶就可以结合到启动子上并转录结构基因。在可阻遏的正调控机制中(图 7-4 右),激活物必须结合到 RPB S 位点上,RNA 聚合酶才能结合到启动子上开启结构基因的转录。当存在辅阻遏物时,辅阻遏物与激活物形成复合物,这种复合物不能结合到 RPB S 上,这样 RNA 聚合酶不能结合到启动因子上转录结构基因。

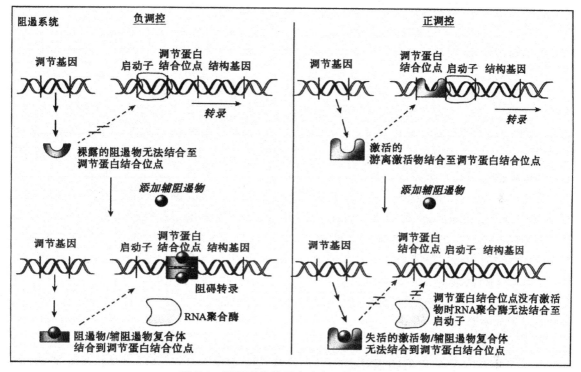

图 7-4　可阻碍的基因表达负调控和正调控

调控基因产物(即调控蛋白)是正调控中开启基因表达负调控中关闭表达所需要的。

7.3　操纵子

7.3.1　操纵子的基本结构

操纵子通常由 2 个以上的结构序列与启动序列、操纵序列以及其他调节序列在基因组中成簇串联组成的一个转录单位(图 7-5)。

图 7-5　操纵子的组成

1. 启动子

启动子就是连接在基因 5′-端上游的 DNA 序列,其长度从 100 bp 到 200 bp 不等,是转录起始时 RNA 聚合酶识别、结合的特定部位,但其本身并不被转录。启动子(或启动序列)会影响其与 RNA 聚合酶的亲和力,从而影响转录起始。

2. 调控基因

调节基因是一段有效的 DNA 片段,它通过转录、翻译而产生调节蛋白,该蛋白质与操纵基因相互作用,从而对操纵子的活动进行控制。调节蛋白上有两个位点:一个与操纵基因结合;一个与小分子的效应物结合。它在细胞中的作用犹如自动控制系统,能使结构基因在需要某种酶时就合成某种酶,不需要时则停止合成,它对不同染色体上的结构基因有调节作用。调节基因编码的调节蛋白和操纵基因结合后,如果抑制其所调控的基因的转录,则称阻遏蛋白,其介导的方式为负调控;如果激活或者增强其所调控的基因转录,则称激活蛋白,其介导的方式为正调控。

3. 操纵基因

操纵基因指能被调控蛋白特异性结合的一段 DNA 序列,常与启动子邻近或与启动子序列重叠,位于启动子和结构基因之间,当调控蛋白结合在操纵子序列上,会影响其下游基因转录的强弱。当操纵基因"启动"时,处于同一染色体上的,由它所控制的结构基因就开始转录和翻译。当"关闭"时,结构基因就停止转录与翻译。操纵基因中常具有二重对称的回文结构,这可能与结合的调节蛋白是二聚体有关。

当调节基因的产物阻遏蛋白和操纵基因相结合时,RNA 聚合酶就不能通过操纵基因,因而 mRNA 的转录受到阻碍,使酶的合成停止。诱导物可以和阻遏蛋白相结合而使它失去活性,从而不再和操纵基因相结合,这样酶的合成便又开始。在阻遏系统中,当代谢最终产物不足时,调节基因的产物阻遏蛋白不能与操纵基因结合。当代谢最终产物合成过多时,过多的代谢最终产物就会和相应的阻遏蛋白相结合,这样的阻遏蛋白具有活性,就能和操纵基因结合,从而阻止有关操纵子中结构基因的转录。因此,操纵基因的特点就是能与调节蛋白特异性结合,从而影响下游结构基因的转录。

4. 结构基因

操纵子中编码蛋白质的基因称结构基因是决定合成某一种蛋白质分子结构相应的一段 DNA。结构基因的功能是把携带的遗传信息转录成 mRNA,再以 R mRNA 为模板合成具有特定氨基酸序列的蛋白质。一个操纵子中常含有两个以上的结构基因,每个结构基因首尾相连构成一个基因簇,并转录成含有多个开放阅读框的多顺反子 mRNA。翻译时,核糖体在合成好第一个结构基因编码的多肽链后,不脱离 mRNA,继续翻译合成下一个基因编码的多肽链,直至完成对多个结构基因的翻译。

7.3.2 乳糖操纵子

1. 乳糖操纵子的结构

乳糖操纵子是一个负调控诱导型操纵子,包括启动基因(P)、操纵基因(O)、β-半乳糖苷酶基因(1acZ)、β-半乳糖通透酶基因(1acY)和硫代半乳糖苷转乙酰基酶基因(1acA),及一个调节基因 I,是可诱导的调控系统(图 7-6)。lacZ、lacY、lacA 三个结构基因只有当存在乳糖的时候才会表达。乳糖代谢调节基因 LacI 编码一个大小为 360 个氨基酸的阻遏物蛋白。然而,LacI 阻遏物蛋白的活性形式是四聚体。当缺少诱导剂的时候,阻遏物结合在操纵元件上,阻止 RNA 聚合酶转录 lacZ、lacY、lacA,三个基因只表达低背景水平的酶活性。这种低水平表达的酶活性,对于乳糖操纵子的诱导是非常必要的。调节基因(I)位于启动子附近,有自身的启动子和终止子,阻遏蛋白结合到操纵基因上,阻止 RNA 多聚酶与启动基因的结合,使转录不能进行,是负调控因子。操纵基因(O)是阻遏蛋白的结合部位,与调节基因共同决定产酶的方式。启动基因处于操纵基因的上游,与操纵基因部分重叠,含有 RNA 多聚酶识别序列、结合序列和激活序列。乳糖操纵子的调控既有负调控系统,又有正调控系统。乳糖操纵子的正调控因素是降解物活化蛋白(CAP)。在启动子 P 上游还有一个 40 bp 的分解(代谢)物基因激活蛋白(CAP)结合位点。CAP 是二聚体,它可以和 cAMP 结合形成 CAP-cAMP 复合物,然后再结合到启动基因的 CAP 结合部位,以提高相邻操纵子的转录速度。乳糖操纵子转录时,RNA 聚合酶首先与启动子结合,通过操纵基因 O 向右,按照 Z→Y→A 的方向进行转录,每次转录出的都是一个含有这三个基因的多顺反子 mRNA。

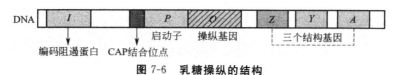

图 7-6　乳糖操纵的结构

E. coli 的乳糖操纵子在缺乏底物时就阻断相应酶类的合成途径,但同时做好了准备,一旦有底物出现,又立即合成相应的酶类。由于特殊底物的出现导致了酶的合成,提供了这种调控机制的典型范例。当 *E. coli* 在缺乏 β-半乳糖苷的条件下生长时,不需要 β-半乳糖苷酶,因此,该酶在每个细胞的含量不高于 5 个分子。当加入底物后,细菌中十分迅速地合成了这种酶,仅在 2~3 min 之内酶就可以产生,并很快增长到 5 000 个分子/每个细胞。如在培养基中除去底物,那么酶的合成也就迅速停止,恢复到原来的状态。

当环境中没有乳糖时,*E. coli* 的 *lac* 操纵子处于阻遏状态。此时的调控机理是:*lacI* 基因在自身的启动子控制下,合成阻遏蛋白,阻遏蛋白以四聚体的形式和 lacO 特异性的紧密结合,阻碍 RNA 聚合酶Ⅱ与 P 序列结合,抑制 *lacZ*、*lacY*、*lacA* 三个结构基因的转录[图 7-7(a)]。

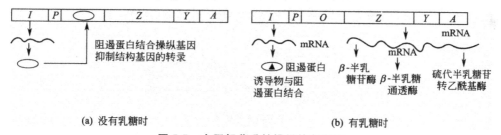

(a) 没有乳糖时　　　　　　　　　　　　　(b) 有乳糖时

图 7-7　大肠杆菌乳糖操纵的负调控

当培养基中只有乳糖时,由于乳糖是 *lac* 操纵子的诱导物,它可以结合在阻遏蛋白的变构位点上,使构象发生改变,破坏了阻遏蛋白与操纵基因的亲和力,阻遏蛋白不能与操纵基因结合,于是 RNA 聚合酶结合于启动子,并顺利地通过操纵基因,进行结构基因的转录,产生大量分解乳糖的酶,这就是当大肠杆菌的培养基中只有乳糖时利用乳糖的原因[图 7-7(b)]。这种诱导也是一种协同诱导。当诱导剂加入后,微生物能同时或几乎同时诱导几种酶的合成。β-半乳糖苷酶、β-半乳糖通透酶和硫代半乳糖苷转乙酰基酶共用一个 mRNA 模板,从 5'-端依次开始翻译,这三种结构基因作为一个整体受协同调控而表达。

2. 乳糖操纵的正调节

在含乳糖的培养基中加入葡萄糖时,在 lac 操纵子的调控中,有降解物基因活化蛋白(CAP)

发挥调控作用。CAP 是 cAMP 受体蛋白（CRP），CRP 是一种同二聚体蛋白质，在其分子内有 DNA 结合区及 cAMP 结合位点，可起转录起始因子的作用。在有 cAMP 时，能形成 CRP-cAMP 复合物，使操纵子有效地进行转录。CRP-cAMP 复合物位于启动子附近，CRP 结合位点呈对称结构（图 7-8）。当 CRP-cAMP 复合物特异地结合在启动子上时，能促进 RNA 聚合酶与启动子结合，可增强 RNA 转录的活性，使之提高 50 倍。由于 CAP 的结合能促进转录，这种调控方式称为乳糖操纵子的正调控。

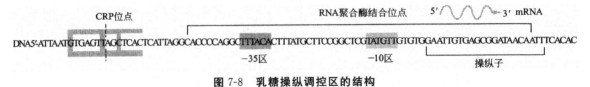

图 7-8　乳糖操纵调控区的结构

乳糖操纵子的启动子和一般启动子的一级结构稍有不同（图 7-9）：一般启动子在-35 区域是 TTGACA，在-10 的区域是 TATAAT，但乳糖操纵子的启动子-35 区域是 TTTACA，在-10 的区域是 TATGTT。这种结构的差异说明乳糖操纵子的启动子与 RNA 聚合酶 II 的结合是比较弱的，只有在 CRP-cAMP 复合物的激活下，才能与 RNA 聚合酶结合。游离的 CAP 不能与启动子结合，必须在细胞内有足够的 cAMP 时，CAP 首先与 cAMP 形成复合物，此复合物才能与启动子相结合。葡萄糖的降解产物能降低细胞内 cAMP 的含量，当向乳糖培养基中加入葡萄糖时，造成 cAMP 浓度降低，CAP 便不能结合在启动子上。此时即使有乳糖存在，虽已解除了对操纵基因的阻遏，RNA 聚合酶不能与启动子结合，也不能进行转录，所以仍不能利用乳糖（图 7-10）。

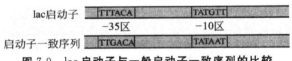

图 7-9　lac 启动子与一般启动子一致序列的比较

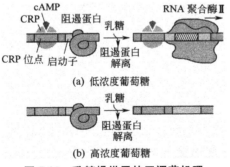

图 7-10　乳糖操纵子的正调节机理

对乳糖操纵子来说 CAP 是正性调节因素，乳糖阻遏蛋白是负性调节因素。两种调节机制根据存在的碳源性质及水平协调乳糖操纵子的表达。倘若有葡萄糖存在时，细菌优先选择葡萄糖供应能量。葡萄糖通过降低 cAMP 浓度，阻碍 cAMP 与 CAP 结合而抑制乳糖操纵子转录，使细菌只能利用葡萄糖。在没有葡萄糖而只有乳糖的条件下，阻遏蛋白与 O 序列解聚，CAP 结合 cAMP 后与乳糖的操纵子的 CRP 位点结合，激活转录，使细菌将乳糖作为能量的来源。

7.3.3　色氨酸操纵子

lar 和 *ara* 操纵子是编码分解代谢途径酶系的操纵子,负责碳源的分解利用,这些操纵子的表达受相应碳源的诱导。在细菌中还有一些负责物质合成代谢的操纵子,例如大肠杆菌的色氨酸操纵子就是负责色氨酸合成的操纵子。*trp* 操纵子由启动子和操纵基因区组成,该操纵基因区控制一个编码色氨酸生物合成需要的 5 种蛋白的多顺反子 mRNA 的表达。

trp 操纵子是一个典型的可阻遏操纵子模型。色氨酸操纵子负责色氨酸的生物合成。当培养基中有足够的色氨酸时,这个操纵子自动关闭,缺乏色氨酸时操纵子被打开,*trp* 基因表达,色氨酸或者与其代谢有关的某种物质在阻遏过程中起作用。由于 *trp* 体系参与生物合成而不是降解,它不受葡萄糖或 cAMP-CAP 的调控。

色氨酸的合成分 5 步完成。每个环节需要一种酶,编码这 5 种酶的基因紧密连锁在一起,被转录在一条多顺反子 mRNA 上,分别以 *trpE*、*trpD*、*trpC*、*trpB*、*trpA* 代表,编码了邻氨基苯甲酸合成酶、邻氨基苯甲酸异构酶、邻氨基苯甲酸焦磷酸转移酶、色氨酸合成酶和吲哚甘油-3-磷酸合成酶,它们是色氨酸操纵子的 5 种结构基因。*trpE* 基因是第一个被翻译的基因,和 *trpE* 基因相邻的是启动基因和操纵基因。另外,前导区和衰减区分别命名为 *trpL* 和 *trpa*。*trp* 操纵子中产生阻遏物的基因是 *trpR*,该基因距 *trp* 基因簇较远。此外,色氨酸 tRNA 合成酶(*trpS*),及携带有 *trp* 的 tRNA *trp* 也参与 *trp* 操纵子的调控作用(图 7-11)。

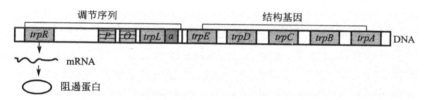

图 7-11　色氨酸操作子的结构

trp 操纵子的调控模式包括两种:阻遏机制和衰减机制。在 trp 操纵元中,阻遏蛋白对结构基因转录的负调控起到粗调的作用。

1. 阻遏机制

trpR 基因突变型引起 *trp*mRNA 的组成型起始合成,这和在 *lac* 操纵子中一样,trpR 基因的蛋白产物常常称 aporepressor,当没有色氨酸存在时,不能和 trp 的操纵区结合,当 trp 的 aporepressor 与色氨酸结合在一起时,成为有活性的阻遏物才能与 trp 的操纵区结合。

有活性的启动子

aporepressor＋Operator→Active operator

转录发生

aporepressor＋Trytophan→Active repessor＋operator

无活性的启动子

Inactive operrator

当色氨酸存在时,有活力的抑制物能抑制转录,当色氨酸的外部供应耗尽时,上面方程式中的平衡向左移动,操纵区不被抑制物占据,转录开始,这是最基本的开关机制。

阻遏-操纵机制对色氨酸来说必须是一个充分的开关,主管转录被不被启动,相当于色氨酸操纵子的一个粗调。而在色氨酸操纵子中对应于色氨酸生物合成还有另一个系统允许细控,这种细调控主管已经启动的转录是否继续下去。在这个系统中,酶的浓度根据氨基酸的变化而变化。这个有效的调控是通过转录在达到第一个结构基因之前过早终止来实现的。可由氨基酸的浓度来调节这种过早终止的频率。

2. 衰退子与前导序列

当色氨酸达到一定浓度,但还没有高到能够活化 R 使其起阻遏作用的程度时,产生色氨酸合成酶类的量会明显降低,而且产生的酶量与色氨酸浓度呈负相关。研究发现,这种调控现象与色氨酸操纵子特殊的结构有关。trp 操纵子的另一种转录调控机制称衰减作用,是一种将翻译与转录联系在一起的新的转录调控形式。

衰减子是指:DNA 中可导致转录过早终止的一段核甘酸序列,是在研究大肠杆菌的色氨酸操纵子表达衰减现象中发现的。研究发现,当 mRNA 开始合成后,除非培养基中完全不含色氨酸,否则转录总是在这个区域终止,产生一个仅有 140 个核苷酸的 RNA 分子,终止 trp 基因转录。这个区域被称为衰减子或弱化子。衰减子转录物中具有 4 段特殊的序列,能配对形成发夹结构,并含有两个相邻的色氨酸密码子,这是衰退调控机制的基础。

trp mRNA 分子一旦开始合成,在 trpE 开始转录前,大部分的 mRNA 分子就停止生长,这是因为导序列对操纵子调控发挥了重要作用。细菌中很多氨基酸合成的操纵子常常由一种称为衰减作用的转录终止过程来调控的,是独立于启动子—操纵基因的调控系统。衰减作用的出现是对细胞各种因素,特别是氨基酸产物可获得情况作出的反应,是基因转录与翻译之间的一种联系。

衰减调控作用涉及到翻译过程、核糖体的运转以及 RNA 二级结构的转换;通过 mRNA 二级结构的转换形成转录的终止信号,使操纵子的活性处于关闭。在 E. coli 和其他细菌中,与色氨酸、苯丙氨酸、亮氨酸、异亮氨酸、组氨酸、苏氨酸、缬氨酸等生物合成有关的操纵子都受到衰减作用的调控。衰减作用是 RNA 聚合酶从启动子出发的转录受到衰减子的调控,也称为弱化作用。衰减作用的信号是载荷色氨酸的 tRNA 作为负调控的辅阻遏物,作用于 RNA 前导序列。

了解衰减作用的关键是对 mRNA5′端的序列分析,它揭示在结构基因 E 上游具有启动子—操纵基因—前导序列—衰减子区域的结构关系。mRNA5′端有 162 个核苷酸,称为前导序列,如图 7-12 所示;其中 139 个核苷酸序列又由 14 个氨基酸的前导肽、4 个互补区段和 1 个衰减子终点等组分构成。这个前导序列具有 5 个特点:①前导序列某些区段富含 GC,GC 区段之间容易形成茎环二级结构,接着 8 个 U 的寡聚区段构成一个不依赖于 ρ 因子的终止信号。在一定条件下 mRNA 合成提前终止,产生 162 个核苷酸长度的前导 RNA。②由 1 区和 2 区序列构成第二个发夹结构。其中 1 区处于 14 个氨基酸的前导肽序列中。③3 区也可以与 2 区互补,形成另一个由 2 区与 3 区组成的发夹结构。一旦 2 区与 3 区形成二级结构,就会阻遏 3 区与 4 区之间形成发夹结构,即不形成终止信号。④前导序列 RNA 中编码了一段 14 个氨基酸的前导肽,在它的前面有 5 个核糖体的强右合位点,在编码序列之后有一终止密码子 UGA。⑤前导序列中并列两个色氨酸密码子。

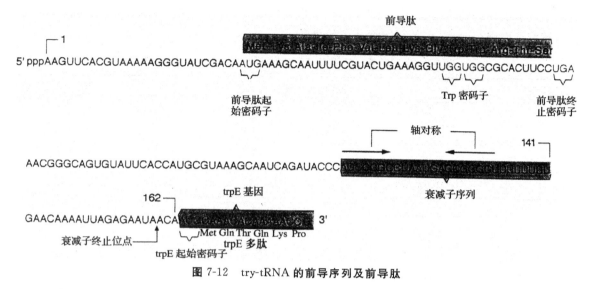

图 7-12　try-tRNA 的前导序列及前导肽

3. 衰退机制

前导区编码了前导肽,当 Trp 浓度较低时,弱化子不起作用,转录得以正常进行,生成长约 7 kb 的 mRNA。操纵子中第一个结构基因的起始密码子 AUG 在 +162 处;当有高浓度的 Trp 存在时,由于弱化子的作用,转录迅速减弱停止,生成 140 个核苷酸的前导 RNA。

当培养基中色氨酸的浓度很低时,负载有色氨酸的 tRNA^{Trp}也就少,这样翻译通过两个相邻色氨酸密码子的速度就会很慢,当 4 区被转录完成时,核糖体才进行到 1 区、或停留在两个相邻的 trp 密码子处,这时的前导区结构是 2-3 配对,不形成 3-4 配对的终止结构,所以转录可继续进行,直到将色氨酸操纵子中的结构基因全部转录完(图 7-13)。所以,2-3 区配对所形成的结构也称为抗终止子。

当培养基中色氨酸浓度较高时,核糖体可顺利地通过两个相邻的色氨酸密码子,在 4 区被转录之前就到达 2 区,使 2-3 区不能配对,3-4 区自由配对形成茎-环终止子结构,转录被终止,色氨酸操纵子被关闭(图 7-13)。

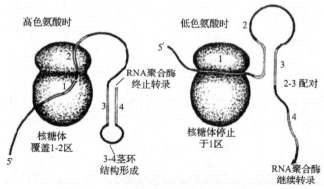

图 7-13　色氨酸操纵子的转录和翻译调控

为了提高控制效率,前导 RNA 链中往往存在重复的调节密码子,这一现象在苯丙氨酸和组氨酸的前导序列中尤为明显,前者在 15 个氨基酸中有 7 个为苯丙氨酸的遗传信号,后者在 16 个氨基酸中有 7 个为组氨酸的遗传信号。表 7-1 给出了几种氨基酸合成操纵子的前导肽序列。这些氨基酸合成系统的操纵子,利用翻译机制来监测其操纵子所合成的氨基酸的浓度,即具有根据氨基酸浓度而确定 mRNA 是否继续合成的机制。

表 7-1　氨基酸合成酶操纵子的前导肽序列和所调节的氨基酸

操纵子	前导肽的氨基酸序列	调节的氨基酸
trp	Met-Lys-Ala-Ile-Phe-Val-Leu-Lys-Gly-Trp-Trp-Arg-Thr-Ser	TrP
thr	Met-Lys-Arg-Ile—Ser-Thr-Thr-Ile-Thr-Thr-Thr-Ile-Thr-Ile-Thr-Thr-Gly-Asn-Gly-Ala-Gly	Thr、Ile
his	Met-Thr-Arg-Val-Gln-Phe-Lys-His-His-His-His-His-His-His-pro-Asn	His
ile-val	Met-Thr-Ala-Leu-Arg-Val-Ile-Ser-Leu-Val-Val-Ile-Ser ═ Val-Val-Ile-Ile-Ile-Pro-Pro-Cys-Gly-Ara-Ala-Leu-Gly-Arg-Gly-Lys-Ala	Leu、Val、Ile
leu	Met-Ser-His-Ile-Val-Arg-Phe-Thr-Gly-Leu-Leu-Asn-Ala-Phe-Ile-Vel-Arg-Pro-Val-Gly-Ile-Gln-His	Leu
phe	Met-Lys-His-Ile-Pro-Phe-Phe-Phe—Ala-Phe-Phe-Phe-Thr-Phe-Pro	Phe

7.3.4　阿拉伯糖操纵子

1. 阿拉伯操纵子的结构

阿拉伯糖分解代谢的酶系,在细菌中是由三个基因编码的。如图 7-14 所示,araA,ataB 和 araD 分别编码核酮糖激酶、阿拉伯糖异构酶、核酮糖-5-P-表面异构酶,这些结构基因簇称为 araBAD。此外,还有 araE,araF 基因分别编码透性酶和周质蛋白,以及合成调控蛋白的基因 arac 和一些调控位点。这些分散的基因由一个共同的 araC 基因产物 c 蛋白进行调控。这些不是连续在一起,有多个不同操纵子,但共同协调控制的区域称为调控子。

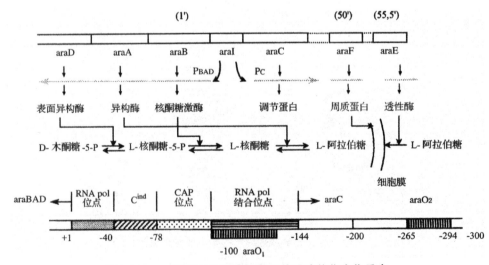

图 7-14　ara 调控子的结构及其所编码酶催化生化反应

ara 调控子与 lac 操纵子在结构上比较,有以下几个特点:

（1）有两个操纵基因 araO1 和 araO2。其中 araO1 控制调控因子基因 araC 的转录。araO2 位于它控制的启动子（PBAD）的上游，−256～−294 之间，控制着结构基因 araBAD 的转录。所以，araO2 对于 araBAD 是必不可少的。

（2）araBAD 和 araC 各有自己的启动子 araPBAD 和 araPc。它们的转录方向相反，是两个单独的操纵子，整个 ara 调控子可以双向转录（图 7-15）。

（3）调控因子 CAP 蛋白的结合位点在 araPBAD 的上游约 200 bp，CAP 促进转录。

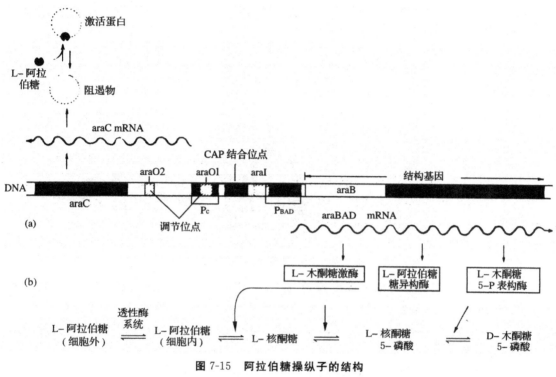

图 7-15　阿拉伯糖操纵子的结构
（a）表达基因和调控位点　（b）阿拉伯糖的代谢途径

2. AraC 的特点

AraC 因子是双功能的蛋白质，具有两种不同的构象和功能，分别为 C^{ind} 和 C^{rep}。C^{ind} 是 AraC 蛋白结合了阿拉伯糖后的构象。C^{rep} 是不结合阿拉伯糖的单纯的 AraC 蛋白。

C^{rep} 结合于 araO1，具有阻遏作用。araO1 和启动子 araPc 相互重叠，因此 C^{rep} 的结合妨碍了 RNA 聚合酶结合，导致 araC 基因的表达受到阻遏。AraC 蛋白结合阿拉伯糖形成的 C^{ind} 复合物，是诱导型的 C 蛋白。结合于 araI 位点时，使 RNA 聚合酶能结合于启动子 PBAD，对 araBAD 的转录有激活作用。araI 有两个半位点，araI 1 和 araI2，每个半位点可以结合一个 AraC 蛋白的单体。C^{ind} 是 araBAD 操纵子的正调控因子。因为 araI 和上游 cAMP-CAP 结合位点紧密相连，下游又和 RNA 聚合酶结合部位（P_{BAD}）邻近，所以一旦有一个正调控因子 cAMP-CAP 结合上去，便可以和 C^{ind} 协同作用激活两个操纵子 araBAD 和 araC 的转录。C^{ind} 和 cAMP-CAP 两种正调控因子对 araBAD 和 araC 的转录激活作用在于它们促进 RNA 聚合酶与启动子 P_{BAD}，Pc 结合，并迅速形成开放型启动子复合物。

当 AraC 蛋白表达过量时，C^{ind} 结合于 araO1，导致 araC 表达受阻，随着 AraC 蛋白减少，C^{ind}

也减少或耗尽,最后 araBAD 被关闭。

3. AraC 的正负调控

AraC 蛋白作为 PBAD 活性正、负调节因子的双重功能是通过该蛋白的两种异构体来实现的。Pr 是起阻遏作用的形式,可以与现在尚未鉴定的类操纵区位点相结合,而 Pi 是起诱导作用的形式,它通过与 PBAD 启动子结合进行调节。在没有阿拉伯糖时,Pr 形式占优势;一旦有阿拉伯糖存在,它就能够与 AraC 蛋白结合,使平衡趋向于 Pi 形式。这样,阿拉伯糖的诱导作用就可以解释为阿拉伯糖与 Pr 的结合,使 Pr 离开它的结合位点,然后产生大量的 Pi,并与启动子结合。它的调节作用可以归纳为以下四种情况。

(1)葡萄糖很丰富且没有阿拉伯糖的情况下,AraC 蛋白以二聚体形式同时与 ara02 和 ara I 结合,导致 DNA 环化,形成一个约 210 bp 的一个环,在这种结构下启动子 P_{BAD} 的转录被抑制,阻遏结构基因 araBAD 的表达,见图 7-16A。

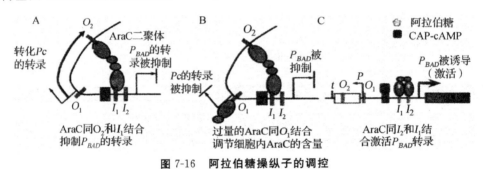

图 7-16 阿拉伯糖操纵子的调控

(2)阿拉伯糖和葡萄糖的浓度都很低时,虽然细胞内有 CAP-cAMP 复合物存在,由于单有 CAP-cAMP 与 CAP 结合位点的结合并不能直接促进 P_{BAD} 的转录,因此 AraC 蛋白仍以 Pr 形式为主,araBAD 的表达被抑制。此时 AraC 以二聚体形式与 ara02 和 araI 同时结合,作为阻遏蛋白起作用,见图 7-16B。

(3)当不存在葡萄糖只存在阿拉伯糖时,CAP-cAMP 很丰富,它们结合于 araI 附近,而阿拉伯糖与 AraC 蛋白的 Pr 构象形式结合,使 Pr 构象形式改变,离开操纵基因位点,之后转变为 Pi 构象形式,此时 DNA 环被打开,结合于 araI 位点的 AraC 蛋白被激活后与 CAP-cAMP 协同诱导 araBAD 基因的转录,操纵子充分激活,见图 7-16。

(4)阿拉伯糖和葡萄糖都很丰富时,araBAD 的表达也被抑制。此时 AraC 与阿拉伯糖结合而发生构象的变化,以 Pi 形式存在,不再与 ara02 结合,但因为没有 CAP-cAMP 与 CAP 结合位点结合,故不能启动 PBAD 的转录。虽然其机制尚未完全阐明,但至少可以明确,araBAD 基因的转录同时依赖于 AraC 和 CAP-cAMP 复合物。

研究结果也显示,当 araC 基因内发生点突变或缺失突变时,将产生不能合成 AraBADmRNA 的 araC 突变株。当反应体系只含有 ara 操纵子 DNA 和 RNA 聚合酶,并加上 AraC 蛋白和 CAP-cAMP 复合物中的一种时,AraBAD 的转录不能起始。这说明只有 AraC 蛋白和 CAP-cAMP 协同作用才能起始 AraBAD 的转录。除非 AraC 蛋白和 CAP-cAMP 同时存在,否则 RNA 聚合酶不能与 ara 操纵子 DNA 相结合。

7.3.5　组氨酸操纵子

1. 组氨酸利用操纵子

许多氨基酸除了能被用来合成蛋白质以外,还可以在碳源或氮源不足时作为能源维持细胞的生长。由于这种双重作用,氨基酸的降解受到严格的调控。在产气克氏菌和沙门氏杆菌中,组氨酸能被降解成氨、谷氨酸和甲酰胺,参与基础能量的代谢,与 His 降解代谢有关的两组酶类被称为 Hut 酶,控制这些酶合成的是组氨酸利用操纵子。

组氨酸利用操纵子共编码四种酶和一个阻遏物。四种酶分别由 hutG、hutH、hutI 及 hutU 基因编码,阻遏物则由 hutC 基因编码。在产气克氏菌中,以上基因构成两个转录单位,hutU,hutH 和 hutI、hutG、hutC 分别被转录合成两条 mRNA 链,这两个转录单位各自都有一个启动子(分别是 P_u 和 P_i)和一个操纵区,转录过程都是从左向右进行,见图 7-17。hutC 阻遏物能与每个操纵区相结合。组氨酸利用操纵子的诱导物是组氨酸,在 hutH 基因产物作用下生成尿氨酸,但是诱导过程的完成要加入组氨酸。尿苷酸与阻遏物结合并使其失去活性,以保证每个转录单位上游的启动子区处于自由状态。组氨酸利用操纵子的全面激活需要一个正调节因子。组氨酸利用操纵子有两个不同的正调节因子,其中任何一个都可促进 RNA 聚合酶与启动子区的结合从而启动转录。

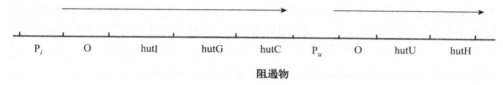

图 7-17　组氨酸利用操控子遗传学图谱
箭头表示两个不同的 RNA 分子

当细胞生长环境中碳、氮来源受到限制时,组氨酸利用操纵子负责提供给细胞碳和氮。无论组氨酸作为的是唯一的碳源还是唯一的氮源,组氨酸利用操纵子都会处于活性状态。组氨酸利用操纵子的每一个启动子上都有 cAMP-CRP 结合位点,当氮源不足时,氮源缺乏信号诱导活化的谷氨酰胺合成酶大量积累,进而作为正控制调节因子启动组氨酸利用操纵子的开启与基因的转录。当碳供应匮乏时,ATP 转化为 cAMP,形成 cAMP-CRP 复合物,并与操纵区上的相应位点结合,诱发基因转录。

2. 组氨酸合成代谢操纵子

组氨酸合成代谢操纵子是控制组氨酸合成的操纵子。组氨酸操纵子由启动子、前导序列、操纵基因、结构基因、衰减子、终止子等构成。鼠伤寒沙门氏菌组氨酸合成代谢中的九个结构基因组成一个操纵子,在上游有五个调节基因控制。在没有外源组氨酸时,它表达出组氨酸进行蛋白质的合成;在有外源组氨酸时,组氨酸合成酶系的活性和酶的合成都受到阻遏。一方面组氨酸对已有的酶起反馈抑制作用;另一方面组氨酸作为酶阻遏物激活无活性的阻遏物蛋白,从而结合到操纵基因上,再加上衰减子所起到的衰弱作用,组氨酸的合成可大大减弱,从而达到节约的目的。

表 7-2 总结了四种类型操纵子的主要调控特点。虽然在操控机理上可以将操纵子分为正/负系统及诱导/遏制类型,但启动一个操纵子的表达往往同时受到多种类型的调控。

表 7-2　操纵子调控类型及特征

调控类型	正常转录	调节蛋白	调节蛋白效应	效应物的作用
负控制诱导系统	关闭	活性的阻遏蛋白	抑制转录	活性阻遏蛋白
负控制阻遏系统	开放	失活的阻遏蛋白	抑制转录	激活遏制蛋白
正控制诱导系统	关闭	失活的激活蛋白	激活转录	激活激活蛋白
正控制阻遏系统	开放	活性的激活蛋白	激活转录	失活激活蛋白

7.4　λ 噬菌体调控级联

7.4.1　λ 噬菌体

1.λ 噬菌体的基因组结构

λ 噬菌体是一种感染大肠杆菌的病毒。λ 噬菌体的基因组是由 48 502 bp 组成的双链 DNA，约有 46 个编码蛋白质的阅读框。在感染大肠杆菌以后，有两条繁殖途径：一条是将其基因组整合到细菌染色体上，成为细菌染色体的一部分，随着染色体的复制而复制。这一途径称为溶源途径。这种整合有噬菌体基因组的细菌称为溶源菌，溶源化细菌一般不被同种噬菌体再次侵染，这是一种免疫现象。λ 噬菌体感染宿主后也可以利用细菌细胞内的养料繁殖出更多的病毒粒子，最终使宿主裂解而死亡，从而侵染更多的菌，这一途径称为裂解途径。

2.λ 噬菌体的基因

噬菌体 λ 的基因可分为立即早期基因，延迟早期基因和晚期基因。

立即早期基因包括 N 和 Cro 基因，分别编码 N 蛋白和 Cro 蛋白。这两个调控蛋白的基因在噬菌体侵染细菌后，首先由寄主的 RNA 聚合酶转录。

延迟早期基因包括 O 蛋白和 P 蛋白 2 个与复制有关的基因，7 个与重组有关的基因和另外 3 个调节蛋白基因。这 3 个调控蛋白是 Q 蛋白和 CⅡ、CⅢ。Q 蛋白是抗终止因子，使 RNA 聚合酶进入晚期基因继续转录，与噬菌体进入裂解状态有关。CⅡ和 CⅢ用于 λ 阻遏蛋白 CⅠ的合成，与噬菌体进入溶源状态有关。

晚期基因包括 10 个编码噬菌体头部蛋白质的基因；11 个编码尾部蛋白质的基因；2 个与裂解有关的蛋白质的基因。

中间的基因是 CⅠ基因，它的表达产物是调控蛋白 CⅠ。调控蛋白 CⅠ是决定噬菌体是进入溶源途径还是进入裂解途径的关键(图 7-18)。

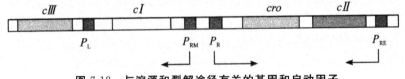

图 7-18　与溶源和裂解途径有关的基因和启动因子

3.λ噬菌体的调节蛋白

噬菌体λ使用不同的调节蛋白对环境的改变做出相应的反应。

①调控蛋白C。噬菌体λ成功地侵染细胞后,可以使菌落产生透明的噬菌斑,所以有些调节蛋白用C命名。其中,CⅡ与P_{RE}结合后,就启动了cⅠ的转录;与P_I结合后,就转录整合酶的基因。CⅢ由P_L向左转录后合成。CⅢ主要功能是保护CⅡ对抗降解。

CⅠ是噬菌体入的阻遏蛋白,具有激活和抑制转录的双重功能。只有当阻遏蛋白CⅠ与O_R结合后,RNA聚合酶才能从P_{RM}开始转录cⅠ基因。所以,CⅠ对自身的合成与维护是必需的,这是一种正调控。CⅠ与O_R和O_L结合后可以封闭cro和其他基因的转录(负调控),封邕闭裂解途径,同时维护自身的合成。

②N蛋白和Q蛋白。N蛋白是一种激活蛋白,具有抗转录终止的作用,它可加强P_L和P_R启动子的作用,使转录进入延迟早期。Q蛋白也是抗终止蛋白,它使转录进入晚期基因。

③Cro蛋白。Cro蛋白是负调控因子。Cro蛋白与P_{RE}结合,就阻止cⅠ的转录;Cro蛋白与P_{RE}和P_L结合,就使立即早期基因关闭。

4.λ噬菌体的启动子

λ噬菌体基因组具有几个功能不同的启动子,分别负责不同基因的转录,就像lac启动子一样,每个启动子都含有启动子序列和操纵序列,两种序列也有部分碱基的重叠。需要注意的是,几个启动子转录的方向并不相同。以cⅠ基因为中心,可以把噬菌体的基因组分为左、右两个转录单位。这里主要介绍右侧的转录单位及其调控,左侧转录单位的很多调控方式与右侧的相同。

首先从cⅠ基因向右看,启动子依次为P_{RM}、P_R和P_{RE}。P_R负责向右转录延迟早期以及与裂解周期有关的基因,它是一个强启动子。

P_{RM}和P_{RE}向左转录,与阻遏蛋白CⅠ的合成有关。但是二者的功能略有不同:P_{RE}负责在一个原本没有CⅠ蛋白的细胞中起始合成这个调控蛋白,也就是负责CⅠ蛋白浓度的建立。当细胞中有了CⅠ蛋白以后,P_{RM}负责CⅠ蛋白浓度的维持。两个启动子都是弱启动子,PRE的活性需要CⅡ-CⅢ蛋白存在,PRM的活性需要上游有激活因子存在,这个激活因子就是CⅠ蛋白本身。

P_{RM}和P_R之间有三个操纵序列的位点:O_{R1}、O_{R2}和O_{R3}。O_{R1}与P_R有重叠,O_{R3}与P_{RM}有重叠,O_{R2}与P_{RM}和P_R都有重叠(图7-19)。

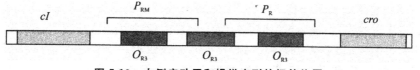

图7-19 右侧启动子和操纵序列的相关位置

从cⅠ向左看,P_L向左转录延迟早期基因,P_{Int}向左转录整合酶基因。P_L也含有三个位点:O_{L1}、O_{L2}和O_{L3}。

7.4.2 裂解周期中的级联调控

1. 立即早期的基因表达

当λ噬菌体侵入大肠杆菌细胞后,宿主细胞的RNA聚合酶便开始从P_L向左转录N基因,从P_R向右转录cro基因,合成两种早早期mRNA,它们的转录分别终止于t_{L1}和t_{R1}(图7-20)。

从 P_R 至 t_{R1} 转录的 mRNA 编码的蛋白质 Cro 是一种主要的噬菌体侵染周期调节蛋白。从 P_L 至 t_{L1} 转录的 mRNA 编码的 N 蛋白是一种抗终止蛋白，它使 RNA 聚合酶能够通过 t_{L1} 和 t_{R1}，转录外侧的晚早期基因。nut 是抗终止蛋白的识别序列，位于启动子和终止子之间，包括两个序列元件盒 A 盒 B 盒。

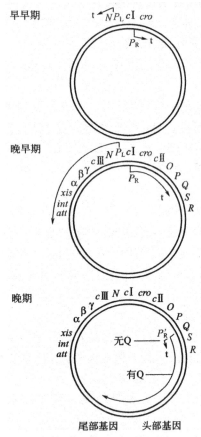

图 7-20　λ 噬菌体早早期基因、晚期基因和晚晚期基因

2. Q 蛋白质的抗终止作用与晚期基因表达

晚早期基因中包括 cro、cⅡ cⅢ 和 Q 等调控基因（图 7-21），其中 Q 蛋白也是一个抗终止蛋白，它抑制 t_{R3} 终止子的作用，使 RNA 聚合酶继续合成晚期基因。晚期基因包括编码噬菌体头部蛋白和尾部蛋白的基因，以及两个裂解基因，这些基因组织成一个单独的转录单位。表达晚期基因的启动子（$P_{R'}$）位于 Q 和 S 之间，为一组成型启动子。但是当缺少 Q 蛋白时，转录终止于 t_{R3} 位点，产生一长度为 194 nt 的转录产物，称为 6S RNA。当有 Q 蛋白存在时，t_{R3} 的终止子作用被抑制，结果晚期基因得以表达。与 N 蛋白的作用机制不同，Q 蛋白的识别序列 Q_{BE} 位于晚期启动子 $P_{R'}$-10 和-35 区之间（图 7-21）。在无 Q 蛋白时，聚合酶从 Q_{BE} 起始转录，但很快出现暂停，接着它会继续转录至 t_{R3}。如果存在 Q 蛋白，聚合酶一旦离开启动子，Q 蛋白就会结合 QBE，当从 pn,起始的转录出现暂停时，Q 蛋白就会转移至 RNA 聚合酶。一旦结合有 Q 蛋白，RNA 聚合酶就能够通过 t_{R3} 继续转录。

通过分析阻止 N 蛋白抗终止作用的大肠杆菌突变菌株，鉴定出了几种与抗终止作用有关的宿主蛋白质，以 Nus 命名，分别是 NusA、NusB、NusE 和 NusG。在未被侵染的细胞中，这些蛋

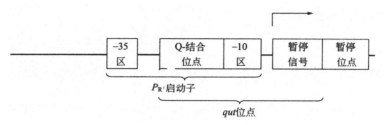

图 7-21　Q 蛋白的识别位点

白质执行另外的功能。NusA 是一种高度保守的转录因子,参与转录的暂停和终止作用。在转录起始不久,σ 因子从 RNA 聚合酶上解离下来后,NusA 就结合到核心酶上。实际上,NusA 的功能是通过增加 RNA 聚合酶在终止子发夹结构处停顿的时间促进转录终止的。NusA 和 σ 因子不能同时与聚合酶的核心酶结合。只要 RNA 聚合酶还结合在 DNA 上,NusA 就不会脱离聚合酶。然而,一旦 RNA 聚合酶脱离了 DNA 分子,σ 因子就会取代 NusA 与核心酶结合。因此,RNA 聚合酶存在两种形式,一种是与 NusA 结合、能够终止转录的形式,另一种是与 σ 因子结合、能够起始转录的形式,NusE 实际上是核糖体小亚基的一个蛋白质(S10)。

　　图 7-22 描绘的是 N 蛋白介导的抗终止作用。当 nut 被转录成 RNA 后,boxB 形成一个茎环结构,能够与 N 蛋白发生相互作用,而线形的 boxA 是 NusB 和 NusE 异二聚体的结合位点。当 nut 出现在新生 RNA 链上时,N 蛋白与 nut 的 boxB 结合,并与 RNA 聚合酶上的 NusA 相互作用,紧接着 NusB、NusE 和 NusG 快速结合上去形成一个稳定的抗终止作用复合体。这种复合体能够沿 DNA 移动,抑制在 Rho 依赖型和 Rho 非依赖型终止位点处发生的终止作用,向左、向右转录晚早期基因。

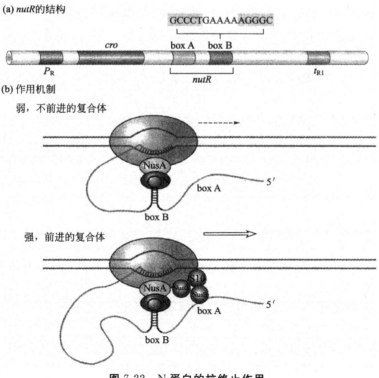

图 7-22　N 蛋白的抗终止作用

7.4.3 λ噬菌体的基因表达

当噬菌体λ成功地侵染一个细胞后,既可能进入溶源途径也可能进入裂解途径。两个途径都需要立即早期基因的表达,两个途径的分化在于调控蛋白CⅠ的合成与使用。

1. 溶源途径

噬菌体侵染大肠杆菌细胞后,由寄主的RNA聚合酶转录2个立即早期基因。从P_R开始向右转录cro基因,翻译后形成Cro罩白。从P_L开始向左转录N基因,进一步合成N蛋白。2个立即早期基因的转录终止于自己的终止位点。

N蛋白是一个抗终止作用蛋白,它与RNA聚合酶相互作用,抑制RNA聚合酶使用正常的终止位点t_R和t_L,使转录进一步延伸进入延迟早期基因。向左继续转录CⅢ和整合酶基因,向右继续转录CⅡ和O、P基因。CⅡ、CⅢ蛋白合成后,与启动子P_{RE}结合,开始左向转录cⅠ基因。转录同时抑制了cro基因的转录。

CⅠ蛋白与右边操纵序列的O_{R1}、O_{R2}和O_{R3}三个位点结合,其结合是一种协同的作用。CⅠ蛋白对O_{R1}的亲和力最强,是对O_{R2}的10倍,对O_{R3}亲和力最弱。CⅠ蛋白对三个位点亲和力的差别表明:占据O_{R2}位点所需CⅠ浓度要比占据O_{R1}时的浓度高10倍。所以,CⅠ蛋白浓度很低时首先占据O_{R1}位点,然后促使另外的CⅠ蛋白结合在O_{R2}位点上,这便是协同作用的意义。

O_{R1}位点与P_R有重叠,CⅠ蛋白的结合封闭了RNA聚合酶从P_R和P_L的继续转录,Cro、CⅡ等蛋白质不能继续合成,晚期基因的产物也都不能合成。晚期基因的封闭使合成的CⅠ蛋白能够建立溶源状态。与整合有关的蛋白质把噬菌体DNA插入寄主的基因组中,形成原噬菌体。

CⅠ蛋白占据O_{R1}和O_{R2}后就成为RNA聚合酶在PRM上的激活因子,从而促进自身基因的转录。CⅠ基因从P_{RM}开始的转录用于维持溶源状态。

当浓度更高时,CⅠ蛋白除了与O_{R1}和O_{R2}外结合,还能与亲和性较小的O_{R3}结合,阻止cⅠ基因本身的转录。从而保持细胞内的CⅠ蛋白浓度在10～20个分子,使其维特溶源状态。这就是CⅠ蛋白的自体调控作用。

CⅠ蛋白还可以与P_L的操纵序列结合。O_L也有三个位点O_{L1}、O_{L2}和O_{L3},CⅠ蛋白对O_{L1}的亲和力最强。当CⅠ蛋白与O_L结合后,就封闭了从P_L向左的转录。

CⅠ蛋白是种由236个氨基酸组成的酸性蛋白,碱性氨基酸只占10%,大部分集中在N端。有活性的GⅠ阻遏蛋白是由两个单体组成的二聚体,每个单体含有两个不同的结构域,中间由一个柔性的连接区连接。它的N端可与DNA结合,是DNA的结是DNA结合域,每个CⅠ二聚体与一个位点结合。阻遏蛋白是由两个单体组成的,每个单体的C端结构中含有二聚化和四聚化功能区(图7-23)。

2. 裂解途径

如果细菌的生存条件较好,可以获得丰富的营养,细胞内的各种代谢活动就会非常活跃,生长和繁殖也会非常旺盛。此时的噬菌体将进入裂解途径,尽可能合成更多的病毒粒子,尽可能侵染更多的健康细菌。

生长旺盛的细菌细胞中各种代谢活动非常活跃,蛋白酶的含量和活性也很高。蛋白酶把λ噬菌体的CⅠ蛋白水解,使它从O_RDNA上脱离。CⅠ蛋白从DNA上解离为其他的蛋白质留出了空间。RNA聚合酶可以从P_R和P_L开始转录。首先转录的cro基因合成了Cro蛋白。Cro蛋白也是一种调节蛋白,也可以与O_{R1}、O_{R2}和O_{R3}结合。与CⅠ蛋白相反,Cro蛋白对O_{R3}的亲和

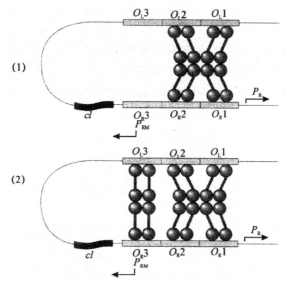

图 7-23　阻遏蛋白在 O_R 和 O_{L1}、O_{L2} 的相互作用

力最高,其次才是 O_{R2} 和 O_{R1}。Cro 蛋白浓度很低时,就可以占据 O_{R3},抑制 RNA 聚合酶从 PRM 转录 CⅠ基因,由此关闭了 CⅠ蛋白的合成。溶源状态瓦解(图 7-24)。

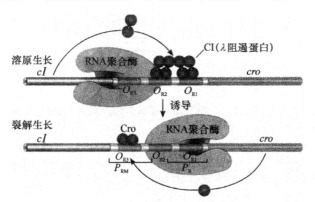

图 7-24　噬菌体 λ 的阻遏蛋白 CⅠ和调节蛋白 Cro 作用

　　N 蛋白的抗终止作用使转录进入延迟早期基因;O、P 蛋白的合成使噬菌体 DNA 开始复制;Q 蛋白的抗终止作用使转录进入晚期基因,合成噬菌体颗粒头部和尾部的蛋白质。大量的病毒粒子得以合成,噬菌体进入裂解途径。如果细菌受到伤害,也会使 CⅠ蛋白的肽链断裂,使入噬菌体进入裂解途径,以逃避灾害。

7.4.4　裂解生长和溶源生长的选择

　　λ 噬菌体侵入细胞后启动的分子事件既可以使噬菌体进行溶源生长,也可以使之进行裂解生长,那么,决定噬菌体在一个宿主细胞内选择溶源生长或裂解生长途径的因素又是什么? 现在人们对这一问题了解得还不是十分清楚。当环境条件有利于宿主细胞生长时,噬菌体倾向于选择裂解生长;当环境条件对宿主细胞的生长不利时,噬菌体更多地选择溶源生长,其中的原因或许是处于饥饿状态的细胞不能够为裂解生长提供代谢需求物质有关。

宿主细胞 hfl 基因编码的一种特异的蛋白酶(Fts H)降解 CⅡ 蛋白。当营养丰富时,宿主细胞 Fts H 活性就高,CⅡ 被有效降解,CⅠ 蛋白不能合成,噬菌体倾向于裂解生长[图 7-25(a)]。在不利的环境条件下,FtsH 活性低,CⅡ 的降解速度慢,CⅡ 积累,CⅠ 占优,噬菌体倾向于溶源生长[图 7-25(b)]。缺少 hfl 基因的细胞几乎总是在被入感染时形成溶源细胞。CⅡ 的水平也受 CⅢ 的调节,CⅢ 能够保护 CⅡ 免受 Fts H 的降解,这又增加了调控的复杂性。这些观察结果表明,溶源生长和裂解生长的选择取决于转录调控蛋白 CⅡ 的稳定性,而 CⅡ 的稳定性又取决于宿主细胞的生理状态。

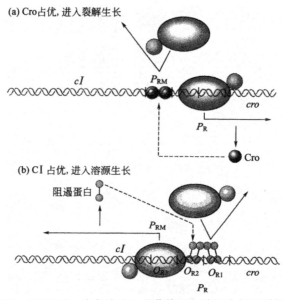

图 7-25　CⅠ 和 Cro 竞争决定 λ 噬菌体进入溶源生长和裂解生长

7.4.5　前噬菌体的诱导

DNA 损伤可以诱导前噬菌体的释放。例如,当溶源菌受到紫外线照射时,DNA 损伤会激活 RecA 蛋白。被激活的 RecA 蛋白刺激几种蛋白质发生自我切割,这其中就包括 CⅠ 蛋白。切割反应除去了阻遏蛋白 C 端结构域,阻遏蛋白从 DNA 分子上脱落下来、且不能形成二聚体(图 7-26),从而解除了对 cro 基因的抑制作用。与 CⅠ 类似,Cro 蛋白以二聚体的形式结合于入操纵位点。然而,Cro 二聚体对 3 个操纵位点的亲和力的顺序是 $O_{R3} > O_{R2} > O_{R1}$,刚好与 CⅠ 的结合顺序相反。Cro 与 O_{R3} 结合关闭了 $cⅠ$ 基因从 PRM 开始的转录。随着 $cⅠ$ 浓度的降低,它对 P_L 的抑制作用也被解除,于是 N 基因开始转录。N 蛋白允许转录越过 t_L 和 t_R 位点,合成裂解生长所需的蛋白质。

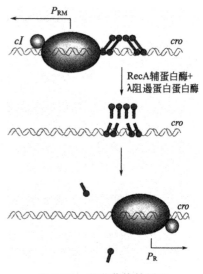

图 7-26　原噬菌体的诱导

7.5　基因表达的翻译调控

7.5.1　翻译的自我调控

原核生物 mRNA 在翻译水平上的自我调控可以两种方式,即蛋白质作为调控分子,也可能通过 mRNA 的二级结构起着调控作用。

1. mRNA 的调控受自我蛋白质产物的调控

翻译产物蛋白质直接控制自己 mRNA 的可翻译性。这类自我调控的特点是 mRNA 翻译产物作为一种阻遏蛋白来起调控作用的。这类例子如表 7-3 所示,RNA 噬菌体 T4 噬菌体的 Reg-gA 蛋白、T4 DNA 聚合酶和 T4 P32、R17 的外壳蛋白等。还有,细菌核糖体蛋白质操纵子内各个基因表达特异性的调控就是靠自我调控机制来实现的。

表 7-3　结合 mRNA 的自体蛋白可阻遏翻译

阻遏蛋白	靶基因	作用位点
R17 的外壳蛋白	R17 复制酶	包含核糖体结合位点的茎环结构
T4 RegA 蛋白	早期 T4mRNA	包含起始密码子的各种序列
T4 DNA 聚合酶	T4 DNA 聚合酶	SD 序列
T4 P32	基因 32	单链 5′端前导序列

(1)核糖体的自我调控

在 *E. coli* 中,约 70 种基因构成各种自我调控系统,其中核糖体蛋白质基因是它们的主要组分。在这些系统中,各种核糖体蛋白质往往是它们的调控蛋白。这些编码核糖体蛋白的基因、RNA 聚合酶亚基的基因以及蛋白质合成因子基因等单拷贝的基因构成一系列多顺反子的操纵子(图 7-27)。

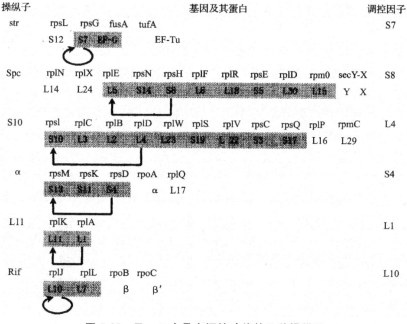

图 7-27　*E. coli* 中具有调控功能的几种操纵子

每种操纵子都以第一个基因来命名,图中灰色部分表示受操控蛋白的调节,在图 7-27 中所列举的操纵子中,很多基因是核糖体蛋白质基因。在每个操纵子中又具有功能上差异很大的基因。str 操纵子有核糖体小亚基的基因、EF-G 和 EF-Tu 的基因。spc 和 S10 操纵子含有核糖体大亚基、小亚基的基因,它们相间排列(图 7-28)。α 操纵子含有核糖体小亚基基因,又含有 RNA 聚合酶 a 亚基的基因。rif 操纵子含有核糖体大亚基、RNA 聚合酶 β 和 β′亚基的基因。

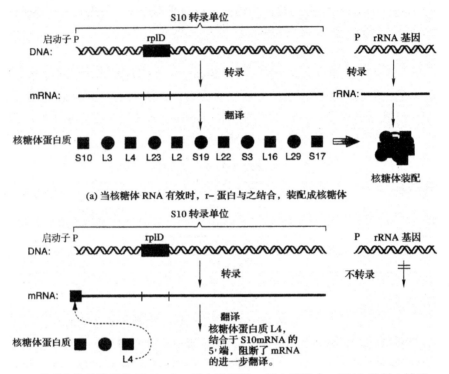

图 7-28　核糖体蛋白质操纵子的自我调控

核糖体蛋白质作为调控因子,除了调控自己所在操纵子的 mRNA 之外,还可以直接与核糖体 RNA 结合,使得核糖体蛋白质的合成与 rRNA 的合成连接成一个体系。假设这样一种模型:核糖体蛋白质在 rRNA 上结合位点的结合能力、亲和性比对它本身 mRNA 的结合能力强,因此只要有任何游离的核糖体蛋白质存在,优先结合于 rRNA。新合成的核糖体蛋白质与 rRNA 结合装配成核糖体。若无游离的蛋白质结合于它们的 mRNA,mRNA 的翻译将持续地进行。一旦 rRNA 的合成水平降低或停止,游离的核糖体蛋白质开始积累。它们就作为调控蛋白,有效地结合于它们自己的 mRNA,阻遏它的进一步翻译。这个调控方式保证了细胞内各种核糖体蛋白质都对 rRNA 的水平迅速作出反应。尽管它们分散在各种不同的操纵子内,它们仍可以敏感地作出反应,一旦核糖体的装配已完成,有剩余的游离蛋白质亚基,该蛋白质的翻译即告暂停。按照这种调控模式,通过 rRNA 水平的控制,细胞可以控制核糖体各组分的合成需求。

自我调控是大分子复合体中各蛋白质组分合成的一种共同的调控模式。复合体本身是一种巨大的分子,不适宜作为调控因子,而是以游离的前体亚基作为调控因子,随着大分子复合体的装配完成,游离亚基积累,对 mRNA 的 5′端调控区结合,关闭掉多余的进一步合成。在真核细胞中,也存在装配大分子的亚基进行自我调控的类型。微管蛋白是形成微管的单体,是真核细胞中主要的丝状系统。微管蛋白 mRNA 的翻译受到游离微管蛋白库的调控。当库内浓度达到一定水平时,微管蛋白 mRNA 进一步翻译受到阻碍。游离微管蛋白的浓度决定了单体是否还需要合成。游离的微管蛋白可以直接结合于 mRNA 上,或者结合于新生肽相应的区段。无论哪一种模型或假说都表明,过量的游离微管蛋白还可以导致其 mRNA 降解(图 7-29)。

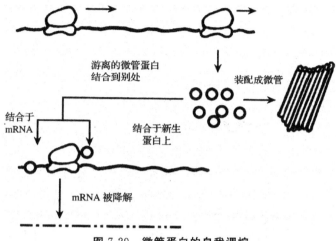

图 7-29　微管蛋白的自我调控

(2)释放因子 RF2 的自我调节

释放因子 RF2 可以识别终止密码子 UAA 和 UGA。RF2 的结构基因编码 340 个氨基酸残基。RF2 本身的密码并不连续排列,在第 25 和 26 位密码子之间插入一个 U,这个 U 与第 26 位密码子(GAC)的头两个核苷酸重新组成三联体,成为终止密码子 UGA。在 RF2 不足的条件下,核糖体在此"迟疑"、停顿片刻、作出 +1 移格的决定,略去 U,将第 26 位密码子 GAC 读成 Asp,并且完成整个 RF2 的翻译工作。RF2 本身成为一个调控蛋白,根据自己的丰度,决定翻译提前终止、半途而废,或是 +1 移格而坚持到自身翻译的完成。在 RF2 数量充足时,RF2 识别这个终止密码子,使核糖体在此终止 RF2 的合成,释放出只有 25 个氨基酸残基的短肽,不具有 RF2 作为终止因子的活性。

RF2 的 +1 移格是基于滑动 tRNA 和移格位点前后密码子之间特异性相互作用。第 22、23位密码子相当于 SD 序列,可以和 16S rRNA 的 3′端配对,此配对力量似乎可以拖曳 mRNA,使核糖体产生 +1 移格。

2.mRNA 二级结构对翻译的控制

通常 mRNA(单链)分子自身回折产生许多双链结构,经计算,原核生物有约 66% 的核苷酸以双链结构的形式存在。遗传信息翻译成多肽链起始于 mRNA 上的核糖体结合位点。mRNA 的翻译能力主要受控于 5′端的 SD 序列,SD 序列与 16S rRNA3′端的相应序列配对对于翻译的起始是很重要的。强的控制部位导致翻译起始频率高,反之则翻译频率低。此外,mRNA 采用的密码系统也会影响其翻译速度。大多数氨基酸由于密码子的简并性而具有不止一种密码子,它们对应的 tRNA 的丰度也差别很大,因此采用常用密码子的 mRNA 翻译速度快,而稀有密码子比例高的 mRNA 翻译速度慢。mRNA 的二级结构是翻译起始调控的重要因素。因为核糖体的 30S 亚基必须与 mRNA 结合,才能开始翻译,所以要求 mRNA5′端要有一定的空间结构。核苷酸的变化改变了形成 mRNA5′端二级结构的自由能,mRNA 二级结构隐蔽 SD 序列,影响了核糖体 30S 基与 mRNA 的结合,因而,SD 序列的微小变化导致表达效率上百倍甚至上千倍的差异,会造成蛋白质合成效率上的差异。

  $E.coli$ 的 RNA 噬菌体 MS2、R17、f2 和 Q_β 都非常小,只编码四个基因:A 基因(附着蛋白)、rep(复制酶)、CP(衣壳蛋白)和 Lys(裂解蛋白)。当它们进入宿主细胞后,由于 A 基因或者 rep 基因的核糖体结合位点被封闭在二级结构中保护起来,核糖体附着在 CP 基因上的核糖体结合位点上,而不是附着在 A 蛋白质基因或者 rep 基因。当核糖体阅读到 CP 位点时,使二级结构的氢键断裂,将下游的 rep 位点冲开,核糖体才能与之结合翻译出复制酶。可见,rep 基因的表达依赖于 CP 位点和核糖体的结合。当衣壳蛋白量很多时,它可以与 rep 基因的核糖体结合位点结合,封闭 rep 基因的表达,避免合成过多的复制酶造成的浪费。新合成的复制酶和宿主细胞合成的 Tu、Ts、S1 蛋白结合组成复制复合体。复制复合体组成以后,以噬菌体的 RNA 为模板,合成新的负链,再以负链为模板合成正链。A 蛋白的翻译是趁着以负链为模板复制时,新合成的正链尚未形成二级结构之前,核糖体结合到 A 位点上,开始翻译。

  由此可见,mRNA 的二级结构可以通过影响核糖体的结合而实行在翻译水平的调控。另外,抗红霉素基因利用 mRNA 的二级结构来改变甲基化酶的表达也是一个典型的例子。抗红霉素基因的 mRNA 前导序列中有四段反向重复序列,可以配对形成二级结构。当环境中没有红霉素时,1-2 和 3-4 配对,形成二级结构,而编码甲基化酶基因的 SD 序列正好处于 3-4 之间,被隐蔽起来,核糖体无法识别,翻译了前导肽后便脱离下来,因此不能产生甲基化酶(图 7-30)。

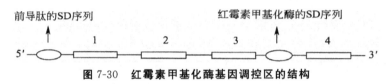

图 7-30　红霉素甲基化酶基因调控区的结构

7.5.2　反义 RNA 对翻译的调控

  反义 RNA 是与 mRNA 互补的 RNA 分子,可被用于基因表达调控。反义 RNA 通常由独立的基因编码,合成后与 mRNA 的互补区退火,阻止 mRNA 与核糖体结合,因而阻断了 mRNA 的翻译(图 7-31)。

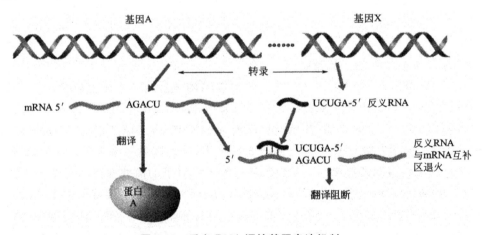

图 7-31　反义 RNA 调控基因表达机制

细菌铁蛋白被细菌用来储存细胞中多余的铁元素,所以只有当细胞内的铁离子浓度升高时,细菌才需要合成铁蛋白。细菌铁蛋白由 *bfr* 基因编码,其表达受 *anti-bfr* 基因编码的反义 RNA 的调控。*bfr* 基因的转录不受细胞内铁浓度的影响,但是 *aanti-bfr* 基因的转录受到调节蛋白 Fur 的控制。Fur 能够感应细胞内铁的水平。当细胞内有充足的铁时,Fur 作为抑制蛋白关闭一组使细胞能够适应缺铁环境的操纵子。另外,Fur 也关闭反义 *bfr* 基因,解除反义 *bfr* 对 *bfr* mRNA 的封阻,细胞产生细菌铁蛋白。在低铁条件下,反义 *bfr* 基因被转录,产生反义 RNA,阻止细菌铁蛋白的合成。

7.5.3　稀有密码子的调控

E. coli DNA 复制时,冈崎片段引物 RNA 的合成是由引物酶催化,引物酶由基因 dnaG 编码,它的操纵子组成是 rpsU-dnaG-rpoD。其中 rpsU 编码核糖体小亚基 S21 蛋白,细胞内浓度为 40 000 个分子/细胞。rpoD 编码 RNA 聚合酶的 σ 亚基,2 800 个分子/细胞。dnaG 编码合成冈崎片段引物 RNA 的引物酶,50 个分子/细胞。如何在翻译过程中使它们的产物保持一定的比例? 机理是利用稀有密码子,使 dnaG 的翻译十分缓慢,分子浓度大大下降。

若以 Ile 的密码子 AUU,AUC,AUA 作统计,比较密码子的利用频率。

25 种非调节蛋白的密码子	AUU 37%	AUG 62%	AUA 1%(405 个 Ile)
dnaG 中的密码子	AUU 36%	AUG 32%	AUA 32%(22 个 Ile)
ropD 中的密码子	AUU 26%	AUG 74%	AUA 0%

由此可见,在 25 种非调节性蛋白和 roP 蛋白的密码子中,AUA 的使用频率较低,是稀有密码子,而 dnaG 中出现的频率很高,明显不同。结果稀有密码子的出现延长了核糖体在 mRNA 上移动的时间,降低了 RNA 引物酶的翻译速度,以此来调节不同蛋白质的细胞浓度。

7.5.4　重叠基因与翻译调控

重叠基因最早是在 *E. coli* 噬菌体 ΦX174 中发现,例如 B 基因包含在 A 基因内,E 基因包含在 D 基因内,用不同的阅读方式得到不同的蛋白质,当时认为重叠基因的生物学意义是它可以包含更多的遗传信息。后来发现丝状的 RNA 噬菌体、线粒体 DNA、插入序列,甚至在细菌染色体上也找到有重叠基因存在,说明重叠基因可能对基因表达的调节起着重要作用。下面以色氨酸操纵子中的 trpE 基因和 trpD 基因之间的翻译偶联现象来说明这个问题。

色氨酸操纵子由 trpEDCBA 五个基因组成,在正常情况下操纵子中五个基因产物是等克分子的,但发现 trpE 突变后,其邻近的 trpD 的产量比下游的 trpBA 的产量要低,遗传学实验证明这种极性效应是在翻译水平上的,当 trpE 能翻译时,trpD 也能翻译,这种依赖性便称为翻译偶联。

考察 trpE 和 trpD 以及 trpC 和 trpB 两对基因中核苷酸顺序对翻译偶联现象提供了线索,trpE 基因的终止密码和 trpD 的起始密码之间只相隔一个核苷酸,是重叠的。

trpE—Tht—phe—终止

ACU—UUC—UGA—UGGCU

Met—Ala—trpD

而在 trpC 和 trpB 之间相隔 11 个核苷酸,由于 trpE 与 trpD 的终止密码与起始密码重叠,trpE 翻译终止时的核糖体立即处在起始环境中,这种重叠的密码便是保证同一核糖体对两个连续基因进行翻译的机制。但对相隔几个核苷酸的 trpC 和 trpB 则不存在这种翻译偶联。在细菌细胞内 trpE 和 trpD 的产物分别以等克分子结合成具有功能的四聚体，而 trpC 和 trpB 则不形成复合物。trpB 和 trpA 的产物也是以等克分子结合，虽然现在还没有发现翻译偶联现象，但这两个基因的核苷酸顺序却也是重叠的。

trpB—Glu—Ile—终止

GAA　AUCUGAUG　GAA

Met-GIU-trpA

7.5.5　一些 mRNA 分子必须经过切割才能被翻译

通常，原核生物的转录产物无需加工即可以成为翻译的模板。但是，在少数情况下原核生物的 mRNA 需要经过加工才能成为成熟的 mRNA。在大肠杆菌中，鸟氨酸脱羧酶基因 *speF* 的转录产物在被 RNaseⅢ 切割后，翻译效率要提高 4 倍左右。而 *adhE* 基因（编码乙醇脱氢酶）的转录产物必须经过加工才能被翻译。*adhE* 基因初始转录产物的前导序列折叠成复杂的二级结构，核糖体结合位点和起始密码子都被隐蔽起来，不能被核糖体识别（图 7-32）。RNaseⅢ 把核糖体结合位点上游的序列切割下来，使核糖体结合位点暴露出来。在缺失 RNaseⅢ 的 *rnc* 突变体中，*adhE* mRNA 不能被翻译，细胞不能依靠乙醇脱氢酶进行厌氧生长。成熟的 *adhE* mRNA 由 RNase G 专一性地降解。RNase G 的主要作用是加工 rRNA 前体。在缺乏 RNase G 的 *rng* 突变体中，*adhE* 的半衰期从 4 min 提高到 10 min，于是 mRNA 的水平升高，AdhE 蛋白过量生成。

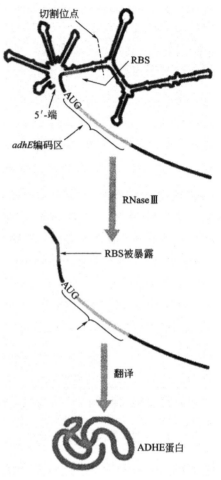

图 7-32　RNaseⅢ 对 *adhE* mRNA 的切割

7.6　翻译后调控机制

翻译后调控主要指两方面的内容，一方面是指无论是原核生物还是真核生物的蛋白质在细胞内都有一定的分布部位，大部分存在于细胞质内，其余则分布在细胞的其他组分上，像大肠杆菌这样简单的细胞，蛋白质分布在细胞质、内膜、外膜和周质等四个区域内。细胞质内约占 75%；内膜上的蛋白总量虽少但种类颇多，包括与物质运输、电子传递以及与脂质合成有关的蛋白；外膜上蛋白质种类不多，但总量比内膜多，不少是作为受体的蛋白。对于真核细胞来说还包括一些细胞器或亚细胞结构的膜，如线粒体、叶绿体以及粗糙内质网等。

蛋白质是如何进入到膜或周质中去呢？20 世纪 70 年代中提出信号假设对这个问题做出了解答，认为分泌性蛋白质 N 端的一段称为信号肽的几十个氨基酸具有导航的功能，它能引导细胞质内正在合成中的蛋白质进入膜或周质中，这段信号肽则在蛋白质合成过程中途被水解去除。

通过对癌细胞的免疫球蛋白 IgG 的研究发现,IgG 轻链的 mRNA 全部存在于和膜结合的核糖体上,并且证明离体系统中转录时的翻译产物比真正轻链大一些,提出了信号肽假设,要点是:

(1)只有为着膜蛋白编码的 mRNA5′端有额外的一段密码子顺序;

(2)当这段顺序被译出来以后,核糖体就会附着到膜上,在膜上形成通道的小孔,从而使新生肽通过膜,如果没有这段肽,核糖体不会附着到膜上,这段肽称为信号肽;

(3)信号肽长度约为 15～30 个氨基酸。其中以疏水性氨基酸占多数;

(4)当信号肽进入膜后肽链继续延伸,在尚未完成之前信号肽先被水解除去,膜上可能存在着这种具有专一性的蛋白水解酶;

(5)当多肽全部合成以后便从核糖体释放到膜上或周质上,于是核糖体又从膜上游离出来。

翻译后调控另一方面主要是指翻译后的蛋白质修饰及构象形成。例如从 mRNA 直接翻译出的多肽往往无生物学活性,经切除一部分后具有活性;有些蛋白质翻译后需经甲基化、糖基化之后才有活性,这种修饰作用能使 20 种氨基酸变得多种多样,修饰后可达 100 多种,有些酶需要磷酸化后才有活性等。翻译产生的多肽链还必须正确折叠形成正确的构象才能具有生物学功能。研究发展表明,蛋白质的构象形成起码与环境及一类负责帮助蛋白质形成正确构象的被称为"蛋白质伴侣"的蛋白有关。蛋白质的氨基酸排列顺序完全相同但可出现完全不同的构象而具不同的性质与功能,因目前关于蛋白质形成构象的机制和相关因子认识太少,所以不能在此介绍和讨论。

第8章 真核生物基因表达调控

8.1 DNA 水平调控

8.1.1 DNA 的甲基化

DNA 合成以后,由有关的酶把供体上的甲基基因转移给碱基,叫做 DNA 甲基化作用,催化这个反应的酶叫做甲基转移酶或甲基化酶。DNA 的甲基化作用具有重要的功能,在原核生物中参与复制的调控和限制与修饰作用;参与复制错误的矫正。在真核生物中参与基因的表达调控。

DNA 上的 A 或 C 可接受一个甲基基因形成 N^6-甲基腺嘌呤(m^6A),N^4-甲基胞嘧啶(m^4C)和 5-甲基胞嘧啶(m^5C)(图 8-1)。这些甲基基因突出到 B-DNA 的大沟中,可与 DNA 结合蛋白相互作用。甲基供体是硫代腺苷甲硫氨酸。

DNA 甲基化现象广泛存在于细菌、植物和哺乳动物中,是 DNA 的一种天然的修饰方式。卫星 DNA 常常强烈地甲基化。真核生物中,唯一的甲基化碱基是 5-甲基胞嘧啶。在原核生物中,主要的甲基化碱基是 N^6-甲基腺嘌呤(m^6A),N^4-甲基胞嘧啶(m^4C)比较少。

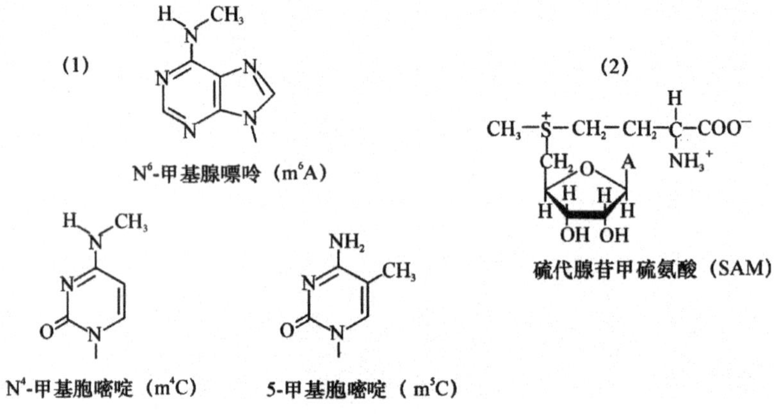

图 8-1 甲基化的碱基和甲基供体
(1)甲基化的碱基 (2)甲基供体

1. 甲基化位点

已经知道 DNA 甲基化同基因的活性调节是密切相关的。基因活化与结构基因本身及基因周围区域的甲基化水平之间有明显的相关性。动物细胞 DNA 的胞嘧啶(C)残基约有 2%～7% 被甲基化修饰。卫星 DNA 常常强烈地甲基化。整个基因组都有一定程度的甲基化,主要出现在 CG 二核苷酸对,并且二核苷酸对中两个 C 都发生甲基化;或者在二核苷酸对中只有一个 C 发生甲基化,即半甲基化位点。分别得到结构 $\begin{smallmatrix} 5' & ^mCpG & 3' \\ 3' & GpC^m & 5' \end{smallmatrix}$ 和 $\begin{smallmatrix} 5' & ^mCpG & 3' \\ 3' & GpC & 5' \end{smallmatrix}$。

DNA 中甲基化修饰的分布可以用同切点的限制性内切酶 HpaⅡ和 MspⅠ水解相同的 DNA 序列来检测和分析。比较相应的切点就能清楚哪些位点被甲基化了。如图 8-2 所示，HpaⅡ酶能识别和水解非甲基化的 CCGG 序列，切点为 C↓CGG。MspⅠ能识别和水解甲基化或非甲基化两者的 CCGG，切点为 C↓CGG 和 C↓C*GG。但 HpaⅡ不能识别和水解后者，不再切割甲基化位点。于是一个更大的 HpaⅡ片段可能取代两个相应的 MspⅠ酶切片段。当同一 DNA 分别用 HpaⅡ和 Msp 工酶保温后，如得到相同的电泳条带，说明此 DNA 片段无甲基化修饰。当 HpaⅡ水解出现少量电泳条带，而 MspⅠ水解出现较多条带时，说明此 DNA 具有 mCG 甲基化位点。

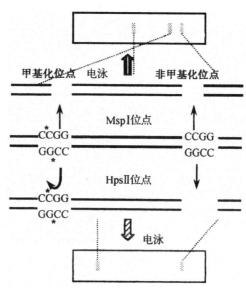

图 8-2　用同位点酶 HpaⅡ和 MspⅠ检测 DNA 上甲基化位点

2. 甲基化酶

根据作用方式和参与反应的酶的不同，甲基化反应分为维持甲基化和从头甲基化两种。

碱基位于 DNA 双螺旋的内部，DNA 甲基化酶如何接近碱基并加上甲基基因呢？Cheng 等（1994）研究溶血嗜血菌中的甲基化酶（M. HhaⅠ），测定了 M. HhaⅠ-DNA 复合物的晶体结构，首次揭示了 DNA 甲基化酶的作用模式（图 8-3）。

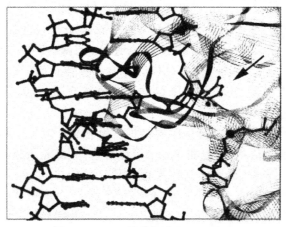

图 8-3　DNA 甲基化酶的作用模式

DNA甲基化酶把目标胞嘧啶从DNA双螺旋中翻出，以便修饰。M.Hha I是327个残基的单体，是细菌限制—修饰系统的成分。M.Hha I识别5′-GCGC-3′序列，反应后产生5′-Gm⁵CGC-3′序列。反应中的甲基供体是硫代腺苷甲硫氨酸。DNA结合在酶分子上的裂隙中，目标胞嘧啶从DNA的双螺旋中完全翻出，进入酶的活性位点。修饰作用完成后，胞嘧啶返回原来的位置。这种机制就被叫做碱基翻开机制。碱基翻开只在DNA结构上造成很小的变形，这说明了碱基翻开不需要额外输入能量。现在知道，碱基"翻开"机制是很普遍的机制，许多DNA修复的酶，如光裂合酶和DNA糖苷酶，也使用这种机制，从而接近埋在双螺旋内部的碱基。

从头甲基化则是在完全去甲基化的位点上引入甲基，它不依赖DNA复制。从头甲基化酶识别非甲基化的CpG位点使之半甲基化，此过程涉及特异性DNA序列的识别，它对发育早期DNA甲基化位点的确定具有重要作用。参与哺乳动物中从头甲基化作用的DNA甲基化酶是DNMT3a DNMT3 b。

3.DNA甲基化的转录抑制作用

DNA甲基化抑制转录这一观点早已被广泛接受，但其机制仍不清楚。如图8-4所示，目前有3种可能的机制被用于解释它们的关系。

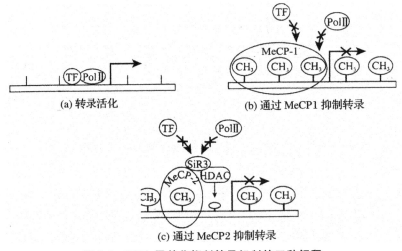

图8-4　DNA甲基化抑制转录机制的三种解释

通过特异性转录抑制物对转录阻遏的机制，HDAC-组织蛋白去乙酰化酶；MeCP2-甲基化结合蛋白

（1）第一种机制是DNA甲基化直接干涉特异性转录因子与各自启动子内识别位点的结合。一些转录因子，如Ap2，c-Myc/Myn，NF-κB等能识别含有CpG残基上的序列，当CpG残基上的C被甲基化后，识别的相互作用即被抑制。相反，其他一些转录因子（如Spl，CTF）对结合位点的甲基化不敏感。还有许多因子在DNA上的结合位点不含有CpG二核苷酸序列，DNA甲基化对这些转录因子基本上不起抑制作用。

（2）甲基化抑制机制是通过影响染色质的结构。甲基化对转录的抑制仅在染色质组装后。甲基化可以稳定染色质的失活状态，也能阻止转录因子进入，防止染色质的活化。在不同的系统中，都已表明DNA高度甲基化、转录沉默和染色质致密结构之间有着密切的关系。一些体系，尽管DNase I敏感性等非常适合于转录状态，但转录还能因CpG甲基化作用而强烈的受抑制。

（3）甲基化对转录的抑制是通过甲基化的DNA上结合特异性转录阻遏物，或称为甲基化CpG结合蛋白（MeCP）而起作用的。这种蛋白质能与转录调控因子竞争甲基化DNA结合位点。

至今已鉴定两种这样的转录阻遏蛋白,即 MeCpPl 和 MeCP2。MeCPl 可以与含有多种甲基化的 CpG 位点结合,导致含致密甲基化的基因转录受抑制。MeCP2 在细胞中比 MeCPl 丰富得多,能与只含一个甲基化 CpG 二核苷酸对的 DNA 序列结合。MeCP2 有两个结构域。一个是染色体定位必需的结合于甲基化 CpG 的结构域。另一个是在一定距离内可抑制启动子转录的转录抑制结构(TRD)。对 MeCP2 的研究表明,有时 DNA 甲基化比组蛋白去乙酰化在转录的抑制上更占上风。

8.1.2　组织蛋白的共修饰

1. 组织蛋白的乙酰化

组蛋白的 N-端暴露于核小体之外,活跃地参与 DNA-蛋白质之间的相互作用。在组蛋白乙酰转移酶的作用下,以乙酰辅酶 A 为供体,可以将组蛋白的赖氨酸残基(或丝氨酸残基)乙酰化,并使染色质对 DNase I 和微球菌核酸酶的敏感性显著增强。各种核心组蛋白都可能被乙酰化,其中 H3 和 H4 上分布着乙酰化的主要位点。组蛋白的乙酰化是一个与基因表达水平密切相关的动态过程,高乙酰化是活性染色质的标志之一,而低乙酰化常伴随着转录的沉寂,失活的 X 染色体中 H4 组蛋白则完全不被乙酰化。此外,复制过程也伴随有组蛋白的乙酰化。

已有多种组蛋白乙酰转移酶(HAT)相继得到分离,这些酶可分为两类:A 类与转录有关,其中许多是以往鉴定到的激活蛋白或辅激活物,B 类则与核小体的组装有关,成员相对较少。p300/CPB 是一种非常重要的辅激活物,可介导包括激素受体、AP-1 和 MyoD 在内的多种上游调节因子同基础转录因子的联系。某些病毒调节蛋白,p300/CPB 具有 HAT 活性,可催化核小体中 H 组蛋白 N-末端的乙酰化,另一类辅激活物 PCAF 则乙酰化组蛋白 H3,p300/CPB 和 PCAF 形成复合体共同发挥作用,其乙酰化修饰对 DNA 的影响限制在启动子上下游约 1 kb 的区域内。尽管核心组蛋白的 N-端暴露在核心之外,并不直接参与八聚体的组装,但乙酰基的引入削弱了赖氨酸残基的正电荷,可能会在一定程度上降低核小体的稳定性,产生"松解"的八聚体核心,并影响它同 DNA 的联系。更重要的是,乙酰化将干扰染色质的凝集,体外实验证实,当组蛋白 N-端被乙酰化后,从核小体念珠状结构进一步折叠为 30 nm 纤丝的过程将被阻止。

与此同时,组蛋白脱乙酰酶(,HDAC)则具有与乙酰转移酶相反的作用,对乙酰化的组蛋白进行脱乙酰基修饰。脱乙酰化将使转录活性下降直至消失,实际上许多转录辅阻遏物的功能正是通过 HDAC 活性来实现的。HDAC 通常也是一些多亚基复合体中的组分,例如酵母细胞中的辅阻遏物 Rpd 3 便具有 HDAC 活性,能与 SIN 3 及 DNA 结合蛋白 Ume 6 形成阻遏复合物,结合启动子上游的 URS 1 元件从而抑制转录。HDAC1 和 HDAC2 则是哺乳动物 mSIN 3 和 NURD 中的脱乙酰酶催化亚基。乙酰化和脱乙酰化是活跃的动态过程,每个乙酰基在组蛋白上的平均保留时间只有约 10 min。制滴菌素和丁酸等组蛋白脱乙酰化抑制剂可引起乙酰化核小体的累积并使基因活化,药物移除后其很快便恢复到原先的状态(图 8-5)。

2. 组织蛋白的去乙酰化

组蛋白乙酰化为一可逆过程,乙酰化和去乙酰化的动态平衡控制着染色质的结构和基因表达。组蛋白去乙酰化酶(HDAC)可去除组蛋白上的乙酰基,抑制基因表达。当第一个组蛋白去乙酰化酶从人类细胞中被分离出来后,组蛋白的去乙酰化与基因转录抑制之间的关系就建立起来了。编码该 HDAC 的 cDNA 序列与酵母 RPD3 基因具有很高的同源性,而 RPD3 基因的编码产物可以抑制多种酵母基因。进一步的工作表明,Rpd3 蛋白是作为 Sin3 复合体的一个组分起

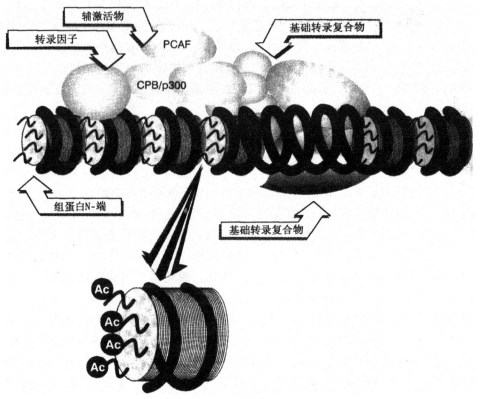

图 8-5　组蛋白的乙酰化

作用的,并且它对一系列启动子的抑制作用还需要另一种蛋白质 Ume6 的参与。Ume6 是一种与上游调控序列 URSl 结合的抑制子。Sin3 与 Ume6 的转录抑制域相互作用使 Rpd3 组蛋白去乙酰酶正确定位,除去组蛋白 N 末端上特定赖氨酸残基上的乙酰基因(图 8-6)。在酵母细胞中,与 Ume6 结合位点邻近的一个或两个核小体的乙酰化水平很低。这一 DNA 区域就包括了受 Ume6 抑制的启动子。

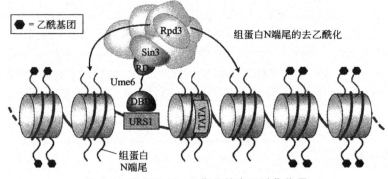

图 8-6　印制子 Ume6 指导的去乙酰化作用

3. 组织蛋白 H1 的磷酸化

组蛋白 H1(或 H5)同连接 DNA 相结合,稳定核小体的结构,确定核小体的方向,并引导核小体进一步组装进 30 nm 螺线管中。由于核小体和染色质的凝集往往表现出 H1 依赖性。因而组蛋白 H1 可能通过维持染色质的高级结构实现对转录的抑制。

组蛋白 H1 丝氨酸残基的磷酸化主要发生在有丝分裂期,分裂后其磷酸化降至峰值的 20％。磷酸化后的组蛋白 H1 与 DNA 的亲和力下降,造成染色质疏松,可能会直接影响染色质的活性。

8.1.3　CpG 岛

大多数脊椎动物 DNA 中 GC 碱基对的含量约 40％。有些 GC 碱基对形成二核酸序列对 CpG。在一般 DNA 中,GC 碱基对形成 CpG 序列的密度约 1/100 bp,有一些区段,GC 碱基对形成二核苷酸序列 CpG 的密度大,大于 10/100 bp。这种富含 CpG 的区段称为 CpG 岛。在脊椎动物 DNA 中,约 20％的 GC 碱基对形成 CpG 岛。CpG 岛的长度一般为 1～2 kbp,其中 GC 碱基对含量大约为 60％,高于大多数 DNA 序列的 GC 含量。人类基因组大约有 75 000 个 CpG 岛。

大多数 CpG 岛是非甲基化的。位于 CpG 岛的核小体中,组蛋白 H1 含量低,大约 50％的 CpG 岛与管家基因有关。几乎所有的管家基因都有 CpG 岛。另一半 CpG 岛存在于组织特异性调控基因的启动子,这些基因有 40％含有 CpG 岛。这些基因无论是否处于表达状态,它们的 CpG 岛都是非甲基化的。CpG 岛一般在 RNA 聚合酶 II 转录的基因 5′端区域。CpG 岛在不同基因里长度大致相同,不管该基因有多长,CpG 岛常常伸展到基因编码区的第一个外显子内。

CpG 岛常常易于同转录机构的蛋白质因子相互作用,而不与某些组织特异性表达的基因相关联。单单依靠 CpG 岛还不足以说明基因特异性表达问题,还要有组织特异性正调控、抑制因子结合来解说它们的表达。

8.2　真核细胞转录的分子调控

现在有关真核基因表达的研究都主要集中在分析基因转录调控的因素。由于实验技术的发展,基因表达这方面的调控已进行了非常详细地研究分析。由于在原核和真核生物中,转录都是基因表达的最初事件,因此转录水平上的调节也是基因表达调控的最主要的水平。

8.2.1　有关调控转录的 DNA 序列

转录是从基因的启动子开始启动的,这个区域可被 RNA 聚合酶识别。然而,从真核基因启动子转录的精确起始需要许多辅助蛋白,或基本转录因子。每一个这样的蛋白都会结合到启动子中间的序列上促进 DNA 模板链上的 RNA 聚合酶以适当方式排列。

真核基因的转录可受许多特殊的转录因子调控,例如我们前面讨论过的热、光和激素诱导的基因的调控。这些蛋白因子结合到应答元件上,或结合到位于基因附近的称为增强子的序列上。结合到这些增强子的特殊转录因子可以与结合到启动子上的基本转录因子或者 RNA 聚合酶相互作用。特殊转录因子、基本转录因子和 RNA 聚合酶之间的相互作用调节了基因的转录活性。

增强子具有三个相当普遍的特征:①它们可以在相当远的距离——距调控的基因几千个碱基对发挥作用;②它们对基因表达的影响与方向无关——与 DNA 的方向一致或反向都作用相同;③它们的效率与位置无关——可以位于调控基因的上游、下游或者内含子中,仍然可以对基因表达发挥重要影响。这三个特征可以区分开启动子和增强子,启动子明确位于基因的上游,其功能只能是单向的。

增强子相对较大,可以有几百个碱基对长。它们有时具有部分自身调节活性的重复序列。大多数增强子以组织特异性的方式发挥作用;即,它们仅在特定的组织中激活转录,而在另一些组织中它们的作用就被忽略了。这个组织特异性明显的例子来自于果蝇的黄色基因的研究(图8-7)。这个基因与身体的许多部位的色素有关——翅、腿、胸和腹部。野生型的果蝇在这些部位显示为暗棕黑色的,而突变的果蝇显示为淡黄棕色的。但是,在有些突变株中,有些组织是棕黑色的,有些组织是黄棕色的。这些马赛克形式是由于有些组织的突变改变了黄色基因的转录,但在其他组织中没有。Pamela Geyer 和 Victor Corces 研究显示黄色基因是受几个增强子调控的,有些位于内含子中,每个增强子都在不同的组织中活化转录。假如,在翅中表达的增强子突变了,翅上的刚毛就是黄棕色的而不是棕黑色的。与黄色基因相关的一系列增强子允许它的表达以组织特异性的方式进行。

果蝇黄色基因与上游调节序列

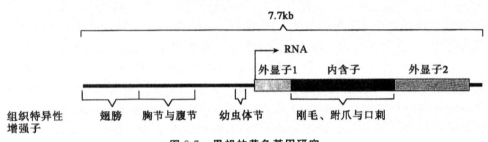

图 8-7　果蝇的黄色基因研究

第一个研究地比较透彻的增强子位于真核病毒 SV40 染色体上。这个病毒能够感染灵长类动物的细胞,并广泛地用于生物学研究。它的 5.2 kb 的环状染色体含有一个长约 220 碱基对的增强子(图 8-8a、b)。这个增强子调节两组病毒染色体基因的转录。一组位于增强子的右侧,在感染早期转录,另一组位于左侧,在感染后期转录。这个 SV40 增强子含有两个 72 bp 的重复序列,每一个都具有增强子的功能。当它反向插入或移动到 SV40 染色体的其他任何位置时,仍然显示出调节能力。假如将它插入到其他真核基因的上游或下游,同样也会激活这些基因转录,推测是由结合到增强子上的蛋白介导的。有意思的是,用电子显微镜检查 SV40 的染色体显示增强子区域并不缠绕核小体 (图 8-8c)。一个合理的解释是增强子结合转录因子阻止了核小体的形成。

增强子如何影响基因转录的呢? 虽然详细的答案还没有,但明显的是结合在增强子上的蛋白影响了结合启动子的蛋白的活性,包括基础转录因子和 RNA 聚合酶。最近的研究显示至少含有 20 种不同蛋白组成的多聚体复合物介导了基础转录因子与增强子上的结合蛋白相互作用。这种复合物可以弯曲 DNA 两组蛋白发生作用。通过这种方式,增强子上的结合蛋白就能够调控启动子上的转录起始。

(a)SV40 染色体示意图展示了增强子和复制起始位点(Ori)的位置。(b)图中展示了增强子的组成元件。两个重复的 72 碱基对序列都含有列 DNaseⅠ及 S1 核酸酶敏感的区域,也含有交替出现嘌呤和嘧啶的区域,还有核心增强子元件。在其中一个重复序列的邻位还有一个 64 碱基对长的元件,它可以和转录因子 SPl 结合。复制起始位点在环形染色体上的坐标为 0/5 245。(c)SV40 染色体的电镜照片显示,核小体分布广泛,但是在增强子附近没有核小体。

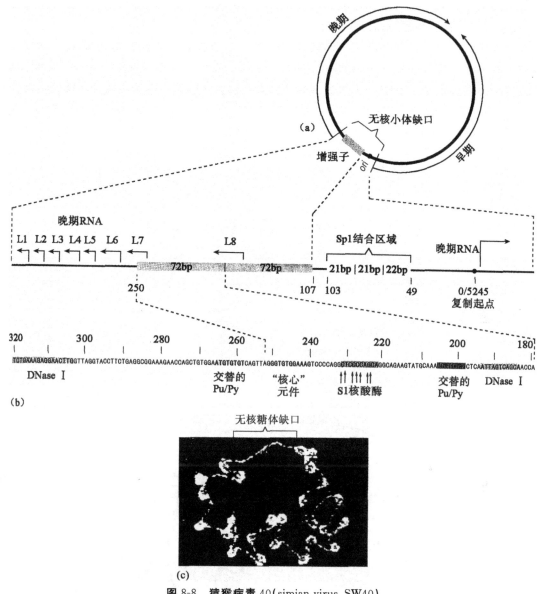

图 8-8　猿猴病毒 40(simian virus,SW40)

8.2.2　调控转录的相关蛋白:转录因子

最近的研究已经确定了大量激活转录的真核蛋白。这些蛋白中有许多明显具有至少 2 个化学结构域:DNA 结合功能区和转录激活功能区。这些功能区可以是分子的不同部分,也可以重叠在一起。例如,酵母的 GAL4 转录因子,DNA 结合功能区就位于多肽的氨基端;这个多肽有两个转录激活功能区,一个在靠近中间一点的位置,另一个位于羧基端。动物细胞中作为转录因子的胆固醇激素受体蛋白,DNA 结合功能区位于中央,并似乎与向氨基端的延伸的转录激活功能区相重叠;胆固醇激素受体也有第三个功能区,能够特异性与胆固醇激素结合。

虽然转录激活的详细机制还没有完全理解,它显然涉及蛋白之间的物理相互作用。已经结合到增强子上的转录因子可以与其他增强子上结合的一个或多个蛋白相互接触,它也可以直接与结合到启动子区域的蛋白相互作用。这些接触和相互作用可以改变随后装配蛋白的构象,为 RNA 聚合酶启动转录铺平道路。

许多真核转录因子都有多肽链中的氨基酸间的联合形成的特征性的结构模体(motif)。这些模体中的一个是锌指(zinc finger),在多肽的一个部分有两个半胱氨酸,另一个不远的部分有两个组氨酸的时候组合形成的一个短的多肽环,可以结合一个锌离子;然后这两对氨基酸之间的多肽片段正好就像一个手指突出于这个蛋白的主体(图 8-9a)。突变分析已经证实这些指在 DNA 结合中发挥重要的作用。

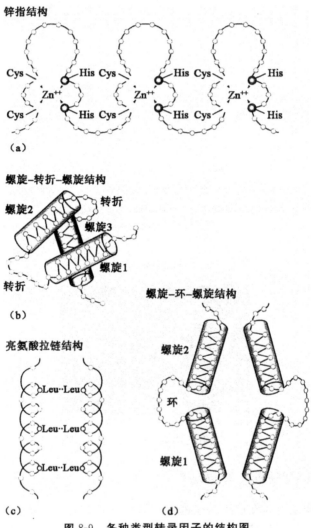

图 8-9　各种类型转录因子的结构图

在许多转录因子中存在的第二种模体是螺旋-转角-螺旋(helix-tum-helix),三个短的氨基酸螺旋片段通过转角彼此分开(图 8-9b)。遗传学和生物化学分析显示最靠近羧基端的螺旋片段是 DNA 结合的部位;其他的螺旋似乎与蛋白质二聚体的形成有关。在许多转录因子中,这种螺旋—转角—螺旋模体与称为同源结构域(homeodomain)的大约 60 氨基酸的高度保守区域有关,同源结构域命名是由于它在 Drosophila 的同源基因编码的蛋白中发现的。经典分析已经证实这些基因的突变改变了细胞群体的发育前景。例如,在控制触角基因 Antennapedia 的突变可以引起触角发育成腿。这个奇异的现象是一个同源转化的例子——在发育过程中身体的一部分被另外一部分代替了。对 Drosophila 同源基因的分子分析显示每个基因编码一个具同源结构域的蛋白,这些蛋白可以结合 DNA。这个同源结构域蛋白以空间和时间特异性的方式在发育过程中激活特定基因转录。同源结构域蛋白在其他物种中也被鉴定了,包括人类,其主要功能作为转录因子发挥着重要的作用。

第三类的转录因子模体是亮氨酸拉链(1eucine zipper),其特点是每七个位置就有一个亮氨酸(图 8-9c)。这种多肽可以通过每个拉链区的亮氨酸之间的相互作用形成二聚体。一般来说,拉链序列紧邻带正电荷氨基酸的区域。当两个拉链相互作用的时候,这些电荷区域以相反的方向张开,形成可以与带负电荷的 DNA 结合的表面。

在一些转录因子中发现的第四种结构模体是螺旋-环-螺旋(helix-loop-helix),两段螺旋区域通过一个非螺旋的环分开(图 8-9d)。这个环的区域允许在两个多肽间形成二聚体。有时螺旋-环-螺旋模体与碱性(正电荷)氨基酸的一段相邻,当二聚体发生的时候,这些氨基酸就能够结合带负电荷的 DNA。具有这种特征的蛋白质标记为碱性 HLH,或者 bHLH 蛋白。

具有二聚体化模体的转录因子,如亮氨酸拉链和螺旋-环-螺旋,一般而言相同的多肽结合形成同源二聚体,或者不同的多肽间结合形成异源二聚体。这第二种可能性显示出基因表达调控的复杂性这个方面。在一个特定组织中的特定基因的转录可能依赖于异源二聚体的活化,而异源二聚体只有在该组织细胞中含有其两个不同多肽时候才能形成。因而异源二聚体形成是一种较为精巧的基因表达调控方式。这两种多肽合成量比例合适的时候有利于形成异源二聚体,而不是同源二聚体,因此基因表达可以通过一个异源二聚体的两个亚基的浓度的量比来调控。

8.3　转录后水平调控

初始转录物通过 5′端加帽、3′端多腺苷化以及内含子从割裂基因的转录产物中去除才能转变为成熟 mRNA,而成熟 RNA 必须从核内运输到胞质中才能翻译成蛋白质。在这一系列过程中可变剪接调控蛋白质产物的类型。

8.3.1　mRNA 前体加工的分子机制

高等真核生物中,核基因与其产物间在长度上存在差异,而这种差异的本质是由核 RNA 的性质决定的。核 RNA 的平均长度比 mRNA 长,非常不稳定,序列的复杂程度也非常高,包括前体 mRNA(pre-mRNA)和其他的转录物(那些最终没有形成 mRNA 的部分)。

在细胞核内对原始转录产物——核不均一 RNA(heterogeneous nuclear RNA,hnRNA,mRNA 前体)进行各种修饰、剪接和编辑,编码蛋白质的外显子部分就连接成为一个连续的可读框的过程称为转录后加工。通过核孔进入细胞质,就能作为蛋白质合成的模板了。表 8-1 和图 8-10 分别总结了原始 RNA 成熟期间的主要加工过程。

表 8-1 RNA 加工过程及其生理功能

加工过程	推测的生理功能
加帽反映	mRNA 从细胞核向细胞质转运,翻译起始
加 polya 反映	转录终止,翻译起始和 mRNA 降解
RNA 的剪接	从 Mrna、tRNA 和 rRNA 分子中切除内含子
RNA 的切割	从前体 RNM 中释放成熟 tRNA 和 rRNA 分子

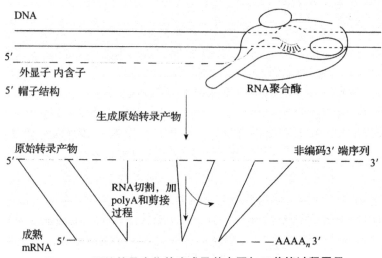

图 8-10 原始转录产物的生成及其主要加工剪接过程图示

hnRNA 的物理结构是一个核糖核蛋白颗粒(hnRNP),颗粒中蛋白质包围着 hnRNA。体外研究表明,hnRNA 的形状是一个球体和一个与之相连的纤维状结构(图 8-11)。颗粒中绝大多数为核心蛋白质,但也有其他蛋白质少量存在,蛋白质的种类在 20 种左右。每个核中,与 10^6 个分子的 hnRNP 相比,这些蛋白质的拷贝数约为 10^8。目前,关于 hnRNA 是 mRNA 前体的证据主要有以下几方面。

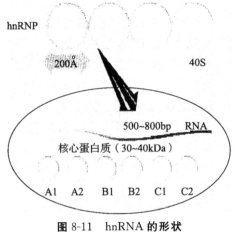

图 8-11 hnRNA 的形状

（1）在真核生物细胞核中发现存在代谢十分活跃、平均相对分子质量为 $2×10^7$，长度不均一的 RNA，而细胞质中 mRNA 的平均相对分子质量仅为 $1.5×10^6$，说明在 mRNA 的加工成熟过程中有相当一部分核苷酸被删除。

（2）hnRNA 很不稳定，半衰期只有 $5～15$ min，而 mRNA 的半衰期一般都比较长，这说明 hnRNA 不可能是转录的最终产物，而只能是中间产物。

（3）用放射性核素作脉冲标记证明，75% 被标记的 RNA 是 hnRNA。这些标记的 RNA 大部分位于细胞核内，只有 10% 进入细胞质。

（4）hnRNA 占细胞全部 RNA 的 3%，说明它一经诞生就立即加工变化，不会长久地积累下来。

（5）hnRNA $3'$ 端也带有 polyA。用 H-AR（放射性核素氚标记的腺嘌呤核苷）做脉冲标记实验，45s 后发现，90% 的 polyA RNA 位于细胞核内；标记 150 min 后，有 20% 的 polyA RNA 进入细胞质，说明带有 polyA 的 RNA 是由细胞核转运入细胞质的。

（6）加入 dAR（脱氧腺嘌呤核苷）抑制 polyA 的生物合成，hnRNA 和 mRNA 的合成都受到抑制。

因此认为 hnRNA 是 mRNA 的前体，成熟 mRNA 是由 hnRNA 经剪接加工后得到的。

8.3.2　转录后加工水平上的调控

真核生物转录后的几个阶段的调控都可以称为转录后的调控，包括 $5'$ 端加帽、$3'$ 端加尾、RNA 的剪接和 RNA 编辑等。这些步骤都可调控，但目前了解最多的是在剪接阶段。

1. $5'$ 端加帽

在真核生物中，几乎所有的成熟 mRNA 都有 $5'$ 端帽子（cap）结构，多数还有 $3'$ 端 polyA 尾结构。这些结构都是在转录后经过修饰的结果。

成熟真核生物的 mRNA 并没有游离的 $5'$ 端，而是一种被称为帽子的结构。不同真核生物的 mRNA 可有不同的帽子结构，同一种真核生物的 mRNA 也常有不同的帽子结构，目前尚不清楚其原因。真核生物的帽子结构可归纳为三种（表 8-2）：m^7GpppX 为帽子 O、$m^7GpppXm$ 为帽子 1、$m^7GpppXmYm$ 为帽子 2。

表 8-2　真核生物 mRNAde 帽子结构

种类	结构	mRNA
0 型	m^7GPPP^A	酵母、黏菌
1 型	$m^7GPPPA_{mp}GmpNp$	海胆胚
2 型	$m^7GpppN_{lmp}N_{2p}$	哺乳动物
	$m^7GpppN_{lmp}N_{2mp}$	哺乳动物

帽子结构的作用还不十分清楚，但可以肯定具有重要的功能。目前认为它有下列作用：①为核糖体识别 mRNA 提供信号；②增加 mRNA 的稳定性；③与某些 RNA 病毒的正链 RNA 的合成有关。

2. $3'$ 端加尾

多数真核生物（酵母除外）的 mRNA $3'$ 端具有约为 200 bp 长的 polyA 尾巴。polyA 尾巴不是由 DNA 所编码，而是在转录后由 RNA 末端腺苷酸转移酶催化下，以 ATP 为前体，添加到 mRNA 的 $3'$ 端的。核 RNA 也具有 polyA 结构。无论是 mRNA 还是核 RNA，polyA 与 polyA

结合蛋白(polyA-binding protein,PABP)结合。PABP 的单体分子质量为 70 kDa,可与 polyA 序列中的 10～30 个碱基结合。RNA 末端腺苷酸转移酶又称为 polyA 聚合酶。polyA 的添加位点并不在 RNA 转录终止的 3′端,而是首先由内切酶和其他因子识别切点上游 13～20 个碱基的 AAUAAA 和下游的 GUGUGUG(有些情况例外),然后切除一段序列,在此基础上,由 RNA 末端腺苷酸转移酶催化添加 polyA。AAUAAA 保守性很强,只有少数情况下有一个碱基的差异,这段序列的突变可阻止 polyA 的形成。

有些 mRNA 的 3′端无 polyA 尾,如组蛋白的 mRNA。其 3′端的正确形成依赖于 RNA 本身形成的茎环结构,即转录终止于此处。mRNA 成熟 3′端的形成也需要剪切过程。例如,组蛋白 H3 hnRNA,转录原始产物要经切除一段序列才能成为成熟的 mRNA。有三种成分参与了该过程,第一种是热敏因子,功能不详;第二种因子识别剪切位点上游的发夹结构;第三种是 U7 snR-NA,长 56 bp,其 5′端一保守序列能与 mRNA 的剪切点下游的 GAAAGA 互补(图 8-12)。U7 snRNA 的序列和结构在人类和海胆中有很高的保守性。

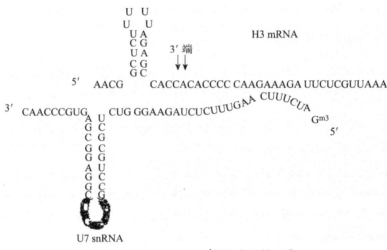

图 8-12　组蛋白 Mrna3′成熟末端的形成

关于 polyA 的功能,目前认为与 mRNA 的寿命有关,如去掉 polyA 的 mRNA 易被降解,但没有发现 polyA 的长度与其寿命间有相关性。polyA 与 polyA 结合蛋白的缺乏能阻止酶的水解。polyA 的缺失可抑制体外翻译的起始。PABP 的缺乏能抑制酵母的翻译。

3. mRNA 的剪接

RNA 的剪接(RNA splicing)是指从 mRNA 前体分子中切除内含子,并将外显子连接形成成熟 mRNA 的过程。根据体外反应时需要的条件和形成的中间体可以把剪接反应分为四类,包括真核生物核内内含子、Ⅰ 类内含子、Ⅱ 类内含子和 tRNA 内含子四种剪接系统。每一种剪接都是在一个 RNA 分子上结构的变化,因此叫做顺式剪接反应。研究表明,许多分子质量较小(106～185 bp)的核内 RNA(如 U1、U2、U4、U5 和 U6)及与这些 RNA 相结合的核蛋白(small nuclear ribonucleo-protein particle,snRNP)参与了 RNA 的剪接;mRNA 链上每个内含子的 5′端和 3′端分别与不同的 snRNP 结合,形成 RNA 和 RNP 复合物(图 8-13)。

剪接发生在核内,与其他一些修饰同时进行,以产生新合成的 RNA。一个割裂基因的表达过程(如图 8-14),转录物在完成 5′端加帽、内含子去除、3′端加多聚腺嘌呤尾巴后,通过核孔进入胞质进行翻译。

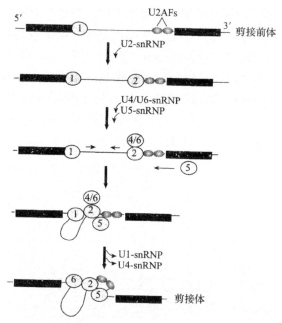

图 8-13　真核生物 mRNA 前体中内含子剪接过程示意图

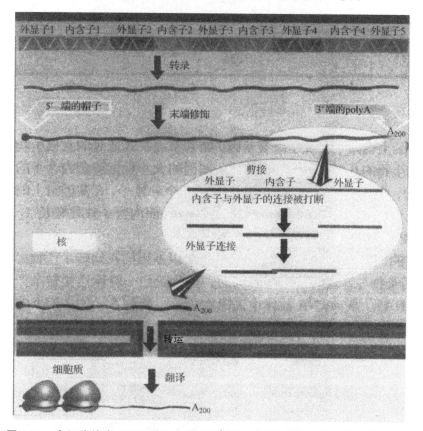

图 8-14　在细胞核中,RNA 的加工包括 3′端和 5′端的修饰以及内含子的去除等
　　　　剪接需要在内含子与外显子结合处产生断裂,然后将外显子末端相连。
　　　　成熟的 mRNA 通过核孔被运到胞质中去,在细胞质中完成翻译大部分割裂基因转录成一种 RNA,剪接后这种 RNA 产生单一类型的 mRNA。在这些情况下,参与的外显子和内含子没有变化。但是有些基因的 RNA 能进行可变或选择性剪接(alternative splicing),即一种基因能产生多种 mRNA。

现在已知许多基因有两个或多个启动子,因而有两个或更多个转录起始位点。当用不同的启动子进行转录时产生的初始转录物是不同的。目前尚不清楚一个基因有多个启动子的意义如何,但估计可能与基因的表达调控有关。现在还发现有许多基因的初始转录物有不止一个加尾位点,选用不同的加尾位点可以产生不同的蛋白质(如免疫球蛋白)。

图 8-15 是一个剪接位点保持不变而另一个位点变化的例子。SV40T/t 抗原和腺病毒 E1A 都是通过可变剪接形成的。T/t 抗原中,T 抗原使用的 5′剪接点是由于 t 抗原中一个终止密码子被除去而产生的,所以 T 抗原比 t 抗原大。在 E1A 的转录中,剪接点以不同的可读框与最后一个外显子相连,从而造成蛋白质 C 端信号的改变。在以上的例子中,每个细胞中都有相关剪接的发生,所以能产生各种不同的蛋白质。

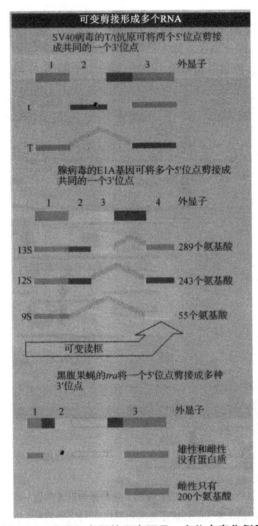

图 8-15 剪接位点保持不变而另一个位点变化例子

通过选择性剪接,同一个基因可以有数个蛋白质产物。变换剪接位点可能产生终止密码,或改变可读框

果蝇的性别决定涉及了一系列基因的相互作用,并且是可变剪接产生了雌雄。图 8-16 中说明了其性别决定的过程,X 染色体与常染色体的比例决定了 sxl 基因的表达。性别决定起始于 sxl 基因的性别专一性剪接。sxl 基因中的外显子 3 中含有一个终止密码子,它阻止了功能蛋白质的合成。在雄蝇中的 mRNA 产物中含有外显子 3,但雌蝇中无此外显子,因此只有雌蝇产生 Sxl 蛋白。此蛋白质的基本氨基酸浓度类似于其他 RNA 结合蛋白。

Sxl 蛋白的存在改变了 tra 基因的剪接过程。图 8-17 中说的是同一个 5′剪接位点与多个 3′剪接点之间的剪接。在雌性和雄性中都使用这一种剪接方式,并且产生了一个含早期终止密码子的 RNA。Sxl 蛋白的存在阻止了正常 3′剪接点的使用,跳过此位点,使用下一个 3′剪接点从而忽略了一个完整的外显子。这样产生了一个编码蛋白质的雌性专一性 mRNA。

因此果蝇的性别决定有令人惊奇的协调性:性别决定起始于含终止密码子的一个外显子的雌性专一性剪接,终止于产生一个含终止密码子的外显子的剪接。

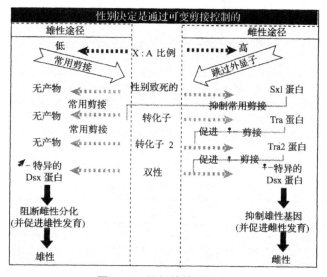

图 8-16　果蝇的性别决定

果蝇的性别决定过程中,有一个包含不同剪接行为的路径。阻断了此路径的任何一步都将导致向雄果蝇方向发育

4. mRNA 的编辑

RNA 的编辑(RNA editing)是某些 RNA 特别是 mRNA 前体的一种加工方式,如插入、删除或取代一些核苷酸残基,导致 DNA 所编码的遗传信息的改变,因为经过编辑的 mRNA 序列发生了不同于模板 DNA 的变化。介导 RNA 编辑的机制有两种:位点特异性脱氨基作用和引导 RNA 指导的尿嘧啶插入或删除。

哺乳动物载脂蛋白 mRNA 的编辑是广泛研究的典型例子,图 8-17 分别是该基因的 DNA 序列以及在哺乳动物肝脏和肠组织中分离到的 mRNA 序列。载脂蛋白基因编码区共有 4 563 个密码子,在所有组织中的 DNA 序列都相同。在肝脏中,该基因转录产生完整的 mRNA 并被翻译成有 4 563 个氨基酸的全长蛋白质,相对分子质量为 5×10^5。在肠中合成的却是只包含有 2 153 个密码子的 mRNA,翻译产生相对分子质量为 2.5×10^5 的蛋白质。研究发现,该蛋白其实是全长载脂蛋白的 N 端,它是由一个在序列上除了 2 153 位密码子从 CAA 突变为 UAA 之外完全与肝脏 mRNA 相同的核酸分子所编码的,C→U 突变使编码谷氨酰胺的密码子变成了终止密码子。

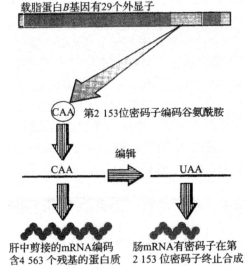

载脂蛋白 B 基因有 29 个外显子

CAA　第 2 153 位密码子编码谷氨酰胺

CAA　编辑　UAA

肝中剪接的 mRNA 编码含 4 563 个残基的蛋白质

肠 mRNA 有密码子在第 2 153 位密码子终止合成

图 8-17　哺乳动物载脂蛋白基因转录产物的编辑

RNA 的编辑虽然不是很普遍,但在真核生物中也时有发生(表 8-3)。大鼠脑中谷氨酸受体蛋白 mRNA 经编辑后,分子中有多个编码谷氨酸的密码子变成了在控制通过神经递质的离子流过程中有重要影响的精氨酸,这表明 RNA 的编辑可能是充分发挥生理功能所必需的。

表 8-3　哺乳动物中 RNA 编辑的实例

组织	目标 RMA	碱基改变	结果
肝脏、肠	载脂蛋白 B	C→U	谷氨酰密码子→终止子
肌肉	半乳糖苷酶	U→A	苯丙氨酸密码子→酪氨酸
睾丸、肿瘤等	Wilms 肿瘤基因-1	U→C	亮氨酸密码子→脯氨酸
肿瘤	神经纤维瘤基因-1	C→U	精氨酸密码子→终止子
脑	谷氨酸受体蛋白	A→I	多个谷氨酸密码子→精氨酸

除单碱基突变之外,RNA 编辑的另一种形式是尿苷酸的缺失和添加。研究发现,利什曼原虫属细胞色素 b mRNA 中含有许多独立于核基因的尿嘧啶残基,而特异性插入这些残基的信息来自指导 RNA(guide RNA),因为它含有与编辑后细胞色素 b mRNA 相互补的核苷酸序列。指导 RNA 与被编辑区及其周围部分核酸序列虽然有相当程度的互补性,但该 RNA 上存在一些未能配对的腺嘌呤,形成缺口,为插入尿嘧啶提供了模板(图 8-18)。反应完成后,指导 RNA 从 mRNA 上解离下来,而 mRNA 则被用作翻译的模板。

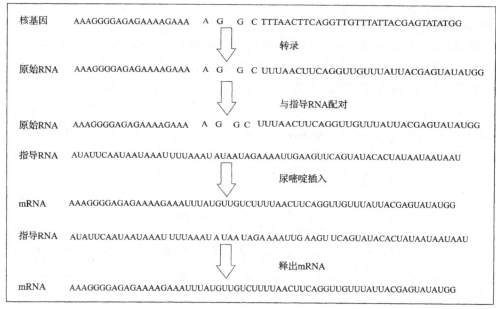

图 8-18　指导 RNA 和 RNA 的编辑机制

5. 转录后加工的多样性

真核基因根据转录方式可以分为两大类:简单转录单位和复杂转录单位。虽然两种转录方式最终都产生蛋白质,但它们的转录后加工方式不同。

(1)简单转录单位

含简单转录单位的基因只编码产生一个多肽,其原始转录产物有时需要加工,有时则不需要加工。这类基因转录后加工有三种不同形式(图 8-19)。

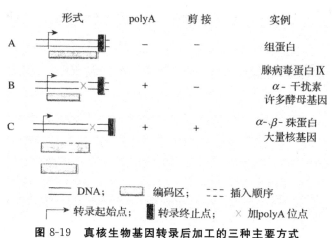

图 8-19　真核生物基因转录后加工的三种主要方式

第一种简单转录单位,如组蛋白基因,它们没有内含子,因此不存在转录后加工的问题,其mRNA 3′端没有 polyA,但有一个保守的回文序列作为转录终止信号。第二种简单转录单位,如腺病毒蛋白Ⅸ、α-扰素和许多酵母蛋白基因,它们没有内含子,所编码的 mRNA 也不需要剪接,但 3′端需要加 polyA。第三种简单转录单位,如 α-和 β 蛋白基因和许多细胞蛋白基因,这些基因虽然都有内含子,需要进行转录后加工剪接,还要加 polyA,但它们只产生一个有功能的 mR-

NA,所以仍然是简单转录单位。

（2）复杂转录单位

含有复杂转录单位的主要是一些编码组织和发育特异性蛋白质的基因,它们除了含有数量不等的内含子以外,其原始转录物还能通过多种不同方式加工成两个或两个以上的 mRNA。

小鼠和鸡的肌球蛋白轻链基因、果蝇 EH8 基因、脱氢酶基因、小鼠唾液与肝脏 α-淀粉酶基因等基因的剪接方式是利用多个 5′端转录起始位点或剪接位点产生不同的蛋白质,如肌球蛋白碱性轻链基因选用了不同的 5′端转录起始位点及剪接不同外显子产生蛋白质异构体 LC$_1$ 和 LC$_3$ 的 mRNA（图 8-20）。但当初级转录产物以胪 1-2-3-5-6 号外显子连接在一起,并利用外显子 6 以后的加 polyA 位点时,就产生了编码与降钙素基因表达有关的多肽 CGRP 的 mRNA（图 8-21）。

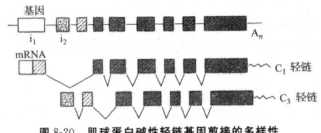

图 8-20　肌球蛋白碱性轻链基因剪接的多样性

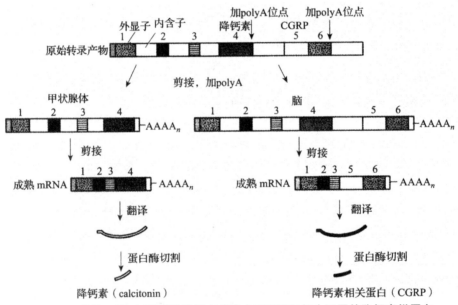

图 8-21　前体 mRNA 不同的剪接方式造成了不同组织中不同的降钙素样蛋白

有些基因虽然不经过剪接,但它们有多个转录起始位点或加 polyA 位点,如二氢叶酸还原酶基因和酵母乙醇脱氢酶基因都具有不同的 5′端和 polyA 位点。鸡波形蛋白基因、X 基因和人 N-ras 基因均含有多个 polyA 位点,而鸡溶菌酶基因和酵母蔗糖酶基因则有多个 5′端。它们在表达时,会产生出不同 5′端的 mRNA。

8.3.3　RNAi

近年来的研究表明,一些小的双链 RNA(dsRNA)可以高效、特异地阻断体内特定基因表达,促使 mRNA 的降解,诱使细胞表现出特定基因缺失的表型,即称为 RNA 干扰(RNA interference,RNAi,也称 RNA 干涉)。其实,它是生物体内抵御外在感染的一种重要保护机制。

1. RNAi 的发现

1990 年,Jorgensen 和同事将一个能产生色素的基因置于一个强启动子后,导入矮牵牛中,试图加深花朵的紫颜色,结果没看到期待的深紫色花朵,多数花成了花斑色的甚至白色的。因为导入的基因和其相似的内源基因同时都被抑制,Jorgensen 将这种现象命名为协同抑制(cosuppression)。1995 年,康奈尔大学的 Su Guo 博士和 Kemphues 在试图阻断秀丽新小杆线虫(C. elegans)中的 par-1 基因时,发现了一个意想不到的现象。她们本是利用反义 RNA 技术特异性地阻断上述基因的表达,而同时在对照实验中给线虫注射正义 RNA(sense RNA)以期观察到基因表达的增强。但得到的结果是二者都同样地切断了 par-1 基因的表达途径。这与传统上对反义 RNA 技术的解释正好相反。该研究小组一直没能给这个意外以合理解释。1998 年 2 月,华盛顿卡耐基研究院的 Andrew Fire 和马萨诸塞大学癌症中心的 Craig Mello 首次揭开这个悬疑之谜。通过大量艰苦的工作,他们证实,Su Guo 博士遇到的正义 RNA 抑制基因表达的现象,以及过去的反义 RNA 技术对基因表达的阻断,都是由于体外转录所得 RNA 中污染了微量双链 RNA 而引起的。当他们将体外转录得到的单链 RNA 纯化后注射线虫时发现,基因抑制效应变得十分微弱,而经过纯化的双链 RNA 却正好相反,能够高效特异性地阻断相应基因的表达。实际上每个细胞只要很少几个分子的双链 RNA 就已经足够完全阻断同源基因的表达。后来的实验表明在线虫中注入双链 RNA 不单可以阻断整个线虫的同源基因的表达,还会导致其第一代子代的同源基因沉默,该小组将这一现象称为 RNA 干扰(RNAi),并因此获得了 2006 年度诺贝尔生理学或医学奖。

由于可以作为一种简单、有效的代替基因敲除的遗传工具,自 1998 年被发现以来,RNAi 在其作用机制研究、应用于生物基因组中特定基因功能的研究、封闭和阻断病原体基因表达等方面,取得了重要进展,显示出良好的应用前景。

2. RNAi 的作用机制

当病毒基因、人工转入基因、转座子等外源性基因随机整合到宿主细胞基因组内并利用宿主细胞进行转录时,常产生一些 dsRNA。宿主细胞对这些 dsRNA 迅即产生反应,其胞质中的内切核酸酶 Dicer 将 dsRNA 切割成多个具有特定长度和结构的小片段干扰性 RNA (21～23 bp),即 siRNA(small interfering RNA)。siRNA 在细胞内 RNA 解旋酶的作用下解链成正义链和反义链,继之由反义 siRNA 再与体内一些酶(包括内切酶、外切酶、解旋酶等)结合形成 RNA 诱导的沉默复合物(RNA-induced silencing complex,RISC)。RISC 与外源性基因表达的 mRNA 的同源区进行特异性的结合。RISC 具有核酸酶的功能,在结合部位切割 mRNA,切割位点即是与 siRNA 中反义链互补结合的两端。被切割后的断裂 mRNA 随即降解,从而诱发宿主细胞针对这些 mRNA 的降解反应(图 8-22)。siRNA 不仅能引导 RISC 切割同源单链 mRNA,而且可作为引物与靶 RNA 结合并在 RNA 聚合酶(RNA-dependent RNA polymerase,RdRP)作用下合成更多新的 dsRNA,新合成的 dsRNA 再由 Dicer 切割产生大量的次级 siRNA,从而使 RNAi 的作用进一步放大,最终将靶 mRNA 完全降解。

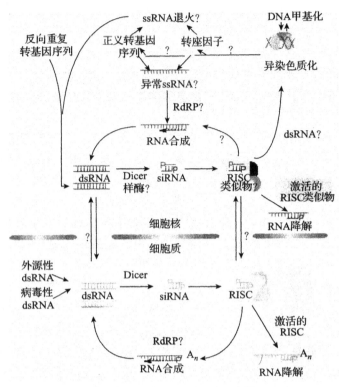

图 8-22　RNAi 作用机制示意图

RNAi 发生于除原核生物以外的所有真核生物细胞内。需要说明的是,由于 dsRNA 抑制基因表达具有潜在高效性,任何导致正常机体 dsRNA 形成的情况都会引起不需要的相应基因沉默,所以正常机体内各种基因的有效表达有一套严密防止 dsRNA 形成的机制。

RNAi 干扰现象具有以下几个重要的特征:①RNAi 是转录后水平的基因沉默机制。②RNAi 具有很高的特异性,只降解与之序列相应的单个内源基因的 mRNA。③RNAi 抑制基因表达具有很高的效率,表型可以达到缺失突变体表型的程度,而且相对很少量的 dsRNA 分子(数量远远少于内源 mRNA 的数量)就能完全抑制相应基因的表达,是以催化放大的方式进行的。④RNAi 抑制基因表达的效应可以穿过细胞界限,在不同细胞间长距离传递和维持信号甚至传播至整个有机体以及具有可遗传性等特点。⑤dsRNA 不得短于 21 个碱基,并且长链 dsRNA 也在细胞内被 Dicer 酶切割为 23 bp 左右的 siRNA,并由 siRNA 来介导 mRNA 切割。而且大于 30 bp 的 dsRNA 不能在哺乳动物中诱导特异的 RNA 干扰,而是细胞非特异性和全面的基因表达受抑和凋亡。⑥ATP 依赖性:在去除 ATP 的样品中 RNA 干扰现象降低或消失显示 RNA 干扰是一个 ATP 依赖的过程。可能是 Dicer 和 RISC 的酶切反应必须由 ATP 提供能量。

3. RNAi 的应用研究

功能基因组研究需要对特定基因进行功能丧失或降低突变,以确定其功能。由于 RNAi 具有高度的序列专一性,可以特异地使特定基因沉默,获得功能丧失或降低的突变,因此 RNAi 可以作为一种强有力的研究工具用于功能基因组的研究。RNAi 技术高效、特异、毒性低、周期短、操作简单等优势是传统的基因敲除技术和反义技术所无法比拟的。可以用于大规模的基因组筛选。产生各种基因功能失活表型库,并得到相应的 mRNA-表型对应关系,联合应用 DNA 芯片技术还可能得到各个基因间相互影响的网络关系,建立基因功能敲除动物模型代替繁琐的传统基因敲除。尤其是 RNAi 可以直接用于疾病相关基因的抑制,从而达到疾病治疗或预防的目的。例如,在抗肿瘤治疗中,RNAi 可用于抑制癌基因的表达;或者利用 RNAi 的高度特异性敲除点突变激活的癌基因;也可用于抑制基因扩增或抑制融合基因表达;还可用于抑制其他与肿瘤发生发展相关基因,如血管内皮生长因子(VEGF)或多药耐药基因(MDR)的表达。在治疗病毒性疾病的研究中,可以设计针对病毒基因组 RNA 的 siRNA 或针对宿主细胞病毒受体的 siRNA 来抗病毒,目前针对乙型肝炎病毒(HBV)、丙型肝炎病毒(HCV)、呼吸道合胞病毒(RSV)、流感病毒(influenza virus)、脊髓灰质炎病毒(poliovirus)、HIV-1、SARS 等均取得了令人欣喜的体外病毒抑制效果。但是目前基因治疗普遍存在缺少高效低毒的转运载体的问题限制了 RNAi 在体内的应用。

原核生物转录水平的调控是最主要的,也是最经济、最有效的方式,但转录生成 mRNA 以后,再在翻译或翻译后水平进行微调,是对转录调控的有效补充,然而不同基因编码的蛋白质用量不同,相差可达千倍,这就需要通过翻译再进行调节。在翻译调控方面,mRNA 的寿命、mRNA 本身所形成的二级结构都可影响到翻译的进行。除此之外,有些基因的产物也可通过与其 mRNA 的结合,控制这种蛋白质的继续合成,如释放因子 RF2 和核糖体蛋白质的自体调控。另外,在不良营养条件下,由于氨基酸的缺乏,也可使细胞内蛋白质的合成受到抑制,出现严谨反应。总之,由于存在翻译水平的调控,使得原核生物基因表达调控更加适应生物本身的需求和外界条件的变化。

8.4　翻译水平的调控

8.4.1　真核 mRNA 的稳定性

真核 mRNA 的稳定性差异很大,半衰期从 20 min 到 24 h 不等,也有不足 1 min,或长达数周的。真核 mRNA 的 polyA 尾是增加 mRNA 稳定性的重要因素,polyA 尾逐步消减到完全消失,常常是 mRNA 开始降解的先兆。失去或无 polyA 尾的 mRNA,加尾后可大大增加半衰期的时间。mRNA 的降解首先从 3′端开始。降解模式可分为以下两种类型。

1. mRNA3′端非翻译区链内剪切引起降解

在 mRNA 3′端非翻译区常含有富 AU 序列的元件。富含 AU 的元件构成 mRNA 不稳定性的核心。它由相向排列的数个 UUAUUUAU 8 核苷酸核心序列组成,称为 AUUUA 序列。一些短寿命的 mRNA,在 3′-UTR 存在 AUUUA 序列是它们的共性。这些元件称为不稳定子(ARE)。AUUUA 序列属于对翻译效率有抑制作用的顺式元件。其抑制作用的强弱取决于AUUUA 序列拷贝数的多少,而与距离终止密码子的远近无关。

2. 去 polyA 引发 mRNA 降解

酵母细胞的 polyA 核酸酶可以降解 polyA,但此过程需要 polyA 结合蛋白(PABP)。因此此核酸酶称为依赖于 PABP 的 polyA 核酸酶(PANl)。此酶可以降解 mRNA 的 polyA 尾。polyA尾被完全去除后,继而导致 mRNA5′端去帽。而无尾又无帽的 mRNA 则可被 5′→3′端核酸外切酶(XRNl)逐步降解。

8.4.2 mRNA 结合蛋白对翻译的调控

铁是细胞必需的营养元素,是很多蛋白质的辅因子,然而铁过量会产生有害的自由基。因此,细胞内铁离子的浓度必须受到严格的控制。哺乳动物通过两种方式来调节细胞内铁离子的浓度。一是调节细胞内铁蛋白的含量。我们知道,铁蛋白的作用是储存细胞内多余的铁离子。在真核细胞中,铁蛋白是一种由 20 个亚基组成的、中空的球形蛋白质。多达 5 000 个铁原子以羟磷酸复合体的形式储存在球形的铁蛋白中。二是调节细胞表面转铁蛋白受体(Tfr)的含量。携带铁离子的转铁蛋白通过细胞表面的转铁蛋白受体进入细胞。当细胞需要更多的铁离子时,就会增加转铁蛋白受体的数量,使更多的铁离子进入细胞,同时降低铁蛋白的含量,减少被储存的铁离子,增加游离的铁离子的数量。当细胞内铁离子浓度过高时,则会降低转铁蛋白受体的数量,提高铁蛋白的含量。

在动物细胞内铁蛋白的水平依赖于翻译调节,动物的铁蛋白 mRNA 的 5′-非翻译区具有一个呈茎环结构的铁应答元件(IRE)(图 8-23)。当铁稀少时,铁调节蛋白(IRP)结合至铁应答元件,

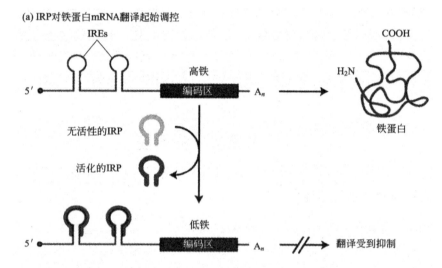

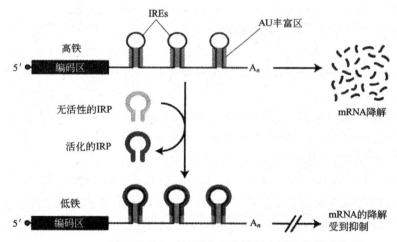

图 8-23　铁调节蛋白对铁蛋白和转铁蛋白受体的调节作用

阻止核糖体小亚基与 mRNA 的帽子结构结合,抑制 mRNA 的翻译。多余的铁原子会导致 IRP 离开 mRNA,解除其对翻译的抑制作用。在植物中,铁蛋白的表达调控发生在转录水平;细菌则是通过反义 RNA 来调节 TfrmRNA 的翻译。

铁离子是通过调控转铁蛋白受体 mRNA 的稳定性来调节 Tfr 基因的表达。Tfr mRNA 的 3′-UTR 会形成 5 个茎环结构,这些茎环结构,包括环上的碱基序列,与铁蛋白 mRNA5′-UTR 中的铁应答元件非常相似,同样介导铁离子对 Tfr 表达的调控。如果细胞缺乏铁离子,IRP 与 IRE 结合,保护 Tfr mRNA 不被降解,增加 Tfr mRNA 的稳定性。

细胞质中游离的铁离子浓度由铁调节蛋白直接监控。IRPl 是一种主要的铁调节蛋白,含有一个 Fe_4S_4 簇(图 8-24)。当细胞内铁稀少时,有一个铁原子从 Fe_4S_4 簇中脱落下来;当细胞中的铁离子充足时,IRPl 是三羧酸循环中的顺乌头酸酶,催化柠檬酸转化为异柠檬酸。顺乌头酸酶失去其酶活性,并且改变其构象暴露出 RNA 结合位点,能够和 IRE 结合。

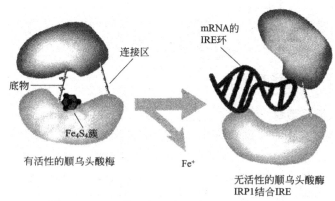

图 8-24　IRP 的顺乌头酶活性与 IRE 结合活性

8.4.3　5′非翻译区对翻译的调控

1. 5′端 m^7G 帽子结构

帽子结构是起始因子 elF-4F 识别并结合于 mRNA 以及最终形成翻译起始复合体所必需的。5′端帽子结构可以保持 mRNA 不受 5′外切酶的降解,增加 mRNA 的半衰期;有利于 mRNA 从细胞核向胞质转运。通过调控因子,帽子结构还与 polyA 协同作用,提高翻译效率。因此,大多数真核生物 mRNA 的翻译起始活性依赖于 5′端帽子结构的存在。

2. 起始密码 AUG 和上游 AUG

绝大多数真核 mRNA 的翻译从 mRNA5′端的第一个 AUG 密码子开始,符合 AUG 规律。但也有一些 mRNA 的翻译不符合 AUG 规律。在这些 mRNA 的 5′UTR 中具有多个 AUG。在真正开始翻译起始的密码子 AUG 之上游非翻译区内,还存在其他的 AUG,称为上游 AUG。上游 AUG 组成的阅读框架,一般对于翻译起始具有负调控作用。

3. mRNA 的前导序列

真核 mRNA 的前导序列从 5′帽子结构到起始密码子 AUG 之间的前导序列必须有一个适当的长度范围。当前导序列长度小于 12 个核苷酸时,40 S 亚基翻译起始复合物一般不能识别第一个 AUG,从下游的 AUG 起始翻译。当前导序列的长度为 20 个核苷酸时,可防止发生滑过现象。前导序列长度在 17~80 个核苷酸的范围内,体外的翻译效率与前导序列的长度成正比。因此,除了 AUG 邻近序列之外,有效的翻译还要求前导序列要有一定的长度。这一点类似于原核 mRNA 需要在翻译起始位点前有一定长度的 SD 序列。说明无论是真核细胞还是原核细胞,mRNA 的翻译起始点上游都需具备稳定翻译起始复合物的前导序列。

另外,mRNA5′端前导序列内的二级结构总是对翻译有严重影响,是 mRNA 翻译水平的调控机制之一。许多 mRNA 具有较长的 5′非翻译区,其中的反向重复序列可以形成茎环结构。茎环结构的存在会影响 40S 亚基起始复合物对模板 mRNA 的结合、移动和搜索,对翻译有抑制作用。其影响的强弱取决于二级结构的稳定性及其与转录起始密码子 AUG 之间的距离。二级结构的稳定性取决于发卡结构内碱基配对区的长度和 GC 含量。发卡结构越稳定,则一般对翻译的负调控作用越大。当相同的发卡结构置于距 5′帽子 52 个核苷酸时,不影响 mRNA 的翻译;当发卡结构距 5′帽子 12 个核苷酸时,40S 亚基起始复合物不能与 mRNA 模板结合,不能起始翻译。说明当发卡结构离 5′帽子较远时,它不影响 40S 亚基翻译起始复合物与 mRNA 模板的识别与结合。但茎环结构中茎区太稳定、太牢固时,又会影响翻译效率,40S 亚基复合物不能解开茎环结构,停留在它的上游区域,不能起始正常的翻译。

8.4.4　3′非翻译区对翻译的调控

1. CPE 元件对翻译的调控

mRNA 的 3′非翻译区内存在细胞质多聚腺苷酸元件(CPE)。在动物早期胚胎发育过程中,有些 mRNA 脱掉 polyA 之后并不立刻被降解,而在细胞需要它表达其产物时,再在 CPE 元件和加尾信号 AAUAAA 协同作用下,重新在胞质中加上 polyA 尾,然后启动翻译。该加尾过程在细胞质中进行的,需有 CPE 元件的参与。因此,在这种翻译调控机制中,CPE 元件具有十分重要的作用。有实验证明,一些已经脱掉了 polyA 而导致失去翻译活性的 mRNA,在 3′端的合适部位加入 CPE 元件之后,可以重新加上 polyA,并恢复翻译活性。

2. 终止密码子的选择性

终止密码子在不同生物中都有偏爱选择性。不同的真核生物中,终止密码子 UGA,UAA 和 UAG 使用频率不同。脊椎动物和单子叶植物中 UGA 终止密码子的使用频率最高,而其他真核生物多使用 UAA。UAG 的使用频率最低。

mRNA 中 GC 含量可能影响对终止密码子的选用,编码天冬氨酸的 AAC 和编码赖氨酸的 AAG 密码子经常出现在紧邻终止码的 5′端。因此,真核生物 mRNA 所翻译的多肽的 C 末端氨基酸残基中,赖氨酸、天冬氨酸较为常见。迄今为止,在终止密码子的旁侧序列中,发现终止密码子上游紧邻的第 1 个核苷酸常为 C 或 U,下游紧邻的第 1 个核苷酸常为 A 或 G,但尚未发现像起始密码子旁侧序列中那种有规律的特征性序列。因此,对终止密码子的了解仍局限于其终止翻译的功能上,而对调控功能了解不多。

8.4.5　翻译激活因子对翻译的激活作用

在叶绿体内,核基因编码的翻译激活子能够与叶绿体编码的 mRNA 结合,促进 mRNA 的翻译。PsbA 是叶绿体光系统Ⅱ的一个组分。光照能够使翻译激活子——叶绿体多聚腺苷酸结合蛋白(cPABP)结合至 PsbA mRNA 5′-UTR 中一段富含腺嘌呤的序列上,并激活翻译。在黑暗中,cPABP 不与 mRNA 结合,mRNA 形成一种不利于翻译的二级结构。cPABP 以两种构象形式存在,但是只有其中的一种构象能够结合 RNA。cPABP 在两种形式之间的相互转变受到光的控制。来自光系统 I 的高能电子通过一个短的电子传递链传递给 cPABP,使 cPABP 的二硫键还原,导致其构象发生改变。还原型的 cPABP 结合至 mRNA,激活转录。

第 9 章　细胞的信号传递

9.1　信号转导基本概念

生命现象,本质上都是细胞对外界信号在机体内产生特定反应的调控过程。多细胞生物依赖于细胞信息的传导,联系成为一个统一整体。所以,细胞或个体的生命活动都是在细胞信息传导和调控下进行的。

9.1.1　细胞间的联系方式

动物细胞之间的联系有 3 种方式:①细胞之间存在的联络孔道,通过裂隙连接的细胞通道(cell to cell channel),借胞浆相互连通,传递信息。②细胞膜上的信号分子通过直接传递进入另一细胞。③细胞分泌的化学信号分子,通过血液循环或体液循环,传递给远处或相邻的靶细胞。后者,即通过化学符号与细胞表面受体识别、相互作用,把外界信号传递到胞内,使细胞产生一定的生理应答过程,是我们所述的细胞信号传导的主要方式和内容。

信号分子传递的距离有长程的和短程的,可以分为 4 类:①普遍的一种方式是通过血液和体液,信号分子被传输到机体各部位。通过这种远程方式发挥作用的一般称为激素。激素属于远程信号分子。②旁分泌信号传导,这类过程不大普遍。信号分子通过胞外介质作局域性扩散,信号分子只传导给相邻的靶细胞。③神经元的信号传导,通过神经元这类专用通道把信号传递到很远的靶细胞。但它是通过突触(synapse)结构,从前一神经元传递到突触后神经元。④细胞与细胞之间的直接接触,它不需要释放信号分子,产生信号的细胞与接受信号的细胞表面受体分子结合而进行信号传导。这些传导类型的主要差别表现为速度和选择性,或特异性。

9.1.2　细胞间的信号分子

显然,细胞信号最少包括两方面因素:①细胞外的信号分子;②信号受体。信号分子有好几百种,包括蛋白质、小肽、氨基酸、核酸、固醇类、脂肪酸类似物质、retinoids,甚至小分子可溶性气体如 CO 和 NO。绝大多数信号分子由发出信号的细胞通过外排作用(exocytosis)或扩散作用穿过质膜(小分子信号)而分泌到胞外。另有一些信号分子并不分泌到胞外,而是紧紧地结合在发出信号的细胞外表面,这些信号只能影响与发信号细胞接触的细胞。信号分子的作用浓度很低($\leqslant 10^{-8} \sim$ mol/L),而且浓度可在短时间内变化。

1. 近分泌信号(paracrine)

这种信号由细胞分泌后扩散到它周围的细胞,因此它的作用只是局部的,不能远距离输送,也不允许扩散太远。当这种信号分泌后会立即被附近的细胞接受,或很快被细胞外的酶降解或很快被氧化(如 NO、CO),或被胞外的基质固定不能再扩散。

2. 内分泌信号(endocrine)

由各种腺体或特殊组织产生,如各种激素,这种形式的信号由血液循环系统(植物则通过体液，如液汁)输送到全身，受血液稀释，浓度很低。

3. 神经信号(synaptic)

由神经细胞或神经元受外界环境信号或别的神经细胞发出的信号激活而发出电脉冲，电脉冲沿着神经轴突高速传递(每秒可达 100 m)直至轴突的末端，刺激末端分泌一种称为"神经传感器"(neurotrransmitter)的化学信号，这些化学信号被快速(距离不到 100 nm，时间少于千分之一秒)而特异地传递到与神经轴突接触的靶细胞。关于神经信号的传递过程，这里不作具体介绍。

还有一种叫"自家分泌信号"(autocrine signaling)。上面介绍的信号是影响远距离或近距离的别的细胞的，而自家分泌信号则是影响周围与自己同类型的细胞，包括分泌信号的细胞本身在内，自分泌信号在发育分化过程中决定一组细胞的分化是很有意义的。

9.1.3 受体

1. 受体的概念和特点

受体是细胞中负责识别与结合化学信号分子的特殊蛋白质分子，它大多存在于细胞膜，一部分存在于细胞内。当受体与它相应的信号分子结合时被激活。正如酶分子对底物具有专一性和识别能力一样，受体能以很高的特异性识别、结合配体。受体结合配体时，结合部位的氨基酸残基所形成的高级结构发生变化，受体被激活，并通过细胞的各种信号传递系统，将外源信号转换成细胞内一系列生物化学的变化。由于这种识别-激活的双重作用，受体本身也参与了信号的产生或放大，最终产生细胞的生理效应。因此受体与相应配体间的反应特征是：

①配体与受体的结合具有高度特异性。②结合具有高度亲和性。在体内，信号分子的浓度非常低($10^{-9} \sim 10^{-12}$ mol/L)，与它相应的受体结合。③结合具有饱和性。每个受体蛋白分子只能与一定数量的配体结合。饱和是最大的结合量，即以化学比形成配体-受体复合物。此时得到最大的生物学效应。效应的大小与配体浓度、细胞的受体数目以及结合的亲和性直接相关。④配体与受体间的结合具有可置换性。与配体结构相似的化合物可以对受体进行竞争性结合，从而抑制受体的生物学活性。⑤结合具有可逆性。配体与受体之间的结合都为非共价键，可以是氢键、疏水作用或离子键等次级键的相互作用，因而结合不牢固，是可逆的。

2. 受体的分类

受体又分细胞表面受体和细胞内受体。受体是靶细胞接收信号或对信号做出初步反应的一类特殊的蛋白质。大多数情况下受体是细胞表面受体，它们是一类跨膜蛋白质：受体识别信号分子能以很高的亲和力与信号分子结合(亲和常数 Ka≥10^8 mole/L)成为激活状态，引起靶细胞内一连串反应而改变细胞的行为。另一些细胞内受体，是催化反应的酶(如鸟苷酸环化酶)或基因转录的调控蛋白，是与分子量足够小的疏水性信号分子结合的：因为疏水(亲脂)的很小的信号分子，如 NO、CO 和一些激素可以直接扩散穿过质膜和核膜进入靶细胞内激活细胞内受体蛋白，由被激活的受体蛋白直接催化反应或控制基因转录。

由于细胞表面受体含量极低，还不到整个细胞蛋白的万分之一，因此提纯获得细胞表面受体以研究它们的性质是极困难的。重组 DNA 技术、克隆和表达受体蛋白基因，给细胞受体的研究带来了革命性的转变，大大加速了受体研究的进程。在细胞表面，存在着各种各样的大量受体，目前根据结构和作用方式不同被分成三大类：

（1）大多数的受体属于第一类——离子通道关联受体（ion-channel-linked receptors）

这类受体的蛋白质位于通道的周围，当与信号结合后受体蛋白变构而控制通道的形状，从而改变质膜的离子通透性（有关这类受体及其作用，这里不再详细介绍）。

（2）第二类是 G-蛋白关联受体（G-protein—linked receptors）

它的作用是间接地调节另一种结合在质膜上的靶蛋白的活性。靶蛋白可以是离子通道蛋白或者是一种酶，受体蛋白与靶蛋白之间的相互作用是通过第三种蛋白介导的，这介导的第三者称为"三聚体 GTP 结合调控蛋白"，简称 G-蛋白（trimeric GTP-binding regulatory protein，G-protein），这类受体因此而得名。这类受体与信号结合后通过 G-蛋白的介导激活靶蛋白（关于激活的方式途径下面将介绍）。如果靶蛋白是一种离子通道，就改变质膜的通透性；如果靶蛋白是一种酶，就改变一种或几种介导物的浓度，通过这些介导物改变细胞行为或这些产物再作用于细胞内别的蛋白质。G-蛋白关联受体是很重要的一类受体，是一个由同源的七次跨膜的蛋白质组成的大的超级家族。

（3）第三类是酶联受体（enzyme-linked receptors）

这类受体中每个受体含一种跨膜蛋白，它本身就是一种酶或是与酶相联系的，通常是蛋白质激酶。当信号与受体蛋白的膜外部分结合后，它的膜内部分变构而表现出蛋白质激酶活性，或者使其膜内部分相结合的另一种蛋白质成为具蛋白激酶活性，结果使细胞内的一些蛋白质被磷酸化。

9.1.4 细胞对信号的反应

每个细胞周围有许多各种各样的信号分子，可以说是处在信号分子的包围之中。细胞可以通过自己的表面受体和胞内受体获得信号，也有的可以通过连接相邻细胞之间通道而共享一种信号。几百种信号分子，除可单独作用外，又可以进行组合可能产生出几百万种组合方式，以组合方式起作用，就像由 4 种核苷酸可以组合成为 60 多种氨基酸密码那样。那么细胞接收哪些信号，做出何种反应，显然也是千差万别的。

1. 每个细胞对某种特别的组合信号的反应是由程序决定的

在发育生长和分化的过程中，每个细胞内都形成一套独特的程序，就像我们在计算机中储存程序，当我们用指头按动某一个键，计算机就按程序进行工作，当信号与受体结合时，细胞就按预定程序规定做出各种反应。

2. 细胞对不同的信号反应不同

细胞在发育过程中获得了自己的特性，对信号的接收和反应是有选择性的，比如对一组信号按程序作出的反应是增生，对另一组信号的反应是行使某种特别的功能等。在培养的一瓶细胞中，有的细胞可以对一组信号做出按程序自杀的反应（即 programmed of cell death，也叫 apoptosis）。

3. 不同细胞对同一信号的反应可以不同

在不同类型的细胞中接收同一种信号的受体可以不相同，对信号意义的解释也不相同，因而做出的反应不同。在许多情况下，即使在不同类型细胞中接收同一种信号的受体完全相同，也可以对信号做出不同的反应，这是因为在不同类型细胞中与受体偶联的细胞内的机制不同所致。

9.2　G-蛋白与跨膜信号传递

G-蛋白偶联受体是细胞表面受体中最大的一个家族,在哺乳动物细胞中已发现 1 000 多种,细胞对大量的多种多样的信号分子作出反应是由这一类受体介导的,这些信号分子包括蛋白质、小肽、氨基酸和脂肪酸的衍生物、多种激素以及神经信号传送器(neurotransmitters),带有相同配体的信号分子可以激活这一家族中的不同成员,例如乙酰胆碱(acerylcholine)可激活 5 种以上的 G-蛋白关联受体成员,5-羟色胺(serotonin)最少能激活 15 种。

9.2.1　G-蛋白偶联受体

这类受体,尽管胞外的信号分子形形色色,但从基因序列推测的氨基酸序列具有相似性。G蛋白偶联受体由单一肽链组成。二级结构有一个最明显的相同点,即有 7 个疏水区域,在细胞膜上这 7 个区段都跨膜穿越双脂层。这些受体的分子量在 40～80 kD,由 350～500 个氨基酸组成(图 9-1)。胞外的配体与受体结合,改变了受体的构象。受体在质膜内侧的结构是与 G 蛋白偶联的位点。

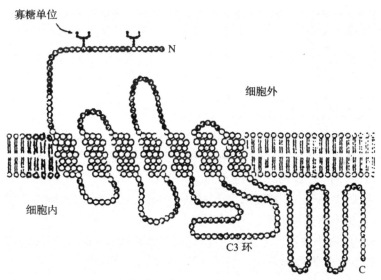

图 9-1　G 蛋白偶联受体具有 7 个 α 螺旋的跨膜结构域

受体可以分为膜外部分、跨膜部分和质膜内部分 3 个区域。其中跨膜部分含有 7 个疏水区,各有 22～24 个氨基酸残基,以疏水性残基为主,构成 α 螺旋。蛋白的 N 端位于膜外,是配体分子的结合结构域,多由亲水性氨基酸残基组成,这部分常常被多糖修饰。膜内部分包括蛋白的 C端和跨膜区域之间在膜内的环形结构。C 端有若干个磷酸化位点(Ser/Thr),磷酸化可以阻止受体与 G 蛋白之间的相互作用。膜内的第 5～6 跨膜仅螺旋之间的环形结构肽段 C_3 是与 G 蛋白结合的位点,参与 G 蛋白的激活. 膜外信号分子结合受体后产生的构象变化,主要通过 C_3 环传导给 G 蛋白。

G 蛋白偶联受体的三维结构相似,都具有与 G 蛋白结合的结构域以及结合信号分子的结构域,但它们之间的氨基酸序列差异很大。例如,关系密切的 β₁ 和 β₂ 肾上腺素受体只有 50% 的氨基酸序列相似,而α和β肾上腺素受体的同源性更小。每个受体的特异性氨基酸序列决定它结合什么配体以及它和哪一类、哪一种G蛋白相互作用。C₃环决定受体与哪一种G蛋白结合。这个环中的一个特定区域可以形成独特的空间结合,以保证这种特异性。

9.2.2　G-蛋白

1.G-蛋白的结构

G蛋白是一类鸟苷酸结合蛋白家族。G蛋白有两类,一类是三聚体分子,由αβ和γ亚基组成。它的激活通常是激素或其他信号分子结合的7螺旋受体所致。此外,还有一类是单体的鸟苷酸结合蛋白(monomeric GTP-binding proteins)。后者在真核细胞中介导胞内信号的传导,如Ras蛋白等。我们这里所述的G蛋白是由αβ和γ亚基组成的三聚体。

在3个亚基中,α亚基(Gα)是与鸟苷酸结合的部位。无活性的G蛋白是GDP结合的形式,即Gαβγ-GDP。当配体结合于G蛋白偶联的受体,导致G蛋白释放它原来结合的GDP,代之以GTP,从而使G蛋白激活。活化的G蛋白不是以三聚体形式存在,而是解体成Gα-GTP和βγ(或写为Gβγ)两部分,两部分分别具有不同的生物活性。β和γ亚基通过γ亚基表面的脂肪链(异戊烯)共价连接成稳定的βγ结构。这两部分亚基不再与受体结合。Gα-GTP实际上是G蛋白的活性形式。Gα-GTP结合并激活(或抑制)质膜中某些效应酶,有的效应酶可以产生第二信使。过去认为βγ二聚体似乎没有活性。近年来发现βγ也积极参与信号的传导,βγ和Gα一样,均可引起效应蛋白的激活,在信号传导中共同介导一系列生物学效应。

各种α亚基的分子量在39~48 kD,彼此在结构上虽有差异,但都含有GTP或GDP结合位点和受体结合位点,并且都具有GTPase酶活性,可使GTP水解为GDP。当α亚基与GTP结合时,α亚基与βγ亚基解离,α亚基即具有GTPase酶活性。

此外,G蛋白的α亚基都可以被霍乱毒素(cholera toxin,CT)或百日咳毒素(pertusis toxin,PT)进行ADP-核糖基化(ADP-ribosylation)修饰(图9-2)。这种化学修饰可以改变G蛋白的功能。百日咳毒素(PT)由A,B两条肽链构成,A链具有ADP-核糖基转移酶活性,在辅酶Ⅰ(NAD⁺)存在时,可催化ADP-核糖基转移到某些G蛋白α亚基(如Giα)的C端Cys残基上,与之共价连接。ADP-核糖基模拟GDP的作用,使α亚基失去结合GTP的能力,这样α与βγ亚基不能解离,结果使G蛋白失去活性。霍乱毒素CT也有类似的ADP-核糖基转移酶的活性,但它的底物是Gsα,α亚基被修饰的部位是Arg残基。因而霍乱毒素的ADP-核糖基修饰抑制了α亚基的GTPase酶的作用,导致Gs蛋白持续激活。霍乱毒素的修饰使G蛋白稳定为GTP型,而百日咳毒素则使G蛋白稳定成GDP型。

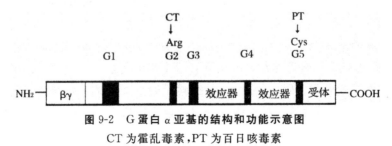

图9-2　G蛋白α亚基的结构和功能示意图
CT为霍乱毒素,PT为百日咳毒素

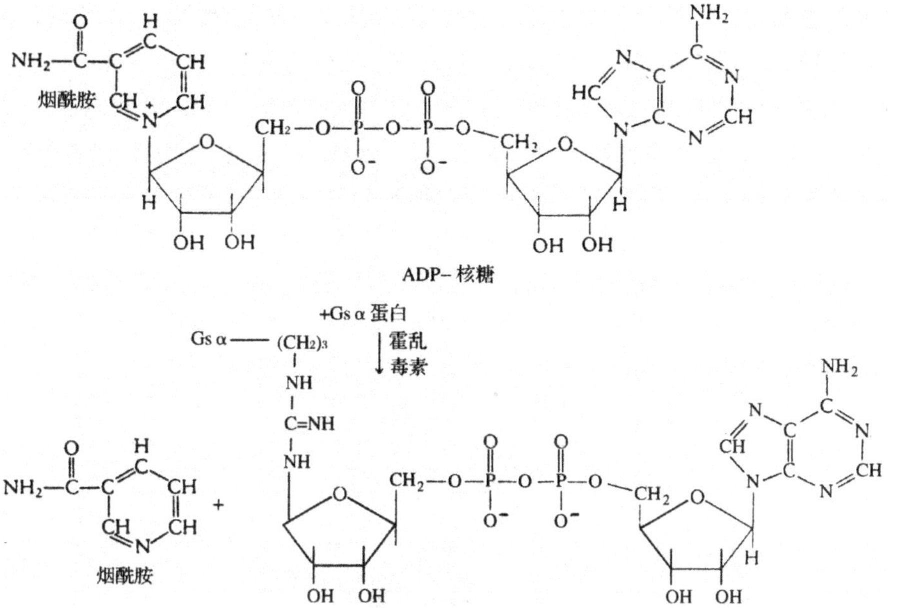

图 9-3　Gsα 蛋白质的 ADP-核糖基化反应

2.G-蛋白的分类

G-蛋白有许多类型。根据 α 亚基的氨基酸序列,将 G-蛋白分为 3 类、3 个主要家族。α 亚基约有 21 种,β 亚基为 5 种,γ 亚基为 9 种(表 9-1)。

表 9-1　蛋白家族的主要类型

家族	成员	靶蛋白	效应	第二信使	细菌毒素修饰
I	Gs	腺苷酸环化酶	↑	cAMP	霍乱毒素激活
		Ca^{2+} 通道	↑	Ca^{2+}	
		腺苷酸环化酶	↑	cAMP	霍乱毒素激活
II	Gi	腺苷酸环化酶	↓	cAMP	百日咳毒素抑制
		Na^+	↑	(改变膜电位)	
		K^+	↑	(改变膜电位)	百日咳毒素抑制
		Ca^{2+} 通道	↓	Ca^{2+}	
		PLC-β	↑	+IP3,DAG	
		GMP 磷酸二脂酶	↑	cGMP	霍乱毒素激活与百日咳毒素抑制
III	Gg	PLC-β	↑	+IP3,DAG	(无影响)

不同的 G-蛋白,结构上的差异主要表现在 α 亚基。α 亚基的多样性才能实现 G-蛋白多种功能的调控。例如,受体对腺苷酸环化酶(ACase)的调节有两种结果,即激活(如 β 肾上腺素受体)和抑制(如阿片受体),介导两种相反结果的 G-蛋白也不相同,前者为促进、兴奋型的 Gs,后者为抑制型的 Gi。就 Gs 和 Gi 而言,它们也各有许多不同的类型。

3.G-蛋白的循环

以兴奋型 G-蛋白 Gs 为例。受体(R)与配体(L)结合之前,是与 G-蛋白分离开的,而 G-蛋白的 3 个亚基呈聚合状态,并与 GDP 结合成 Gαβγ-GDP 形式。此时,受体 R 呈低亲和性,以 R_L 表示。受体与配体结合而被激活后,形成 L-R_H-Gαβγ 复合物,其中 R_H 表示受体已从低亲和性转变为高亲和性状态,同时 GDP 从 α 亚基上释放出来。在 Mg^{2+} 存在下,GTP 将取代 GDP 与 Gα 亚基结合,并进一步使整个复合物解聚为 3 部分:R_L(原先高亲和性恢复为低度亲和性受体)、Gβγ 亚基复合物和激活后的 Gαs-GTP。后者进一步激活效应器酶,如腺苷酸环化酶(adenylate cyclase,Acase)。Gsα 亚基本身具有 GTPase 酶水解活性,将所结合的 GTP 水解为 Gsα-GDP 后,再与 Gβγ 亚基结合,重新形成 Gs 原先的 αβγ 三聚体形式(图 9-4)。由此可见,G-蛋白所结合的鸟苷酸以 GTP-GDP 的转换为开关,调节着受体与配体之间的亲和性。而 Gα 亚基所具有的 GTPase 酶活性则是调控的关键。这是所有 G-蛋白超家族的共同特点之一。

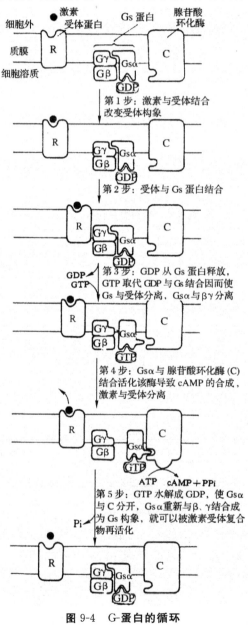

图 9-4　G-蛋白的循环

在 G-蛋白循环中,实际上包含了两种调节机制,即受体调节和 G-蛋白调节。如图 9-5 所示,受体调节受控于相应的激动剂(信号分子)与其受体的结合;G-蛋白调节受控于在 G-蛋白水平上 GTP-GDP 的转换(switch)。这两种调节之间存在着重要的联系。这就是 G-蛋白对受体亲和性的调控。它包括:①释放了 GDP 的 G-蛋白($G\alpha\beta\gamma$)与受体结合($LR_H \cdot G\alpha\beta\gamma$),此时受体处于高亲和性的状态,易与相应的激动剂结合。②一旦 GTP 与 G-蛋白结合,受体-G-蛋白复合物即解离,释放出有活性的 $G\alpha$-GTP,去激活相应的效应酶,受体又回到低亲和性状态(R_L)。

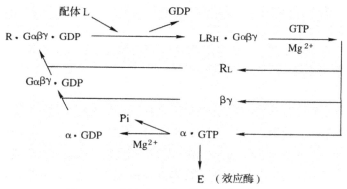

图 9-5　G-蛋白与受体、效应酶的一般关系

9.2.3　G-蛋白的信号传递

动物细胞中,绝大多数 G-蛋白偶联受体通过两条途径介导信号传导:①一条是 cAMP 途径,即 G-蛋白作用于腺苷酸环化酶,调节 cAMP 的生成和浓度。②另一条是 Ca^{2+} 途径,需要通过中介信号分子 IP3,从 ER 中释放 Ca^{2+}。cAMP,Ca^{2+} 是广泛分布的别构效应物,可以结合于特异的蛋白质,并改变其构象和活性。cAMP,Ca^{2+},IP3 等都是重要的第二信使。

1.G-蛋白对腺苷酸环化酶活性的调节

在所有原核细胞和动物细胞中都证实了 cAMP 是细胞内的信号分子。作为信号分子的第二信使,cAMP 的浓度必须能够改变。在正常情况下,细胞内 cAMP 的浓度小于 10^{-7}mol/L;在激素作用下,cAMP 的浓度在几秒钟内就改变 5 倍。一种快速的应答在合成与降解之间达到平衡。cAMP 是由 ACase 催化从 ATP 合成的,又被 cAMP 磷酸二酯酶(cAMP phosphodiesterase)迅速水解,生成 $5'$-AMP。

参与受体与 ACase 偶联的有两类 G-蛋白,即介导激活 ACase 的 Gs 和介导抑制 ACase 的 Gi。

(1)Gs 蛋白

Gs 的激活作用,关键是生成活性状态的 $G\alpha$-GTP。抑制作用的 Gi 具有和 Gs 几乎相同的 β 亚基和 γ 亚基,主要的差别在于 $Gs\alpha$ 亚基和 $Gi\alpha$ 亚基。β 肾上腺素受体激活后,能使 Gs 激活,后者激活 ACase,使 cAMP 增加。而 α 肾上腺素受体激活后,则 Gi 介导抑制 ACase 酶活性,使 cAMP 减少。

每个细胞通常有几千个 β 肾上腺素受体,而细胞应该需要几万甚至上百万个 cAMP 分子。因此,激素信号需要放大,才能产生足够的 cAMP。1 个激素-受体复合物可以激活上百个非活性的 Gs,而每个 Gs-GTP 都能激活 1 个 ACase 分子。在 $Gsc\alpha$-GTP 和 ACase 结合期间,可以产生很多的 cAMP 分子。因此,1 个激素分子结合于 1 个受体分子,可以诱导胞内产生至少几百个 cAMP 分子。

一旦信号分子(配体)从其受体上解离,ACase 也应该迅速逆转。细胞内 cAMP 的浓度变化能迅速作出应答。活化的 Gsα-GTP 的寿命很短。当 Gsα 结合于 ACase 时,Gsα 的 GTPase 酶活性就被激活,将它结合的 GTP 水解成 GDP,以致 Gsα 和 ACase 两者都失活。然后 Gsα 与 βγ 亚基重新结合成无活性的 Gs 分子。

ACase 能够迅速失活的原因,除了 Gsα 固有的 GTPase 活性有关之外,还有肾上腺素受体激酶可以使激素二受体复合物中受体的 C 端 Ser/Thr 残基磷酸化,并丧失活性。但是,这种激酶对没有结合配体的受体不起作用。β 肾上腺素受体被磷酸化后,和 β 抑制蛋白(β-arrestin)结合,使受体应答能力下降(即脱敏作用,desensitigation)。

(2)Gi 蛋白

同一种胞外信号分子,可以增加胞内 cAMP 水平,也可以使之减少,这取决于受体的类型。肾上腺素结合于 β 肾上腺素受体,导致 ACase 激活,产生更多的 cAMP 分子。如果肾上腺素结合于 α₂ 肾上腺素受体,就会抑制 ACase,使 cAMP 水平下降。这些不同效应和受体、ACase 偶联的 G-蛋白的类型不同有关。和 α₂-肾上腺素受体偶联的是抑制性 G-蛋白(inhibitory G protein,Gi)。

前面已经提到过,Gs 和 Gi 之间 βγ 的复合物相似,但 Gα 不同。当激活的 α₂-肾上腺素受体结合于 Gi 时,Giα 亚基也与 GTP 结合,解离 βγ 复合物。但是 Giα 亚基和 βγ 复合物都与抑制 ACase 有关。其中,Giα 亚基的作用是间接的,而 βγ 复合物则通过两个途径抑制产生 cAMP:①直接结合于 ACase;②力复合物结合于细胞中游离状态的 Gsα 亚基,使它不再激活 ACase,从而间接地抑制 cAMP 合成。特别是在细胞内 Gi 的含量高于 Gs 达 5～10 倍,此时 Gi 被激活后释放出的 βγ 复合物会远远高于 Gsa,并与之结合成非活性的 Gsαβγ,使之被灭活,结果,在细胞内主要显示出 Giα 的活性(图 9-6)。

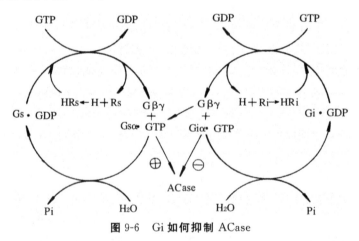

图 9-6　Gi 如何抑制 ACase

2.G-蛋白对 Ca^{2+} 途径的介导

G-蛋白对 Ca^{2+} 信号系统的介导是通过 G-蛋白对磷脂酶 C(PLC)的调节来实现的。近年来已证实,细胞内 PLC 的活性受到两个系统的控制,一是 G-蛋白偶联的 PLCβ,二是由受体酪氨酸蛋白激酶(receptor-associated tyrosine protein kinase,RTK)活化 PLC7。多种神经递质和激素的受体通过 G-蛋白与 PLCβ 酶偶联。参与偶联的 G-蛋白有 Gg 和 G11。

PLCβ 催化膜上的磷脂酰肌醇(PIP2)水解,产生两个信息分子 IP3 和 DAG(图 9-7)。其中 IP3 构成 Ca^{2+} 信息系统中最重要的信号分子。

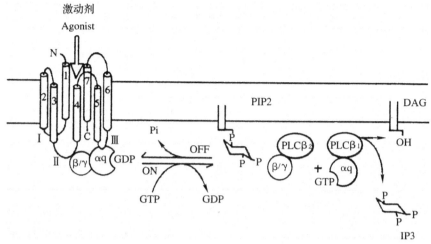

图 9-7　**G-蛋白激活** PLCβ$_1$,PLCβ$_2$,**生成** DAG 和 IP3

3. G-蛋白调节 cAMP 磷酸二酯酶活性

视网膜主要有视杆细胞和视锥细胞两种感光细胞。存在于这两种感光细胞的感光物质视紫红质(rodopsin)是一种分子量为 40 kD 的具有 7 次跨膜的蛋白质,是感光细胞内的光受体,称为转导素(transductin)。光受体转导素与一种 G-蛋白 Gt 偶联,通过 Gt 进行信号传导。转导素的 C 端附近有可被视紫红质激酶(rodopsin kinase)磷酸化的部位,该部位也是 Gt 蛋白的结合位点。

Gt 蛋白与各种 G-蛋白一样,也由 3 个亚基组成,α 亚基的分子量 39 kD,并具有 GTP 或 GDP 的结合位点以及 GTPase 酶活性。βγ 是 α 亚基的调节因子。在黑暗的条件下,几乎所有的 Gt 都与 GDP 结合,这时不具有产生 cGMP 的活性。如图 9-8 所示,光照使视紫红质(R)被激活成为 R*,R* 与 Gt 结合后,促使 Gt 释放 GDP,而与 GTP 结合。形成 R*·Gt·GTP 复合物时,R* 以及 Gt 中 βγ 复合物分别从 R*·Gt·GTP 中释放。R* 重新用来激活其他的 Gt,而此时的 Gt 中只有 Gtα 亚基与 GTP 结合,即 Gtα-GTP。Gtα-GTP 进一步与 cGMP 磷酸二酯酶(cGMP phosphodiesterase,PDE)结合,使后者从非活性状态转变为活性状态,水解 cGMP,从而降低了细胞内 cGMP 浓度。在这过程中,视紫红质分子可被反复使用,Gt 蛋白也可循环往复,不断产生光感的传入脉冲。

4. G-蛋白参与调节一些受体门控的离子通道

前面所述的 G-蛋白系统都是通过细胞内信息分子(第二信使)cAMP,cGMP,Ca^{2+},IP3 和 DAG 的变化,从而进入各种调控机制。在细胞内还广泛存在着另一种调控方式,即各种神经递质或激素激活相应的受体后,由 G-蛋白介导,调节有关离子通道的激活或失活,改变其离子通透性,从而影响膜的兴奋性。例如,乙酰胆碱(acetylcholine)结合、激活毒蕈碱性乙酰胆碱受体(muscarinic acetylcholine receptor,M-AchB,M 受体),M-受体激活抑制性 G-蛋白(Gi),它的 α 亚基(Giα)一旦被激活,不仅抑制 ACase,还直接打开细胞质膜中的 K$^+$ 通道,形成细胞膜超极化状态,从而使细胞的节律性去极化减慢。因此,肌细胞给予乙酰胆碱后,膜电流的变化并非即刻发生。

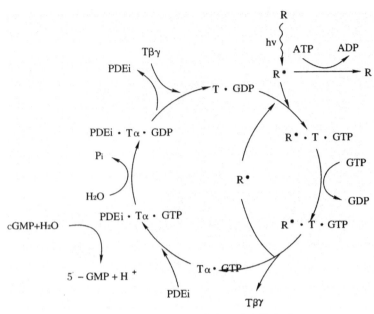

图 9-8　Gt 对 cGMP 磷酸二酯酶的调节

图中 T 为 Gt，Tα 为 Gtα，R＊ 为被光激活的受体

其他 G-蛋白对许多离子通道活性的调节作用往往是间接的，它们可以借助于蛋白激酶 PKA，PKC 或 Ca^{2+}/(2aM-激酶的磷酸化作用，或者影响对于离子通道具有调节作用的 cAMP，cGMP，Ca^{2+} 的增加或减弱。例如，嗅觉神经元中，嗅觉受体(olfactory recepto)和 G-蛋白的偶联，然后嗅觉特异性 G-蛋白(Golf)激活 ACase，导致 cAMP 控制阳离子通道打开，引起 Na^+ 内流和神经细胞质膜去极化，从而产生神经脉冲。味觉也可能和 G-蛋白偶联受体介导有关。

9.2.4　G-蛋白与 βγ 复合物的结构与功能

至今已发现 G-蛋白的 Q 亚基有 20 余种(39～52 kD)，还存在 5 种 13 亚基(35～36 kD)和 9 种 7 亚基(6～8 kD)。βγ 复合物以异源二聚体形式存在。以往认为 Gα 亚基才是 G-蛋白的活性形式，在信息传导中起主导作用。近来的研究认为，βγ 复合物同样作为一个功能单位，参与细胞内的信息传导过程。βγ 复合物并不直接调节效应酶(蛋白)的活性，而是 G-蛋白偶联受体和受体酪氨酸蛋白激酶(RTK)两种跨膜传导系统的交叉点，将两者有机地联系起来。

1. Gβ，Gγ 的结构

γ 亚基(Gγ)由 68～75 个氨基酸组成，本身无特异的立体结构。已发现的 9 种 Gγ，相互间氨基酸序列差异较大，也正是这些差异决定了 βγ 复合物的功能特异性。按氨基酸序列及其特性，可将 Gγ 分别 4 类，每类内的同源性较高。

2. Gβγ 亚基复合物及其激活

Gβ 和 Gγ 形成复合物不是随机性的，而是有选择地结合的。例如，Gβ3 似乎能同所有 Gγ 形成 βγ 复合物(Gβγ)，但 Gβ₂ 不能同 Gγl，Gγ11，Gγ8 形成二聚体。Gβγ 特异性结合的机制尚不清楚。

Gβ 和 Gγ 紧密结合，两者都有多个区域的氨基酸残基参与接触。例如 Gγ2 的第 45～59 位氨基酸是与 Gβ₁ 形成 Gβγ 的重复区域，氨基末端也与 Gβγ 形成有关。但 C 端与 Gβγ 形成无关，由此推测 C 端可能参与 Gfβγ 复合物对细胞膜的附着。

在 G-蛋白三聚体中,Gα 亚基由 3 部分组成,即 α 螺旋的 N 端、p21ras 样的 GTPase 酶区和 Gα 特异性的 α 螺旋区。GTPase 酶区由一个 6 股的 β 折叠($\beta_1 \sim \beta_6$)和环绕其周围的 6 个 α 螺旋 ($\alpha_1 \sim \alpha_5$,αG)组成。Gα 特异性的 α 螺旋区包括一个长的 α 螺旋(αA)和 5 个短的 α 螺旋(αB～F),(αB～F)围绕在 αA 的周围。GTP 或 GDP 结合位点在 GTPase 酶区与 α 螺旋区之间。GTPase酶区含有 3 个开关区(switch regions),即开关区 Ⅰ,Ⅱ 和 Ⅲ。

Gβγ 借助两个界面与 Gα 接触。Gα 的 N 端傍于 Gβ 的推进器样结构的侧面,与 Gβγ 有广泛联系。Gβ 的第 5～7 个叶片样结构的氨基酸残基与 Gα 的开关区 Ⅰ 和 Ⅱ 以及邻近氨基酸形成众多氢键、范德瓦力和离子对。这样,Gβγ 和 Gα 开关区能够与效应酶(蛋白)的结合部位相互覆盖。

在激活的受体作用下,GTP 取代 GDP,使 Gα 的开关区关闭,暴露出 Gα-GTP。GA 与 Gβγ 之间在开关区的接触全部被破坏,并传导到 Gα 的 N 端,最终引起 Gα 与 Gβ 了解离。在解离前后,Gβγ 没有构象的变化。Gα 可能作为 Gβγ 的负调控因子,限制了 Gβγ 的游离或覆盖了 Gβγ,与效应酶(蛋白)结合的界面。

3. Gβγ 复合物在信息传导中的功能

Gβγ 可以调节 ACase、PLC、离子通道以及 G-蛋白偶联的受体激酶等。

(1)调节 ACase 酶

近年来发现 ACase 酶有一些不同的亚型。G-蛋白对不同亚型的 ACase 酶有不同的作用方式。同时 Gβγ 复合物也参与对它们的直接调节。例如,Gβγ 对 ACaseⅡ、ACaseⅣ 有激活作用,与 Gsα 有协同作用。而 Gβγ 对 ACaseⅠ型的抑制作用不依赖于 Gα,并可拮抗 Gsα 的作用。

(2)调节 PLC 酶

PLC 酶可以分为 α,β,δ,γ 等数种亚型。Gβγ 只对 PLCβ 有调节作用,其促进作用不依赖于 Gα,但不同组合的 Gβγ 对 PLCβ 的作用强度有所不同。

(3)调节 G-蛋白偶联受体激酶

G-蛋白偶联受体的激酶是一类蛋白激酶,它们的底物是某些 G-蛋白偶联的受体。当受体激酶被激活后,使其受体的特定部位发生磷酸化,使受体不能再与 G-蛋白偶联。一些受体激酶还与 G-蛋白偶联,因此,G-蛋白的作用一方面在受体与效应酶(蛋白)之间正方向上发挥功能,另一方面又在受体与效应酶(蛋白)之间负方向上发挥作用。当受体激酶未被激活时,G-蛋白能把信息从受体传导到效应酶(蛋白)。当受体激酶被激活,受体被磷酸化,G-蛋白失去与受体偶联的功能。与 G-蛋白偶联受体激酶如有 β 肾上腺素受体激酶、视紫红质受体激酶、M2 乙酰胆碱受体激酶等,它们使相应受体的特定位点发生 Ser/Thr 残基磷酸化,使其失去受体活性。

Gβγ 复合物对这些受体激酶有调节作用,使这些受体激酶的活性提高。Gβγ 与细胞质内的受体激酶特定区域结合,使激酶从胞质移向质膜,靠近其底物,然后使底物受体磷酸化而失去信息传导功能。

(4)Gβγ 对离子通道的调节

G-蛋白对钙、钾离子通道的调节有较好的研究。G-蛋白对内向整流钾通道(GIRK)的调节主要是由 Gβγ 介导的。GIRK 蛋白上有 Gβγ 结合区域,直接结合在 GIRK 的 C 端。

G-蛋白对钙离子通道可以直接调节。Gβγ 对 N 型和 P/Q 型 Ca^{2+} 通道的 α_1 亚基有抑制作用,对 αlE 作用较小,对 L 型 Ca^{2+} 通道的 α_1 亚基则无作用。

（5）Gβγ 在酪氨酸蛋白激酶传导系统中的作用

过去认为 G-蛋白偶联的信息传导系统与受体酪氨酸蛋白激酶（RTK）系统在构成和功能上是相互独立的系统。但近年的研究表明，G-蛋白通过激活 Ras，MAPK 或 PI-3K 等，将两个系统有机地联系在一起。Gβγ 可诱导 Ras 活化，激活 MAPK。磷脂酰肌醇 3-激酶（PI-3 K）是可以被血小板来源的生长因子（PDGF）、胰岛素生长因子（IGF）等受体相关的 RTK 激活的一种蛋白激酶，由调节亚基 p85 和催化亚基 p110 组成。其产物是磷脂酰肌醇三磷酸（PIP3），使细胞由 G1 期进入 S 期，与细胞生长密切相关。有一种 PI-3Kγ 可以被 Gβγ 直接激活。

9.2.5 依赖 cAMP 的蛋白激酶和磷酸酶

cAMP 信息传导系统是由受体、G-蛋白、腺苷酸环化酶（ACase）偶联构成。通过这个偶联系统，胞外的信息通过膜受体，G-蛋白和 ACase，催化 ATP 生成 cAMP。cAMP 作为第二信使，激活一系列的酶，其中与细胞信息传导关系最密切的有蛋白激酶和蛋白磷酸酶。

1. 依赖 cAMP 的蛋白激酶

依赖 cAMP 的蛋白激酶称为蛋白激酶 A（PKA）。激活 PKA 是 cAMP 主要的生物学功能之一。cAMP 各种不同的效应几乎都是由 PKA 介导的。

（1）PKA 的结构与功能

PKA 全酶由两个调节亚基（R）和两个催化亚基（C）构成，即 R_2C_2。在 cAMP 不存在时，酶无活性。当 cAMP 结合到 R 亚基上，引起变构，无活性的全酶 R_2C_2 解离为一个二聚体 R_2 和 2 个有活性的 C 单体。

$$R_2C_2（无活性）+2cAMP \rightarrow R_2(cAMP)_2 + 2C（有活性）$$

在哺乳动物细胞中存在 3 种 C 亚基和 4 种 R 亚基。所有 PKA 的催化核心表现出高度的保守性。

PKA 的两种亚型 PKA I 和 PKA II，具有相同的催化亚基，分子量为 40 kD。但它们的调节亚基 R 不同，分别为 49 kD 和 55 kD。两者的催化亚基相同，故能催化底物蛋白质有相同的磷酸化。由于调节亚基不同，在酶的性质、作用以及分布、含量等方面都有差异。

（2）底物

作为 PKA 的底物蛋白的种类很多，有多种酶蛋白、组蛋白 H1、H2A、H2B、核内非组蛋白、核糖体蛋白质、膜蛋白、微管蛋白、微丝蛋白、肌钙蛋白等。尽管在不同细胞内 PKA 的底物有很大差异，但磷酸化的 Ser 或 Thr 残基总是处于这样的序列中：X-Arg-(Arg/Lys)-X-(Ser/Thr)-φ，其中 X 为任意氨基酸，φ 为疏水性残基。

极大多数哺乳动物细胞都表达有与 Gs 蛋白偶联的受体。这些受体被各种激素促进，导致 PKA 激活，所产生的反应依赖于特定的 PKA 种类，也依赖于靶细胞所表达的底物。不同多肽、蛋白质激素，激活不同靶细胞的 cAMP-蛋白激酶系统，催化不同底物蛋白质的磷酸化，引起不同的生物学效应。PAK 可致 Glu 受体/离子通道磷酸化而使其激活。从肌肉分离纯化的 Ca^{2+} 离子通道是 PKA 的底物蛋白。当膜去极化时，在 cAMP，Mg^{2+}-ATP，PKA 的 R 亚基存在下，C 亚基催化 Ca^{2+} 离子通道的磷酸化，使通道开放，Ca^{2+} 进入细胞内。

2. 蛋白磷酸酶

已发现至少 4 种蛋白磷酸酶（protein phosphotases）能催化磷酸化蛋白质中 Ser/Thr 残基的去磷酸化。很多蛋白磷酸酶可被 cAMP 抑制。当 ACase 被胞外信号分子、G-蛋白活化时，

cAMP 水平升高,PKA 使细胞内某些蛋白质磷酸化。由于此时 cAMP 含量较高,对蛋白磷酸酶发生抑制,磷蛋白不能立即去磷酸。这种调节作用可持续一段时间。一旦激素的刺激作用停止,cAMP 就被磷酸二酯酶(PDE)分解,cAMP 浓度下降,对蛋白磷酸酶的抑制解除,磷酸化的蛋白质重新开始去磷酸化,激素的作用也就停止,细胞内与 cAMP 有关的代谢恢复它的基础水平(图9-9)。

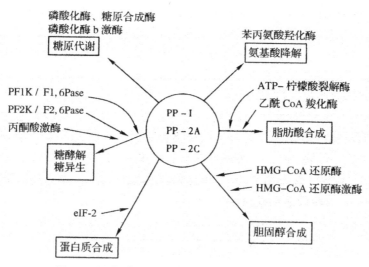

图 9-9　蛋白磷酸酶Ⅰ、ⅡA 和ⅡC 在代谢中的作用

PP—蛋白磷酸酶;PFlK—6-磷酸-果糖-1-激酶;F1,6Pase—果糖 1,6-二磷酸酶;PF2K—6-磷酸果糖-2-激酶;F2,6Pase—果糖-2,6-二磷酸酶;eIF-2—蛋白质合成起始因子 2;HMG-C₀Am 甲羟二酰辅酶 A

9.2.6　细胞内 cAMP 的信息效应

G-蛋白偶联受体的信息传导系统主要的生物学功能是通过 cAMP 来实现的,因此讨论 G-蛋白偶联受体的信息传导必须讨论 cAMP 的生物学效应。其中目前所认识的 cAMP 大多数生物学效应又是通过蛋白激酶 A 来调节的。

1. cAMP 对细胞代谢过程的调节

此类调节研究得最好的是 cAMP 对糖原合成和糖原分解酶系的调节。cAMP 通过激活 PKA,在 ATP 存在下,可以催化许多代谢关键酶类,包括磷酸化酶 b、脂肪酶等的激活;或某些酶类的抑制,如有活性的糖原合成酶Ⅰ,以致调控糖原的合成或降解,以及甘油脂的水解等。

2. 对膜蛋白活性的调节

cAMP 可促进膜上的蛋白质磷酸化而发生构象变化,从而抑制糖类的转运,降低糖的利用。cAMP 促进心肌细胞膜上 Ca^{2+} 离子通道发生磷酸化,增加对 Ca^{2+} 的通透性。

3. 对激素合成和分泌的调节

大量的研究表明,激素的合成和分泌与 cAMP 有关。例如,促黄体素(luteinizing hormone,LH)与靶细胞上的受体结合,使细胞 cAMP 水平升高,促进乙酸合成胆固醇,增加从胆固醇转变为孕烯醇酮。促甲状腺激素(thyroid stimulating hormone,TSH)也通过 cAMP 促进甲状腺素分泌。在胰岛细胞中,β 细胞分泌胰岛素与 Ca^{2+} 密切相关,而 cAMP 促进胞内钙库 Ca^{2+} 释放到胞质内,使 β 颗粒移向细胞膜,最终将 β 颗粒中的胰岛素排入到细胞间隙中。

4. cAMP 对基因表达的调控

在培养细胞中加入外源 cAMP,将发生下列现象:①细胞核中 PKA 的催化亚基(C)含量升高。有些实验中还伴随着细胞质中 PKA 水平下降;②细胞核中,cAMP 结合蛋白含量上升;③核蛋白的磷酸化程度增高。④有基因表达的变化。这些现象提示了 cAMP 与基因表达有密切关系。

核蛋白磷酸化增高被认为与 PKA 及其催化亚基进入细胞核内有关。一旦 PKA 进入核内,调节亚基(R)就紧密地和染色质结合,使得催化亚基可以催化核蛋白磷酸化。PKA 可以使组蛋白 H1,H2A 和 H3 磷酸化。磷酸化后的组蛋白由于带电状态及构象变化,与 DNA 结合变得松弛而分离,从而解除了组蛋白对局部基因的阻遏状态。此外,PKA 还可以被非组蛋白 HMG-14 磷酸化,这都有利于解除阻遏而进行转录。

在哺乳动物细胞中,cAMP 水平升高,将促进许多基因的表达。cAMP 通过激活 PKA,进一步激活第三信使,引起基因转录的变化。第三信使是一些调节基因转录的特异性蛋白因子,如 Fos/Jun(Ap-1),CREB 等(图 9-10)。通过第三信使的作用,使第二信使的峰状信号转变为长时程反应。例如 cAMP 激活的转录因子 CREB,被 PKA 磷酸化后,在体外作用于基因的顺式调控元件 CRE,结果使基因的转录活性提高 10～20 倍。

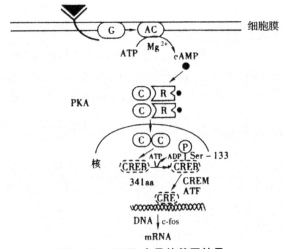

图 9-10　cAMP 介导的基因转录

R—受体;G—G-蛋白;AC—腺苷酸环化酶;PKAR—调节亚基;C—催化亚基;CRE—cAMP 反应元件;CREB—CRE 的结合蛋白;CREM—CRE 调节蛋白;ATF——一种转录因子

5. cAMP 对细胞增强与分化的调节

cAMP 对离体细胞有抑制分裂的作用。在培养细胞中加入 cAMP,细胞的分裂明显地受抑制。同样,使细胞内 cAMP 水平增高的因素,均能降低细胞生长速度,抑制细胞增殖。相反,凡使 cAMP 水平下降的因素,如胰岛素、血清、胰蛋白酶等,均能促进 DNA 的合成和细胞分裂增殖。细胞分化要求细胞内 DNA 通过转录生成 mRNA,再进一步合成特定的酶和蛋白质,导致细胞在形态结构、生理功能和生物化学特性方面发生变化。因此 cAMP 能明显促进分化。凡能使细胞内 cAMP 水平升高的因素,均能促进细胞分化;反则抑制分化。

9.2.7　广义的 G-蛋白

上述的 G-蛋白都是与膜受体偶联的三聚体跨膜蛋白 Gαβγ。除了这一大类跨膜信息传导的 G-蛋白之外,还有众多的鸟苷酸结合蛋白,它们也都能与 GTP 或 GDP 结合,受到 GTP-GDP 转换(GTP-GDP switch)的调节,因此,它们也称为 G-蛋白。

有一类小分子 G-蛋白,Ras 蛋白,只有一个亚基,分子量为 21 kD,通常表示为 p21。此类蛋白的活性取决于与 GTP 结合还是与 GDP 结合。与 GTP 结合的 Ras 是激活的形式,而与 GDP 结合为非活性形式。Ras 蛋白也有 GTPase 酶,但活性低,需要特殊的调节因子 GAP(GTPase activating proteins)使之激活,才能将 GTP 水解成 GDP,使 Ras 失活。另一方面,Ras 与 GDP 的结合也很紧密,需要特殊的因子促其解离。在哺乳动物中,起这种作用的因子称为 SOS。SOS 与 Ras-GDP 结合,使 Ras 与 GDP 之间的亲和性降低,并解离。在生理条件下,若有 GTP 存在,则重新生成有活性的 Ras-GTP。

各种小分子的 G-蛋白与信息传导、细胞的生长与分化、蛋白质生物合成、合成后加工以及转运等都有密切关系。Ras 蛋白广泛存在于动物细胞内,在细胞分化过程中起重要作用。在 30% 的人体肿瘤细胞中都可以检测出突变型的 ras 基因。相对于 Gαβγ 蛋白而言,其他各种 G-蛋白称为广义的 G-蛋白。

9.3　酪氨酸蛋白激酶及其相关受体

酶关联受体也是跨膜蛋白,质膜外部分接收信号,细胞质内的部分本身可有酶活性或直接与酶分子结合。已知有五类:①受体 GMP 环化酶;②受体酪氨酸激酶;③酪氨酸激酶结合受体,这种受体与有酪氨酸激酶活性蛋白质直接耦合;④受体酪氨酸磷酸酯酶;⑤受体丝氨酸/苏氨酸激酶。受体 GMP 环化酶被信号激活后直接产生环式 GMP(cGMP)。cGMP 激活依赖于 cGMP 的蛋白质激酶(G-kinase)。它使蛋白质的丝氨酸或苏氨酸磷酸化,以后的级联式反应与 cAMP 相似。许多已知受体属于酪氨酸激酶家族,所以我们在下面着重对这类受体进行介绍。

9.3.1　受体酪氨酸激酶是大多数生长因子的受体

在 1982 年,人们发现上皮生长因子(EGF)是一种含 53 个氨基酸的小分子多肽,它能刺激上皮细胞和另外一些类型的细胞增生。它的受体是一种酪氨酸特异的蛋白质激酶。这种受体是一条跨膜的多肽(一次跨膜),约含 1 200 个氨基酸。其 N 端伸出胞外,占肽链大部分。在 N 端糖基化富含半胱氨酸,肽链的细胞内部分具酪氨酸激酶活性。EGF 结合于受体,激活酪氨酸激酶,它就有选择地把 ATP 上的磷酸基因转移到它自己以及别的一些蛋白质的酪氨酸侧链上。许多生长因子与细胞增生和分化有关,如 FCFS(成纤维细胞生长因子)、HGF(肝细胞生长因子)、NGF(神经生长因子)、M-CSF(巨细胞克隆刺激因子)等。这些因子都是通过受体酪氨酸激酶的作用使信号转移到靶蛋白。

9.3.2　形成二聚体是酶关联受体被信号激活的普遍机制

很难想象出一条跨膜多肽的一端与信号结合后如何引起在膜的另一侧的肽链构象改变。后来研究证实当 EGF 与受体结合后,可引起受体的另一端形成二聚体。二聚体的形成是由于受体在细胞质中的多个酪氨酸之间交叉磷酸化。PDGF 本身是二聚体,它能把两个相邻的受体连接在一起(每个亚基结合一个受体)。因此,使受体形成二聚体是信号激活酶关联受体的普遍机制。受体自身磷酸化的酪氨酸结构区域,是下一步被磷酸化的靶蛋白的高亲和力结合区,一旦与受体的这一区域结合,靶蛋白也在酪氨酸残基上被磷酸化而被激活。

对胰岛素和 IGF-I(类胰岛素因子)的信号受体学说则稍有区别,首先表面受体是四聚体,四个亚基通过三个二硫键相连;第二,当受体与胰岛素结合,引起两个亚基在细胞质中的一半变构而不是形成二聚体,使受体的催化功能区域磷酸化,这个功能区域再激活另一种称为胰岛素受体底物-I(IRS)的蛋白质(在 IRS-I 的多个酪氨酸上磷酸化),由 IRS-I 再激活细胞内的信号蛋白。

9.3.3 受体酪氨酸激酶上的磷酸化的酪氨酸被具有 SH2 结构的蛋白质识别和结合

已知的和激活的受体酪氨酸激酶结合的蛋白质多种多样,例如:GTP 酶激活蛋白(GAP)、磷脂酶(C-γPLC-7γ)、Src 类非受体蛋白质酪氨酸激酶、磷脂酰肌醇 3′激酶(P13-kinase)等等。对于这些蛋白质的功能了解得不多,但它们中许多与细胞增生和癌变有关。尽管它们具有不同的结构与功能,它们都在结构上有两个高度保守的非催化区域,称为 SH2 和 SH3,这样称呼是因为它们最先在 Src 蛋白的同源性区域 2 和 3 被发现(src homology region 2 and 3),SH2 区域的功能是与磷酸化的酪氨酸结合,SH3 的功能不太清楚,人们认为 SH3 区域与别的级联反应下游的蛋白质(没有 SH2 结构)结合有关,即 SH3 起蛋白质"接头"作用,使自身没有 SH2 结构的蛋白质通过"接头"作用而间接与受体酪氨酸激酶联系而激活。例如 Sem-5 蛋白,在绝大多数的动物细胞中都有与它同源蛋白,它们具有 SH2 和 SH3 结构,R 蛋白就是通过 Sem-5 蛋白的作用激活,R 是把信号控制从受体酪蛋白激酶向核内传递的重要蛋白,它与基因表达、细胞增生和分化有重要关系。在 30%的癌中发现 R 基因变异。在受体酪氨酸激酶信号途径中,许多参与级联式反应的蛋白与恶性肿瘤有关,除上述的 R 外,还有 SC R、RAF、FOS、JUN 等细胞及病毒的癌基因。因此,研究致癌基因有助于鉴定受体酪氨酸酶信号途径中牵涉的各种成分。

9.4 小分子信号调控

9.4.1 NO 和 CO 能直接与细胞内的酶结合

虽然大多数为细胞外亲水的信号分子,它们通过细胞表面受体的介导而起作用。然而尚有些疏水的小得足以穿过质膜的分子如 NO 和 CO、维生素 D 及固醇类激素(甾类化合物,如肾上腺皮质激素,性激素等)、甲状腺激素等。NO 和 CO 是近年才认识的气体信号分子。

NO 由精氨酸脱氨产生,由于它是小分子,很易穿过膜在附近细胞中扩散,所以 NO 可在产生它的细胞及附近细胞中起作用,它的半衰期只有 5~10 s,只能在局部起作用。NO 能直接与它的靶蛋白(酶)结合而激活酶。人们用硝酸甘油治疗心脏绞痛已有百年历史,然而到现在才认识硝酸甘油的作用机理是由于它转变过程中产生 NO。NO 使血管的平滑肌细胞松弛,增加血液流人心脏而使病情缓解。巨噬细胞和嗜中性白细胞也产生 NO 以帮助它们消灭入侵的微生物。许多类型的神经细胞使用 NO 对邻近细胞发出信号。

NO 与鸟苷酸环化酶的活性位点的离子反应,刺激它产生 cGMP,我们知道,cGMP 是很重要的细胞内介导物。NO 影响很快,在几秒钟内即能发生。因为 GMP 磷酸二酯酶降解 cGMP

的速度很快。鸟苷酸环化酶必须也很快从 GTP 产生 cGMP。

CO 是近年发现的小气体信号分子,CO 刺激鸟苷酸环化酶的方式与 NO 相同。

9.4.2　维生素 D 和甾类激素等直接和基因转录的调控蛋白结合

NO 和 CO 是直接与酶结合而刺激酶活性的。与上述小分子气体不同,性激素、甲状腺激素、维生素 D 等疏水的小信号分子,尽管它们的结构、功能各不相同,但它们起作用的机制是类似的。它们都穿过质膜而直接与调控某种基因转录的蛋白质结合而使这些蛋白质激活。这些调控基因转录的蛋白的结构通常具有激活转录区域、DNA 结合区域、信号(如激素)结合区域。在无活性的情况下,它们与一抑制蛋白结合形成复合物,这些抑制蛋白封闭了它们的 DNA 结合部位,当激素与它结合后变构与抑制蛋白分离,暴露出 DNA 结合区域,于是成为激活状态,能与特定的 DNA 序列结合而激活转录(图 9-11)。

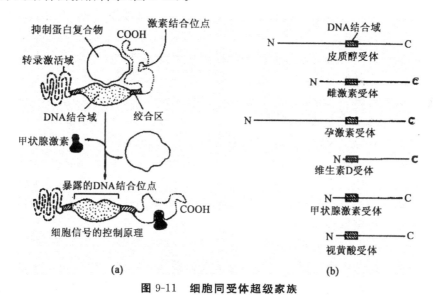

图 9-11　细胞同受体超级家族

这些激活基因转录(偶尔有抑制基因转录的)的蛋白质有的存在于核中,有的存在于细胞质中,当被激活后才进入核中与 DNA 结合。它们结合的 DNA 序列紧挨着被其所激活的基因。这些小分子信号引起的反应在许多情况下可分为一级反应和二级反应。一级反应就是由信号结合而激活的基因转录调控蛋白直接激活的某一基因产物所产生,二级反应是这一基因产物又激活别的基因转录。

这些水不溶性的小信号分子比水溶性信号分子的寿命要长得多,可以介导更长时间的反应。例如大多数水溶性激素在数分钟内即被分解去除,有的信号只能维持几秒钟。但此类激素可在血液中维持几小时,甲状腺素可维持几天。

9.5　细胞对信号的反应

9.5.1　细胞信号逻辑:信号网络

在多细胞动物中,每个细胞要接触各种信号和信号组合,信号调节它们的代谢;信号决定它们改变或继续维持分化状态;信号决定它们是否分裂;信号命令它们生存还是死亡。不同的信号和不同的途径,可互相作用、互相联系。信号在级联式反应中可以同时涉及一种细胞内的中介分子或靶分子。细胞如何能处理这样十分复杂的情况而做到十分协调、准确地做出最佳的反应?显然应该有像计算机网络那样的逻辑系统,以协调处理各种复杂的情况,这就是细胞综合处理各种信号的逻辑—细胞信号网络,以保证多细胞动物成为一个协调的整体。对于这个信号网络如何工作,人们还不了解,可能将来借助生物计算机模拟系统的研究,逐步揭示其中的一些奥秘。

9.5.2　细胞对信号的适应性

当各种信号刺激强度变化(即信号浓度变化)范围比较宽时,细胞和机体对待这些信号浓度改变的反应引起的变化是相同的。这就要求细胞对信号适应或降低敏感性。因此,当细胞长期接触一种信号时,它对这种信号刺激的反应就会降低,这种适应性使细胞能够针对信号浓度在很宽范围内的改变而调整它对信号的敏感性。适应性的一般原理很简单:通过负反馈抑制完成。由于负反馈有一段时间推迟,所以如果一种信号刺激突然增加,在起初的短时间能引起较强的反应。适应性可以逐渐减少表面受体数量,这需要好几小时(慢速适应);也可以快速灭活受体,只要几分钟(快速适应)。另外也可以改变信号途径中级联式反应涉及的一些蛋白(中速适应),所以细胞对信号的适应有快慢之分。

1. 慢适应是细胞表面受体逐渐减少

当一种蛋白质激素或生长因子与细胞表面受体结合后,通常是被受体介导的细胞通过内吞作用进入细胞并被送进内体,大多数受体在酸性的内体环境中卸下结合的信号蛋白:受体本身再回到质膜上重新使用。信号蛋白质或生长因子由溶酶体进行降解。一部分受体在内体中不能释放出信号蛋白而随着信号蛋白一起被溶酶体降解,所以当细胞连续接触高浓度的信号,表面受体就会逐渐降低。这种机制称为"受体下降调节"。

2. 快速适应:受体磷酸化或甲基化

细胞对信号的快速适应常常是与信号诱导的受体磷酸化或甲基化有关。研究得比较清楚的是肾上腺素受体。受体与肾上腺素结合,通过 G-蛋白 Gs 激活 AMP 环化酶。当细胞接触高浓度的肾上腺素时,通过两条途径在几分钟内就降低敏感性而适应高浓度的肾上腺素。第一条途径是 cAMP 浓度升高,激活 A-激酶使 β_2 受体的丝氨酸磷酸化而干扰受体激活 Gs 的能力;第二条使受体磷酸化的途径是被肾上腺素结合而激活的 β_2 受体成为另外一些蛋白质激酶的底物,在受体的 C 端尾巴多个丝氨酸和苏氨酸磷酸化,这磷酸化的受体尾巴可被一种称为 β 抑制物(β arrestin)的抑制蛋白结合,封闭了受体激活 Gs 的能力。

在研究细菌运动的趋化性中,发现化学引诱物受体的一些酸性氨基酸侧链甲基化,-COOH上的-H 被-CH₃ 代替,这是由甲基转移酶催化的,有的多至 8 个氨基酸甲基化。如引诱物去除,受体甲基化也会解除。受体甲基化也是一种负反馈控制的细胞快速适应性。

上述介绍的细胞对信号适应过程是通过负反馈影响受体的数量和活性。另外的一些适应是通过由信号途径中下游的级联式反应的反应介导物的改变而达到的,例如改变三聚体 G-蛋白就是这种适应途径之一,典型例子是毒瘾。

第10章 癌分子生物学

10.1 癌发生的分子基础

如果说一个发生了变异的异常细胞经过漫长的道路最终发展成为肿瘤,这个细胞必须能把它的异常性质遗传给它的后代,即这种变异必须是可遗传的。要了解一种癌,首要的问题是看它的可遗传的变异是由于遗传学上的改变即细胞 DNA 序列的改变,还是由于表面遗传的改变,即只改变基因表达的模式但不改变 DNA 序列。这种表面遗传的改变反映细胞的记忆,是我们熟悉的在发育和分化过程中的一种正常现象。它表明分化状态的稳定性。虽然表面遗传的改变也能引起肿瘤,例如畸胎瘤,但我们并不把它作为引起肿瘤的重要原因。因为绝大多数的癌症都是由于 DNA 序列的改变引起的。

致癌分子有三类:

(1)化学致癌剂。

(2)物理射线,如放射性同位素产生的射线、紫外线、X 光等。

(3)肿瘤病毒。

这三类致癌因子都能引起 DNA 序列改变,或引起碱基替换或 DNA 断裂、易位、重组等,结果使细胞发生变异或转化。

在机体中癌的发育和形成往往是好几种条件发生改变和累积所产生的结果。我们说 DNA 序列改变是癌变的分子基础,并不意味着 DNA 上任何一点改变甚至发生在癌基因上的一点改变就能使机体发生癌。事实上,即使在不接触致癌因子的情况下,细胞分裂循环过程中,DNA 复制、损伤、修复过程出现的异常改变的频率约为 10^{-6} 变异/(基因细胞)。因此,在一生中人的每个基因经历的变异的机会约有 10^{-10} 从这一观点上看,发生癌变并不奇怪,奇怪的倒是为什么实际上癌发生会那么少。

DNA 上的什么地方发生变异才容易引起癌? 癌的一个特点是细胞恶性增生。细胞增生是直接或间接受调控的,正常的调控基因可以笼统地分为两类,一类的作用是增加细胞的生长和分裂速率,增加细胞的数量;另一类的作用相反,是降低细胞的生长和分裂速率从而减少细胞的数量。如果 DNA 上的变异包括插入、转位、放大、碱基替换、缺失等使原癌基因激活而成为癌基因表达出活性更高的蛋白,或者使其正常的蛋白过量表达时. 就可能造成细胞的增生。另一方面,肿瘤抑制蛋白基因缺失或变异,不能产生有功能的肿瘤抑制蛋白时,也可能造成细胞的恶性增生。如果上述两类变异叠加,就会大大提高癌的发生和发展。

10.2 原癌基因和癌基因

10.2.1 转化病毒携带癌基因

1. 肿瘤病毒携带癌基因

转化可自然发生,也可由一些化学因素诱导产生,更多的是由于肿瘤病毒(tumor virus)的感染引起。现在已知有许多类型的肿瘤病毒,包括 DNA 和 RNA 病毒,并且它们广泛存在于鸟和动物王国。

肿瘤病毒的转化活性来自某一特定基因或病毒基因组中的基因。癌基因因其具有致瘤性或致癌性而被命名。病毒癌基因能起始一系列由细胞蛋白质执行的过程,并通过开关式调控改变靶细胞的生长特性。表 10-1 概括了主要转化病毒类型的一般性质。DNA 病毒携带的癌基因决定了用于使肿瘤抑制的蛋白质失去活性,其行为部分模仿了肿瘤抑制因子的功能丧失。反转录病毒携带的癌基因来源于细胞的基因,因此它们可能模仿动物原癌基因中功能获得突变的表型。

表 10-1 常用转化的病毒中可能含有的癌基因

病毒类型	基因组	大小	癌基因	癌基因类型	癌基因功能
多瘤病毒	dsDNA	5~6 kb	抗原	病毒早期基因	失活肿瘤抑制物
HPV	dsDNA	约 8 kb	E6 和 E7	病毒早期基因	失活肿瘤抑制物
腺病毒	dsDAN	约 35 kb	E1A 和 E1B	病毒早期基因	失活肿瘤抑制物
反转录病毒	ssRNA	6~9 kb	个别种类	细胞类似物	激活癌变途径

多瘤病毒(polyoma)和腺癌病毒(adenovirus)已从许多哺乳动物中分离得到。虽然一种病毒在野生中仅在某单一宿主体内生存,但它们可能在许多其他动物细胞中生长。细胞对感染的反应取决于细胞种类和表型,可分为两类,如图 10-1 所示:

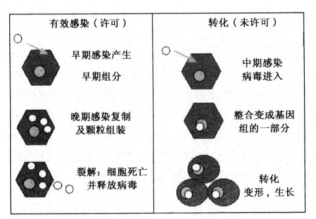

图 10-1 DNA 肿瘤病毒感染许可细胞后,受感染的许可细胞会
进入裂解周期,而被转化的非许可细胞则发生改变

(1)许可(permissive)细胞高效地被感染。病毒继续完成早期和晚期阶段的裂解周期。周期

以子病毒的释放结束并且最终导致细胞死亡。

（2）非许可（nonpermissive）细胞不能高效地被感染，并且病毒复制受阻，部分感染的细胞被转化。在这种情况下，细胞表型发生变化并且培养物以一种无限制的方式永久存在。

2. 病毒感染引起转化

转化的普遍机制是从研究 DNA 肿瘤病毒的转化中获得的。癌基因的潜力存在于单个功能或病毒的裂解周期早期活跃的相关功能中。当转化发生时，相关的基因整合到转化的细胞基因组并组成型（constitutive）表达。此类病毒转化的一般模型如图 10-2 所示，癌基因的组成型表达产生转化蛋白质（癌变蛋白质）。

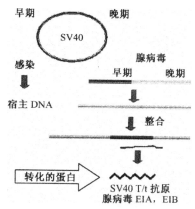

图 10-2　被多瘤病毒和腺病毒转化的细胞，其基因组整合
有病毒早期区域的序列，整合位点随机

多瘤病毒很小，在鼠类中很普遍，类似的猿病毒 40（simianvirus 40，SV40）是从恒河猴（rhesus monkey）细胞中分离的，并且最近对人类病毒 BK 和 JC 也进行了比较深入的研究。当注射到初生啮齿类动物时，所有多瘤病毒都能引起肿瘤。

在有效感染期间，每个病毒基因组的早期区域采用选择性剪接方式合成重叠性蛋白质——T 抗原（名字反映其分离自肿瘤细胞）。各种各样的 T 抗原在裂解周期有许多功能，它们是晚期区域基因表达和病毒 DNA 复制所必需的。

多瘤病毒转化的细胞包含部分或所有病毒染色体整合拷贝，整合的序列总是包括早期区域。T 抗原有转化活性，它们能与细胞的蛋白质相互作用，具有直接与病毒染色体相互作用的能力。SV40 要求"大 T"和"小 t"抗原，而多瘤病毒要求"T"和"中 T"作为转化的抗原。

乳头瘤病毒（papillomavirus，HPVs）是引起上皮（epithelial）肿瘤的小 DNA 病毒。有约 75种人乳头瘤病毒，大多数与良性的生长有关（例如疣），但有些与癌症有关，特别是宫颈（cervical）癌。宫颈癌表达产生两种病毒相关的产物：E6 和 E7 蛋白质，它们能使靶细胞永生。

腺病毒（adenovirus）最初从人的腺样增殖组织中分离，类似的病毒也已从另外的哺乳动物中获得。它们组成一个相互关联的病毒家族，有 80 多个成员。人类腺病毒研究的最详细，并且与呼吸道疾病有关。它们能感染一定范围内不同种的细胞。

人类细胞是许可细胞并且能高效地被腺病毒感染，病毒在感染细胞内复制。但是一些啮齿类动物的细胞是非许可细胞。所有的腺病毒都能转化培养的非许可细胞，但不同病毒的致癌力不同，烈性病毒是当它们被注射进初生啮齿类动物时就能引起肿瘤。腺病毒转化细胞基因组，使之获得包含 EIA 和 E1B 基因的早期病毒区域的一部分，它们能编码若干核蛋白质。

人疱疹病毒（epstein-Barr virus，EBV）与人类许多疾病有关，包括传染性单核血球增多症（mononucleosis）、鼻咽癌（nasopharyngeal carcinoma）、非洲 Burkitt 淋巴瘤（lymphoma）和其他淋巴增生紊乱。EBV 的宿主范围具有细胞表型的局限性。在转化细胞中发现了病毒 DNA，但在有关其是否完整的方面存在争议，具体哪些病毒基因是转化所必需的仍不清楚。

3. 反转录病毒

反转录病毒代表一种与 DNA 肿瘤病毒不同的情况，它们能水平和垂直地传递遗传信息，如图 10-3 所示。病毒感染的正常进程完成水平转移，在此过程中同一宿主体内被感染的细胞数目增多。当病毒感染机体生殖细胞并整合进基因组形成一个内源原病毒时，就开始了垂直转移，像溶原噬菌体一样，按孟德尔定律遗传给子代。

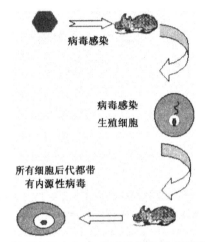

图 10-3　当反转录病毒感染新宿主时，其遗传信息是水平传递得到的，但当病毒基因基因组整合到宿主生殖细胞中遗传给后代时则，垂直传递信息

反转录病毒的生命周期通过 RNA 和 DNA 模板来扩增遗传信息。反转录病毒感染过程要经过如图 10-4 所示的阶段，RNA 反转录产生单链 DNA，而后 DNA 复制产生双链 DNA，而后整合进宿主染色体，并可再转录成感染性 RNA。整合进染色体导致原病毒的垂直传播，随后原病毒的表达可以产生水平传播的反转录病毒颗粒。无论是非转化或转化的病毒，整合是每个反转录病毒生命周期中正常的部分。

按肿瘤发生的根源可将肿瘤反转录病毒分为两组：

（1）无缺陷病毒（nondefective virus）：遵循一般反转录病毒生命周期。它们可提供长潜伏期的感染介质，并且经常与白血病（leukemias）的诱导有关。两个经典的模型是猫白血病病毒（feline leukemias virus，FeLV）和鼠乳房肿瘤病毒（mouse mammary tumor virus，MMTV）。肿瘤发生不依赖单个病毒的癌基因，但是依赖病毒激活细胞原癌基因的能力。

（2）急性（acute）转化病毒：以癌基因形式获得新的遗传信息。这些基因不存在于祖先（非转化病毒）中。它来源于病毒在易传染周期内通过转导（transduction）捕获的细胞基因。此类病毒通常能很快在体内诱导肿瘤形成，并且能在体外转化培养细胞。反映出每个急性转化病毒有特定靶细胞的特异性，这些病毒根据在动物体内诱导肿瘤的类型可分为：白血病、肉瘤（Sarcoma）、癌等几类。

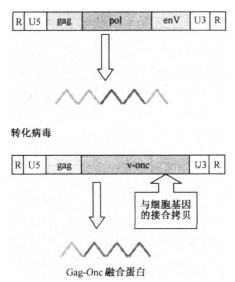

图 10-4　转化反录病毒在其自身基因的位置携带宿主细胞的 DNA 序列

4. 反转录病毒可携带宿主细胞的基因序列

当反转录病毒与细胞 DNA 交换部分序列以获得细胞基因,虽不常见但创造的转化病毒有 2 个重要性质:

(1)通常不能由自我复制,因为与细胞序列交换使之失去了复制所需的病毒基因,所以几乎所有病毒都是复制缺陷型(replication-defective),但借助野生型病毒感染的刺激它们能够复制。野生型辅助(helper)病毒能协助恢复其重组中失去的功能(RSV 是例外的转化病毒,它保留复制的能力)。

(2)在感染期间,转化病毒携带在重组中获得的细胞基因,它们的表达可能会改变被感染细胞的表型。携带细胞遗传信息能刺激靶细胞生长,更利于转化病毒完成其感染周期。如果一个病毒获得产生刺激细胞生长物质的基因,这将使病毒能够通过刺激所感染的特殊细胞的生长而传播。在病毒捕获了细胞的基因以后,基因可能发生变异而加强其影响细胞表型的能力。

当然,转化不是反转录病毒影响其宿主的唯一机制。著名的例子是 HIV-1 反转录病毒,它属慢病毒(lentivirus)的反转录病毒组,病毒感染并且杀死带 CIM 受体的 T 淋巴细胞,破坏宿主免疫系统,并且诱导产生艾滋病。病毒带有通常的 *gag-pol-env* 区域并且也有一些附加的可读框产生一系列重要行为,这些可读框互相重叠。

10.2.2　细胞内存在反转录病毒癌基因原型序列

1. 细胞含有原癌基因

肿瘤的产生是由特定癌基因及其表达的时间地点共同决定的。令人迷惑的是通常癌基因的涪陛由单个基因决定,但有一些例外,反转录病毒携带多个癌基因,如 AEV。通过比较病毒和其亲本(非致癌的)病毒的序列,我们可描绘精确转化反转录病毒中的新序列。无一例外,它们都存在一个与细胞基因组序列紧密相关的新区域。正常细胞序列本身是无致癌性的,但它含原癌基因,当被反转录病毒捕获和修饰后形成癌基因。

通常用前缀 v 和 c 分别表示病毒的癌基因和细胞中的对应基因。如劳斯肉瘤(Rous sarcoma)病毒携带的癌基因表示为 $v\text{-}src$，在细胞基因组中相关原癌基因表示为 $c\text{-}src$。通过比较 $v\text{-}onc$ 和 $c\text{-}onc$ 基因可判断促使肿瘤形成的特性。

已有 30 多种 $c\text{-}onc$ 基因通过研究它们在反转录病毒中的取代物得到证实。有时在不同转化病毒中有同一个 C-OTIC 基因的同源物。例如，猿病毒 ssv 猫病毒 FeSV 的 PI 株都携带来自 $c\text{-}szs$ 的 v-onc。有些病毒携带相关的 $v\text{-}onc$ 基因，例如 MuSV 的 Harvey 株和 Kirsten 株，它们携带来自细胞 c-raMYM 基因家族 2 种不同成员的 v-Fas 基因；FeSV 的 3 种不同独立型可能起源于同一原始病毒，但分别产生出 sis、fms 和 fes 癌基因。一种转化病毒形成的情况比较复杂，有些病毒包含来自多个细胞基因的序列。

若转化不常发生，多种独立的分离物代表同种 $c\text{-}onc$ 基因的现象就很明显。例如，几种病毒携带 $v\text{-}onc$ 基因。它们来源于同一个 $c\text{-}myc$ 基因，但这些 $v\text{-}myc$ 基因的精确末端和点突变处都有不同。这表明已经鉴定的大多数 $c\text{-}onc$ 基因都可被病毒转化激活。

伴随 $v\text{-}onc$ 的表达发生转化现象是鉴定癌基因的直接证据，用 RSV 试验发现，$v\text{-}src$ 中的温敏突变体在升高温度时可使被转化的表型回复，降温又变回突变表型。这清楚地表明，起始和持续转化状态都需要 $v\text{-}src$ 基因。"

2. 原癌基因和癌基因的差别

有两种理论可解释 $v\text{-}onc$ 基因和 $c\text{-}noc$ 基因特性的不同。

(1)数量模型(quantitative model)：认为病毒基因与细胞基因功能难以区别，因为它们大量表达或在不适宜细胞型中表达或表达不能被关闭都能导致肿瘤。

(2)质量模型(qualitative model)：认为 $c\text{-}onc$ 基因本身缺乏癌基因特性，但是可由于突变转换为癌基因。

$v\text{-}onc$ 基因与相应 $v\text{-}onc$ 基因是怎样紧密联系的呢？有时，唯一的改变只是少量的点突变。有些整个 $c\text{-}onc$ 基因被病毒获得，如 mos、sis 和 myc 基因。因此，少量氨基酸的变化似乎不影响蛋白质的功能，事实上也不是转化活性所必需的。所以 $v\text{-}onc$ 产物可能是实现类似 $c\text{-}onc$ 产物的酶活性或其他功能，只是在规则上有些变化，过量表达是致癌的原因。$c\text{-}myc$ 是一个很好的例子，$c\text{-}myc$ 致癌性由于过量表达导致，这种过量表达由转化反转录病毒携带的 $v\text{-}myc$ 基因或导致 $c\text{-}myc$ 过量表达的细胞基因变化引起。

3. 癌基因可能由原癌基因激活产生

有些点突变在产生一个癌基因时起关键作用，如 ras 和 src 基因。在 ras 中，激活 ras 蛋白活性的调控变化可能直接来自在 $v\text{-}onc$ 已发生过的点突变。过量表达的 $c\text{-}ras$ 可能有弱的致癌作用，但完全的致癌性需要蛋白质序列的改变。

有时，一个 $o\text{-}onc$ 基因 N 端或 c 端被截短。这些区域的丢失可能除去某些正常限制 $c\text{-}onc$ 产物活性的调控规律，这种序列的改变对 src 的致癌性产生是必需的。$v\text{-}src$ 在低水平蛋白质时有致癌性，$c\text{-}src$ 的 C 端的 19 个氨基酸被 C 末端的 12 个不同氨基酸所取代，因此能激活 src 蛋白质。当 $v\text{-}onc$ 基因是 $c\text{-}onc$ 的剪切产物时，点突变可能也有助于 $v\text{-}onc$ 产物的致癌作用。

10.3　肿瘤抑制基因

10.3.1　概述

肿瘤抑制基因与癌基闲在作用方式上根本不同。原癌基因通过突变转变成活性大大增加的癌基因;而肿瘤抑制基因转变成致癌性则是消除其正常活性的突变的结果。正常的术突变的肿瘤抑制基因能够阻止细胞进入有丝分裂,从而抑制正常细胞分裂,而将这一负调控除去就可恢复细胞分裂。这种作用机制的一个重要后果是为了移去所有限制,肿瘤抑制基因的两个等位基因均失去活性.这正是肿瘤抑制基因以隐性遗传方式起作用的证据。

10.3.2　肿瘤抑制基因存在的证据

不像癌基因有 NIH 3T3 测定法那样,对肿瘤抑制基因目前还没有快速方便的测定法。只有几个肿瘤抑制基因得到分离,且在很长一段时期内这类基因在癌化过程中的根本重要性一直没有得到鉴定。现在已知它们的确存在,而且发现了越来越多的相关证据。

(1)早在 19 世纪 60 年代,就已发现正常细胞与癌细胞(不同种的)融合所产生的杂交细胞(hybrid cell)一律是非癌性的,经传代,杂交细胞失去染色体后,会转变成癌细胞表型。转变常常与某个特定细胞正常染色体(携有肿瘤抑制基因)的丢失有关。

(2)检查某些家族性癌症(familial cancer)的遗传特征发现癌症由隐性突变造成。

(3)在许多癌细胞内,总是有某一特定染色体的特征区域的丢失。这种"杂合性的丢失"(less of heterozygosity)表明在丢失染色体片段上的肿瘤抑制基因的丢失(图 10-5)。

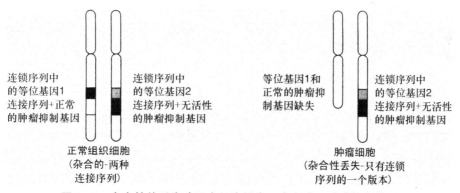

连锁序列中
的等位基因1
连接序列+正常
的肿瘤抑制基因

连锁序列中
的等位基因2
连接序列+无活性
的肿瘤抑制基因

正常组织细胞
(杂合的-两种
连接序列)

等位基因1和
正常的肿瘤抑
制基因缺失

连锁序列中
的等位基因2
连接序列+无活性
的肿瘤抑制基因

肿瘤细胞
(杂合性丢失-只有连锁
序列的一个版本)

图 10-5　杂合性的丢失暗示出细胞丢失了含有唯一肿瘤抑制基因
活性的等位基因的染色体部分的过程

成视网膜细胞瘤(retlnoblastoma)是一种儿童眼瘤.是由于肿瘤抑制基因丢失造成癌症的可靠例证。成视网膜细胞瘤有家族性的(占 40%)和散发性的两种形式。家族性形式是以隐性基因方式遗传,常常是双眼发病;散发型并不经家族遗传,通常只有一只眼睛发病。上述结果暗示出成视网膜细胞瘤是由同一基因的两个等位基因均失活的两个突变造成的。在家族性发病形式中,一个已突变的等位基因是种系遗传的,它自身是无害的,而当剩下的另一个正常等位基因也发生突变时就会在战视网膜细胞中引发肿瘤。在每只眼中有 10^7 个成视网膜细胞,若所有细胞都携有癌基因就使得产生眼瘤的概率相对较高。而散发型是非遗传形式，由于需要两个突变均在同一细胞发生．这种突变的概率很低，所以通常仅有一只眼发病(图 10-6)。值得注意的是虽然遗传性成视网膜细胞瘤只占病例中的少部分，但它却占肿瘤的多数。成视网膜细胞瘤的"双击"假说("two-hit")也可从杂合性的丢失的证据得到证明。对家族疾病的遗传分析暂定成视网膜细胞瘤基因($RB1$)位于人 13 号染色体。用与 $RB1$ 基因紧密连锁的标记做探针进行杂交显示连锁序列杂合患者的瘤细胞仅有该序列的单拷贝，正说明瘤细胞中所推测的 $RB1$ 基因所在区有缺失，而正常细胞中并没有缺失。

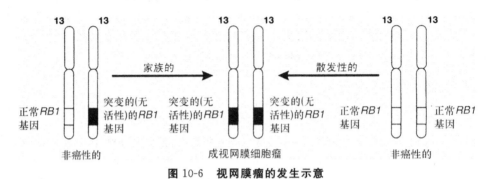

图 10-6　视网膜瘤的发生示意

10.3.3　$RB1$ 基因

在鉴定出由最紧密连锁的标记序列(总是与 $RB1$ 基因一起遗传的特定染色体 DNA 序列)所限定的 13 号染色体上特定区域的 DNA 序列后分离出 $RB1$ 基因。$RB1$ 编码一个 110 kDa 的可与 DNA 结合的磷蛋白，具有抑制原癌基因(如，myc，fos)转录的作用，在成视网膜细胞瘤细胞中 RB1 mRNA 不是没有就是不正常，将已克隆的、正常的 $RB1$ 基因转染培养状态下的瘤细胞，结果瘤细胞转变成正常状态，这就清楚地证实了 $RB1$ 基因的功能。出人意料的是在乳腺癌、结肠癌和肺癌患者中也检测到了 $RB1$ 的突变型。

10.3.4　P^{53} 基因

同样的技术被应用来鉴定或分离其他癌症中相关的肿瘤抑制基因，其中真正具有肿瘤抑制作用的基因被称为 P^{53}。P^{53} 基因位于 17 号染色体的短臂上，该区域的缺失与近 50% 的人癌相关。P^{53} 的 mRNA 长 2.2～2.5 kb，编码一个 52 kDa 的核蛋白。该蛋白在大多数细胞内浓度很低，且半衰期很短(6～20 min)。令人迷惑的是 P^{53} 同时具有癌基因和肿瘤抑制基因的某些特性：

(1)已发现多种突变(点突变、缺失、插入等)都能使 P^{53} 转变成致癌性基因。P^{53} 的突变体与 ras 癌基因一起共转染能使正常鼠成纤维细胞转型。在癌细胞里，P^{53} 蛋白半衰期变长(4～8 h)，结果是蛋白质浓度的提高，所有这些都表明 P^{53} 是一个癌基因。

(2)在许多肿瘤中也观察到 17 号染色体的短臂上有相同缺失。在脑癌、乳癌、肺癌和结肠癌中，凡 P^{53} 基因缺失，另一个等位基因必然也已发生突变，这表明声 P^{53} 也是一个肿瘤抑制基因。

看来较好的解释只能是 P^{53} 以二聚体形式作用。当突变了的(失活的) P^{53} 蛋白存在时，它与野生型蛋白质结合形成一个失活的二聚体复合体(图 10-7)。这就是所谓的显性失活(dominant-negatm)效应。然而由于正常蛋白质二聚体的形成,由突变基因所引起的正常 P^{53} 基因的失活不可能达到 100%,而剩余正常 P^{53} 基因的丢失会使得该基因的肿瘤抑制作用完全失活。

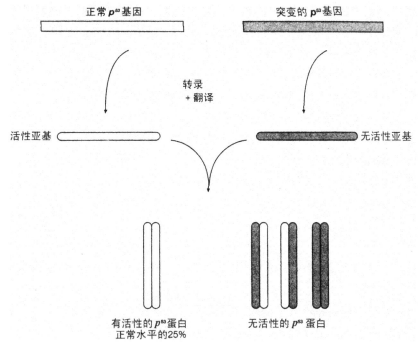

图 10-7　突变了的 P^{53} 的显性失活效应屈居于突变蛋白质与正常蛋白质形成二聚体的程度,并使正常蛋白失活

10.3.5　CDKN2A

1993 年,Serrano 等从人基因组中克隆了抑癌基因 $p16$,编码产物计算分子量为 15.8 kDa,命名为 p16。后发现该基因表达存在选择性剪接,所以产物有不同亚型(isoform),大小为 105~173 个氨基酸,$p16$ 只是其中一种亚型。目前 $p16$ 的推荐命名为 $CDKN2A$。

1. 产物结构

人的 $CDKN2A$ 通过选择性剪接表达两种主要亚型的产物:

(1)p16^{INK4a},由 156 个氨基酸构成。

(2)p14^{ARF},由 132 个氨基酸构成。除了大脑和骨骼肌之外。各组织细胞都有 $CDKN2A$ 表达。

2. 产物功能

p16^{INK4a} 和 p14^{ARF} 都在 G_1 期发挥作用,即通过以下两个细胞周期途径调节 CDK4 和 P^{53} 的活性:

(1)Rb 途径:p16^{INK4a}→Cyclin D-CDK4/6→Rb。p16^{INK4a} 是 CDKI,作为一种负调节蛋白在 G_1 期早期与 Cyclin D-CDK4/6 结合,抑制其蛋白激酶活性,从而抑制 Rb 磷酸化。即维持 Rb 活性结构,阻滞细胞周期通过 G_1 期。

研究发现:Rb 阻遏 $CDKN2A$ 的转录,在 Rb 途径中形成具有反馈调节作用的调节环,以共同影响细胞周期的进程。

p16^{INK4a}除了直接抑制 CDK4/6 的蛋白激酶活性之外,还阻遏 CDK4 和 Cyclin D1 基因的表达,另外还抑制 Ras 诱导的细胞生长及恶性转化。

(2)P^{53}途径:p14^{ARF}→Mdm2→P^{53}。Mdm2 是一种 E3 泛素连接酶,可以介导 P^{53}通过泛素—蛋白酶体系统降解。p14Aar 与 Mdm2 结合抑制其促降解作用,从而稳定抑癌蛋白 P^{53}。

3. 致癌突变

CDKN2A 突变是功能缺失性突变,并且多为纯合性缺失,突变导致 Cyclin-DCDK4/6 失去抑制。Cyclin D-CDK4/6 催化 Rb 磷酸化失活,释放大量转录因子 E2F。

CDKN2A 突变在肿瘤细胞系中可达 80% 以上,在实体瘤中可达 70%。以下肿瘤中常见 *CDKN2A* 突变:肺癌、胃癌、乳腺癌、食道癌、胰腺癌、膀胱癌、黑色素瘤、头颈部肿瘤、血液系统肿瘤、Li-Fraumeni 综合征。

在有些肿瘤(例如肺癌)中,CDKN2A 编码序列正常,但启动子高甲基化,导致 *CDKN2A* 基因不表达。

10.3.6　NFl

1990 年,Ballester 等通过对 1 型神经纤维瘤病(neurofibromatosis)的研究发现了其相关基因 NFl。

人类 NFl 全长 350 kb,含 59 个外显子,mRNA 长 8 959 nt,编码产物 NFl(Neurofibromin)含 2 818 个氨基酸,分子量为 317 kDa。NFl 的 1 235~1 451 号氨基酸构成一个 Ras-GAP 结构域,具有 GTP 酶激活蛋白(GAP)活性。NFl 功能激活 Ras 的 GTP 酶活性,水解其结合的 GTP,从而下调其信号转导活性。NFl 突变见于 1 型神经纤维瘤病、脊髓性神经纤维瘤病、幼年型粒、单核细胞白血病、Noonan 综合征、Watson 综合征、结直肠癌。

神经纤维瘤病是一种源于鞘细胞(sheath cell)的良性肿瘤,患者的 NFl 发生隐性功能缺失性突变,表达产物 NFl 结构异常,不再激活 Ras 的 GTP 酶活性,导致鞘细胞的 Ras 具有组成性信号转导活性。

10.3.7　NMEl

1988 年,Steeg 等研究发现:nm23 的 mRNA 和蛋白质水平与一些肿瘤的转移潜能(meta-static potemial)呈负相关,因此 nm23 被称为肿瘤转移抑制基因(metastasis suppressor gene)。

1. 编码产物结构与性质

人体内存在以下可逆反应:

$$NTP+ADP=NDP+ATP$$

例如:三羧酸循环生成的 GTP 可以通过该反应转化成 ATP,参与能量代谢。

催化该反应的酶是二磷酸核苷激酶(NDK)。NDK 有两种同工酶 NDKA 和 NDKB。它们以七种六聚体形式存在:A_6、A_5B、A_4B_2、A_3B_3、A_2B_4、AB_5、B_6,两种同工酶都含 152 个氨基酸,分子量为 17.1 kDa,序列同源性达 88%,分别由基因 NMEl 和 NME2 编码。其中,NMEl 就是 Steeg 等发现的 nm23。

NDKA 是多功能酶,具有二磷酸核苷激酶、丝氨酸/苏氨酸激酶、组氨酸激酶、牻牛儿基和法尼基焦磷酸激酶、3′DNase 活性。NDKA 还是癌基因 myc 的转录因子 MAZ。

2. 编码产物功能

参与细胞代谢、基因表达、信号转导、G 蛋白偶联受体内吞,影响细胞增殖、细胞分化、细胞凋亡,具有抗肿瘤转移能力:

(1)NDKA 催化合成 NTP,为核酸合成提供原料,为其他代谢提供能量。

(2)NDKA 的 DNase 活性依赖一种丝氨酸蛋白酶 Granzyme A,在细胞毒性 T 细胞和 NK 细胞内,NDKA 由 Granzyme A 激活,参与细胞凋亡。

(3)NDKA 还是一种细胞因子,称为 I 因子(differentiation inhibitory factor,分化抑制因子),其抑制分化作用由 N 端 60 个氨基酸决定,与酶活性无关。

(4)NDKA 参与微管聚合,影响细胞骨架形态、细胞运动和细胞黏附。

(5)NDKA 通过激活 G 蛋白参与信号转导,影响细胞增殖和细胞分化,与肿瘤发展和浸润转移密切相关。

3. 编码产物与肿瘤

NDKA 在转移潜能高的肝癌、乳腺癌、卵巢癌、结直肠癌中水平低,在转移潜能低的前列腺癌、肺癌中水平高,可能成为转移预后指标。不过,并非所有肿瘤都存在这种 NDKA 水平与肿瘤转移潜能的负相关性。NME1 等位基因缺失存在于人的肺癌、肾癌、乳腺癌、结直肠癌等中。

NME1 突变可能产生以下后果:

(1)微管聚合异常,引起细胞分裂时纺锤体异常,导致形成非整倍体肿瘤细胞,进而促进肿瘤发展。

(2)细胞骨架异常,细胞运动异常,肿瘤浸润转移。

(3)信号转导增强,促进肿瘤发展。

10.4　癌症发生的遗传学说

10.4.1　单克隆起源学说

该假说认为一个肿瘤的细胞群体源于一个转化单细胞的不断增殖,而这个单细胞是具有分化和增殖的干细胞(stem-cell)。致癌因子引起体细胞基因突变,使正常细胞转化为前癌细胞,在一系列促癌因素的作用下发展成为肿瘤细胞(图 10-8)。对细胞群的遗传标记分析,具有高度一致性。有许多证据证明肿瘤的这种克隆特性,例如对白血病和淋巴瘤的分子水平的分析发现,所有淋巴瘤细胞都有相同的免疫球蛋白基因或 T 细胞受体基因重排(gene rearrangement),提示它们是来源于同一起源的 B 细胞或 T 细胞。x 连锁基因分析结果为肿瘤的单克隆起源提供了直接证据:女性体细胞中含有两条 x 染色体,在胚胎发育早期即有一条随机失活,因此女性在细胞的构成上是一种嵌合体;部分细胞中一条 x 染色体失活,另一些细胞中是另外一条 x 染色体失活。如果两条染色体上的等位基因不同,就可将这两种细胞区分开来。例如,葡萄糖 6-磷酸脱氢酶(G6PD)基因位于 x 染色体上,该基因在部分人群中存在高突变率,杂合子个体的一条 x 染色体上有一个野生型 G6PD 基因,另一条 x 染色体上相应的等位基因因染色体异固缩而失活。失活的 x 染色体可通过依赖于 G6PD 活性的细胞染色检测出来。在研究女性肿瘤时发现,一些恶性肿瘤的全部癌细胞都含有相同的失活 x 染色体,表明它们均起源于同一个前体细胞。肿瘤的细胞学研究发现,同一肿瘤中都具有相同的标记染色体,也证明了肿瘤细胞的单克隆起源。近年来,利用荧光标记原位杂交法(FISH)直接检测癌组织中突变的癌基因或抗癌基因,也证明肿瘤具有克隆特性。上述事实均表明,肿瘤的形成是突变细胞单克隆增殖的结果。这为肿瘤的单克隆起源假说提供了有力的证据。

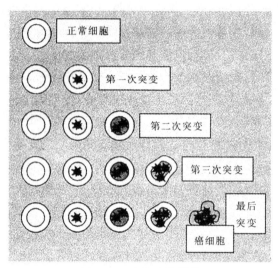

图 10-8　癌单克隆学说

10.4.2　多步骤遗传损伤学说

1983 年,美国麻省理工学院的 Land 等人发现,细胞癌变至少需要两种致癌基因的联合作用,每一个基因的改变只完成其中的一个步骤,另一些基因的变异最终完成癌变过程。后来这个观点得到了许多实验结果的进一步证实,并逐渐形成了被人们普遍认同的多步骤致癌(multistep carclnogensls)假说,也称为多步骤损伤学说(multistep theory)。肿瘤发生的多步骤遗传损伤学说认为,一个正常细胞要经过多次遗传损伤打击后才能转变成恶性细胞。这种打击可以是原癌基因的激活,或是肿瘤抑制基因的突变或失活,以及环境因素促发某种遗传损伤等。一种肿瘤会有多种基因的变化,每一个基因的改变只完成其中的一个步骤,细胞癌变往往需要多个肿瘤相关基因的协同作用,要经过多阶段的演变,其中不同阶段涉及不同的肿瘤相关基因的激活与失活,肿瘤表型的最终形成是这些被激活与失活的相关基因共同作用的结果。大多数肿瘤的发生与癌基因的活化和(或)抑癌基因的失活有关。另外,研究发现,在恶性肿瘤的转移过程中还存在着促进转移基因和抑制转移的转移抑制基因。

正常情况下,致癌基因促进细胞的生长,当致癌基因出现变化或突变时,基因不断发出生长信号,致使细胞生长失去控制。另一组基因在正常情况下抑制细胞生长,称做肿瘤抑制基因。肿瘤抑制基因发生变化或突变,使细胞生长失去抑制,同样引起细胞失控性生长。DNA 修复基因也与癌症发生有关。正常情况下,在前两种基因发生变化或突变的情况下,修复基因会指导细胞修复这些有问题的基因。修复基因发生突变,细胞修复能力出现问题,可以导致癌症的发生。细胞癌变需要多个肿瘤相关基因的协同作用,须经过多阶段的演变,这些基因的激活/失活在时间上有先后顺序,在空间位置上有一定配合。肿瘤的发生是一个复杂的过程。既有癌基因的激活,又有肿瘤抑制基因的缺失或失活。那么是不是一次基因突变就足以致癌呢?研究表明,肿瘤的发生是多步骤遗传损伤积累的产物,通常涉及的基因不止一个。

人类结肠肿瘤的发生与发展过程中所发生的分子事件为理解癌基因和抑癌基因的协同作用致癌提供了一个经典的模型（图 10-9）。Vogelstein 等研究发现结肠肿瘤的发生似乎是由抑癌基因 APC 的杂合性丢失开始的，APC 基因的缺失可以发生于生殖细胞或体细胞，导致逐渐增大的良性腺瘤。

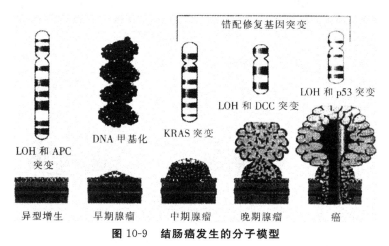

图 10-9　结肠癌发生的分子模型

10.4.3　二次打击假说

1971 年美国德州大学的 Alfred Knudson 研究视网膜母细胞瘤（Retinoblastoma）的发病有明显的两种流行病学态势：在某些家族中非常高发，而在普通人群中也有散发的病例。这种肿瘤具有遗传倾向。散发性 Rb 发生较晚，一般只危及一眼；遗传性 Rb 往往危及双眼，3 岁左右发病形成多个肿瘤。对家族性患儿的染色体检查发现在其瘤细胞和其他正常体细胞的第 13 对染色体的一条长臂上有一小段丢失，表明这一染色体异常是由父母的一方遗传的，且似乎为显性遗传。丢失的与视网膜母细胞瘤发病密切相关的基因称为 Rb 基因。Rb 基因单位点丢失或失活形成遗传性视网膜细胞瘤高发家族。然而，Rb 遗传的性状并非肿瘤本身，而是发生肿瘤的高危（或易感）状态。事实上在具染色体异常的家族中约 10% 个体一生中并不发病，而散发病例的正常体细胞中也并无染色体丢失。

由此 Knudson 提出了二次打击假说（two hits hypothesis）：视网膜母细胞的发生需要两次突变，遗传性视网膜母细胞肿瘤第一次突变是发生在患者亲代的生殖细胞中，因此患者全身都含有此突变，后一次是发生在患者的视网膜母细胞中，由此引发瘤细胞的形成。而散发病例是由于视网膜母细胞连续发生两次突变而形成的。这就解释了为何散发性 Rb 发生较晚，只危及一眼，而遗传性 Rb 危及双眼且发病较早的原因。两次突变假说已被不少学者接受并不断地予以修改和补充，可用于解释各种遗传性和非遗传性肿瘤形成的机制（10-10）。

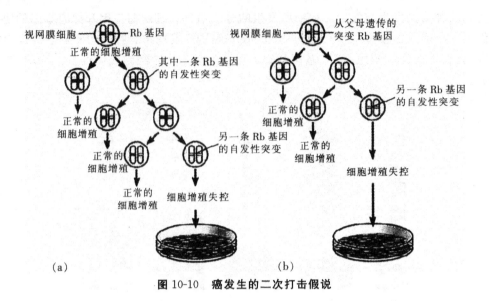

图 10-10　癌发生的二次打击假说

第 11 章　分子遗传技术

11.1　用于鉴定、扩增和克隆基因的一些基本技术

11.1.1　限制性内切酶的发现

从任何一个物种中克隆和测序某个基因或者 DNA 序列都需要依靠一种特殊的酶,叫做限制性内切酶(restriction endonucleases)。此词源于希腊语 endom,意为"within";内切酶可以在 DNA 分子内部切出缺口。许多内切酶随机地在 DNA 切出缺口,但是限制性内切酶是有位点特异性的,Ⅱ型限制性内切酶只在特定的核苷酸序列处切开 DNA 分子,这个特定的序列叫做限制性酶切位点(restriction site)。Ⅱ型限制性内切酶只在特定的位点切开 DNA,而不关心 DNA 的来源。不同的限制性内切酶由不同的微生物产生,而且识别不同的核苷酸序列。限制性内切酶的名称是由产生此种酶的微生物所在属的第一个字母和所在种的前两个字母组成。如果一种酶只由某一特定的物种产生,那么还要再加上此物种拉丁名的第一个字母。从某一微生物中分离鉴定出来的第一种限制性内切酶命名为Ⅰ,第二个为Ⅱ,以此类推。因此,限制性内切酶 EcoRⅠ是由 *Escbericbia coli* strain RY13 产生。已经有大约 400 种不同的限制性内切酶被分离和纯化出来了,因此,在不同的 DNA 序列上有不同的限制性内切酶供选择。

限制性内切酶是由 Hamilton Smith 和 Daniel Nathans 于 1970 年发现的,由于此贡献 Smith 和 Nathans 与 Werner Arber 分享了 1986 年的诺贝尔生理或医学奖,Werner Arber 是限制性内切酶研究的先驱者,他的研究最终导致了限制性内切酶的发现。限制性内切酶的生物学功能是保护细菌的遗传物质免受外源 DNA 的"侵略",例如其他物种或者病毒 DNA 的侵略。因此,限制性内切酶可以形象的看成是原核生物的免疫系统。

一个微生物细胞内全部的 DNA 限制性酶切位点必须被保护起来免受自己的限制性内切酶作用,否则的话,这个微生物将会通过降解自己的 DNA 来"自杀"。很多情况下,微生物保护限制性内切酶酶切位点是通过对限制性酶切识别位点上一个或者多个核苷酸的甲基化(methylation)实现的。甲基化发生在复制后很短的时间内,由机体产生的位点特异性的甲基化酶催化。每个限制性内切酶都会将外源 DNA 分子切成一定数量的片段,片段的数量决定于 DNA 分子上的酶切位点数量。

限制性内切酶的一个很有意思的特征是,它们一般识别的位点都是回文序列(palindromes),也就是倒置重复序列,双链 DNA 从两条方向阅读两条单链时其序列一致。另外,限制性内切酶还有一个很实用的特征:它们是错位酶切的,也就是说,它们分别在两条链的不同位置进行酶切。当然,部分限制性内切酶在双链的相同位置进行酶切,产生平整末端。由于内切酶位点的特性,错位酶切将会产生可互补的单链末端。

由于所有同一种酶酶切产生的 DNA 片段都有互补的单链末端,它们将会在相互之间产生氢键,在合适的复性条件下使用 DNA 连接酶(DNA ligase)处理后可以把它们连接起来,在每条单链之间产生新的磷酸二酯键。也就是说,DNA 分子可以被切成很多个片段,这叫限制性片段

（restriction fragment），而使用 DNA 连接酶可以将这些片段连接在一起。

11.1.2　体外重组 DNA 分子的产生

不论 DNA 分子来源于何物种，限制性内切酶都可以催化特定序列处的酶切。它可以酶切噬菌体 DNA、大肠杆菌 DNA、玉米 DNA、人类 DNA 或者任何其他 DNA，只要这些 DNA 含有限制性内切酶识别的位点。也就是说，不论 DNA 源自何处，限制性内切酶 EcoR I 产生的片段都有着相同的单链互补末端，5′-AATT-3′，而不论片段来自哪个物种，两个片段都可以以共价键形式结合在一起：一个 EcoR I 酶切人类 DNA 产生的片段可以很容易地和酶切大肠杆菌产生的片段连接在一起，就像两个 EcoR I 酶切大肠杆菌 DNA 产生片段连接在一起或者酶切两个人类 DNA 产生的片段连接在一起。图 11-1 所示的两种 DNA 分子，来自于两个不同物种，可以结合成一个重组 DNA 分子。根据自己的意愿构建这样的重组 DNA 分子是重组 DNA 技术的基础，这项技术在过去 30 年中使分子生物学产生了革命性改变。

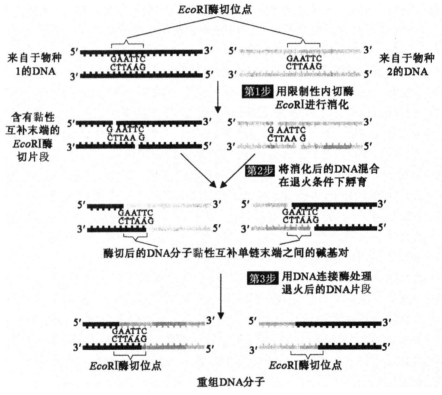

图 11-1　体外重组 DNA 分子的构建

来自两个物种的 DNA 分子用同一种限制酶酶切，在复性条件下混合，再用 DNA 连接酶将它们用共价键连接在一起。DNA 分子可以从任何物种中获得——动物、植物或者微生物。不论 DNA 的来源，使用限制酶 EcoR I 消化 DNA 后都会产生相同的互补单链 5′-AATT-3′

世界上第一个重组 DNA 分子于 1972 年在斯坦福大学的 Paul Berg 实验室产生。Berg 的研究团队构建的重组 DNA 分子是将噬菌体 λ 基因插入 SV40 的小环状 DNA 分子。在 1980 年，Berg 因此项研究荣获诺贝尔化学奖。不久之后，同样是斯坦福大学的 Stanley Cohen 和他的同事，将 EcoR I 酶切 DNA 分子产生的片段插入到 EcoR I 酶切过的自主复制质粒中。当这个重组质粒被转化进入大肠杆菌细胞后,它可以像原始质粒一样自动复制。

11.1.3　克隆载体中重组 DNA 分子的扩增

重组 DNA 技术的各项应用不仅要求构建重组 DNA 分子,如图 11-2 所示,而且要求扩增这些重组分子,也就是说,产生这些分子的很多拷贝。这就要求整合进入重组 DNA 分子的目标 DNA 具有自主复制的能力。事实上,目标基因或者 DNA 序列是被插入到特殊的克隆载体中的,一般使用的克隆载体大多是来源于病毒染色体或者质粒。

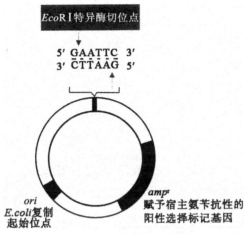

图 11-2　作为一个克隆载体必需的几个特征

一个克隆载体需要有以下三个必要的条件:①一个复制起点;②一个选择性标记基因(dominant selectable marker gene),一般来说是与宿主细胞不同的抗性基因;③至少一个单一限制性内切酶酶切位点,即酶切位点在载体的某一区域只出现一次,而且不影响复制起始点或者选择性标记基因(图 11-2)。现在使用的克隆载体常包含一组单一酶切位点,叫做多克隆位点(multiple cloning site,MCS)(图 11-3)。

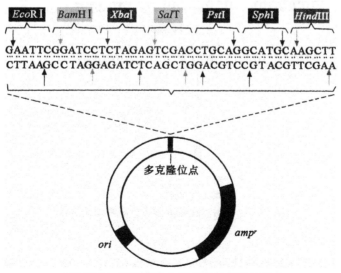

图 11-3　克隆载体中多克隆位点的结构

1. 质粒载体

质粒是存在于微生物中除染色体之外的双链环状 DNA 分子,细菌中的种类含量尤为丰富。质粒大小从 1 kb 到 200 kb 不等,而且大多数都可以自主复制。许多质粒携带抗生素抗性基因,这是理想的选择性标记。质粒 pBR322 是最先使用的克隆载体之一,它同时包含氨苄和四环素抗性基因以及一些单一限制性内切酶酶切位点。现在使用的很多克隆载体都源自于 pBR322 质粒。

2. 噬菌体载体

大多数噬菌体克隆载体都是以 λ 噬菌体染色体构建的。早在 1982 年,野生型 λ 噬菌体基因组的全部 48 502 个核苷酸序列就被测定出来了。λ 染色体内部约三分之一长的片段,包含溶源所需的基因而不是生长所需基因。也就是说,λ 染色体的中心部分(长约 15 kb)可以被限制性内切酶切开,然后被外源 DNA 替代(图 11-4)。产生的重组 DNA 分子可以在体外包装进噬菌体头部。噬菌体可以使重组 DNA 分子侵染进入大肠杆菌细胞,并在其中复制产生大量克隆。DNA 分子太大或者太小都不能包装进 λ 噬菌体头部;只有 45~50 kb 大小的 DNA 分子才能包装进去。因此,λ 克隆载体只能插入 10~15 kb 的 DNA 片段。

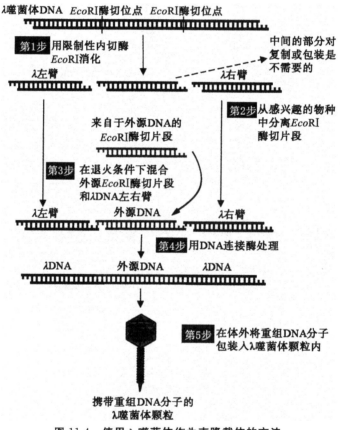

图 11-4 使用 λ 噬菌体作为克隆载体的方法

3. 真核载体和穿梭载体

质粒、λ 噬菌体以及黏粒克隆载体都可在大肠杆菌中复制。因为各类细胞使用截然不同的复制起始点和调节信号,所以针对不同的细胞要使用不同的克隆载体。也就是说,必须发明一种能够在其他原核细胞和真核生物中复制的特殊克隆载体。很多不同克隆载体分别适用于啤酒酵母、果蝇、哺乳动物、植物和其他物种。

　　大肠杆菌是克隆 DNA 操作时主要选择的宿主细胞。这样,一些很常用的克隆载体都是穿梭载体(shuttle vector),就是能同时在大肠杆菌和其他细胞中复制的载体,比如在真核细胞中,用于啤酒酵母细胞中的穿梭载体同时含有大肠杆菌和啤酒酵母的复制起始位点和选择性标记基因,以及多克隆位点(图 11-5)。这些穿梭载体在遗传学研究中非常有用。酵母基因可以被克隆进穿梭载体中,然后在大肠杆菌中进行定点诱变(在特定的核苷酸序列处突变),然后再转到酵母细胞中检测所诱导的突变产生的影响。类似的穿梭载体还适用于大肠杆菌和各种动物细胞之间。

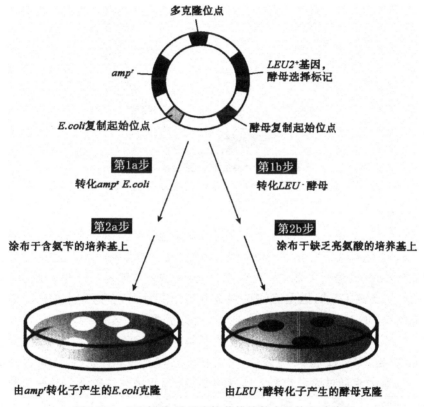

图 11-5　大肠杆菌-酵母穿梭载体的基本结构和功能图

　　穿梭载体同时可在大肠杆菌和啤酒酵母中复制。利用穿梭载体使研究者们可以在两个生物中来回转移基因,研究这些基因在两个宿主中的功能

　　4. 黏粒载体

　　一些真核生物基因长度大于 15 kb,不能完整的克隆进质粒或者 λ 克隆载体。为此,科学家发展出来了能容纳更大插入 DNA 片段的载体。其中一个就是黏粒(cosmids),它介于质粒和噬菌体 λ 染色体之间。*Cos* 表示黏合位点(cohesive site),指的是成熟 λ 染色体中 12 个碱基的互补单链末端。噬菌体 λDNA 包装装置能够识别 *cos* 位点,当包装产生成熟 λ 染色体互补黏性末端时,这个包装装置能够在此位点产生错位切口。

　　黏粒集合了质粒和 λ 噬菌体载体的主要优点:①质粒在大肠杆菌中自动复制的能力;②在体

外包装入染色体的能力,这可以促进转化进入大肠杆菌的效率。黏粒载体(图 11-6)包含复制起始位点和一个质粒的生物素抗性基因,再加上 λcos 位点,这是将 DNA 包装进入 λ 头部所必需的。由于没有 λ 噬菌体基因,黏粒载体可以容纳 35～45 kb 的外源 DNA,而且仍然可以包装在 λ 头部。

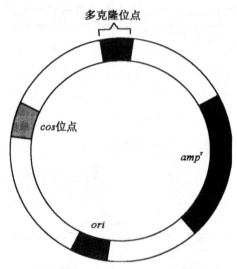

图 11-6　一个典型黏粒克隆载体的结构

黏粒综合了 λ 噬菌体和质粒克隆载体的主要特征

5. 噬菌粒载体

　　噬菌粒载体(phagemids vector)同时含有噬菌体染色体和质粒的组件。如果提供给辅助噬菌体(helper phage),它们可以在大肠杆菌中像双链质粒一样复制。加入辅助噬菌体后,噬菌粒载体能够转变成噬菌模式进行复制,将单链 DNA 包装进入噬菌粒中。辅助噬菌体是一种突变体,它无法复制它自己的 DNA,但是能够提供病毒复制所需的酶和产生噬菌粒 DNA 分子所需的结构蛋白,噬菌粒 DNA 产生后将被包装进噬菌体外壳中。

　　在进一步讨论噬菌粒载体之前,我们应首先了解单链 DNA 丝状噬菌体的生长周期。这类噬菌体中最有名的是 M13、f1 和 fd 噬菌体,它们在形态学上都呈针状,而且可以侵染大肠杆菌。它们的单链 DNA 基因组通过滚环复制。丝状单链 DNA 噬菌体通过 F 纤毛进入细胞;它们只侵染 F^+ 或者 Hfr 细胞,而不侵染 F^- 细胞。这些噬菌体不像 T4 噬菌体那样裂解宿主细胞,相反的,在不杀死宿主细胞的情况下,后代噬菌体可以通过细胞膜和细胞壁输出细胞。被侵染的细胞可以继续生长,不断地输出数以千计的噬菌体,每个都包含一个单链 DNA 基因组。由于病毒颗粒比宿主细胞小很多,可以通过低速离心去除细菌。高速离心后,从上清中可以收集到病毒颗粒,再通过简单的提取可分离出它们的单链 DNA 分子。包装进噬菌体的往往是与亲代相同的 DNA 分子,叫做＋链,它的互补链叫做－链。包装进去的＋链与转录的 mRNA 相同,它的三联密码子与 mRNA 密码子相同,只是在 mRNA 中用 U 代替了 T。

　　噬菌粒载体 pUC118 和 pUC119 实际上是相同的,只不过相对于载体上其他基因,它们的多克隆位点有相反的方向(图 11-7)。也就是说,如果将一个外源 DNA 同时插入这两个载体同样的限制性内切酶位点,那么一个载体将包装外源 DNA 的一条链,而另一个载体将包装它的互补链。这两个载体是加利福利亚大学的研究者通过改造质粒 pUC 得到的。载体 pUC118 和

pUC119 包含来自 M13 噬菌体的复制起始位点。噬菌粒 pUC118 和 pUC119 可以在没有辅助噬菌体情况下像双链质粒那样自我复制（图 11-8a），或者在辅助噬菌体存在的情况下，像包装在 M13 噬菌体中的单链 DNA 那样复制（图 11-8b）。当不存在辅助噬菌体时，噬菌粒的复制由质粒复制起始区域控制。当有辅助噬菌体存在时，复制由 M13 噬菌体复制起始位点控制。

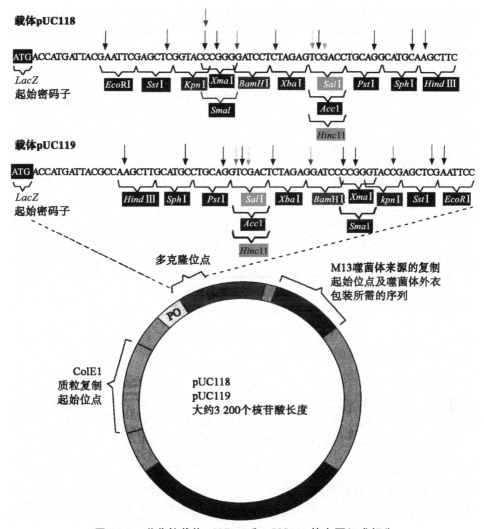

图 11-7　噬菌粒载体 pUC118 和 pUC119 的主要组成部分

P 和 O 分别表示启动子（Promoter，RNA 聚合酶结合位点）和操纵元件（Operator，阻抑物结合位点），启动子和操纵基因区域负责调节乳糖合成酶基因的转录。基因片段 *LacZ'* 编码 β-半乳糖苷酶氨基端的 147 个氨基酸。插在 *LacZ'* 中间的是多克隆位点，含有一组限制性内切酶的酶切位点（如图中顶部所示）。在没有辅助噬菌粒存在的情况下，ColE 1 质粒复制起始位点控制噬菌粒的复制，当有辅助噬菌粒存在时，M13 复制起始位点控制噬菌粒的复制。箭头所示的是各个内切酶的酶切位置

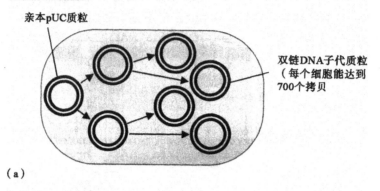

在辅助噬菌体缺失时pUC118和pUC119
复制为双链质粒

亲本pUC质粒

双链DNA子代质粒
（每个细胞能达到
700个拷贝）

（a）

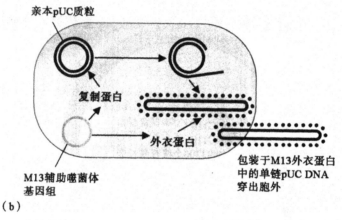

在辅助噬菌体存在时pUC118和pUC119
复制为单链噬菌体

亲本pUC质粒

复制蛋白

外衣蛋白

M13辅助噬菌体
基因组

包装于M13外衣蛋白
中的单链pUC DNA
穿出胞外

（b）

图 11-8　噬菌粒载体 pUC118 和 pUC119 分别作为质粒模式和噬菌体模式的复制方式

（a)在没有 M13 辅助噬菌体存在的情况下,来源于质粒 ColE1 的复制起始位点控制复制。(b)在被 M13 辅助噬菌体侵染的细菌中,M13 复制起始位点控制噬菌粒的滚环复制

随后一个简单的颜色测试方法极大地促进了对 pUC 载体的利用,通过这个测试可以区分带有外源 DNA 插入片段的质粒和没有外源 DNA 插入片段的质粒的两种细胞。这个颜色指示测试的原理是一旦有外源 DNA 插入多克隆位点,那么载体中大肠杆菌 *LacZ* 基因 5′端就会功能性失活。

大肠杆菌 *LacZ* 基因编码 β-半乳糖苷酶,此酶催化乳糖分裂为葡萄糖和半乳糖。这是大肠杆菌中对乳糖代谢的第一步。对细胞中有无 β-半乳糖苷酶的检测是基于它有无催化分解 5-溴-4-氯-3-吲哚-β-D-半乳糖苷(通常称为 X-gal)的能力,分解产生半乳糖和 5-溴-4-氯吲哚。X-gal 是无色的,而 5-溴-4-氯吲哚是蓝色的。因此,如果细胞有具有活性的 β-半乳糖苷酶,那么就会在含有 X-gal 的琼脂平板上产生蓝色菌落。缺少 β-半乳糖苷酶活性的细胞就会在含有 X-gal 的平板上产生白色菌落。

β-半乳糖苷酶的活性指示 pUC 载体显色反应的分子基础更加复杂。大肠杆菌的 *LacZ* 基因长度超过 3 000 个核苷酸对,因此如果将整个基因插入质粒中将会导致载体比期望的长度大很多。pUC 载体只包含上 *LacZ* 基因中的很小一部分。这个 *LacZ′* 基因片段只编码 β-半乳糖苷酶的氨基端部分。因为基因内的互补还是能够检测到 *LacZ'* 基因片段功能的存在。当细胞中有包含 *LacZ'* 基因功能片段的 pUC 质粒时,且此细胞在染色体或者 F' 质粒中还有 *LacZ* 的特殊突变等位基因,这两个有缺陷的 *LacZ* 序列产生的多肽合在一起就是具有 β-半乳糖苷酶活性完整的酶。这个突变的等位基因,被命名为 *LacZ△Ml5*,能够合成缺少氨基端氨基酸 11 到氨基酸 14 的 *Lac* 蛋白。正是这几个氨基酸的丢失阻止了突变的多肽成为具有活性的酶的四聚体形式。

当 pUC 质粒中有 *LacZ'* 编码的 *LacZ* 多肽的氨基端片段(前 147 个氨基酸)存在时,能够使 △M15 编码的多肽变成四聚体形式,这是具有活性的 β 半乳糖苷酶,这样就实现了将 X-gal 变色反应作为检测插入片段的手段,而不需要把整个 *LacZ* 基因插入 pUC 载体中。

能够进行定向克隆(directional cloning),就是把一段外源 DNA 以一定的方向插入多克隆位点区域,是 pUC118～119 载体系统的另一优点。考虑一段 DNA 序列,它的一端有 *Sst* Ⅰ 酶切位点,而在另一端有 *Pst* Ⅰ 酶切位点。如果这段 DNA 使用这两种酶进行双酶切,产生的 *Sst*I-*Pst*I 片段可以插入已用 *Sst*I 和 *Pst*I 双酶切过的 pUC118DNA 或者 pUC119DNA。这个 *Sst*I-*Pst*I 片段在 pUC118 和 pUC119 中将会是不同的方向。也就是说,在辅助噬菌体的帮助下侵染进入宿主细胞后,一个载体将包装 DNA 的一条链,而另一个载体将包装 DNA 的另一条互补链。使用这两个载体,被克隆的 DNA 片段的两条互补单链能够分别获得大量的扩增。

6. 人工染色体

一些真核基因非常大,例如,人类的抗肌萎缩蛋白(dystrophin)基因(一种连接纤维丝和肌肉细胞的蛋白)长度超过 2 000 kb。为了克隆染色体的长片段,科学家们致力于开发出能容纳 35～45 kb 插入片段的载体。这项研究最终发展出来了酵母人工染色体(Yeast Artificial Chromosomes,YACs),它可以容纳长度为 200～500 kb 的外源插入 DNA。YAC 载体是经过基因改造的酵母迷你染色体(mini chromosomes)。它们包括:①一个酵母复制起始点;②一个酵母着丝粒;③两端各有一个酵母端粒;④一个选择性标记基因;⑤一个多克隆位点(图 11-9)。酵母中的复制起始点叫做 ARS(autonomously replicating seqHence,自主复制序列)元件。选择性标记通常是一个控制宿主细胞原养型的野生型基因。例如,*URA*3⁺ 基因可以用作转化 *URA*3⁻ 酵母的选择性标记,然后在无尿嘧啶的培养基上筛选。

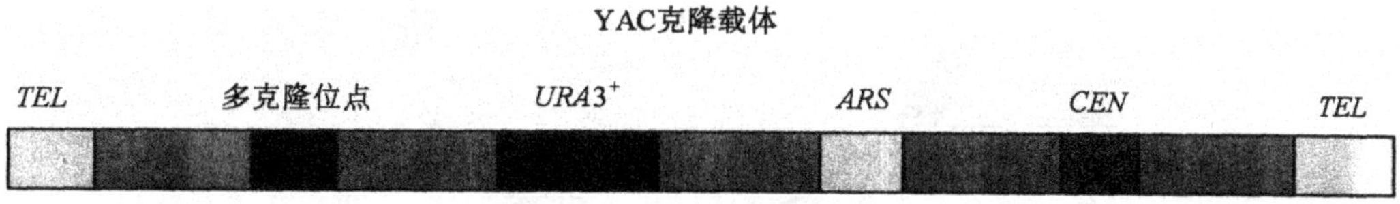

YAC克隆载体

图 11-9　YAC 克隆载体的结构

组成部分有:① *ARS*,自主复制序列(酵母复制起始位点);② *CEN*,酵母着丝粒;③ *TEL*,酵母端粒;④ *URA*3⁺,合成无尿嘧啶的野生型基因;⑤多克隆位点

YAC 克隆载体在人类基因组计划中显得尤为重要,人类基因组计划旨在绘制、克隆、测序大型真核细胞基因组。如果能把长 DNA 片段插入载体中,将使鉴定全基因组克隆变得非常容易。黏粒载体的平均插入长度是 40 kb,YAC 载体的平均插入长度是 200 kb,五个黏粒克隆才抵得上一个 YAC 载体覆盖的长度。因为基因组图谱绘制要求分离出重叠克隆,因此两个载体在插入长度的五倍差别将会导致最终物理图谱的效果超过 5 倍。

细菌人工染色体(bacteria artificial chromosomes,BACs)和噬菌体 P1 人工染色体(bacteriophage P1 Artificial Chromosomes,PACs),它们有许多 YACs 的优点,是从细菌 F 因子和噬菌体

P1 染色体构建而来。BACs 和 PACs 可以容纳长度达到 $150\sim300$ kb 的插入片段。然而,相比 YACs、BACs 和 PACs 结构要更简单一些,因此也就相对比较容易构建。另外,BACs 和 PACs 在大肠杆菌中可以像质粒、λ 载体和黏粒载体那样复制。由于它们的这些优点,BAC 和 PAC 已经在人类和其他一些哺乳动物基因组文库构建中基本上已取代了 YAC。

PAC 载体构建好以后,还能用于反向筛选没有外源 DNA 插入的载体。这些 PAC 载体含有枯草芽孢杆菌的 sacB 基因。sacB 基因编码的蔗糖-6-果糖基转移酶,此酶催化果糖基转移到各种糖类上。当大肠杆菌在含有 5% 蔗糖的培养基上生长时,含有此酶是致命的。当外源 DNA 插入在 sacB 基因的 BamHⅠ酶切位点中,将会导致基因的失活,这样就能用来选择有片段插入的载体。有插入片段的载体能够在含有 5% 蔗糖的培养基上生长;而没有插入片段的载体就不能生长。在含有 5% 蔗糖的培养基上,如果载体没有片段插入,大肠杆菌将会在生长的第一个小时内裂解。因此,所有存活下来的细胞都含有插入片段,而插入的位置正好是 sacB 基因中间,使蔗糖-6-果糖基转移酶失活。

在过去的几年中,PAC 和 BAC 载体经过一些修饰已经能同时在大肠杆菌和哺乳动物细胞中复制。这些载体的结构如图 11-10 所示。穿梭载体,pJCPAC-Mam1,含有 sacB 基因,这样就能用于筛选带有插入片段载体的细胞,再加上复制起始点(oriP)和编码 Epstein-Barr 病毒细胞核抗原 1 基因,就能使此载体在哺乳动物细胞中复制。另外,还加入了 pur^r(嘌呤霉素抗性)基因,这样就能在含有嘌呤霉素抗生素的培养基上筛选出携带有此载体的哺乳动物细胞。类似的 BAC 穿梭载体也已经被构建出来了。

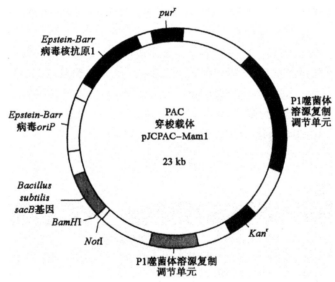

图 11-10　PAC 哺乳动物穿梭载体 pJCPAC-Maml 的结构

此载体可以在大肠杆菌或者哺乳动物细胞中复制。它在大肠杆菌中以低拷贝数复制,并且由噬菌体 P1 质粒复制单元控制,或者通过诱导噬菌体 P1 溶源复制单元(由 Lac 可诱导启动子控制)来扩增。在哺乳动物细胞中,它通过使用复制起始位点(oriP)以及 Epstein-Barr 病毒的核抗原 1 来自我复制。载体上携带的 Kan^r 和 pur^r 基因分别在大肠杆菌和哺乳动物细胞中提供了选择性标记。sacB 基因(来源于 Bacillus subtilis)被用于反向筛选未携带插入 DNA 片段的载体。BamHI 和 NotI 是两个限制性内切酶的酶切位点

11.1.4　利用 PCR 技术扩增 DNA 序列

目前,我们已经得到了包括人类基因组在内的多种基因组的核苷酸序列。研究者们不需要再使用克隆载体或宿主细胞,可以直接从 Genebank 或其他数据库中得到这些目标基因或者 DNA 的序列。DNA 序列的扩增完全可以在体外实现,并且在几小时内就可以扩增百万倍甚至更多。这一过程的实现需要知道目标序列两端一段短的核苷酸序列。基因或其他 DNA 序列的体外扩增是通过 PCR 完成的。PCR 技术需要两段合成的核苷酸序列,这两段核苷酸序列和目的片段的两端互补,用于在反应管中启动目标片段扩增的酶促反应。用于 DNA 序列体外扩增的 PCR 技术是 Kary Mullis 发明的,他因为这项技术获得了 1993 年的诺贝尔化学奖。

PCR 技术包括三个步骤,每个步骤循环多次(图 11-11)。第一步,92℃～95℃加热约30 s,使含有目标序列的基因组 DNA 变性。第二步,将变性的 DNA 和合成的引物在 50℃～60℃下孵育30 s,使它们退火。最适退火温度是由引物的碱基组成决定的。第三步,DNA 聚合酶复制两个引物结合位点之间的 DNA 片段。引物提供了游离的 3′-OH 用于共价延伸,变性的基因组 DNA 作为模板,通常在 70℃～72℃延伸 1.5 分。复制的第一个循环的产物再经过变性、引物退火和 DNA 聚合酶扩增延伸,这样多次循环直到所需的扩增水平。注意,DNA 扩增是成指数增长的:一个循环后 1 个 DNA 双链变成了 2 个双链,2 个循环后变成了 4 个,3 个循环后变成了 8 个,以此类推。扩增循环 30 次后就会得到 10 亿多个序列的拷贝。

最初,大肠杆菌中的 DNA 聚合酶Ⅰ作为 PCR 技术中的复制酶。因为这个酶在变性步骤中加热失活,所以在每个循环的第三步中都需要重新加入新鲜的酶。用 PCR 技术扩增 DNA 的一个重要的改进是在一种嗜热性细菌和水栖高温菌中发现一种热稳定的 PCR 聚合酶,叫做 *Taq* 聚合酶(*T. aquaticus* polymerase,水栖高温菌聚合酶),这种聚合酶在高温变性的步骤中仍可以保持活性。所以,就不用在每次退火后再加入聚合酶,只要在 PCR 操作的最开始加入足量的 *Taq* 聚合酶和寡聚核苷酸引物,改变温度进行多个循环就可以了。PCR 仪可以自动改变温度并可以使大量的样本同时运行,这样就使特异性 DNA 序列的扩增成为相对简单的工作。

PCR 技术的一个缺点就是在扩增的过程中会产生错配,错配发生的频率虽然很低,但是影响很大。*Taq* 聚合酶不像其他大多数聚合酶一样具有 3′→5′的校对活性,因此它会产生高于正常频率的复制错误。如果在 PCR 早期循环中就产生错误的核苷酸配对,在接下来的循环中它还会像其他核苷酸一样复制。如果要求很高的复制精确性,做 PCR 时就需要用到其他的热稳定聚合酶,例如 *Pfu*(来自 *pyrococcus furiosus*)或者 *Tli*(来自 *Thermococcus litoralis*)聚合酶,它们具有 3′→5′的校对活性。*Taq* 聚合酶的第二个缺点是,它不能有效的扩增长片段 DNA(长于 1 000个核苷酸对)。如果要需要扩增长片段 DNA,就要使用持续性更好的 *Tfl* 聚合酶来代替 *Taq* 聚合酶。*Tfl* 聚合酶能够扩增长达 35 kb 的 DNA 片段。而长于 35 kb 的 DNA 片段就不能用 PCR 方法来扩增了。

PCR 技术为一些需要大量特异性 DNA 序列的操作提供了捷径。通过 PCR 方法,科学家能够从很少量的 DNA 样品中获取基因或者 DNA 序列的结构数据。一个重要的应用就是对人类遗传病的诊断,尤其是进行产前诊断,因为只能取到很少量的胎儿 DNA 样品。第二个重要的应用是在法医鉴定中,从很小的组织样品中提取的少量 DNA 就可以鉴定出样品的所属人,目前几乎没有其他的标准能提供比 DNA 序列更精确的证据。从现场的血液、精液,甚至人类头发中提取出极少量的 DNA,通过 PCR 扩增,就能获得 DNA 序列。因此,基于 PCR 的 DNA 指纹鉴定技术在司法案件鉴定中有着重要的作用。

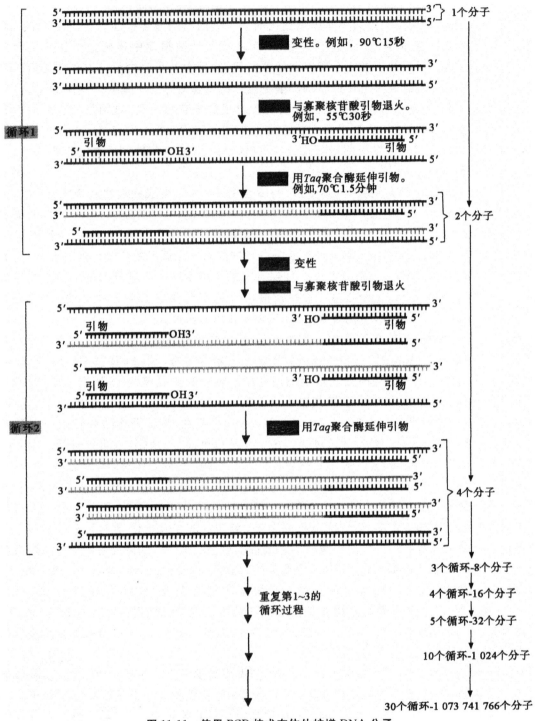

图 11-11　使用 PCR 技术在体外扩增 DNA 分子

　　每个扩增循环包括三个步骤：①模板 DNA 的变性；②变性 DNA 分子与化学合成的寡聚核苷酸引物的复性结合，一对引物的序列与目标 DNA 两端序列互补；③使用 Taq 聚合酶复制目标片段

11.2　构建和筛选 DNA 文库

11.2.1　基因组文库的构建

基因组 DNA 文库的构建方法是：提取某一物种细胞的总 DNA，用限制性内切酶消化 DNA，以及将限制性片段插入合适的克隆载体。有两种不同的方法可用来将 DNA 片段插入克隆载体。如果限制性内切酶酶切 DNA 产生的是错位切口，产生互补的单链末端，限制性片段可以直接连在用同一种酶酶切的载体上（图 11-12）。这种方法的一个优点是，用制备基因组 DNA 片段的限制性内切酶处理后，插入的 DNA 片段能够精确地从载体上切下来。

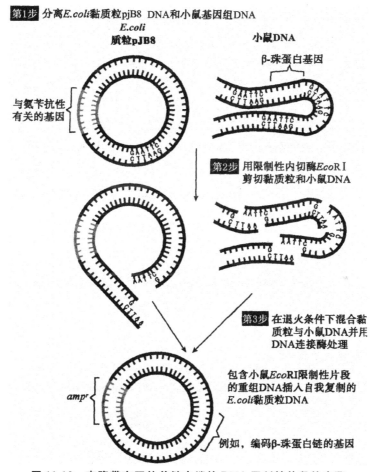

图 11-12　克隆带有互补单链末端的 DNA 限制性片段的步骤

如果限制性内切酶产生的切口是在 DNA 双链的同一位置，产生平整末端，那么必须在体外加上互补的单链尾巴到 DNA 片段上。使用 λ 噬菌体核酸外切酶切掉 DNA 的 5′端后，由末端转移酶（terminal transferase）在 5′端加上核苷酸来实现互补单链末端的增加。一般来说，会在酶切后的载体 DNA 上加入 poly(A)尾巴，而在基因组 DNA 片段加上 poly(T)的尾巴，反之亦然。然后，在连接酶的作用下，带有 poly(T)尾巴的基因组 DNA 片段就能插入带有 poly(A)尾巴的载体 DNA 分子中。由于 poly(T)尾巴和 poly(A)尾巴必须是同样的长度，大肠杆菌核酸外切酶

Ⅲ和 DNA 聚合酶Ⅰ分别用来切除突出的尾巴和填补空缺。DNA 连接酶只负责连接起相邻的核苷酸，而不能在缺口处添加核苷酸。

基因组 DNA 片段连接上载体 DNA 后，重组 DNA 分子要在体外导入宿主细胞用来扩增。这一步要求转入的宿主细胞能够接受载体，而且对抗生素敏感，同时一个细胞只能接受一个重组 DNA 分子（对于大多数细胞）。如果使用大肠杆菌，必须事先用化学物质或者电击处理使其能够透过 DNA。然后让细胞在选择性环境中生长，筛选出带有选择性标记的转化细胞。

一个成功的基因组 DNA 文库必须要包括目标基因组的全部 DNA 序列。对于一些大的基因组，完整的文库由成数十万个重组克隆组成。

11.2.2　cDNA 文库的构建

高等动物和植物基因组中的大多数 DNA 序列是不编码蛋白质的，如果只针对 cDNA 文库，将使研究表达的 DNA 序列变得更简单。因为大多数 mRNA 分子都有 poly(A) 的尾巴，寡聚 poly(T) 可以用作引物，由反转录酶合成互补 DNA 单链（图 11-13）。然后，在核糖核酸酶 H，DNA 聚合酶Ⅰ和 DNA 连接酶的联合作用下，将 RNA-DNA 复合体转变成双链 DNA 分子。核糖核酸酶 H 降解 RNA 模板链，而且降解过程中产生的短 RNA 片段能够用作 DNA 合成的引物。DNA 聚合酶Ⅰ催化合成第二条 DNA 链，并用 DNA 链代替 RNA 引物，DNA 连接酶则将双链 DNA 分子中单链上的断口连接起来。产生的双链 cDNAs 在加上互补单链尾巴后，可以插入也带有互补单链尾巴的质粒或者 λ 噬菌体克隆载体，正如前文所述的平整末端限制性片段的克隆方法。

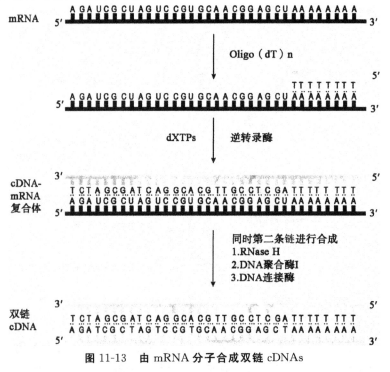

图 11-13　由 mRNA 分子合成双链 cDNAs

11.2.3　目标基因 DNA 文库的筛选

高等动物和植物的基因组非常的大，例如，人类基因组有 3×10^9 个核苷酸对。所以，在多细胞的真核生物基因组 DNA 文库或者 cDNA 文库中寻找某一特定的基因或者 DNA 序列,也就是在包含几百万或者更多序列的文库中找出某一 DNA 序列,最为强大的筛选方法是遗传选择:寻找一种文库中的 DNA 序列,能使突变体恢复成野生型表型。当遗传选择不能使用时,就必须要用其他一些更加困难的分子筛选方法。分子筛选一般要涉及到使用 DNA 或者 RNA 序列作为杂交探针,或者使用抗体来检测 cDNA 编码的基因产物。

1. 遗传选择

鉴定目标克隆最简单的方法是遗传选择(genetic selection)。例如,*Salmonella typhimurium* 中控制青霉素抗性的基因就很容易克隆。从有青霉素抗性的一株 *S. typhimurium* 菌 DNA 构建基因组文库,而对青霉素敏感的大肠杆菌通过转化重组 DNA 后,让其在含有青霉素的培养基上生长。只有转化成功的细胞携带有青霉素抗性基因,才能在含有青霉素的培养基上生长。

当目标基因有合适的突变体时,可以利用野生型等位基因将突变体恢复成正常表型进行遗传选择。这种选择方法也被称为互补筛选(complementation screening),它的原理是野生型等位基因相对于突变的另一等位基因具有显性,突变基因编码的是无活性的产物。例如,使用酵母的 cDNA,将啤酒酵母中编码组氨酸生物合成酶的基因克隆并转化组氨酸缺陷型的大肠杆菌,然后可以通过在无组氨酸的培养基上筛选出转化成功的大肠杆菌细胞。许多植物和动物基因就是利用它们互补突变的能力克隆到大肠杆菌和酵母中的。

互补筛选的使用也是受限制的,真核基因含有内含子,在翻译之前必须从转录子中将其剪切出去。因为大肠杆菌中没有剪接真核基因内含子的机制,所以大肠杆菌中互补筛选真核克隆只能使用 cDNAs,在 cDNAs 中内含子序列已经被剪切去除了。另外,互补筛选方法是建立在新宿主细胞对克隆的基因的正确转录之上的。真核生物中有调节基因表达各种信号,这点与原核生物是不一样的。因此,互补筛选方法更适用于在原核生物宿主中克隆原核基因,在真核生物宿主中克隆真核基因。正是因为这样,研究者一般常用啤酒酵母来互补筛选真核 DNA 文库。

2. 分子杂交

第一批克隆的真核 DNA 序列是在特定细胞中高表达的一些基因。这些基因包括哺乳动物的 α 和 β 珠蛋白基因以及鸡的卵清蛋白基因。血红细胞高度异化成专门合成和储存血红蛋白的细胞,血红细胞在它们生物合成活性最大时期合成的蛋白质分子中有 90% 以上是珠蛋白链。血清蛋白是鸡输卵管细胞的主要产物。因此,可以很容易从网织血红细胞(reticulocyte)和输卵管细胞中分离出珠蛋白和卵清蛋白基因的 RNA 转录本。这些 RNA 转录本可以用来合成带有放射性的 cDNAs,利用 cDNA 的放射性可以用原位菌落杂交(in situ colony hybridization)或者斑点杂交(plaque hybridization)筛选基因组 DNA 文库(图 11-14)。菌落杂交可以用于筛选质粒和黏粒载体构建的文库;斑点杂交用于筛选 λ 噬菌体载体构建的文库。这里我们主要关注原位菌落杂交,但事实上这两种方法应用都很多。

菌落杂交筛选法需要将转化后细菌形成的菌落转移到尼龙膜上,然后和标记过的 DNA 或者 RNA 探针杂交,最后放射自显影(图 11-14)。标记过的 DNA 或者 RNA 链用作探针来和尼龙膜上菌落中变性后的 DNA 杂交。在杂交之前,细菌裂解后释放出来的 DNA 已经结合在膜上,这样在后续的操作中 DNA 就不会发生移动。互补 DNA 链之间杂交完成以后,用盐缓冲溶液清洗尼龙膜,洗去没有杂交的探针,然后用 X 线胶片曝光来寻找膜上的放射性。只有和放射性探针杂交的 DNA 序列所在的菌落才能在放射性自显影中产生放射性斑点(图 11-14)。放射性斑点对应的原本平板上的位置就是带有目标序列的菌落位置。从这些菌落中,可以获得含有目标基因或者 DNA 序列的克隆。

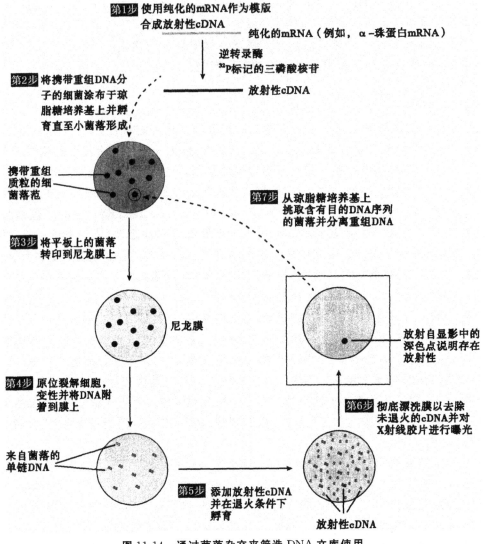

图 11-14 通过菌落杂交来筛选 DNA 文库使用
带有放射性的 cDNA 作为杂交探针

11.3 DNA、RNA 和蛋白质的分子水平分析

11.3.1 利用 Southern blot 技术分析 DNA

凝胶电泳是一个用于分离带有不同电荷以及不同大小的大分子的重要工具。DNA 分子的每个单元带有恒定的电荷,因此,它们在琼脂糖和聚丙烯酰胺凝胶中的迁移只和它们的大小以及构象有关。琼脂糖凝胶以及聚丙烯酰胺凝胶的作用是分子筛,延缓大分子的通过,小分子率先通过凝胶。琼脂糖凝胶更适合分离大分子(超过几百个核苷酸);聚丙烯酰胺凝胶更适合分离小分子DNA。图 11-15 展示的是通过琼脂糖凝胶电泳分离限制性 DNA 片段。用于分离 DNA 和蛋白质分子的方法在原理上基本是一致的,但是技术方面有些许不同,因为每一种大分子都有自己的特性。

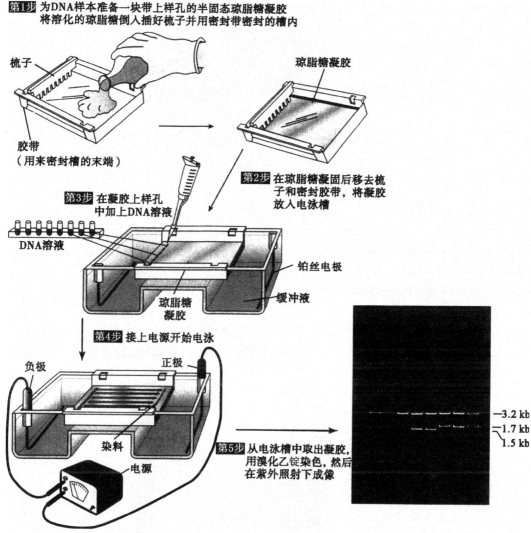

第1步 为DNA样本准备一块带上样孔的半固态琼脂糖凝胶
将溶化的琼脂糖倒入插好梳子并用密封带密封的槽内

梳子

琼脂糖凝胶

胶带
（用来密封槽的末端）

第2步 在琼脂糖凝固后移去梳子和密封胶带，将凝胶放入电泳槽

第3步 在凝胶上样孔中加上DNA溶液

DNA溶液

铂丝电极

缓冲液

琼脂糖凝胶

第4步 接上电源开始电泳

负极

正极

染料

电源

第5步 从电泳槽中取出凝胶，用溴化乙锭染色，然后在紫外照射下成像

—3.2 kb
—1.7 kb
—1.5 kb

图 11-15　通过琼脂糖凝胶电泳对 DNA 分子的分离

　　DNA 样品溶于上样缓冲液中，而上样缓冲液的密度大于电泳缓冲液的密度，因此 DNA 样品会沉到上样孔的底部，而不是弥散在电泳缓冲液中。上样缓冲液中同时还含有一种染料用于显示 DNA 分子在凝胶中的迁移。溴化乙锭（EB）能够与 DNA 结合，而且在紫外光的照射下会发出荧光

　　在 1975 年，E. M. Southern 发表了一种重要的新方法，使研究者们可以鉴定出凝胶电泳分离后基因或者其他 DNA 序列限制性片段的位置。这个技术的特点是把分离开的 DNA 分子从凝胶转移到尼龙膜或者硝酸纤维素膜上（图 11-16）。这种将 DNA 分子转移到膜上的技术以发明这项技术的科学家姓名命名，叫做 Southern blot。DNA 在转移前已经被变性，或者转移过程中将凝胶置于碱性溶液中使 DNA 变性。转膜后，通过干燥或者紫外照射使 DNA 固定在膜上。使用含有目的片段、且带有放射性标记的 DNA 探针与已经固定在膜上的 DNA 进行杂交。探针只能和膜上含有它的互补片段的 DNA 杂交，没有被杂交的探针将被从膜上洗掉，洗过的膜放在 X 射线胶片下曝光来检测放射性条带的位置。胶片曝光后，深色条带显示的位置就是已经和探针杂交的 DNA 片段的位置（图 11-17）。

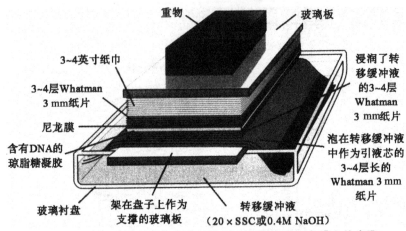

图 11-16　将已经通过电泳分离过的 DNAs 转移到尼龙膜上的步骤

转移缓冲液将 DNA 从凝胶中带到膜上,而干纸巾能够从水槽中将盐溶液吸出来,穿过凝胶到达上层的纸巾。DNA 将结合到相邻的膜上。有 DNA 结合上去的尼龙膜在真空中干燥,DNA 就会紧紧地结合在膜上用于杂交。SSC 是一种含有氯化钠和柠檬酸钠的溶液

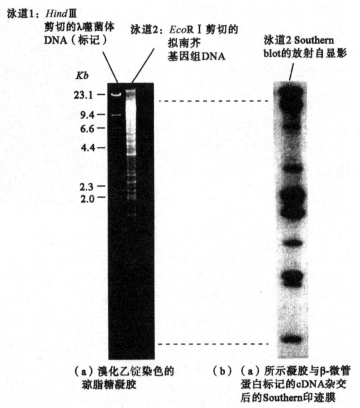

图 11-17　使用 Southern blot 技术鉴定含有特定 DNA 序列的基因组限制性片段的步骤

(a)使用 *Hind*Ⅲ 消化后的 λ 噬菌体 DNA 电泳后使用 EB 染色的照片(左边泳道),以及使用 *Eco*RⅠ 消化后的拟南芥 DNA(右边泳道)。λDNA 消化产物提供了大小标记。拟南芥 DNA 消化产物通过 Southern blot 转移到尼龙膜上(图 11-17),然后与带有放射性的 β-微管蛋白基因 DNA 片段杂交。Southern blot 的结果如图(b)所示;九个不同的 *Eco*RⅠ 限制性片段与 β-微管蛋白基因探针杂交了

把通过凝胶电泳分离开的 DNA 转移到尼龙膜上用于杂交以及其他的研究,这种方法已经被广泛应用在各类研究中。

11.3.2　利用 Northern blot 技术分析 RNA

与 Southern blot 方法类似,经过琼脂糖凝胶电泳分离的 RNA 分子也可以类似地进行转移和分析。RNA 斑点杂交被称为 Northern blot,技术路线类似于 Sonthern blot 方法,不同之处仅是被分离和转移到膜上的是 RNA 分子。

Northern blot 的步骤与 Southern blot 基本上相同,但 RNA 很容易被 RNA 聚降解,因此,必须小心防止样品被一些极其稳定的酶污染。同时,大部分的 RNA 分子含有相当多的二级结构,所以必须在电泳的时候进行变性,使 RNA 分子保持一级结构。在电泳的过程中,在缓冲液中添加甲酰胺和其他化学变性剂可以使 RNA 分子变性。将 RNA 分子转移到合适的膜上之后,可以用 RNA 或者 DNA 探针与 RNA 斑点进行杂交,过程如 Southern blot。

Northern blot 对于研究基因的表达非常重要(图 11-18)。通过这个方法可以确定何时何地一个特定的基因被表达。然而,我们必须清楚 Northern blot 仅仅可以测定 RNA 转录本的累积量。实验结果不会提供任何信息来解释观察的累积量的发生。转录本水平的变化可能是与转录速率的变化,或者转录本降解速率的变化相关,必须应用其他更精确的方法来区分这些可能性。

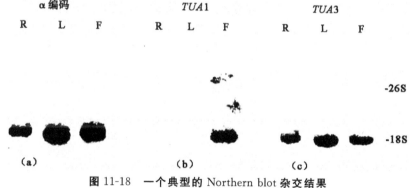

图 11-18　一个典型的 Northern blot 杂交结果

首先提取拟南芥的根部、叶子以及花的总 RNAs,然后通过琼脂糖凝胶电泳分离 RNAs,最后转移到尼龙膜上。放射性自显影图片(a)表示与包含 α-微管蛋白编码序列的探针杂交的斑点。探针可以与拟南芥中全部的六个 α-微管蛋白基因杂交。放射性自显影图片(b)和(c)表示与 α1-微管蛋白 α3-微管蛋白基因(分别为 *TUA1* 和 *TUA3*)特异性探针杂交的 RNAs 斑点。得到的结果显示三个器官中都含有 α3-微管蛋白转录本,而只有花中含有 α1-微管蛋白转录本。18S 和 26S 核糖体 RNAs 提供了大小标记。通过转移 RNAs 到尼龙膜上之前 EB 的染色来确定两个核糖体 RNAs 的位置

11.3.3　通过反转录 PCR(RT-PCR)进行 RNA 分析

反转录酶可以利用 RNA 模板催化合成 DNA 链,这个过程可以在体外进行。合成的 DNA 链可以通过几个步骤(图 11-20),包括应用引物和热稳定的 *Taq* DNA 聚合酶等转变成 DNA 双链。产生的 DNA 分子再以标准的 PCR 过程进行扩增。

第一条 DNA 链,通常被称为 cDNA(Complemetary DNA),因为它与要研究的 mRNA 互补。这条 DNA 链可以通过寡聚引物(dT)或者基因特异的引物合成。其中寡聚引物会退火到所有 mRNA 的 3′-ploy(A)尾巴,而特异性引物只与感兴趣的 RNA 分子互补的序列结合。基因特

异的寡核苷酸引物一般退火到 mRNA 的 3′端非编码区的序列上。图 11-19 说明这些引物是如何应用到 RT-PCR 来扩增一段特异性的基因转录本。扩增之后的产物通过凝胶电泳进行分析。产物无论出现在凝胶中的何种位置,观察者和研究人员可以确定样本中是否存在感兴趣的 mRNA 录。这是确定一个特定的基因是否被转录的一个快速简便的方法。

RT-PCR 程序已经得到很大完善,现在更多关注基因的定量。例如,已知的 RNA 可以进行分析从而确定 RNA 和 DNA 数量间的关系。了解它们间的关系后,就可以通过实验样本中的 DNA 的数量推算出原始样本中的 RNA 的数量。

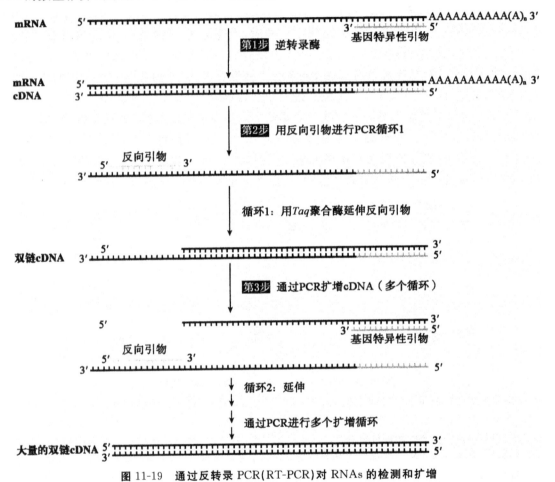

图 11-19　通过反转录 PCR(RT-PCR)对 RNAs 的检测和扩增

首先使用反转录酶合成一条与目标 mRNA 互补的单链 DNA 来扩增特异性的基因转录本。单链 DNA 合成起始于基因特异性的寡聚核苷酸引物(只与目标 mRNA 结合的引物)与 mRNA 的结合。然后使用反向引物和 Taq 聚合酶合成双链 cDNA。最后使用基因特异性的引物和反向 PCR 引物进行标准的 PCR 反应,得到大量的双链 cDNA

11.3.4　利用 Western blot 技术进行蛋白分析

聚丙烯酰胺凝胶电泳是分离、分析蛋白质的重要工具。由于很多功能蛋白质是由两个甚至更多的亚基组成,所以在电泳过程中通过添加 SDS 变性剂使它们分解为单一的多肽。电泳之后通过考马斯亮蓝或者银染的方法进行染色。同时,分开的多肽也可以从凝胶转移到硝酸纤维素膜上,通过抗体可以检测到特定蛋白。蛋白从聚丙烯酰胺凝胶转移到硝酸纤维素膜上的过程被称为 Western blot。这个方法通过恒定的电流将蛋白从凝胶上转移到膜表面。转移之后,将已经固定蛋白的膜放在含有特异抗体的溶液中,这样感兴趣的特定蛋白就会被检测出来。没有结合的抗体被洗掉后,将膜放在含有抗第一抗体的第二抗体的溶液中,这样第一抗体可以被检测出来。第二抗体拮抗一般的免疫球蛋白(所有的抗体都含有这种蛋白基因)。二抗与一个放射性同位素(进行放射自显影)耦联或者与某种酶耦联,这种酶与合适的底物发生反应,可以产生可见的产物。图 11-20 表明利用 Western blot 检测玉米根叶的全部细胞蛋白中有无某一特定蛋白。

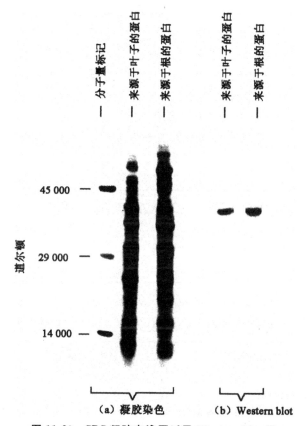

图 11-20 SDS 凝胶电泳图以及 Western blot 图

通过聚丙烯酰胺凝胶电泳分离蛋白之后,再使用 western blot 来鉴定某一特定的蛋白质。(a)从玉米的根部以及叶子中提取的蛋白质通过聚丙烯酰胺凝胶电泳分离,然后用考马斯亮蓝染色。(b)从(a)中所示的凝胶中通过 western blot 鉴定出谷氨酰胺合成酶

11.4 基因和染色体在分子水平的分析

重组 DNA 技术使得遗传学家能够探究基因、染色体以及整个基因组的结构。事实上,分子遗传学家正在构建许多物种基因组详细的遗传图谱和物理图谱。

一个遗传单位的终极物理图谱是它的核苷酸序列,许多病毒、细菌、线粒体、叶绿体以及一些真核生物的基因组全部核苷酸序列已经被测定出来了。另外,2004 年 10 月,国际人类基因组测序联盟发表了人类基因组的"准全部"序列。这个序列只有 341 个缺口,覆盖了人类基因组中

99％的染色体序列。在接下来的内容中，我们将讨论基因和染色体限制性内切酶酶切位点图谱的构建，以及 DNA 序列的筛选。

11.4.1 基于限制酶酶切位点的 DNA 分子的物理图谱

大多数限制性内切酶只在特定的位点酶切 DNA 分子。因此，这可以用来绘制染色体的物理图谱（physical maps），物理图谱对帮助研究者们分离带有目标基因或者 DNA 序列的 DNA 片段很有应用价值。限制性片段的大小可以通过聚丙烯酰胺或者琼脂糖凝胶电泳确定。考虑到 DNA 的核苷酸亚结构，每个核苷酸分子有一个磷酸基因，DNA 每个核苷酸单元有特定的电荷数。那么，电泳时 DNA 片段的迁移率可以由它们的长度精确地估计出来，迁移率与 DNA 长度成反比例关系。

绘制限制酶酶切位点图谱的方法步骤详见图 11-21。使用一系列已知长度的 DNA marker 可以估计出 DNA 限制性片段的长度。在图 11-21 中，长度 1 000 核苷酸对以内的一系列 DNA 分子可以用作长度 marker。一个长度约为 6 000 核苷酸对（6 kb）的 DNA 分子，使用 $EcoR \rm{I}$ 酶切后，可以产生两个片段，一个长度为 4 000 核苷酸对，一个长度为 2 000 核苷酸对。而同样的 DNA 分子用 $Hind \rm{III}$ 处理后，会产生两个大小分别为 5 000 bp 和 1 000 bp 的片段。

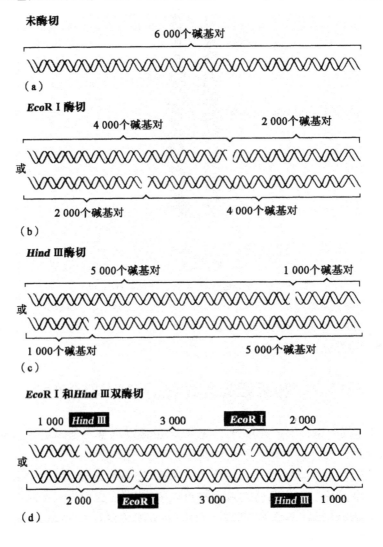

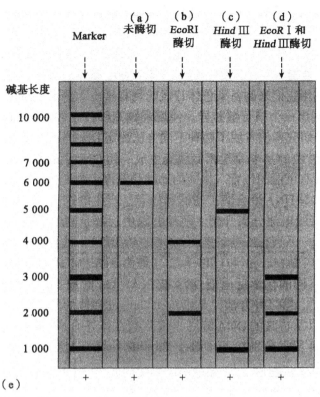

图 11-21　绘制 DNA 分子中限制性内切酶酶切位点图谱的方法步骤

(a～d)表示 DNA 分子或者 DNA 的限制性片段结构示意图;(a)表示没有酶切的 DNA 分子;(b)表示使用 $EcoR$ I 酶切;(c)表示使用 $Hind$ III 酶切;(d)表示同时使用 $EcoR$ I 和 $Hind$ III 酶切;(e)表示通过琼脂糖凝胶电泳分离这些 DNA 分子和片段。凝胶的左边泳道含有一系列的 DNA 分子大小标记,大小从 1 000 个核苷酸对到10 000 个

唯一的那个 $Hind$ III 酶切位点在 DNA 上的可能位置如图 11-21c 所示。应注意到,仅仅停留在分析阶段,无法推断出 $EcoR$ I 和 $Hind$ III 的酶切位点。$Hind$ III 酶切位点在两个 $EcoR$ I 限制性片段上都有可能存在。将此 DNA 分子同时用 $EcoR$ I 和 $Hind$ III 消化,会产生三个片段,大小分别为 3 000、2 000 和 1 000 个核苷酸对。这个结果就能推断出两个酶切位点在分子上的位置。既然 $EcoR$ I 酶切产生的 2 000 个核苷酸对的片段仍然存在(不是 $Hind$ III 酶切产生的),那么 $Hind$ III 酶切位点肯定是在 $EcoR$ I 酶切产生的另一个片段上的(图 11-21d)。使用多种不同的限制性内切酶来继续这种分析方法,可以构建出更大的限制性内切酶位点图谱。使用大量的限制性内切酶后,整个染色体的详细图谱就能绘制出来了。限制性酶切图谱(restriction maps)的一个重要的特点,不同于遗传图谱,限制性酶切图谱反映了 DNA 分子上的真实距离。

综合使用计算机辅助的限制性酶切图谱绘制方法和其他分子技术,就有可能构建出整个基因组的物理图谱。第一个完成物理图谱绘制的多细胞真核生物是线虫(*Caenorbabditis elegans*),一种在遗传控制和发育研究中很重要的蠕虫。另外,线虫基因组的物理图谱还经过了它的遗传图谱矫正。这样,当线虫中有一种感兴趣的突变体被鉴定出来时,可以使用突变体在遗传图谱上的位置,从线虫的克隆文库中获得野生型基因的克隆。

11.4.2　基因和染色体的核苷酸序列

某一基因或者染色体的终极结构图谱是它的核苷酸对序列,核苷酸对序列的变化会引起基因或者染色体功能的变化。早在1975年,就有了测定整条染色体序列的想法,但只是停留在想法上,因为在最理想的情况下,在实验室中需要几年的工作才能完成。到了1976年末,噬菌体ΦX174染色体的全部5 386个核苷酸对被完全测定出来了。而到了今天,测序已经是实验室一个很常规的流程了。超过2 000种病毒、1 000种质粒、大约1 500种叶绿体和线粒体、超过700种细菌和古生菌,以及大约30种真核生物基因组的核苷酸序列已经被测定出来了。同时,另外200种真核生物基因组的测序工作正在进行中,人类基因组中常染色体99%的序列已经被测定出来了。

我们能够测定任何DNA分子序列是基于四个大的发现。最重要的突破是限制性内切酶的发现,以及利用它们来制备染色体片段的均相样本。另一个重要的进展是凝胶电泳发展到了能够鉴别出一个核苷酸差异。使用基因克隆技术来制备大量的特定DNA分子也很重要。最后,研究者们发现了两种不同方法测定DNA分子的序列。

两种DNA测序方法的基本原理相似,先生成一组DNA片段,它们一端是相同的,但在另一端终止于所有可能的位置。相同的那端是测序引物的5′端。引物的3′端有一个自由的-OH基因,这是DNA聚合酶扩增的起始点。产生的这些片段因为长度不同,可以通过聚丙烯酰胺凝胶电泳分离开来。两种方法中,都是同时进行四个独立的生化反应,每个反应都产生一系列在不同碱基(A、G、C或者T)处终止的片段。

第一种方法,叫做Maxam和Gilbert法,是由Allan Maxam和Walter Gilbert发明的,他们利用四个不同的化学反应把DNA链在A、G、C或者C+T处切开。这种方法现在已经不再使用了。第二种方法,是由Fred Sanger和他的同事发明的,他们使用带有放射性的核苷酸以及特殊的DNA链终止核苷酸在体外合成DNA,然后会产生四组带有放射性标记的片段,分别在As、Gs、Cs和Ts处终止。接下来我们将讨论Sanger测序法。

2′,3′-双脱氧三磷酸核糖核苷酸(2′,3′-Dideoxyribonucleoside triphosphates)(图11-22)是Sanger测序法中最常使用的DNA链终止物。因为DNA聚合酶扩增需要DNA引物端的3′-OH自由基。如果DNA链的末端加上了2′,3′-双脱氧三磷酸核糖核苷酸,因为2′,3′-双脱氧三磷酸核糖核苷酸没有3′-OH,这将会阻断后续的DNA链延伸。使用2′,3′-双脱氧三磷酸胸腺嘧啶核糖核苷酸(ddTTP)、2′,3′-双脱氧三磷酸胞嘧啶核糖核苷酸(ddCTP)、2′,3′-双脱氧三磷酸腺嘌呤核糖核苷酸(ddATP)和2′,3′-双脱氧三磷酸鸟嘌呤核糖核苷酸(ddGTP),在四个独立的反应中终止DNA链的延伸,会产生四组片段,每组片段包含的DNA链都是在相同的碱基处终止(T、C、A或者G)(图11-23)。

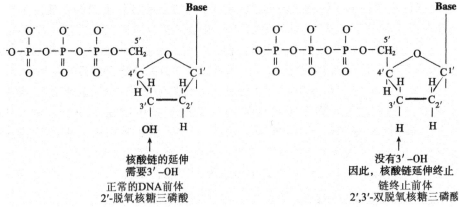

图11-22　正常的DNA前体2′-脱氧三磷酸核糖核苷酸与DNA测序中用于终止链式反应的
2′,3′-双脱氧三磷酸核糖核苷酸之间结构的对比

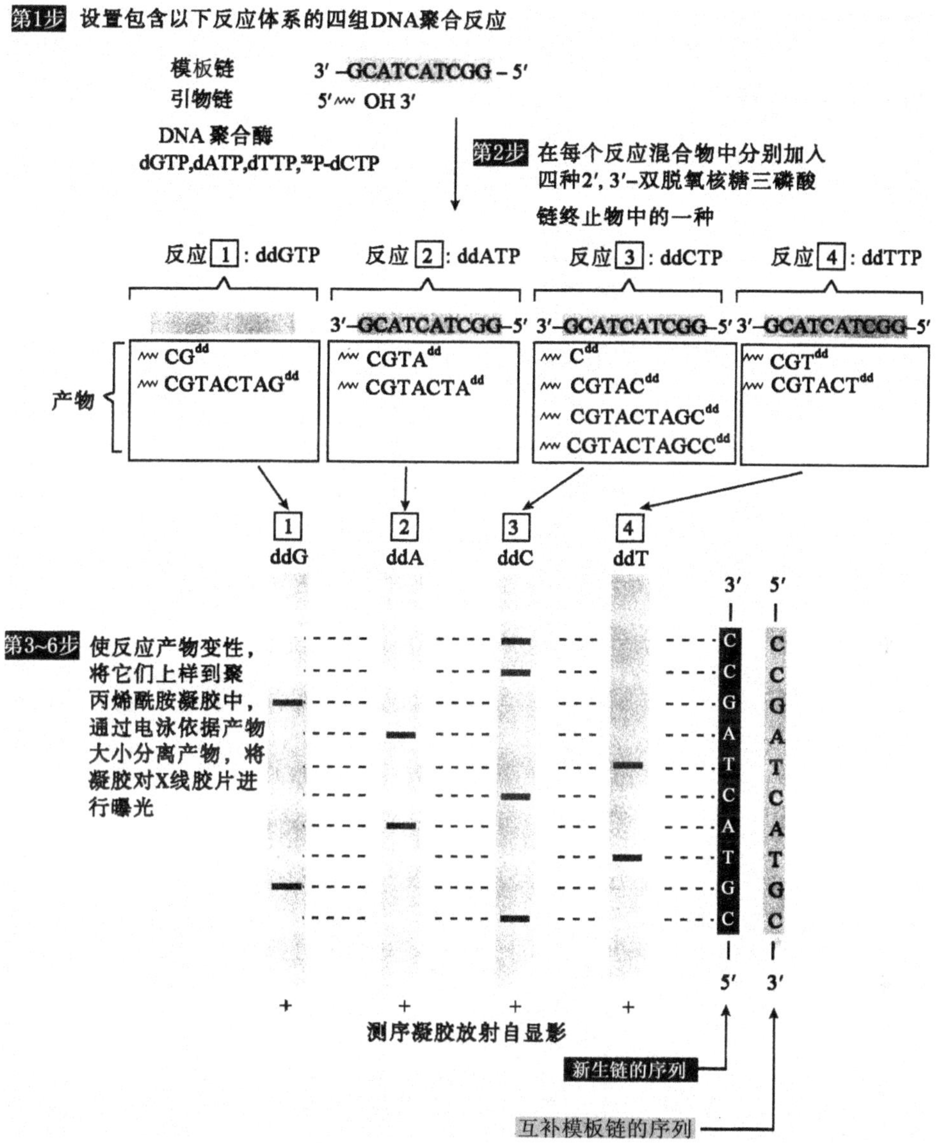

第1步 设置包含以下反应体系的四组DNA聚合反应

模板链　　　3′-GCATCATCGG-5′
引物链　　　5′ ∿∿ OH 3′

DNA 聚合酶
dGTP,dATP,dTTP,³²P-dCTP

第2步 在每个反应混合物中分别加入
四种2′,3′-双脱氧核糖三磷酸
链终止物中的一种

反应 1 : ddGTP　　反应 2 : ddATP　　反应 3 : ddCTP　　反应 4 : ddTTP

3′-GCATCATCGG-5′　　3′-GCATCATCGG-5′　　3′-GCATCATCGG-5′

产物

∿∿ CG^dd　　　　∿∿ CGTA^dd　　　∿∿ C^dd　　　　　∿∿ CGT^dd
∿∿ CGTACTAG^dd　∿∿ CGTACTA^dd　∿∿ CGTAC^dd　　　∿∿ CGTACT^dd
　　　　　　　　　　　　　　　　∿∿ CGTACTAGC^dd
　　　　　　　　　　　　　　　　∿∿ CGTACTAGCC^dd

1　　　2　　　3　　　4
ddG　　ddA　　ddC　　ddT

第3~6步 使反应产物变性,
将它们上样到聚
丙烯酰胺凝胶中,
通过电泳依据产物
大小分离产物,将
凝胶对X线胶片进
行曝光

3′ 5′
C C
C C
G G
A A
T T
C C
A A
T T
G G
C C
5′ 3′

+　　　+　　　+　　　+
测序凝胶放射自显影

新生链的序列

互补模板链的序列

图 11-23　使用 2′,3′-双脱氧三磷酸核糖核苷酸终止链式反应的方法测定 DNA 序列

同时平行的进行四个反应,每个反应中含有四个终止链式反应的双脱氧核糖核苷酸之一:ddGTP、ddATP、ddCTP 以及 ddTTP。所有四个反应混合物中含有体外 DNA 合成所需的全部成分,包括与模板链复性的引物链。引物链决定了全部产物共有的 5′端;它有一个自由的 3′-OH,并且在 DNA 聚合酶的作用下能够沿着 5′到 3′方向延伸。每个反应中还含有一种放射性 DNA 前体(这里所用的是 32P-dCTP),这样就可以通过放射性自显影检测反应产物。四个反应的产物分别通过聚丙烯酰胺凝胶电泳分离,然后由放射性自显影检测出凝胶中反应新产生的 DNA 链位置。因为最短链迁移最长的距离,所以通过由下(阳极所在位置)而上(阴极所在位置)阅读凝胶,就可以获得新生链(放射性自显影照片右边,标记为红色)的核苷酸序列

在一个给定的反应中,dXTP 与 ddXTP(X 代表四种碱基)的比例大约保持为 100∶1,这样新产生的 DNA 链在某一碱基 X 处终止的概率就大约是 1/100。这会产生一组在某一碱基处终止的所有可能片段,片段长度距离起始的引物端大约为 100 个核苷酸。

　　然后,通过变性将四个平行反应中产生的 DNA 片段从模板链上分离出来,再用聚丙烯酰胺凝胶电泳把它们分离开,放射性自显影会显示它们的位置。放射自显影照片中的条带位置反应的就是不同长度的链;它们会产生一个"梯子",从中可以读出合成最长链的核苷酸序列(图 11-24)。

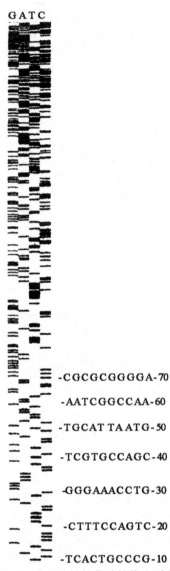

G A T C

-CGCGCGGGGA-70

-AATCGGCCAA-60

-TGCAT TA ATG-50

-TCGTGCCAGC-40

-GGGAAACCTG-30

-CTTTCCAGTC-20

-TCACTGCCCG-10

图 11-24　使用 $2'$,$3'$-双脱氧三磷酸核糖核苷酸链终止测序法得到的放射性自显影图
(图中右边所示的是阅读凝胶底部条带得到的序列)

　　最短的片段电泳时会迁移最大的距离,最靠近阳极端。每两个靠在一起的条带中所包含的 DNA 链都只有一个碱基的差异,迁移较慢的比迁移快的多一个碱基。在每个反应混合物中,每个条带中 DNA 链的 3′端都是反应混合物中终止反应的双脱氧核苷酸(图 11-23)。用聚丙烯酰胺凝胶电泳分离在四个平行的反应中产生的片段后,再通过读出放射性自显影现实的条带,就能获得一条 DNA 链的完整核苷酸序列。图 11-23 展示的是核苷酸序列测序的每一个步骤。图

11-24展示的是终止链反应的双脱氧核苷酸的自显影照片。在优化的条件下,一个测序反应可以测出数百个核苷酸对。

现在,可以使用自动化 DNA 测序机器来对大片段 DNA 序列进行测序,其原理还是使用上述的链终止双脱氧核苷酸,但是有些许调整。不同的 DNA 测序机器有略微不同的步骤。图 11-23 所示的平板凝胶测序和自动化 DNA 测序之间最大的区别是:①自动化测序监测 DNA 链使用的是荧光染料,而不是放射性同位素;②使用单一凝胶电泳或者毛细管电泳来检测四个反应得到的产物;③当 DNA 片段电泳经过凝胶或者毛细管,使用光电管检测染料的荧光;④直接将光电管得到的信号传输进入电脑中,然后自动分析,记录和打印出测序结果。

分别使用不同的荧光染料来标记四个双脱氧核苷酸终止链测序反应的产物。因此,可以根据它们通过凝胶或者毛细管时的荧光不同来区别四个反应的产物。荧光染料可以和测序用的引物结合或者直接和终止反应的双脱氧核苷酸结合。图 11-25 对比了自动 DNA 测序法和图 11-23 描述的平板凝胶测序法,还展示了电脑输出的对一个小 DNA 片段的自动测序结果。

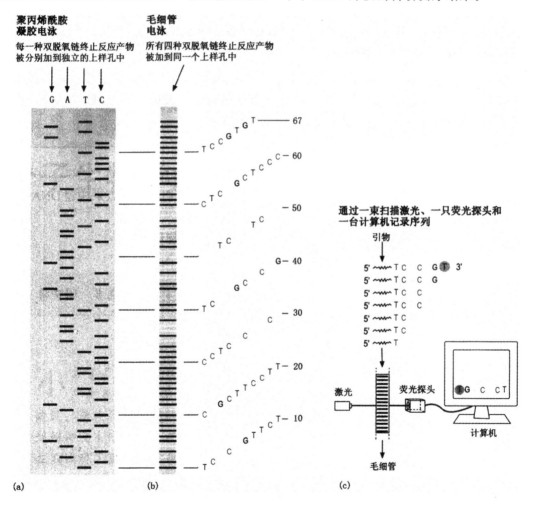

计算机输出核苷酸序列

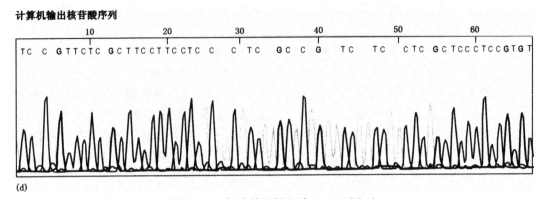

(d)

图 11-25　标准的平板凝胶 DNA 测序法

(a)与自动化毛细管凝胶 DNA 测序法(b)的比较;(c)自动化测序方法中,四个双脱氧核糖核苷酸链终止反应的产物使用了四种不同的染料标记,这四种染料会发出不同波长的荧光。全部四个反应的产物都被变性处理,在同一个上样孔中上样,再通过毛细管凝胶电泳来分离。当 DNA 分子电泳经过激光束时,使用光电管(一种荧光探测器)可以检测出每种染料的荧光,并记录在计算机中;(d)计算机打印出的一个自动化 DNA 测序反应结果,显示出了一个短的 DNA 片段核苷酸序列

　　自动 DNA 测序机器可以同时进行 96 个毛细管电泳,而且上样、电泳、数据收集和数据分析都是完全自动的。如果连续地工作,一台 96 个毛细管的机器一天可以测定超过 100 000 个核苷酸序列。虽然这看上去很多,但是要知道,人类基因组含有 30 亿个核苷酸对。

第 12 章　分子生物学方法

12.1　核酸杂交

12.1.1　核酸杂交的原理

在细胞中,两条 DNA 分子上的碱基根据 A：T 和 C：G 配对的原则结合为螺旋状双链结构,这种双链结构相对于单链结构要更稳定。核酸杂交的原理就是根据以上碱基配对的原则,使得单链的 DNA 分子之间、单链 RNA 分子之间、或者单链 DNA 和单链 RNA 分子之间形成相对稳定的双链核酸结构。

20 世纪 60 年代核酸杂交技术开始兴起。最初探针与靶序列的杂交在溶液中进行,然后通过密度梯度离心方法分离和检测杂交体。这种方法费时费力,精确度差。随后,核酸杂交由液相杂交改良为固相杂交。接下来随着固定滤膜不断的改进,固定效果得到了不断提高。硝酸纤维素(NC)膜上和早期的核酸探针也多为非特异性的,往往用于比较不同基因组之间复杂度和相似性;探针标记多采用放射性标记,因此在操作上多有不便。20 世纪末,基因克隆技术取得了突飞猛进的发展。大量基因被克隆,特异性探针的合成成为一种普通方法。固相化学技术和核酸自动合成仪的诞生使得制备寡核苷酸探针变得快捷和廉价。加上限制内切酶的大量使用使得制备各种大小和特异性探针成为可能,杂交的重复性和定量分析的可信度大大提高。

目前,核酸探针的放射性标记物已经由非放射性的荧光素或酶等标记物所取代。杂交信号的检测技术也越来越精确和便于定量。

12.1.2　核酸杂交的类型

根据待检测样本性质的不同,可以将核酸杂交分为 Southern 杂交和 Northern 杂交两种基本类型。

Southern 杂交是一种用来检测 DNA 样本中是否含有某种特异性序列的检测技术,常用于检测基因组中是否含有某个基因或某种序列,及其拷贝数的多少。

Northern 杂交则是检测 RNA 样本中是否含有某种特异性序列,从固定在滤膜上的总 RNA 或 mRNA 中检测是否存在特定靶序列的一种检测技术,常用于来检测某个基因或某种序列在某种组织或细胞中是否表达,以及表达剂量大小。

一般来说,无论 Southern 杂交还是 Northern 杂交,探针均为 DNA,因为 DNA 的化学性质相对稳定,制备程序简单。RNA 非常不稳定,极易在操作过程中被各种来源的 RNase 所降解。因此,在 Northern 杂交和其他 RNA 实验过程中要特别注意各种溶液的配制,所使用的水和器皿等要严格使用 DEPC 进行处理。实验过程中要注意人体与 RNA 的接触,防止 RNase 的污染。

在杂交之前,首先要进行核酸的电泳,使不同大小的核酸分子在凝胶上分离。凝胶一般采用琼脂糖。电泳之后,要把核酸从凝胶转移到杂交膜上。这是很关键的一个步骤,其操作如图 12-1 所示。

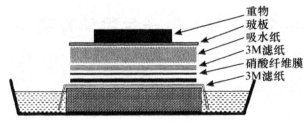

图 12-1　DNA 转移操作示意图

转移到膜上后,样品一般首先进行非特异性的封闭处理和变性处理,然后用带有标记的 DNA 探针进行杂交。经过显色或荧光观察后,就可以检测是否有杂交条带的出现及其出现的数目、条带片段的大小、位置及信号强度等。将 DNA 电泳后转移在膜上进行的杂交称作印迹杂交(DNA blot hybridization)。所用的载体膜主要有硝酸纤维素膜、尼龙膜或聚偏氟乙烯(PVDF)膜。

除了电泳样品的转移方式外,也可以将少量核酸样品直接点样在硝酸纤维素滤膜上,加温到 80℃使之固定在滤膜上,然后用 DNA 探针进行杂交、检测。这种杂交被称作斑点杂交(Dot blotting)。除此以外,还可以直接用带有标记的探针与压片的细胞核或玻片培养细胞杂交,检测细胞内特异性的 DNA 或 RNA。这种杂交技术叫做原位杂交(in sito hybridization)。

12.1.3　印迹杂交法

印迹杂交法是将电泳分离的样品从凝胶中转移出来,结合到固相膜上,然后与标记探针进行杂交,并对样品做进一步分析。印迹杂交法可以用于克隆基因的限制酶酶切图谱分析、特定基因的定性和定量、基因突变分析、限制性片段长度多态性分析,因而在分子克隆、基因诊断、基因表达、法医学等方面有着广泛的应用。

1. 印迹杂交基本操作

印迹杂交技术包括三项基本操作:电泳、印迹和杂交。

(1)电泳

用凝胶电泳分离样品。

(2)印迹

类似于吸墨迹的方法,将电泳凝胶中的待测样品转移到合适的固相膜上,转移之后样品在固相膜上的相对位置与在凝胶中一样。常用的固相膜有硝酸纤维素膜、尼龙膜、聚偏乙烯二氟膜和活化滤纸等。

常用的印迹方法有电转移法、真空转移法和毛细管转移法。

①电转移法。是一种简便、快速、高效的转移方法。通过电泳使凝胶中的带电荷样品沿着与凝胶平面垂直的方向泳动,从凝胶转移到固相膜上。

②真空转移法。利用真空作用将缓冲溶液从上层储液器中通过凝胶和固相膜抽到下层真空室内,同时带动样品从凝胶转移到固相膜上。

③毛细管转移法。利用虹吸作用使缓冲溶液定向渗透,带动样品从凝胶转移到固相膜上。

(3)杂交

探针(probe)是带有标记物且序列已知的核酸片段,能与待测核酸中的特定序列特异杂交,形成的杂交体可以检测。根据来源和性质的不同分为基因组 DNA 探针、RNA 探针、cDNA 探针和寡核苷酸探针等。

①基因组 DNA 探针。多为某一基因的全部序列或部分序列,是最常用的 DNA 探针。

②RNA 探针。是单链探针,杂交效率高、特异性高、稳定性高。

③cDNA 探针。不含内含子等非编码序列,特异性高,适合于研究基因表达。

④寡核苷酸探针。根据已知核酸序列人工合成的 DNA 探针,或根据已知表达产物序列推导并合成的探针。

用探针与固相膜上的待测核酸样品进行杂交,从中鉴定特异序列,以分析该样品中是否存在特定基因序列、基因序列是否存在变异,或研究目的基因的表达情况。此外,杂交体的检测依赖于灵敏而稳定的探针标记物,包括放射性同位素标记物(^{32}P、^{3}H 和 ^{35}S 等)和非放射性标记物(生物素、地高辛、荧光素和酶等)。可以说,探针是否合适是决定杂交能否成功的关键。

2. 常用印迹杂交法

根据分析样品的不同,常用的印记杂交技术包括 DNA 印迹法、RNA 印迹法、蛋白质印迹法等。

(1)DNA 印迹法

DNA 印迹法又称 Southern blotting,1975 年由英同爱丁堡大学的 Southern 发明,其分析的样品是 DNA。

DNA 印迹法基本过程(见图 12-2)如下:

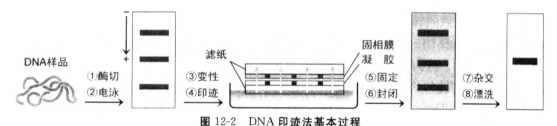

图 12-2　DNA 印迹法基本过程

①样品制备:提取基因组 DNA,用限制酶切割,获得长度不等的待测 DNA 片段混合物。

②电泳分离:通过琼脂糖凝胶电泳将待测 DNA 片段按长度分离。

③变性:用碱液处理电泳凝胶,使待测 DNA 片段原位变性解链。

④印迹:将变性的待测 DNA 片段从凝胶中转移到固相膜上。

⑤固定:80℃烘烤两小时可以将 DNA 固定于同相膜上。

⑥封闭(预杂交):用封闭物(非特异的 DNA 分子等)封闭固相膜上那些未结合 DNA 的位点,以避免探针的非特异性吸附,然后漂洗除去游离封闭物。

⑦杂交:用探针杂交液浸泡同相膜,温育,探针即与待测 DNA 片段形成 DNA-DNA 杂交体。

⑧漂洗:除去游离探针和形成非特异性杂交体的探针。

⑨分析:通过放射自显影或呈色反应等方法分析固相膜上的杂交体,进而分析待测 DNA 的有关信息。

DNA 印迹法作为一种最经典的基因分析方法,可用于分析 DNA 长度、DNA 指纹、DNA 克隆、DNA 多态性、限制酶图谱、基因突变和基因扩增等,从而用于基础研究和基因诊断。

（2）RNA 印迹法

RNA 印迹法又称 Northern blotting，1977 年由美国斯坦福大学的 Alwine 等发明，其分析的待测核酸是 RNA。

RNA 印迹法与 DNA 印迹法基本一致，但存在以下不同：

①RNA 样品先变性后电泳，以确保 RNA 电泳时呈单链状态，才能按分子大小分离。

②RNA 样品只能用甲醛等变性，不能用碱变性，因为碱会导致 RNA 降解。

RNA 印迹法可以用于定性或定量分析组织细胞内的总 RNA 或某一特定 RNA，特别是分析 mRNA 的大小和含量，从而研究基因表达。

（3）蛋白质印迹法

蛋白质印迹法又称免疫印迹法（immunoblotting），其分析的样品是蛋白质。

蛋白质印迹法包括以下两种方法：

①Western blotting，是将 SDS—聚丙烯酰胺凝胶电泳（SDS-PAGE）凝胶中的蛋白质转移到固相膜上进行免疫学分析，1979 年由瑞士米歇尔研究所的 Towbin 等发明。

②Eastem blotting，是将等电点聚焦电泳（IEF）凝胶中的蛋白质样品进行印迹分析，用于研究蛋白质的翻译后修饰，1982 年由美国宾夕法尼亚大学的 Reinhart 等发明。

类似于 DNA 印迹法、RNA 印迹法，蛋白质印迹法也包括电泳、印迹和杂交等基本操作，但有以下不同：

①只能用聚丙烯酰胺凝胶电泳分离样品。

②只能用电转移法印迹。

③"探针"是能与目的蛋白特异性结合的标记抗体。

蛋白质印迹法综合了聚丙烯酰胺凝胶电泳分辨率高和固相免疫分析特异性高、灵敏度高等优点，可以用于定性和半定量分析混合物中的蛋白质。

12.1.4　固—液相杂交法

DNA 变性是一个由于加热、酸碱、有机溶剂及高盐浓度等导致 DNA 双螺旋二级结构破坏，形成单链 DNA 分子的过程。变性 DNA 的两条互补单链在适当条件下重新缔合形成双链称为复性或退火。复性的过程极其复杂，完成时间相对较长，速度与 DNA 的浓度和分子量、DNA 分子的复杂性、温度及溶液的离子强度有密切关系。

分子杂交过程实质上可以看做是 DNA 的复性过程，最大的区别在于 DNA/RNA 的来源不同。只要待测样品中存在与所加探针互补的顺序，在一定条件下即可退火而形成异源 DNA-DNA，RNA-DNA、RNA-RNA 双链。印迹在膜上的核酸样品通过封闭和预杂交封闭膜上的非特异结合位点后即可加入标记好的探针进行杂交。探针与 DNA 样品的印迹杂交因其发明者 Ed Southern 而命名为 Southern Blotting，而随后建立的探针与 RNA 样品的印迹杂交则被称做 Northern Blotting。

建立杂交体系应考虑以下因素：

（1）DNA/RNA 浓度：DNA 浓度越高，复性速度越快；

（2）盐和甲酰胺的浓度：一般为 5×SSC 或 6×SSC，甲酰胺可达 50%；

（3）探针长度：探针片段越大，扩散速度越慢，因而复性速度越慢；

（4）温度：通常杂交反应在低于 T_m 值 15℃～25℃温度下进行。杂交后的最终洗膜温度应低

于 T_m 值 5℃～12℃；

（5）为减少非特异性杂交反应，在杂交前应进行预杂交，将非特异性 DNA 位点封闭。

区别与探针应用种类的不同，杂交信号的检测方法有两种：

①放射自显影，用于同位素标记核酸探针的检测。

②化学显色，用于化学标记探针的检测。

这两种方法各有缺点，同位素灵敏度高倡操作不安全，常用于标记核酸探针的放射性核素有 ^{32}P，^3H，^{35}S，另外也可以使用 ^{14}C，^{125}I 以及 ^{131}I 等。

化学法无放射性污染，操作安全，稳定性好，可以较长时间存放，便于临床诊断等方面的应用，但灵敏度较低，现常用的非放射性标记物有：

①半抗原，如生物素和地高辛，可以利用其抗体进行免疫检测。

②配体，可以利用亲和法进行检测。

③荧光素，如 FITC、罗丹明类等，可被紫外线激发出荧光进行观察。

④光密度或电子密度标记物，如金、银等，可以在光镜或电镜下进行观察。

最近推出的化学发光检测方法克服了上述方法的不足，不仅具有同位素的高灵敏度，而且安全性好，其利用某些标记物可与另一物质反应产生化学发光现象，从而可以像放射性核素一样直接对 X 光胶片进行曝光，如 Amersham 公司的 ECL 等。

12.2　基因工程技术

12.2.1　基因工程的基本过程与研究意义

1. 基因过程的基本过程

基因工程的核心内容为基因重组、克隆和表达。其基本操作过程可以归纳为以下五个主要步骤，简述为"切、连、转、筛、检"（图 12-3）。

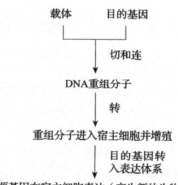

图 12-3　基因工程的基本过程

①切，目的 DNA 片段的获得。目的 DNA 片段可以来自化学合成的 DNA 片段、从基因组文库或 cDNA 文库中分离的基因、通过 DNA 聚合酶链反应（PCR）扩增出来的片段等。

②连，目的 DNA 片段与含有标记基因的载体在体外进行重组。利用 DNA 重组技术，将目的 DNA 片段插入到合适的载体中，形成具有自主复制能力的 DNA 小分子。

③转,重组 DNA 导入宿主细胞。借助于细胞转化手段将 DNA 重组分子导入微生物、动物和植物受体细胞中,获得具有外源基因的克隆。

④筛,含有目的基因的克隆的筛选以标记基因。如对抗生素有抗性的基因的表达性状为依据,从成千上万的克隆中筛选出目的克隆。

⑤检,目的基因片段表达的检测与鉴定。在人为控制条件下,如通过诱导使导入的基因在细胞内得到表达,产生出所期望的新物质或使生物获得新的性状。

2. 基因工程研究的意义

概括地讲,基因工程研究与发展的意义体现在两个方面:第一,大规模生产生物分子。利用微生物(如大肠杆菌和酵母菌等)基因表达调控机制相对简单和生长速度较快等特点,令其超量合成其他生物体内含量极微但却具有较高经济价值的生化物质。第二,设计改造现有物种,使之具有新性状。借助于基因重组、基因定向诱变,甚至基因人工合成技术,赋予生物一些新性状,以便更加有利于生物自身生存,并满足人类需求,最终卓有成效地将人类生活品质提高到一个崭新的水平。因此,基因工程诞生的意义毫不逊色于有史以来的任何一次技术革命。

12.2.2 基因文库的构建

基因文库构建一般都包括以下基本程序:①目的 DNA 的获得;②载体的选择及制备;③DNA 片段载体连接;④重组体转化宿主细胞;⑤重组子的筛选。

1. 基因库的类别

(1)cDNA 文库和基因组文库

根据目的基因的来源,基因文库可分为 cDNA 文库和基因组文库。cDNA 文库是指生物在某一发育时期所转录的 mRNA 经逆转录形成的 cDNA 片段与某种载体连接而形成克隆的集合。

cDNA 文库构建的起始信息物质是 mRNA。因此构建 cDNA 文库首先要考虑的问题是 mRNA 的含量及质量。生物细胞中 mRNA 含量较低。通常 cDNA 文库构建需要微克级的 mRNA。对于低丰度的 mRNA(0.5%),要通过富集或增大克隆数目来保证构建的文库中能够含有它们的克隆。由于 PCR 反应具有极高的灵敏性及可达数百万倍的放大作用,已应用于 cDNA 文库构建。

基因组文库是指将某生物的全部基因组 DNA 切割成一定长度的 DNA 片段克隆到某种载体上而形成的集合。基因组文库根据 DNA 来源又可以分为核基因组文库、叶绿体基因组文库及线粒体基因组文库。

为了最大限度地保证基因在克隆过程中的完整性,用于基因组文库构建的外源 DNA 片段在分离纯化操作中应尽量避免破碎。用于克隆外源 DNA 片段的切割主要采用机械断裂或限制性部分酶解两种方法,其基本原则有两条:第一,DNA 片段大小均一;第二,DNA 片段之间存在部分重叠序列。外源 DNA 片段的分子质量越大,经进一步切割处理后,含有不规则末端的 DNA 分子比率就越小,切割后的 DNA 片段大小越均一,同时含有完整基因的概率相应提高。

2. 克隆文库和表达文库

根据基因文库的功能可将其分为克隆文库和表达文库。克隆文库由克隆载体构建。载体中具复制子、多克隆位点及选择标记,可通过细菌培养使克隆片段大量增殖。表达文库是用表达载体构建。载体中除上述元件外,还具有控制基因转录和翻译的一些必需元件,可在宿主细胞中表达出克隆片段的编码产物。表达载体又有融合蛋白表达载体及天然蛋白表达载体之分。

3. 基因文库的完备性

基因文库的完备性是指从基因文库中筛选出含有某一目的基因的重组克隆的概率。从理论上讲,如果生物体的染色体 DNA 片段被全部克隆,并且所有用于构建基因文库的 DNA 片段均含有完整的基因,那么这个基因文库的完备性为 1,但在实际操作过程中,上述两个前提条件往往不可能同时满足,因此任何一个基因文库的完备性只能最大限度地趋近于 1。尽可能高的完备性是基因文库构建质量的一个重要指标。它与基因文库中重组克隆的数目、重组子中 DNA 插入片段的长度及生物单倍体基因组的大小等参数的关系可用公式描述: $N = \dfrac{\ln(1-P)}{\ln\left(1-\dfrac{x}{y}\right)}$ 式中,N 为克隆数目;P 为设定的概率值;x 为插入片段平均大小(15~20 kb);y 为基因组的大小(以 kb 计)。完整的基因文库,必须使任何一个基因进入库内的概率均达 99%。换句话说,要求在文库内取任何一个基因,均有 99% 的可能性。

12.2.3　重组体的构建、转化及鉴定

1. 重组体的构建

(1)载体 DNA 的分离纯化

含有目的基因的 DNA 片段,必须同载体 DNA 分子结合之后,才能够通过转化或其他途径导入寄主细胞。根据载体 DNA 的特征,分离载体的 DNA 有多种不同的方法。

(2)目的基因与载体的连接

外源 DNA 片段分子体外重组,主要是依赖于限制性内切核酸酶和 DNA 连接酶的作用。一般说来在选择外源 DNA 同载体分子连接反应程序时,需要考虑到下列两个因素:①实验步骤要尽可能地简便易行;②连接形成的"接点"序列,应能被一定的限制性内切核酸酶重新切割,以便回收插入的外源 DNA 片段。连接方法主要有以下四种。

①接头连接法。若目的 DNA 片段缺乏合适限制位点,可在外源基因两端加接头(由具有一个或数个限制位点的 10~12 bp 寡聚核苷酸组成),然后用限制酶切割,使目的 DNA 两端形成黏性末端,再与载体连接。

②黏性末端连接法。若外源基因与载体都有相同的限制酶识别位点。两者用相同的酶切割后,由于末端碱基互补,缺口直接用连接酶连接,形成重组 DNA 分子。

③寡聚物加尾法。若载体和目的片段都不具有限制位点,则可用末端转移酶在目的 DNA 片段 3' 加上寡聚(A)或寡聚(G);在载体 3' 加上相应的寡聚(T)或寡聚(C),然后通过 DNA 连接酶连接。

④平末端连接法。若目的 DNA 片段和载体都是平末端,可以直接用 DNA 连接酶连接,但是比黏性末端连接效率低。

2. 重组体导入宿主细胞

(1)受体细胞的选择

野生型的细菌一般不能用作基因工程的受体细胞,因为它对外源 DNA 的转化效率较低,因此必须对野生型细菌进行改造,使之具备下列条件。

①高效吸收外源 DNA。宿主细胞能形成感受态细胞,以利于细胞吸收外源 DNA。

②转化亲和型。受体细胞必须对重组DNA分子具有较高的可转化性,在用入噬菌体DNA载体构建的DNA重组分子进行转染时用对入噬菌体敏感的大肠杆菌K12。

③重组缺陷型。外源DNA分子不与染色体DNA发生体内同源重组反应。

④限制缺陷型。限制系统缺陷型的受体细胞一般不会降解未经修饰的外源DNA。

⑤安全性。受体细胞应对人、畜、农作物无害或无致病性。

⑥遗传互补型。受体细胞必须具有与载体所携带的选择标记互补的遗传性状,方能使转化细胞的筛选成为可能。例如,若载体DNA上含有氨苄青霉素抗性基因(Ampr),则所选用的受体细胞应对这种抗生素敏感。

(2)外源基因通过转化或转染进入原核细胞

转化是指质粒载体DNA分子进入感受态的大肠杆菌细胞的过程;而转染,则指感受态的大肠杆菌细胞捕获和表达噬菌体DNA分子的过程。习惯上,人们往往也通称转染为广义的转化。这两个个过程都需要制备感受态细胞。经典的感受态细胞制备方法是通过Ca^{2+}诱导而产生,然后通过热激处理使外源DNA进入细胞。

(3)外源基因进入真核细胞

在基因工程中,根据不同的真核细胞特点,而选择不同的方法把重组子导入受体细胞。

外源基因导入植物细胞。

①农杆菌介导法。借助土壤农杆菌把重组Ti质粒中DNA导入到细胞中,然后通过植物再生体系获得植株。这种方法具有很高的重复性,便于大量常规地培养转化植株。用这种方法所得到的转化体,其外源基因能稳定地遗传和表达,并按孟德尔遗传方式分离。

②电激法。电激法的原理是,在很强的电压下,细胞膜会出现电穿孔现象可使DNA从小孔中进入细胞,经过一段时间后,细胞膜上的小孔会封闭,恢复细胞膜原有特性。电激法具有简便、快速、效率高等优点。

③基因枪法。又称高速微型子弹射击法,是将DNA吸附在由钨制作的微型子弹(直径约为1.2 μm)表面,通过特制的手枪,将子弹高速射入细胞、组织和细胞器内,具有快速、简便、安全、高效的特点。

外源基因进入动物细胞。

①磷酸钙沉淀法。这是一种经典而又简单的方法。具体做法大致是:先将需要被导入的DNA溶解在氯化钙溶液中,然后在不停地搅拌下逐滴加到磷酸盐溶液中,形成磷酸钙微结晶与DNA的共沉淀物。再将这种共沉淀物与受体细胞混合、保温,DNA可以进入细胞核内,并整合到寄主染色体上。这种方法多数用于单层培养的细胞,也可用于悬浮培养的细胞。

②病毒介导法。通过病毒载体把外源基因导入细胞中。例如,利用重组杆状病毒感染昆虫,从而把外源基因导入昆虫细胞中。

③显微注射法。又称为微注射法。利用极细的毛细玻璃管(外径为0.5~1μm)将已经线性化的外源DNA,注入受精卵的雄原核,当双亲染色体相遇后,注入的外源基因有可能整合到染色体上。

④脂质体载体法。这种方法即用脂质体包埋核酸分子,然后将其导入细胞。脂质体是一种人工膜,制备方法很多,其中反相蒸发法最适于包装DNA。用于转移DNA较理想的膜成分是带负电荷的磷脂酰丝氨酸。

外源基因进入酵母细胞

①原生质球法：常利用蜗牛酶除去酵母细胞壁，再用 $CaCl_2$ 和 PEG 处理，重组 DNA 以转化方式导入原生质体中，通过再生培养基培养形成完整的酵母细胞。

②LiCl 直接转化法：这种方法不需要消化酵母的细胞壁产生原生质球，而是将整个细胞暴露在 Li^+ 盐（如 0.1 mol/L LiCl）中一段时间，再与 DNA 混合，经过一定处理后，加 40% PEG4000，然后经热激等步骤，即可获得转化体。这种方法的主要缺点是效率低，为原生质球的 $1/100 \sim 1/10$。

3. 重组体的鉴定

在 DNA 体外重组实验中，外源 DNA 片段与载体 DNA 的连接反应物直接用于转化，因此必须使用各种筛选与鉴定手段鉴定重组子（含有重组 DNA 分子的转化子）。常用三种方法来鉴定含重组质粒的细菌菌落：目的基因序列鉴定法、载体遗传标记法和外源基因表达产物检测法。

(1)目的基因序列鉴定法

①菌落原位杂交法。菌落原位杂交法又称探针原位杂交法。利用一小段与所要筛选的目的基因互补的寡聚核苷酸片段，作为核酸探针，与待筛选的菌落进行原位杂交。

②限制性图谱鉴定。将初步鉴定的阳性克隆进行小量培养后，提取重组 DNA，然后用合适的限制性内切核酸酶进行酶切，通过电泳分析与预期的图谱是否一致。

③DNA 序列确定。为验证目的基因序列的正确性，对含目的克隆的 DNA 进行测序确认。

(2)载体遗传标记法

载体遗传标记法的原理是利用载体 DNA 分子上所携带的选择性遗传标记基因筛选转化子或重组子。由于标记基因所对应的遗传表型与受体细胞是互补的，因此在培养基中施加合适的选择压力，即可从众多菌落中筛选出重组子。

①营养缺陷性筛选法。如果载体分子上携带有某些营养成分的生物合成基因，而受体细胞因该基因突变不能合成这种生长所必需的营养物质，则两者构成了营养缺陷性的正选择系统。将待筛选的细菌培养物涂布在缺少该营养物质的合成培养基上，就可以进行筛选。

②抗药性筛选法。抗药性筛选法实施的前提条件是载体 DNA 上携带针对某种抗生素的抗性基因，如 pBR322 质粒上的氨苄青霉素抗性基因，则只需将转化扩增物涂布在含有 Amp 的固体平板上，理论上能长出的菌落便是重组子。

③噬菌斑筛选法。以 λDNA 为载体的重组 DNA 分子经体外包装后转染受体菌，重组 DNA 分子大小必须在野生型 XDNA 长度的 $78\% \sim 105\%$ 范围内，才能在体外包装成具有感染活力的噬菌体颗粒，感染细菌后，形成清晰的噬菌斑，很容易辨认。

(3)外源基因表达产物检测法

如果克隆在受体细胞中的外源基因编码产物是蛋白质，也可通过检测这种蛋白质的生物功能或结构来筛选和鉴定期望重组子。

①蛋白质生物功能检测法。某些外源基因编码具有特殊生物功能的酶类或活性蛋白（如 α-淀粉酶、葡聚糖内切酶或 β-葡萄糖苷酶等），则根据特性常用平板法进行筛选测定其活性。

②蛋白凝胶电泳检测法。对于那些生物功能难以检测的外源基因编码产物，手头又没有现成的抗体做蛋白免疫原位分析实验，可以通过聚丙烯酰胺凝胶电泳对重组克隆进行筛选鉴定。从重组克隆中分别制备蛋白粗提液，用非重组子作对照，进行蛋白凝胶电泳分析。如果克隆在载体质粒上的外源基因能高效表达，则会在凝胶电泳图谱的相应位置上出现较宽较深的考马斯亮

蓝染色带,由此辨认期望重组子。

③免疫活性检测法。若外源基因在受体细胞中表达出具有正确空间构象的蛋白产物,同时也具有抗原性,可以用与之相对应的特异性抗体进行免疫反应检测。

12.2.4 基因工程的应用

基因工程是按照人们的设计蓝图,将生物体内控制性状的基因进行优化重组,并使其稳定遗传和表达的一种技术手段。它的兴起和发展,标志着人类改造生物进入一个新的历史时期,这不仅对生命科学的理论研究产生了深远的影响,而且也为工农业生产和临床医学等实践领域开创了一个广阔的应用前景,目前基因工程产品已经渗透到人类生活的方方面面。

1. 基因工程药物

自 20 世纪 70 年代初基因工程诞生以来,基因工程药物发展十分迅速。目前,已经投放市场及正在研制开发的基因工程药物几乎触及到医药的各个领域,包括激素、酶及其激活剂和抑制剂、各种抗病毒剂、抗癌因子、新型抗生素、重组疫苗、免疫辅助剂、抗衰老保健品、心脑血管防护急救药、生长因子、反义核酸、干扰 RNA 及诊断试剂等。

2. 基因工程在农业上的应用

基因工程技术在农、林、畜牧业中有着广泛应用,意义重大。病虫害给农业生产带来很大威胁,严重时导致绝产。在棉花生产中每年因虫害的损失就可达到 50 亿~100 亿元人民币。

目前利用基因工程技术在改良作物品质、生物固氮、增加作物抗逆性及利用植物细胞反应器生产药物方面也取得了重要进展。目前通过基因工程已经培育出了抗虫棉,抗虫玉米及其他抗虫植物。基因工程抗病、抗除草剂植物也在生产实践中得到了应用。这些转基因植物的大面积推广不仅带来巨大的经济效益,同时也大大减少了化学农药的使用,并由此带来了重大社会效益。

转基因动物的培育成功不仅在家畜品种改良方面有用武之地,同时也可以作为反应器生产大量微生物难以生产的药物。通过转基因可使奶牛大量分泌高蛋白乳汁,猪鸡饲料的利用率提高且瘦肉比重增加,鱼虾生长期大为缩短且味道鲜美。每年利用 2 头转基因牛生产的凝血因子可以相当 600 万人献血提供的量,而且不用担心输血后感染上一些可怕的疾病。

12.3　DNA 测序和基因组测序

12.3.1　DNA 测序

DNA 测序是现代分子生物学和基因工程中的一项十分重要的技术。通过 DNA 测序可十分精确地确定一条 DNA 链上的核苷酸顺序。

20 世纪 70 年代中期建立了链终止法测序和化学降解法碉序两种快速有效的测序方法。最初,这两种方法都被普遍采用,但是近年来主要的测序方法为链终止法,特别是在基因组测序中。这两种测序方法都是在高分辨率变性聚丙烯酰胺凝胶电泳技术的基础上建立起来的。尽管原理不同,但都需要在 4 个特定的反应体系中生成一系列带有放射性标记、一端固定而另一端终止于特定碱基、长度不同的寡核苷酸单链。再把该 4 个反应体系中的寡核苷酸链加热变性,进行凝胶电泳,最后通过放射自显影法读出 DNA 碱基序列。

1. 链终止法测序

(1)链终止法测序的原理

均一的单链 DNA 分子为链终止法测序的起始材料,测序反应要求在 DNA 聚合酶的作用下,合成与单链模板互补、长度不同的 DNA 片段。测序引物与模板分子退火是测序反应的第一步,然后 DNA 聚合酶以 4 种脱氧核糖核苷三磷酸(dATP、dGTP、dTTP 和 dCTP)作为底物,合成与模板互补的 DNA 链。在链终止测序反应中,除了 4 种 dNTP 外,反应体系中还加入了一小部分双脱氧核苷三磷酸作为链终止剂($2'$,$3'$-ddNTP)。$2'$,$3'$-ddNTP 与普通的 dNTP 相比,其不同之处在于它们在脱氧核糖的 $3'$ 位置上缺少一个羟基,如图 12-4 所示。

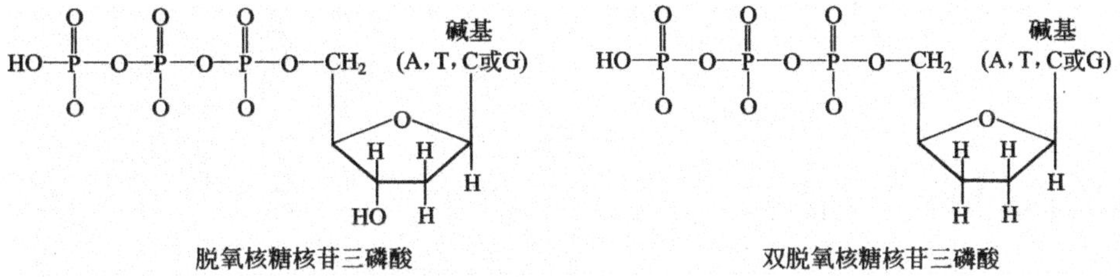

图 12-4　脱氧核糖核苷酸与双脱氧核糖核苷酸

DNA 聚合酶不能区分 dNTP 和 ddNTP,因此 ddNTP 也能掺入到延伸链中,但由于没有 $3'$-羟基,它们不能同后续的 dNTP 形成磷酸二酯键,正在生长的 DNA 链不能继续延伸。这样,在 DNA 合成反应中,链的延伸将与偶然发生但却十分特异的链的终止展开竞争,反应产物是一系列长度不同的核苷酸链,其长度取决于链终止的位置到引物的距离。

例如,若在测序反应混合物中存在 ddATP,链的终止就会发生在与模板 DNA 上的 T 相对的位置上。因为有 dATP 存在,链的合成随机终止于模板链的每一个 T,结果是形成一系列长度不同的新链,然而它们都终止于 A。测序时,要进行 4 组独立的酶促反应,分别采用 4 种不同的 ddNTP,结果产生 4 组寡核苷酸,它们分别终止于模板的每一个 A、每一个 T、每一个 C 和每一个 G 的位置上。反应结束后,对反应产物进行聚丙烯酰胺凝胶电泳。因为凝胶中的每一条带只含有少量的 DNA,所以电泳结果就必须使用放射自显影技术显示。向反应体系中加入一种放射性标记的脱氧核糖核苷酸,或者使用放射性标记的引物,可使放射性标记掺入到新合成的 DNA 片段中。DNA 序列可按照凝胶上条带的位置读出,如图 12-5 所示。

(2)用于链终止法测序的聚合酶

任何 DNA 聚合酶都能延伸与单链 DNA 模板退火的引物。但是,用于测序反应的 DNA 聚合酶必须满足如下要求:

①聚合酶必须有较强的延伸能力,能够合成较长的 DNA 片段。

②聚合酶应缺少外切酶活性,不管是 $3'$→$5'$ 还是 $5'$→$3'$ 外切酶活性对测序反应均存在干扰作用,其原因在于它们可能会截短已合成的 DNA 链。

最早用于测序的一种 DNA 聚合酶为 Klenow 聚合酶。这种酶来自于大肠杆菌 DNA 聚合酶 I,然而缺乏其 $5'$→$3'$ 外切酶结构域。最早,Klenow 聚合酶通过用蛋白酶处理 DNA 聚合酶 I 来制备,后来通过表达遗传修饰的基因来制备。Klenow 聚合酶催化链延伸反应的能力较差,一般一个反应只能读出大约 250 bp 长的核苷酸序列,且易受模板链质量的影响。经过改造的 T7 DNA 聚合酶是到目前为止使用的测序酶,这种酶的活性非常稳定,具有较强的链延伸能力、较高的聚合反应速度和非常低的外切酶活性,还能够利用多种经过修饰的核苷酸作为底物,

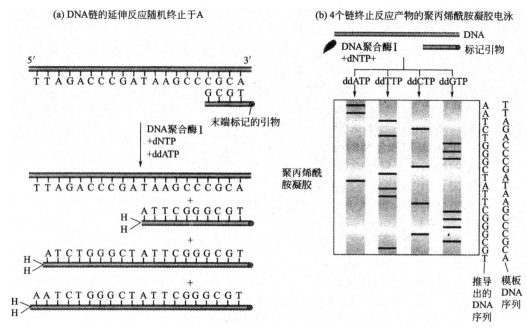

图 12-5　链终止法测序的原理

非常适用于 DNA 测序反应。

（3）测序模板的制备

利用 M13 噬菌体克隆载体可制备单链 DNA 作为链终止法测序模板。M13 噬菌体为一丝状噬菌体，内有一环状单链 DNA 分子（"＋"链 DNA）。M13 基因组长 6 407 个核苷酸，其包含一个 507 个核苷酸长的基因间隔区和 10 个紧密排列的基因，如图 12-6 所示。M13 DNA 的复制起点定位于基因间隔区内。M13 噬菌体的 10 个基因都是基因组 DNA 复制和噬菌体增殖所必需的，因此外源 DNA 片段只能在间隔区内插入。

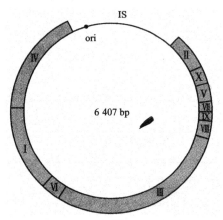

图 12-6　M13 基因组，示从 I 到 X
基因的位置，IS 为间隔序列

M13 噬菌体感染雄性大肠杆菌后，"＋"链 DNA 进入细胞，并以此为模板复制互补的"—"链 DNA。由此产生的双链 DNA 称为复制型 DNA（RF-DNA）。RF-DNA 从一个复制起点开始进行双向复制,RF-DNA 的"＋"链所携带的遗传信息指导一系列与包装相关的蛋白质的合成。当细胞内的 RF-DNA 分子积累到近 200 个拷贝时,那么则通过滚环复制产生出大量单链环状基因组 DNA,被包装后生成新的病毒颗粒,并不断地从被侵染的细胞中释放出来,然而宿主细胞不发生裂解。

　　M13 载体是在 RF-DNA 的基础上构建的。构建 M13 克隆载体的第一步是将 $lacAZ'$ 基因导入到噬菌体 DNA 的间隔区中,然后在 $lacAZ'$ 中引入多克隆位点。因此,重组体可通过蓝白斑筛选获得,也就是说,重组体噬菌斑是无色透明的,含有正常噬菌体的噬菌斑是蓝色的。按照 RF-DNA 复制和包装的特点,那么被转染的受体菌培养到一定的时间后,只合成和包装"＋" DNA。因此当外源 DNA 片段被克隆到噬菌体载体时,只有同"＋"链 DNA 连接的那条 DNA 链才能被大量复制和包装,这样则可以十分方便地获得单链形式的外源 DNA 片段,如图 12-7 所示。

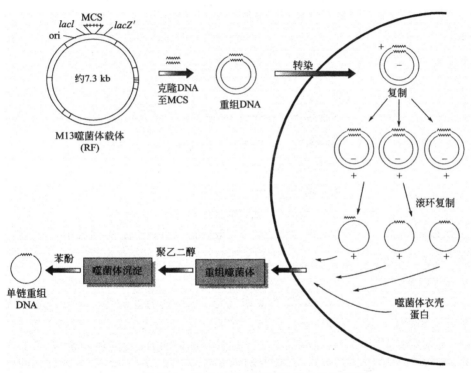

图 12-7　利用 M13 克隆载体制备单链 DNA

　　噬菌粒(phagemid)即将 M13 DNA 的复制起点引入质粒载体构建出的一种新型载体。噬菌粒能够像其他质粒载体一样在大肠杆菌细胞中正常复制。若带有噬菌粒的细胞被辅助噬菌体感染,那么此时辅助噬菌体可提供 ssDNA 复制和包装所需的功能,合成类噬菌体颗粒,并从细菌细胞中释放出来。利用噬菌粒克隆外源 DNA 片段可以更容易地获取大量单链 DNA 分子。

　　2. 热循环测序

　　热循环测序的方法与 PCR 反应类似,然而只用一条引物,每个反应复合物中只含有一种 ddNTP,如图 12-8 所示。由于引物只有一条,因而起始分子峰只有一条链被复制,PCR 产物的积累方式为线性。反应混合物中 ddNTP 的存在会导致链合成的提前终止,产生一组长度各不相同的新链。测序时,同样需要进行 4 个独立的反应。反应结束后,将 4 种扩增产物平行地点加在变性聚丙烯酰胺凝胶电泳板上进行电泳,每种扩增产物的各个组分将根据其链长的不同得到分离,从而制得相应的放射性自显影图谱。从所得图谱即可直接读得 DNA 的碱基序列。热循环测序不需要专门制备单链模板,且可以重复的变性、复性、延伸循环可使测序反应高效进行。

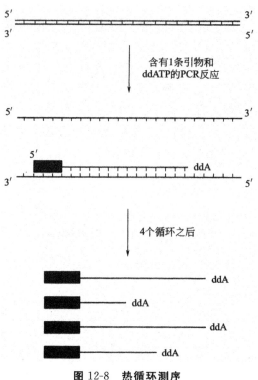

图 12-8　热循环测序

每一 PCR 反应体系中只加入一种引物和一种双脱氧核苷酸,反应结束后形成一组长度不同,然而终止于特定核苷酸的单链序列

3. 自动 DNA 测序

自动 DNA 测序是指用全自动 DNA 测序仪来确定 DNA 的碱基顺序。自动化测序要求用荧光标记代替同位素标记。荧光标记一般连接到 ddNTP 上,且每种 ddNTP 可标记上不同的荧光,那么在一个反应管中可加入 4 种 dddNTP,同时进行 4 种反应。反应结束后,将反应产物加入聚丙烯酰胺凝胶的一条泳道中进行电泳,使用荧光检测仪区分不同的荧光标记,从而确定每条带代表的是 A、C、G 还是 T。当电泳条带通过检测仪时,激光束扫描条带,4 种荧光染料产生不同的荧光。计算机记录每条带的荧光,并把数据转换为实际的序列,如图 12-9 所示。

4. DNA 芯片测序

固定在微小尺寸固相支持物上的 DNA 序列的组合阵列称为 DNA 芯片。芯片上的序列包括 cDNA、寡核苷酸、基因或基因片段及 PN A,这些序列或者是在芯片上直接合成,或者预先合成,再交联到芯片的表面。DNA 芯片的出现使得人们能够对大量的 DNA 序列同时进行快速分析。第一张芯片是由 Affymetrix 公司研制的,从此以后,DNA 芯片技术在生命科学的许多领域获得广泛应用。

发生永久固定在芯片上的单链 DNA 与溶液中的 DNA 或者 RNA 之间的分子杂交为 DNA 芯片技术的理论基础。待分析的 DNA 或者 RNA 通常采用荧光标记,也可用生物素或放射性同

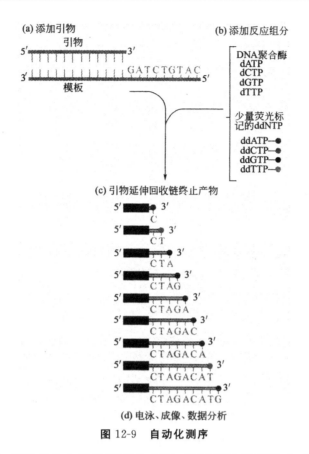

图 12-9 自动化测序

位素标记。待测样品与基因芯片上探针阵列杂交后,经过漂洗从而除去未杂交的分子。携带荧光标记的分子结合在芯片特定的位置上,在激光的激发下,含荧光标记的 DNA 片段发射荧光。不同位点的荧光信号被荧光共聚焦显微镜或激光扫描仪检测,荧光信号位置与强度由计算机记录下来,经特定的软件分析给出彩色数据阵列。

将已知序列的寡核苷酸片段固定在玻璃片上,形成一个个寡核苷酸小区,每一个寡核苷酸小区代表一个已知序列探针,不同碱基组合的寡核苷酸小区按照一定的规律排列在一起形成探针点阵,构成 DNA 芯片。寡核苷酸片段的长度决定了芯片中寡核苷酸小区的数目取决于芯片中寡核苷酸小区的数目。我们以八碱基序列作为例子,共有 $4^8 = 65\ 536$ 种不同的序列,所以在芯片上的寡核苷酸小区的数目为 65 536 个。测序时,将待测 DNA 样品变性解链,在单链 DNA 片段末端共价标记一荧光分子,然后与 DNA 芯片杂交。经过清洗,通过特定波长的激光束扫描芯片便可确定与靶序列杂交的探针的位置。因为每一个探针序列与其所处位置的对应关系是已知的,可获得一组与靶序列完全互补的探针序列。假如一未知的序列为 TCCAACGATTAGTCG,其互补序列应为 AGGTTGCTAATCAGC。因此,在所有 6 553 6 种可能的 8 碱基序列中,只有 8 种序列与靶序列杂交:

AGGTTGCT TAATCAGC TGCTAATC GCTAATCA

GTTGCTAA GGTTGCTA TTGCTAAT CTAATCAG

可通过计算机程序检测这些 8 碱基序列的所有可能的重叠方式,再排出靶 DNA 样品的全序列。若靶 DNA 含有重复序列,使用寡核苷酸阵列进行测序将是十分困难的。所以,对全新的

DNA 序列要进行常规测序。然而,寡核苷酸阵列对于遗传缺陷的诊断和法医学分析,具有简单、快速的优点。最早由 Affymetrix 公司制备的 GeneChip 阵列用于检测 AIDS 病毒的反转录酶基因的突变。

5. 焦磷酸测序

利用 DNA 合成伴随化学发光反应来完成对 DNA 序列的测定称为焦磷酸测序。其原理是:引物与模板 DNA 退火后,在 ATP 硫酸化酶、DNA 聚合酶、荧光素酶和腺苷三磷酸双磷酸酶的协同作用下,每一个 dNTP 的聚合与一次荧光信号的释放相偶联,以荧光信号的形式实时记录模板 DNA 的核苷酸序列,如图 12-10 所示。

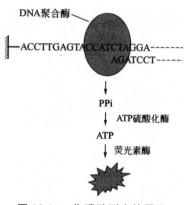

图 12-10　焦磷酸测序的原理

测序反应的过程如下:

①将单链模板 DNA 与一条短的测序引物退火,然后加入 ATP 硫酸化酶、DNA 聚合酶、荧光素酶、腺苷三磷酸双磷酸酶、腺苷酰硫酸和荧光素组成一个反应体系;

②将 4 种 dNTP 依次单独加入到反应体系中,在 DNA 聚合酶作用下,当每一种 dNTP 发生聚合反应时,便会产生相同物质的量的焦磷酸;

③在 APS 存在的情况下,ATP 硫酸化酶将无机焦磷酸转移到 APS 上形成 ATP,该 ATP 驱动荧光素酶将荧光素转化成氧化荧光素,同时释放出与 ATP 量成比例的荧光,发出的荧光信号被 CCD 摄像机拍摄下来,并以波峰形式被特定的软件记录下来,每一峰高都与参与 DNA 合成的核苷酸数成比例;

④没有聚合的 dNTP、反应过剩的 dNTP 和 ATP 就迅速被反应体系中的腺苷三磷酸双磷酸酶降解,反应体系得以再生;

⑤随后加入另一种 dNTP,重复上述过程。

需要说明的是 ATP 和 dATP 都是荧光素酶的底物,所以 dATP 不能作为聚合反应的底物。在焦磷酸测序反应中通常使用 ATPαS。

焦磷酸测序是一种对已知短序列进行序列验证的方法,尤其适合对已知的单核苷酸多态性进行分析。测序时,与已知序列互补的碱基逐个加入到反应体系中,直至某个碱基的加入并未导致光信号的产生,说明在模板链的对应位点上发生了突变。然后,分别加入另外三种碱基,直至产生聚合反应。焦磷酸测序不需要进行电泳,DNA 片段也不需要用荧光标记,具有快速、准确、可重复、并行性和自动化等特点。

12.3.2　基因组测序

进行基因组测序时,首先要将基因组 DNA 切割成小片段进行链终止法测序,再将大量短的 DNA 序列正确地拼接成整个基因组的序列。目前为止,普遍采用的拼接方法有鸟枪法、克隆重叠群法和指导鸟枪法。

1. 鸟枪法测序

（1）鸟枪法测序的原理

在进行鸟枪法测序时,先将基因组 DNA 切割成大小适当、相互重叠的片段,且将它们插入到质粒载体中。接下来要把携带外源 DNA 片段的重组质粒导入到宿主细胞,重组质粒随着细胞的分裂而复制,那么这样则可无限扩增目的片段,而被克隆的基因组 DNA 片段的组合就是基因组文库。然后,从文库中挑选充足的克隆进行测序,使基因组的每一段都有一个高度冗余的覆盖率。最后利用计算机查找测序片段之间的重叠部分,把一段段的短序列拼接成长序列。在理论上,如果基因组不包含重复序列,并且能够均匀取样,则一个任意大小的基因组都可以通过鸟枪法直接测序。

(2)流感嗜血杆菌的基因组测序

第一个细菌基因组的测序工作就是利用鸟枪法完成的,如图 12-11 所示。用超声波把基因组 DNA 打碎成小片段为测序的第一步。经琼脂糖凝胶电泳分离后,从凝胶中纯化出长度为 1.6~20 kb 的片段,并将它们连入载体,构建成克隆文库。从文库中随机挑取克隆进行单侧或双侧测序,共得到 24 304 个有效序列,这些序列共计 11 631 485 bp,相当于基因组长度的 6 倍,该冗余对于确保测序反应完全覆盖全基因组是必需的。利用计算机寻找有效序列之间的重叠区,对序列进行组装,共得到 140 个连续的序列,或称克隆重叠群。

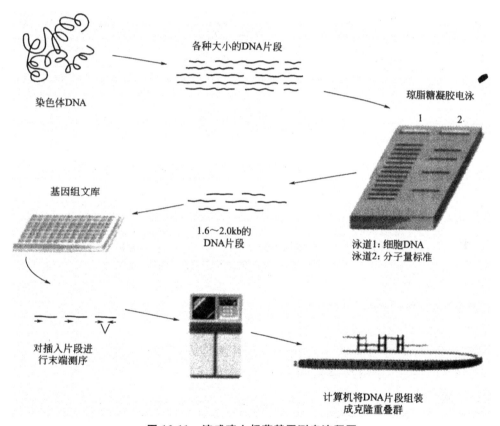

各种大小的DNA片段

染色体DNA

琼脂糖凝胶电泳

基因组文库

1.6~2.0kb的
DNA片段

泳道1:细胞DNA
泳道2:分子量标准

1　　2

对插入片段进
行末端测序

计算机将DNA片段组装
成克隆重叠群

图 12-11　流感嗜血杆菌基因测序流程图

填补克隆重叠群之间的间隙最简单的方法是利用每一间隙两侧的序列作为一对探针筛选基因组文库。与两个探针都能够杂交的克隆可能携带有跨越该间隙的 DNA 片段。对该克隆进行测序则可将该间隙填补上。然而,还有一部分间隙无法使用该方法填补,其原因在于相应的 DNA 片段被克隆至质粒后不稳定,从而导致丢失。因此,通常在鸟枪法测序的最后阶段需要利用入噬菌体载体,构建一个新的基因组文库。然后利用克隆重叠群两端的序列作为一对探针筛选新构建的文库,同时与两个探针杂交的克隆携带有连接两个克隆重叠群的片段。第三种方法是以基因组 DNA 为模板,随机选择一对与重叠群末端相匹配的引物,进行 PCR 反应。若两个重叠群末端之间的距离在几个 kb 之内,那么则可得到 PCR 产物。

(3)鸟枪法测序的局限

鸟枪法之所以可成为原核生物基因组测序的标准方法其原因在于该方法原核生物的基因组小,查找测序片段之间的重叠序列所需要的计算量并不大,且基因组中的重复序列少。然而,对于真核生物的基因组来说,鸟枪法的应用却受到很大的局限。原因是随着测序片段数量的增加,所需的数据分析会越来越复杂。另外,真核生物基因组中存在的大量的重复序列同样给拼接造成很大困难,例如两个相距很远的重复序列会被错误地拼接在一起,而中间的部分会被遗漏,如图 12-12 所示。为了使鸟枪法能够应用于真核生物基因组测序,首先需要建立起一个基因组图谱,通过标明基因和其他标记在基因组中的位置,为序列组装提供指导。一旦得到了基因组图谱,就能够采用两种基本的方法进行基因组测序。

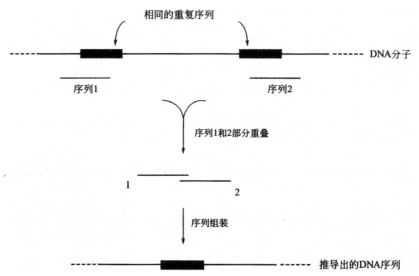

图 12-12 鸟枪法测序中所遇到的问题

DNA 分子含有两个散在重复序列。在进行序列组装时,因为序列 1 和 2 均终止于两个相同的重复序列,所以它们可能被拼接在一起,造成中间序列的缺失

2. 真核生物基因组测序

(1)真核生物基因组测序方法

真核生物基因组测序有两种基本方法。

①克隆重叠群法。

克隆重叠群法(clone contingency sequencing)或称其为基于图谱的方法。这种方法需要将基因组破碎成 100~200 kb 的大片段,并且构建出能够反映出每个片段在基因组中的具体位置以及和其他片段相互间位置关系的物理图谱。再把这些大片段切割成相互重叠的小片段进行测序。一旦这些小片段测序完成,那么就可以利用它们之间的重叠区重新组装成连续的大片段,并最终获得全基因组序列,如图 12-13 所示。

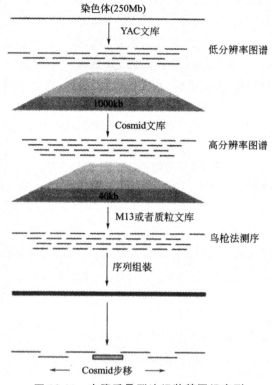

染色体(250Mb)

　YAC文库

低分辨率图谱

1000kb

　Cosmid文库

高分辨率图谱

40kb

　M13或者质粒文库

鸟枪法测序

序列组装

Cosmid步移

图 12-13　克隆重叠群法组装基因组序列

②指导鸟枪法。

指导鸟枪法(directed shotgun approach)或称全基因组霰弹法测序(whole genome shotgun method)是指将整个基因组随机切成小片段,并直接测定所有小片段的序列。再通过计算机程序,在基因组图谱的指导下,将这些小片段组装成连续的大片段,并最终得到全基因组序列的方法。

上述两种方法都已被成功地运用。第一个真核生物基因组和第一个动物基因组的序列测定采用了克隆重叠群法。而利用定向鸟枪法成功地完成了果蝇的基因组测序。

(2)遗传图谱和物理图谱

对于人类的基因组测序而言,克隆重叠群法和指导鸟枪法这两种方法均已被采用。人类基因组计划采用了基于图谱的方法,而 Celera Genomics 公司采用的是全基因组霰弹法。无论哪一种测序方法,都需要遗传图谱和物理图谱作为基因组序列组装的基础。

①遗传作图。

遗传作图(genetic mapping)是指采用遗传分析的方法将基因或其他遗传标记标定在染色体上,作图方法包括家系分析和杂交实验。减数分裂时同源染色体之间会发生片段交换为遗传作图的理论基础。若交换为随机的,那么因交换使两个连锁基因分开的频率同它们之间的距离成正比,所以重组率可作为测量基因之间距离的相对尺度。1%的重组率被定义为一个 cM(厘摩尔根)。在遗传学实验中,只要获得不同基因之间的重组率,那么则可绘制一张关于不同基因在染色体上相对位置的图谱称其为遗传图谱。因为遗传标记之间的交换并非完全随机,遗传图谱的厘摩距离并不完全与 DNA 的长度成正比,所以遗传图谱仅给出了各个标记在基因组上的相对位置,而不是它们之间的物理距离。

遗传作图需要有能够检测的遗传标记。基因为一非常重要的遗传标记,为了检测减数分裂过程中发生的重组事件,作为标记的等位基因必须是杂合的。在大多数真核生物的基因组中,基因呈散在分布,它们之间存在非常大的间隙。因此,像显花植物和脊椎动物这样较大的基因组,只依靠基因作出的图谱远不够精细。另外,只有一部分基因以传统上容易区分的等位形式存在,可以用于遗传作图。

要绘制高密度的遗传图谱需要利用 DNA 标记。DNA 标记即以两种或多种易于区分的形式存在的 DNA 序列。绘制遗传图谱最重要的 DNA 标记有限制性片段长度多态性(restriction fragment length polymorphism,RFLP)、简单序列长度多态性(simple sequence length polymorphism,SSLP)和单核苷酸多态性(single nucleotide polymorphism,SNP)等。

②物理作图。

物理作图是指应用分子生物学技术直接检测 DNA 分子上的特征性序列,从而构建出显示各种标记序列位置的图谱。物理图谱反映的是基因组中标记间的实际距离,其图距通常以 kb 或 Mb 表示。

3. 人类基因组测序

(1)人类基因组计划的测序路线

人类基因组计划利用 BAC 载体,构建了含有 30 000 个 BAC 克隆的文库。

接着将 BAC 克隆用限制酶处理获得指纹,然后按照指纹重叠方法组建 BAC 克隆重叠群。根据克隆重叠群所含有的 STS 标记,将 BAC 克隆重叠群标定在物理图上,构成了“序列准备图”。所以,在测序之前 BAC 克隆的物理位置是已知的,这是测序阶段的基础。

(2)指导鸟枪法的测序路线

Celera Genomics 公司采用的是全基因组鸟枪法测序。鸟枪法基因组测序的实践已证明,若测序的长度超过基因组总长度的 6.5~8 倍,则由此产生的序列重叠群将覆盖 99.8% 的基因组,其中留下的空隙可用嗜血流感杆菌基因组测序计划中采用的填补方法进行填补。对人类基因组而言,如果能完成 7 000 万次测序,每次读 500 bp 或略长,则可给出 35 000 Mb 的顺序,即人类基因组总长度的 11 倍,足以覆盖 99% 的基因组顺序。

如何对 7 000 万个平均长度约为 500 bp 的序列进行正确的组装成为最大的问题。若完全采用随机鸟枪法,因为没有任何基因组图谱作指导,要从 7 000 万个序列中寻找重叠区,又要避免人类基因组中广泛分布的重复序列带来的干扰,显然做不到。但是,定向鸟枪法则在计划的组装阶段充分利用了基因组图谱,尤其是大量的 STS 位标确立了序列组装的基点,可使随机测序获得的序列重叠群准确锚定在基因组图上。

(3)人类基因组的序列草图和完成图

形成一个高质量的基因组序列为人类基因组测序的目标,这种高质量的序列称为“完成”序列或“完成”图。基因组的任何一碱基的正确率达到 99.99%,即每 10 000 个碱基最多不能有超过一个的错误为完成序列的标准。为了达到该目标,每个碱基平均要被测 9 次,即要有 9 倍的覆盖深度。为了找到所有的基因和它们的调控区,这一准确率是必需的。一个完成图还有助于检测出不同个体间 DNA 序列的差异,有助于了解世界不同人群序列间是怎样变化的,以及人类的 DNA 与祖先及最具亲缘关系的生物的 DNA 有着怎样的不同。

（4）人类的基因组概貌

①人类基因组的序列组成。

人类的核基因组约 3.2×10^6 kb，被分为 24 个线性分子，最长的 260 Mb，最短的 50 Mb，每一个 DNA 分子被包装成不同的染色体。构成人类核基因组的 24 条染色体中有 22 条为常染色体，2 条为性染色体 X 和 Y。基因组中的大部分序列为非编码 DNA，也就是既不编码蛋白质也不编码功能性 RNA 的序列，包括基因间隔区和内含子。大约 28% 的人类 DNA 能够被转录成 RNA，由于初级转录产物包括内含子，编码蛋白质的序列只有 1.25%。总之，人类基因组的内含子比已测序的其他生物的内含子要长。在人类基因组中，存在 AT 丰富区和 GC 丰富区。GC 丰富区的基因密度更高，内含子也相对较短。

在人类基因组中，重复序列占 50% 以上，其包括如下：

· 转座子来源的重复序列，占基因组重复序列的 45%，其中 SINEs 占 13%、LINEs 占 21%、病毒型反转录转座子占 8%、DNA 转座子占 3%；

· 基因的反转录拷贝；

· 简单序列重复，占基因组的 5%；

· 大片段染色体重复，占基因组的 3%；

· 卫星 DNA。

②遗传距离与物理距离的比较。

通过比较基因组的遗传图与物理图，可计算出每条染色体臂的重组率。通过研究发现，染色体臂的重组率与臂的长度呈负相关。当染色体臂的长度减小时，平均重组率上升。长臂的平均重组率是 1 cM/Mb，而短臂的重组率大约是 2 cM/Mb。酵母的基因组也存在类似现象，而且酵母染色体的伸长和缩短将导致重组率发生相应的代偿性变化。另外，大多数染色体的着丝粒部位的重组受到限制，而末端部分有所增加，末端 20～35 Mb 的区域重组率的增加尤为显著。

③人类基因组中的基因。

基因只占人类 DNA 的一小部分，但它体现了基因组的主要生物学功能。

对于基因组较小的生物来说，可以直接通过鉴别 ORF 来识别大部分的基因。但是人类基因组的外显子一般很小，并被长长的内含子隔开。这就产生了一个信噪比问题，直接用计算机程序寻找基因，精确性有限。有很多预测出的基因可能是无功能的假基因。与之相反，也会有很多真正的基因被忽略，尤其是当基因的外显子比较短，并被许多长内含子隔开时。有时不同的程序还会把同一个外显子序列归为不同的基因。因此，要给出人类基因的精确数目需要把实验室工作和计算机搜索结合起来进行仔细的分析。

④人类基因组的序列多态性。

相关生物个体之间存在的 DNA 序列上的差异称为多态性（polymorphism）。多态性可以人为地分为碱基替换造成的多态性和 DNA 分子相应区段之间的长度多态性两类。DNA 序列的多态性是生物个体之间性状差异的遗传基础。串联重复 DNA 由于重复单位拷贝数的改变造成的多态性称为简单序列长度多态性，它包括 VNTR、微卫星和其他串联重复。

SNP 指单个核苷酸变异引起的 DNA 序列多态性。SNP 通常利用 DNA 芯片，通过杂交的方法进行鉴定。若一个 SNP 位于一个限制性酶切位点，则会造成限制片段长度多态性。然而，绝大多数 SNP 因不在限制性酶切位点上，并不造成 RFLP。

12.4 基因表达分析

12.4.1 基因表达分析

将一个或多个基因转录成结构 RNA(rRNA、tRNA)或者 mRNA,并将 mRNA 翻译成蛋白质的过程称为基因表达。与之相对应,检测基因的表达可以通过检测基因的 RNA 产物或蛋白质产物的水平来实现。基因的蛋白质产物可以通过对细胞抽提物进行聚丙烯酰胺凝胶电泳或者免疫印迹进行检测;若蛋白质为一种酶,还可以对其活性进行检测。蛋白质的检测和分析方法将在下一节论述,在这里,先介绍在转录水平上研究基因表达调控的方法。

1. 报告基因

表达产物易于检测的基因可以作为报告基因用于遗传分析。在研究目的基因表达调控时,可以把报告基因的编码序列和目的基因的调控序列融合形成嵌合基因。导入受体生物体后,报告基因在调控序列控制下,精确模仿目的基因的表达模式,因此能够通过对报告基因产物的检测来分析调控区的功能。

报告基因具有如下两个特点:

第一,报告基因应能在宿主细胞中表达,其产物对细胞没有毒性,检测方法灵敏、准确、稳定、简便;

第二,宿主细胞无相似的内源表达产物。目前,分子生物学中使用的报告基因通常为编码酶的基因,主要有碱性磷酸酶基因、β-半乳糖苷酶基因、荧光素酶基因和 β-葡萄糖苷酸酶基因等。另外,绿色荧光蛋白基因作为一种新型的报告基因在基因表达调控研究中得到广泛应用。

(1)β-半乳糖苷酶基因

最常用、最成熟的一种报告基因为 lacZ 基因,它编码的 β-半乳糖苷酶催化乳糖分解成一分子的半乳糖和一分子的葡萄糖。β-半乳糖苷酶也能水解多种天然或人工合成的半乳糖苷化合物。X-gal 与 ONPG(o-nitrophenyl galactoside,邻硝基苯半乳糖苷)为两种无色的人工底物,通常被用于检测 β-半乳糖苷酶的活性。ONPG 被分解成邻硝基苯酚和半乳肾,如图 12-14 所示。邻硝基苯酚为黄色可溶性物质,所以很容易定量检测。X-gal 被水解成一种靛蓝色染料的前体,空气中的氧气能将这种前体转变成不溶性的蓝色沉淀。

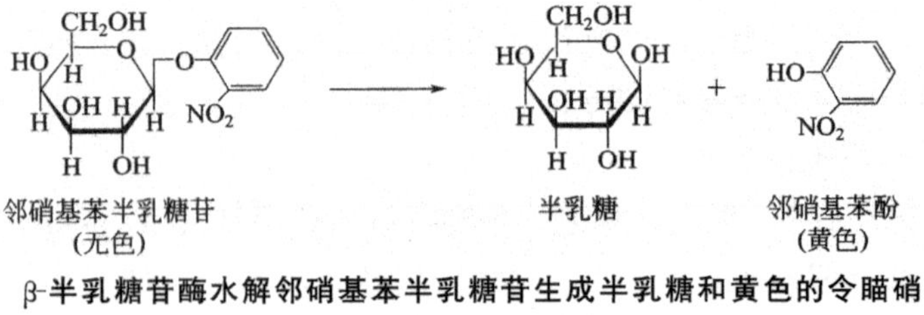

图 12-14　β-半乳糖苷酶水解邻硝基苯半乳糖苷生成半乳糖和黄色的令瞄硝基苯酚

(2)碱性磷酸酶基因

另外一种广泛使用的报告基因是 phoA,它编码的碱性磷酸酶能够从多种底物中切下磷酸基团。与 β-半乳糖苷酶一样,碱性磷酸酶也作用于一系列人工底物。

第一,邻硝基苯磷酸酯被裂解后释放出黄色的邻硝基酚。

第二,X-phos(5-bromo-4-chloro-3-indolyl phosphate,5-溴-4-氯-3-吲哚磷酸)能被碱性磷酸酶分解并释放出一种靛蓝色染料前体。暴露在空气中,染料前体能被转化成蓝色染料。

第三,4-甲基伞形酮酰磷酸酯(4-methylumbelliferyl phosphate)可被碱性磷酸酶分解释放出4-甲基伞形酮(4-methylumbelliferone,4-MU)。4-MU 分子中的羟基解离后被 365 nm 的光激发,产生 455 nm 的荧光,可用荧光分光光度计定量,如图 12-15 所示。

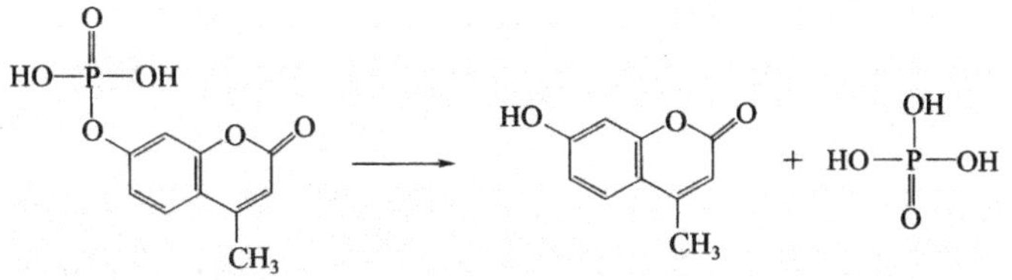

图 12-15　碱性磷酸酶催化 4-甲基伞形酮酰磷酸酯脱去磷酸基团,产生荧光分子 4-甲基伞形酮

(3)荧光素酶基因

荧光素酶(luciferase)能够催化生物体自身发光,存在于从细菌到深海乌贼等多种发光生物体中。细菌荧光素酶基因与萤火虫荧光素酶都可作为报告基因。细菌荧光素酶以脂肪醛(RCHO)为底物,在还原型黄素单核苷酸(FMNH$_2$)及氧的参与下,催化脂肪醛氧化为脂肪酸,同时放出光子,产生 490 nm 的荧光,其化学反应式如下:

$$RCHO+O_2+FMNH_2 \rightarrow RCOOH+H_2O+FMN+光$$

萤火虫荧光素酶,在 Mg^{2+}、ATP 和 O$_2$ 的参与下,催化萤火虫荧光素氧化,并放出光子,产生 550～580 nm 的荧光,其化学反应式如下。

$$荧光素+O_2+ATP \rightarrow 氧化荧光素+CO_2+AMP+Pi+光$$

若携带荧光素酶基因的 DNA 分子被导入靶细胞,当有荧光素存在时,细胞就会发出荧光。利用闪烁计数器可以对荧光素酶的活性作出定量检测:在标准反应条件下,加入超量底物,在一定时间内,荧光闪烁总数与样品中存在的荧光素酶的活性成正比。

(4)β-葡萄糖苷酸酶基因

gus 基因存在于某些细菌体内,编码 β-葡萄糖苷酸酶(pglucuronidase,Gus)为一水解酶,能催化许多 β-葡萄糖苷酯类物质的水解。该酶的专一性很低,可作用于多种人工底物。在使用组织化学法检测 gus 基因的表达时,将被检材料浸泡在含有底物的缓冲液中保温,如果组织、细胞发生了 gus 转化,表达出 Gus,在适宜条件下该酶可将 X-Gluc 水解生成蓝色物质。另外,以 4-甲基伞形酮-pD-葡萄糖醛酸苷(4-methylumbelliferyl-β-D-glucuronide,4-MUG)为底物,Gus 能将其水解为 4-MU。

(5)绿色荧光蛋白基因

绿色荧光蛋白(green fluorescentprotein,GFP)来自于维多利亚水母外皮层,它在接受 Ca^{2+} 激活的水母发光蛋白发出的蓝光后可在体内产生绿色荧光。该过程不需要辅助因子或底物,而是通过两个蛋白质之间的能量转移完成的。另外,在紫外光或者蓝光的照射下,GFP 在活细胞中可自主产生绿色荧光,这非常有利于活体内基因表达调控研究。

野生型的绿色荧光蛋白在 395 nm 处有最大吸收,发射 509 nm 绿色荧光。现在有很多经过基因工程改造的 GFP 可供选择。这些经过改造的 GFP 能够发出更强的荧光,或者荧光的波长发生了改变,形成红色荧光蛋白和黄色荧光蛋白。其他的修饰包括根据不同的生物体有着不同的密码子偏倚,改变 gfP 基因的密码子组成使其能够在不同的生物体中高水平表达。

12.4.2　上游序列的缺失分析

基因的上游调控区含有 RNA 聚合酶的结合位点以及若干个调控蛋白的结合位点。这些调控位点决定着基因在不同条件下的转录水平,或者决定着基因组织表达的特异性。为了确定这些调控位点的位置和作用,可构建一系列缺失突变体,然后确定缺失了不同调控位点的上游调控区对基因转录的影响。若表达程度降低则表示缺失的是一个激活子序列;而基因的表达水平升高,暗示缺失的是一个抑制序列;基因表达组织特异性方面的改变可被用于确定启动子的组织相关性调控元件。

从 5′-端连续删除调控区序列,再把不同长度的调控区插入到报告基因的上游,构建表达载体为构建缺失突变体最简单的做法。把重组体导入宿主生物体后,确定报告基因的表达模式,可推断出缺失的 DNA 片段在基因表达调控中的作用。

在图 12-16 中,结构基因的上游调控区包括启动子序列和大肠杆菌的 cAMP 受体蛋白 CRP 的结合序列。分别将 5′-端删除了不同长度的调控序列与报告基因 lacZ 融合,转化细胞后分析 β-半乳糖苷酶的活性。完整的上游序列驱动报告基因高水平表达。除去最外侧的一段序列对调控区的活性影响很小,从而说明在此区域不存在重要的调控元件。当除去了 CRP 结合位点,β-半乳糖苷酶的活性降低了一半,从而表明 CRP 增强基因的表达。当启动子区被删除一半时,酶的活性几乎降为零,证明上述两个位点控制着报告基因的活性,因此也控制着被取代的结构基因的表达。

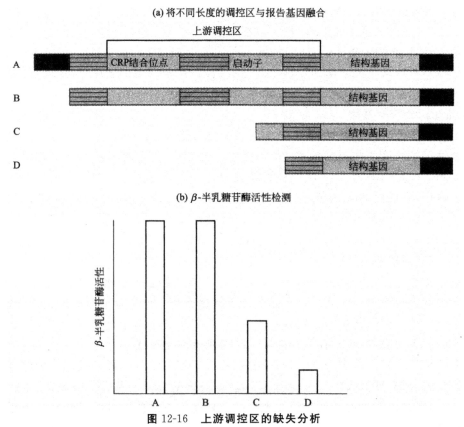

图 12-16　上游调控区的缺失分析

12.4.3　确定上游调控区中的蛋白质结合位点

1. 凝胶阻滞实验

基因的上游调控区通常含有调控蛋白的结合位点,凝胶阻滞实验可用来检测调控蛋白与 DNA 间特异性的相互作用,如图 12-17 所示。结合了蛋白质的核酸探针在非变性聚丙烯酰胺凝胶中的泳动速度变慢,迁移率降低为其原理。在检测调控区是否与调控蛋白结合时,首先用一种限制性内切酶消化基因的上游区,并将酶切片段分成两份。其中一份作为对照进行低离子强度聚丙烯酰胺凝胶电泳和放射自显影检测,另一份与纯化的调控蛋白共同温育。若调控蛋白与某一个限制片段结合,复合体泳动速度变慢,在放射自显影胶片上形成比对照样品中游离 DNA 片段滞后的带型。

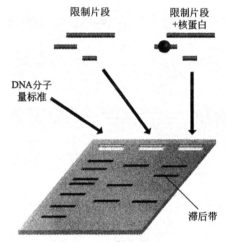

图 12-17　凝胶阻滞实验

细胞核蛋白与调控区的一个限制性片段结合,导致此限制性片段泳动速度减慢

2. 足迹分析

凝胶阻滞实验只能确定调控区中哪一个限制性片段与调控蛋白结合,然而并不能用来定位蛋白质在 DNA 分子上的结合位点。要在凝胶阻滞实验识别的限制性片段中精确定位蛋白质的结合位点通常需要进行足迹分析,调控蛋白和 DNA 调控序列结合,能够保护这段 DNA 区域不被内切核酸酶降解为其原理,如图 12-18 所示。

足迹法的实验步骤与 DNA 化学测序法有些相似。具体步骤如下:

首先,对待测的双链 DNA 片段中的一条单链进行末端标记,然后将样品分成两份,其中一份与蛋白质混合。再向每份样品中加入一定量的 DNaseⅠ,使之在 DNA 链上随机形成切口。水解未被保护的 DNA 产生的是一系列长度仅相差一个核苷酸的 DNA 片段。然而,若有一种蛋白质已结合到 DNA 分子的某一特定区段上,则它将保护该区段免受 DNaseⅠ的降解,因而也就不能产生出相应长度的切割条带。将两种 DNA 样品并排加样在变性的 DNA 测序胶中进行电泳分离,经放射自显影,在电泳凝胶的放射自显影图片上,相应于蛋白质结合部位是没有放射性条带的,出现一个空白的区域称之为足迹。

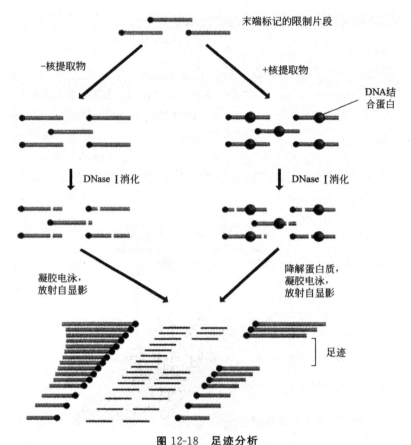

末端标记的限制片段

-核提取物

+核提取物

DNA结合蛋白

DNase Ⅰ消化

DNase Ⅰ消化

凝胶电泳，
放射自显影

降解蛋白质，
凝胶电泳，
放射自显影

足迹

图 12-18　足迹分析

结合在 DNA 分子上的蛋白质保护 DNA 分子免受 DnaseⅠ的切割

12.4.4　转录起始位点的确定

要研究基因的转录调控需要知道转录起始的精确位点。利用引物延伸和 S1 核酸酶作图可对 mRNA 的 5′-端进行精确作图。

1. 引物延伸

引物延伸需要合成一段与 mRNA 互补的寡核苷酸作为引物。5′-端标记的引物与靶 mRNA 退火后，反转录酶延伸引物至 mRNA 的 5′-末端，合成一段与 mRNA 互补的 DNA 序列。通过聚丙烯酰胺凝胶电泳和放射自显影确定单链 DNA 分子的长度，从而可在 DNA 序列上定位转录产物的 5′-端位置，如图 12-19 所示。

2. S1 核酸酶作图

S1 核酸酶作图为另外一种确定转录起始位点的方法。S1 核酸酶为一种从米曲霉中提取出的内切核酸酶，只能切割单链 RNA 或 DNA。进行 S1 核酸酶作图时，需要将含有转录起始位点的 DNA 片段克隆至合适的载体，产生单链 DNA 探针。在图 12-20 所示的例子中，400 bp 的 Sau3A 限制片段被插入到 M13 载体中，转化大肠杆菌细胞，在有放射性脱氧核苷酸前体存在的条件下，制备含有 Sau3A 限制片段的单链 M13 DNA 分子作为探针。

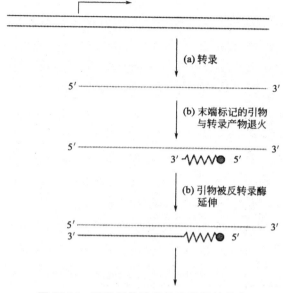

图 12-19　引物延伸确定转录的起始位点

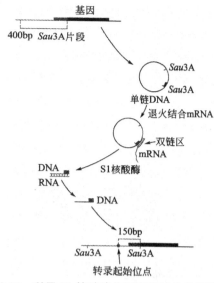

图 12-20　利用 S1 核酸酶作图定位转录的起始位点

加入 mRNA 样品后,经退火,mRNA 与 DNA 结合。DNA 分子仍以单链为主,然而其上与 mRNA 互补的区域,包括转录的起始位点,形成异源双链区。加入 S1 核酸酶消化所有的单链 RNA 和 DNA,只有 RNA-DNA 杂交体被保留下来。沉淀杂交体后,用碱消化 RNA,释放出单链 DNA。通过聚丙烯酰胺凝胶电泳和放射自显影确定被保护的单链 DNA 的长度后,便可绘出转录起始位点的图谱。同样的策略也可以被用来定位转录终止位点、内含子和外显子之间的连接点。

12.4.5　转录组分析

转录组即在任一特定条件下,细胞内所有 RNA 转录本的集合。所以,描述转录组需要鉴定出在特定条件下细胞所含的 mRNA 的种类和相对丰度。有几项技术可对转录组进行检测。

1. 基因表达系列分析

将 mRNA 反转录成 cDNA,然后对构建好的 cDNA 文库中每个克隆进行测序为研究转录组最直接的办法。然而该方法的缺点是费时费力,若对比两个或多个转录组,花费的时间会更多。基因表达系列分析(serial analysis of gene expression,SAGE)为一种快速、高效分析组织或细胞转录组的方法。其理论依据是来自转录物内特定位置的一小段核苷酸序列可以代表转录组中的一种 mRNA。通过一种简单的方法将这些标签串联在一起,形成大量的多联体,并对多联体进行克隆和测序,然后应用 SAGE 软件对测序结果进行分析,确定表达基因的种类,标签出现的频率还可以反映基因的表达水平,如图 12-21 所示。

具体操作时,首先从目标细胞或组织中分离出 mRNA,然后以生物素标记的寡聚(dT)为引物反转录合成第一链 cDNA,并在此基础上合成双链 cDNA。用识别 4 个碱基的限制性内切酶切割 cDNA,该酶称为锚定酶(anchoring enzyme,AE)。切割后用带有链霉抗生物素蛋白的磁珠分离 cDNA 的 3′-末端,并将回收到的 cDNA 分成两部分,分别连接接头 A 和 B。接头 A 和 B 长40 bp,均含有一种标签酶(tagging enzyme,TE)的识别位点。

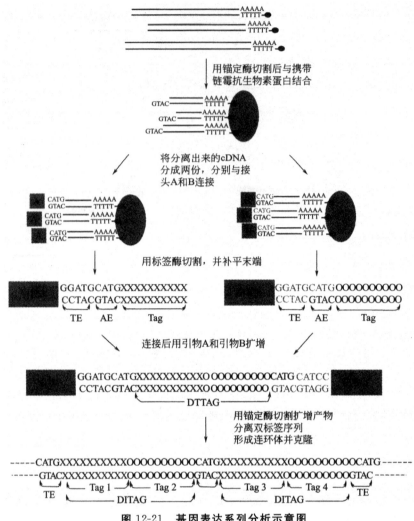

图 12-21　基因表达系列分析示意图

接着分别采用 Bsm F I 消化带有接头的 cDNA。Bsm F I 结合到接头中的识别位点,并在其下游 14 bp 处切断 cDNA。被切下来的标签片段长 54 bp。将连接有接头 A 和接头 B 的 cDNA 片段补平,混合连接,然后以接头序列设计引物进行 PCR 扩增,产生大量尾尾连接的双标签序列。再次用锚定酶切割双标签序列,通过凝胶电泳将双标签序列纯化出来,然后连接形成有 AE 位点隔开、由不同双标签序列构成的多联体。经电泳分离后,收集大小适中的片段克隆至质粒载体,形成 SAGE 库。随机挑选 SAGE 文库中的克隆进行测序,并用专门的 SAGE 软件对标签进行分类和计数,生成相应的报告和丰度指标。

标签多聚体为 SAGE 技术的最后测序对象,可在一次测序结果中同时得到 20～80 个标签序列,这样通过 3 000～5 000 个测序反应,就可得到约 100 000 个标签序列,通过分析平均可得到 5 000～10 000 种转录本的表达信息,与大规模 cDNA 随机测序相比测序量大大降低。

2. 用基因芯片和微阵列技术研究转录组

利用基因芯片进行转录组分析时,要求固体支持物上必须携带有与某种细胞或组织中的所有 mRNA 互补的 DNA 序列。这些 DNA 序列可点样在尼龙膜或玻璃片上。现在的技术可达到每平方厘米印制大约 100 000 个特征点,每一个特征点与一种 mRNA 互补配对。玻璃载片与尼龙膜相比,在玻璃载片上可以印制更高的密度。也可直接在玻璃片或硅片的表面原位合成寡核苷酸,制备更高密度的阵列。这种原位合成的阵列称为基因芯片。这些芯片的密度高达每平方厘米 1 000 000 个特征点,每个特征点由多达 109 个长度为 25 nt 的单链寡核苷酸组成。

在芯片上原位合成寡核苷酸利用了固相化学、光敏保护基团及光敏蚀刻技术。首先在玻璃片上涂布一层连接分子,连接分子的羟基结合有可被光去除的光敏保护基团。在每一次合成循环中,一些特定的位点被光掩蔽膜覆盖,而另一些位点经过曝光处理,除去保护基团。在玻璃基片上添加 5′-OH 结合有光敏基团的核苷酸与暴露出的活性羟基进行偶联反应,然后洗去未有效结合的单体。应用常规 DNA 合成步骤,将未偶联的活性羟基封闭,对新形成的亚磷酸三酯进行氧化,使之成为磷酸三酯键,从而完成一次循环,如图 12-22 所示。每一循环只添加一种核苷酸与所有被暴露的位点发生偶联反应。更换不同的光掩蔽膜,重复上述步骤,直至所需的 DNA 微阵列合成完毕。

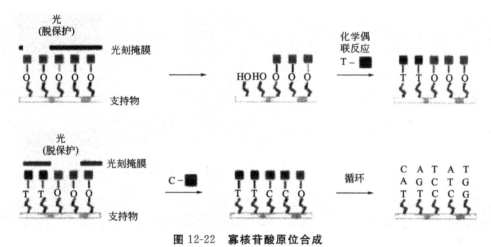

图 12-22 寡核苷酸原位合成

在利用微阵列和基因芯片进行转录组分析时,需要将样品中的 mRNA 反转录成 cDNA。cDNA 被标记后加到芯片上,与微阵列杂交。在每一个杂交位点上,代表一个基因的寡核苷酸与该基因的 cDNA 序列形成了双链体,这样就可确定样品中哪些基因被转录。若进行非饱和杂交,那么微阵列上每个特征位点的信号强度表示基因的转录水平。

若微阵列是固定在尼龙膜上的,那么该阵列要求与放射性标记的核酸样本杂交,杂交信号用磷屏成像设备检查和定量。因为放射性信号的分辨率较低,从而导致阵列上的特征点不能排列得非常紧密。所以,尼龙阵列的尺寸较大,有时也称为宏阵列。玻璃基质的自发荧光很小,以玻璃片为基质制作的微阵列,可以与荧光标记的核酸样本杂交。若两种 RNA 样品分别用不同的荧光染料标记,等量混合后可以与一张芯片进行杂交。一般人们用发绿色荧光的 Cy3 标定一个样本,而用发红色荧光的 Cy5 标定另一个样本。杂交被终止后,用激光激发的手段来测量每个特征点的荧光特性,并且把结果转化成两个样本中基因的表达水平。若特定 RNA 仅出现在 Cy3 标记的样本中,阵列中相应的特征点就呈绿色;若另一种 RNA 仅出现在 Cy5 标定的样本中,该点样就呈红色。若该 RNA 在两种样本中等量出现,特征点将呈黄色,如图 12-23 所示。

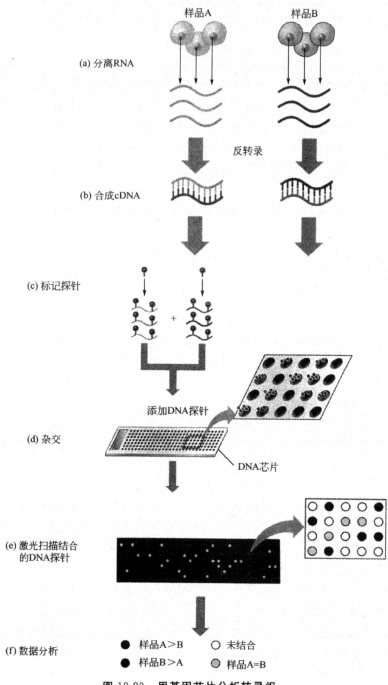

(a) 分离RNA

反转录

(b) 合成cDNA

(c) 标记探针

添加DNA探针

(d) 杂交

DNA芯片

(e) 激光扫描结合
的DNA探针

(f) 数据分析

● 样品A>B　　○ 未结合
● 样品B>A　　● 样品A=B

图 12-23　用基因芯片分析转录组

12.5　LPL 内含子突变检测技术

脂蛋白脂肪酶(lipoprotein lipase,LPL)是集体脂质代谢的关键酶,其主要功能是催化血浆中乳糜微粒和极低密度蛋白中的甘油三脂水解为甘油和脂肪酸,在机体脂蛋白代谢中起着重要作用。

脂蛋白脂肪酶基因位于 $^8p^{22}$,全长 30 kb,有 9 个内含子和 10 个外显子[1]。为了了解中国人群脂蛋白脂肪酶基因突变情况及其可能产生的影响,利用聚合酶链反应-单链构象多态性(PCR-SSCP)和 DNA 测序技术进行了脂蛋白脂肪酶基因(包括转录起始点上游 140 bp 以内的调节区,外显子 1-9 和部分内含子)突变筛查,在人群筛选中于一名血脂正常人检出 LPL 基因内含字 3C→T 突变杂合子。

12.5.1 LPL 内含子突变检测的对象与方法

与以往国内外报道该突变仅见于高甘油三酯患者不同,该突变杂合子检出于血脂正常人员,现报告如下:

1. 对象

突变被检出人某某某,女性,76 岁,汉族,以胸骨后痛一年余,加重 3 个月入院。无家族性遗传病史,否认有血脂异常史和曾服用过血脂调整药物。清晨空腹肘静脉血脂测定结果为:总胆固醇(TC)4.17 mmol/L,甘油三酯(TG)1.48 mmol/L,高密度蛋白胆固醇(HDLc)1.37 mmol/L。

复查结果显示:总胆固醇(TC)3.71 mmol/L,甘油三酯(TG)1.35 mmol/L,高密度脂蛋白胆固醇(HDLc)1.19 mmol/L。

2. 基因组 DNA 的提取

取空腹肘静脉血,以乙二胺四乙酸(1/10 体积的 0.5 mol/L 乙二胺四乙酸)抗凝,应用 TKM 法[2]提取及印尼组 DNA。

3. 目的基因的扩增

脂蛋白脂肪酶目的基因的引物设计和实验条件参照文献[3],由上海生工负责合成,其中外显子 4 扩增片段的上游引物为 5′-TTGGCAGAACTGTAAGCACCT-3′,下游引物为 5′-AT-GCTTTTCACCTCTTATGATA -3′。由此扩增出的外显子 4 片段长 201 bp,包含内含子 3 的 3′端 43 bp,外显子 4 全长 112 bp 和内含子 4 的 5′端 46 bp。PCR 反应体系 $25\mu l$,循环参数:95℃预变性 5 min,94℃变性 1 min,57℃退火 1 min,72℃延伸 1 min,共进行 30 次循环,最后 72℃额外延伸 7 min。

4. PCR 产物的 SSCP 分析

取 $15\mu l$ PCR 产物与 $15\mu l$ SSCP 上样缓冲液(9.6 ml 去离子甲酰胺、5 mg 溴酚兰和 $400\mu l$ 0.5 mol/L EDTA-Na_2,pH 8.0 配置而成)混合。95℃热变性 10 min 后立即置于冰浴中。取 30 μl 变性产物上样,进行聚丙烯酰胺凝胶垂直电泳,凝胶浓度(T)为 10%、交联度(C)为 20%,凝胶为 200 mm×180 mm,较厚 0.75 mm,4℃恒温。先 10 min 150V 使样品入胶,继以 300V 电泳 5 h,电泳凝胶用硝酸银溶液染色。

5. DNA 测序

对 PCR-SSCP 显示异常带型的扩增片段采用双脱氧 DNA 链合成终止法进行 PCR 产物直接测序,DNA 测序由北京博亚公司完成。

---

① Goldberg IJ,Merkel M. Lipoprotein Lipase:physiology,biochemistry,and molecular biology. Frontiers in Bioscience,2001,6:388

② Lahiri DK,Schnable B. DNA isolation by a rapid method from human blood samples:Effect of MgC12,EDTA,storage time and temperature on DNA yield and quality. Biochem Genel,1993,31(7~8):321.

③ 赵郁,穆云翔,杨宇虹等. 脂蛋白脂肪酶基因突变的研究. 天津医药,2004,32(11):657.

12.5.2 LPL 内含子突变检测的结果

由该例样品所提取的基因组 DNA 和目的基因扩增片段的产量和纯度均符合实验要求,如图 12-24 所示。其外显子 4 扩增片段的 SSCP 电泳图有异常带型,如图 12-25 所示。该样品 PCR 产物 DNA 双向测序后,证实为内含子 3 的 3′-受位剪接位点(3′-acceptor splice site,3′-ass)上游 6 bp 的 C→T 转换变杂合子如图 12-26 所示。

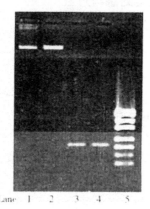

图 12-24　TKM 法提取的基因组 DNA 和外显子 4 扩增片段的琼脂糖凝胶电泳图

Lane 1、2:TKM 法提取的基因组 DNA

Lane 3、4:外显子 4 扩增片段

Lane 5:PUC19 DNA/Msp Markers 分子量标准,自上向下显示为 501、404、242、190、147 和 111 bp 七条带,外显子 4 扩增为 201 bp,介于 190 bp 和 242 bp 之间 Lane 1~5:均显示为 2 条单链,Lane6 显示为 3 条链,出现异常单链,提示有突变存在

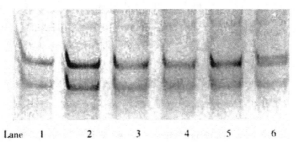

图 12-25　外显子 4 扩增片段的单链构象多态性电泳图

其突变性质经 DNA 测序证实为内含子 3 突变杂合子

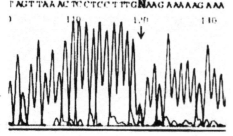
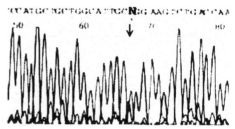

图 12-26　外显子 4 扩增片段 DNA 双向测序结果

箭头标记处可见双峰,为内含子 3 的 C→T 突变杂合子

12.5.3 LPL 内含子突变检测分析

脂蛋白脂肪酶是脂代谢的关键酶,是人类异常脂蛋白血症发病的最主要原因之一。其结构和功能的异常多可导致异常脂蛋白血症,特别是高甘油三酯血症。Maruyama 等[1]在日本检测了 922 例高脂血症患者,检出 15 个相关基因的 190 种突变,其中涉及 LPL 的就有 25 中。基于脂蛋白脂肪酶在集体脂代谢中的重要作用和分子生物学理论和技术的发展与普及,脂蛋白脂肪酶基因突变的研究取得了迅猛发展。认知蛋白脂肪酶已经成为基因突变最为丰富的蛋白质之一,目前报道的 LPL 基因突变已达 110 种之多。

脂蛋白脂肪酶基因突变的影响是广泛和多样的:基因突变不仅可导致甘油三酯水平升高为主要特征的高甘油三酯血症,而且一些脂蛋白脂肪酶基因突变还与高血压病、围产期疾病和阿尔海默氏病等多种疾病的发生和发展有着一定的相关性[2]。LPL 基因突变种类繁多,除外显子 10 外,9 个外显子均有突变检出,另外内含子突变也并不罕见,9 个内含子中已经发现 5 个内含子的 8 种剪接点突变,这些突变的携带者均显示血脂水平异常[3]。

LPL 基因内含子 3/3'-ass C(-6)→T 转换突变由日本学者 Nakamura 等[4]首次报告。研究者应用 PCR-SSCP、PCR-RFLP 和 DNA 序列分析在 106 例 HTG 患者(TG>3.4 mmol/L)中检出并确认了 6 例杂合子突变,而在 105 例血脂正常组未能检出该中变异。6 例突变携带者中的 3 例进行了 LPL 质量测定,其中 2 例测定结果在正常范围内,1 例低于正常参考值。Li 等[5]应用 EUG(End User Computing)系统在 50 例日本 HTG 患者(TG>3.95 mmol/L)中检出了 4 例内含子 3 的 C→T 杂合子突变,LPL 质量测定有 2 例低于正常参考值。国内赵迎社[6]等利用 PCR-SSCP 技术对广东地区 258 例 HTG 患者 LPL 基因变异进行筛选,检出 2 例内含子 3/3'-ass C(-6)→T 转换突变杂合子,在 252 例正常对照组中未发现该突变。本实验室此前利用 PCR-SSCP 技术在 51 例 HTG 患者(TG>1.7 mmol/L)中检出并确认了 2 例杂合子突变,其甘油三酯分别为 5.90 mmol/L 和 6.62 mmol/L,而在 89 例对照组未能检出该种变异。目前内含子 3C→T 转换突变,仅发现和报告于日本和中国,所有该突变携带者均为高甘油三酯血症患者。因此学者认为该突变可能是高甘油三酯血症患者的遗传易患因子。

与以往国内外仅发生于高甘油三酯血症患者不同的是本文报告的内含子 3/3'-ass C(-6)→T 转换突变,检测者血脂水平正常,这是目前国内外唯一的报告。本文所报告的突变携带者既无血脂异常的历史,也否认曾服用过血脂调整药物。高甘油三酯血症形成的原因是多元的,是多种

① Maruyama T, Yamashita S, Matsuzawa Y, et al. Mutations in Japanese subject with primary hyperlipidemia-results from the Research Connittee of the Ministry of Health and Welfare of Janpan since 1996. J Atheroscler Thromb,2004,11(3):131

② Metkel M, Eckel RH, Goldberg IJ. Lipoprotein lipase:genetics, lipid uptake and regulation. lipid Res, 2002,43:1997

③ 杨宇虹,葛林,赵郁等. 脂蛋白脂肪酶内含子 3C→T 突变. 中国动脉硬化杂志,2003,11(6):570

④ Nakamura T, Suehiro T, Yasuoka N, et al. A novel nonsense mutation in exon 1 and transition in intron 3 of the lipoprotein lipase gene. Atheroscler Thromb,1996,3:17

⑤ Li J, Kobori K, Kondo A, et al. The application of end user computing(EUC) for detection of lipoprotein lipase gene abnormality. Rinsho Byori,1999,47:737

⑥ 赵迎社,杨中汉,冯建生等. 高脂血症患者脂蛋白酶基因外显子 4 区域变异的研究. 遗传,2002,24(5):519

遗传因素和复杂环境因素相互作用的结果。以往报告该突变的携带者甘油三酯水平也存在着相当的差异,有的高达 8.26 mmol/L,有的仅为 4.11 mmol/L;遗传因素也是多元的,有的是致病的,有的则是具有保护作用,大多数学者认为脂蛋白脂肪酶基因 Ser447stop 突变携带者较非携带者有更高的 HDLs 及较低 TG[①]。此外,我们也不能忽视饮食等生活方式对血脂水平的影响。LPL 基因内含子 3C→T 突变在血脂正常人群的检出对科学全面认识该突变的生理意义和探讨异常脂蛋白血症发生的原因和有效防治均可能有重要的参考价值。

12.6　聚合酶链式反应

12.6.1　PCR 技术的基本原理

在 1985 年美国 Cetus 公司人类遗传研究室的科学家 K. B. Mulis 发明了 PCR 技术,其为一种在体外快速扩增特定基因或 DNA 序列的方法,又称为基因的体外扩增法。它是根据生物体内 DNA 复制的某些特点而设计的在体外对特定 DNA 序列进行快速扩增的一项新技术。随着热稳定 DNA 聚合酶和自动化热循环仪的研制成功,PCR 技术的操作程序在很大程度上得到了简化,并迅速被世界各国科技工作者广泛地应用于基因研究的各个领域。

通常 PCR 反应体系包括模板、DNA 聚合酶、引物、dNTP 等几项,反应的具体原理见示意图 12-27。通过高温((94℃~96℃)将待扩增微量 DNA 模板解链成单链 DNA,引物序列在低温条件下与待扩增的单链 DNA 退火,DNA 聚合酶在 72℃ 以单链 DNA 为模板,从引物 3′末端进行延伸反应,如此经过多次循环反应,则可把极微量的目的基因或某一特定的 DNA 片段扩增数十万倍乃至千百万倍,从而获得足够数量的目的 DNA 拷贝。

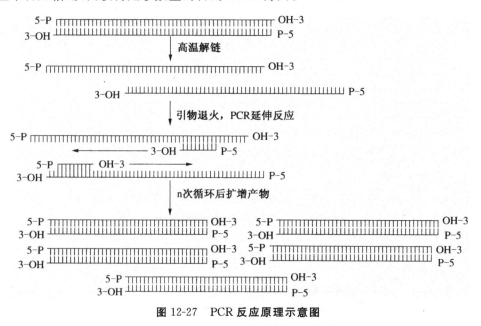

图 12-27　PCR 反应原理示意图

① Gagne SE,Larson MG,Pimstone SN,et al. A common truncation variant of lipoprotein lipase(Ser447X) confers protection againse coronary heart disease:the Framingham Offspring Study. Clin Genet,1999,55(6):450

12.6.2　PCR 技术的应用

1. 基因的克隆

PCR 技术能快速在体外获得目的基因,所以此手段广泛用于从基因组 DNA 中直接扩增出大量的目的基因产物,通过克隆技术装载在合适的载体上并转入宿主菌用于核苷酸序列的测定。PCR 扩增的引物应遵循引物的设计一般原则,引物除避免自身配对外,还应具有合适的 G,G 含量,同时引物长度一般在 16～25 bp 之间。在克隆目的基因的同时,为了方便扩增产物的进一步研究,通常在引物的 5′端设计适宜的限制性酶切位点,并在酶切位点前加 3～5 个碱基,从而保证限制性内切酶能识别其特异性酶切位点。

2. 反向 PCR 与染色体步移

在获知一段 DNA 序列的基础上,进一步得到其两侧未知的 DNA 序列的一种有效手段为反向 PCR。其基本操作程序如下:

先用一种在已知序列上没有切点的限制性核酸内切酶消化大分子量的 DNA,最好使带有已知 DNA 区段的消化片段大小在 2～3 kb 范围内。再将这些片段通过连接酶形成分子内连接的环状 DNA 分子。根据已知 DNA 序列设计一对向外延伸的引物,PCR 扩增的产物即是位于已知 DNA 区段两侧的未知的 DNA 序列,其长度取决于切割位点与已知 DNA 区段的距离。重复进行反向 PCR 便可实现染色体步移。

3. 不对称 PCR 和 DNA 序列的测定

不对称 PCR 即在反应循环中引入不同引物浓度,当限制性引物因量少而消耗完后,非限制性引物继续扩增而产生大量的单链 DNA 产物。产生的单链 DNA 可用于制备特定基因的核酸探针及直接进行该基因片段的核苷酸序列测定。

核酸杂交技术是分子生物学检测特异互补序列不可缺少的工具,而探针的制备和标记将直接影响检测的敏感性和特异性。单链 DNA 探针其杂交效率比双链 DNA 探针更高。其原因是双链 DNA 探针在杂交时,除与目的基因序列杂交外,双链 DNA 探针两条链之间还会形成自身的无效杂交,而单链 DNA 探针则不存在此缺点。不对称 PCR 制备的单链探针的敏感性至少是随机引物法标记的双链探针的 8 倍左右。

4. 逆转录 PCR(reverse transcriptase PCR,RT—PCR)与 RNA 分析

RT-PCR 技术是一种从 RNA 扩增 cDNA 拷贝的方法。该方法是获得 mRNA5′和 3′末端序列(RACE 技术)以及 cDNA 文库构建的常用手段。RACE 技术(rapid amplification ofcDNA end)也被称为锚定 PCR 或单边 PCR 技术,由于 RACE 技术操作方便、快捷、高效且对模板需求量低等特点而广泛应用于 cDNA 全长序列的克隆。其基本原理是利用 Oligo d(T)$_n$ 对 mRNA 进行逆转录的同时,在 cDNA 序列两端加上通用引物,则可利用基因特异性引物(gene specific primer,GSP)通过 PCR 方法快速获得目的序列的 5′端或 3′端序列。

5. 基因的体外诱变

PCR 应用的一个重要领域为基因的体外诱变。依赖于 PCR 技术的体外诱变主要有重组 PCR 定点诱变技术和近年发展迅速的 DNA 重排(DNA shuffling)技术。

(1)重 PCR 定点诱变技术

最初应用 PCR 定点诱变技术时,只是在引物的 5′端引入突变。在 1988 年,R Higuchi 等提出了"重组 PCR 定点诱变技术"。该方法可在 DNA 区段的任何部位产生定点突变,其原理和程序如下：

依据 DNA 序列设计两对引物,两对引物之中分别有一内侧引物在一端可互补的并在相同部位具有相同碱基突变,分别扩增后形成两条有一端可彼此重叠的双链 DNA 片段,除去未参加反应的多余引物后,混合这两条 DNA 片段,经变性和退火处理可形成两种不同形式的异源双链分子,其中一种具 5′ 凹末端的双链分子不可能作为 Taq DNA 聚合酶的底物,从而有效地从反应混合物中消除,另一种具 3′ 凹末端的双链分子可通过 Taq DNA 聚合酶的延伸作用,产生出具有重叠区的双链 DNA 分子。这种双链 DNA 分子用两条外侧引物进行第三轮 PCR 反应,便产生出一种突变点远离片段末端的突变体 DNA。在研究特定基因特定点突变与其产物结构和功能的关系中这种诱变技术被广泛运用。

（2）DNA 重排技术

DNA 重排技术主要包括两个 PCR 过程：

一是无引物 PCR,让 DNAase Ⅰ 酶切目的基因 DNA 得到的 10～50 bp 或 100～300 bp 的片段互为引物进行扩增;

二是有引物 PCR,以无引物 PCR 扩增的产物为模板,用特异性引物进行 PCR 扩增出目的基因,如图 12-28 所示。DNA 重排技术的关键在于要优化 DNAase Ⅰ 消化条件。

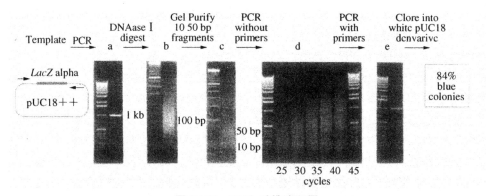

图 12-28　DNA 重排流程图

a. PCR 扩增获得 1 kb 的 *lacZα* 基因电泳图;b. DNAase Ⅰ 消化 PCR 产物后电泳图;

c. 回收纯化 10～50 bp 电泳图;d. 无引物 PCR 结果电泳图;e. 有特异性引物 PCR 结果电泳图

DNA 重排技术能模拟生物的基因在数百年间发生的分子进化过程,并能在短期的实验中定向筛选出特定基因编码的酶蛋白活性提高成千上万倍的功能性突变基因。Stemmer 等采用单个基因的 DNA 重排和回交技术,在大肠杆菌中使编码 β-内酰胺酶的 TEM-1 基因的抗生素抑制活性(MIC)从 0.02 $\mu g/ml$ 提高到 640 $\mu g/ml$,也就是说,提高了 32 000 倍。此后,他们又相继选取了 β-半乳糖苷酶基因(1ac)和绿荧光蛋白基因(GFP)用 DNA 重排技术模拟并加速了分子进化过程,通过筛选从而获得了酶活性大幅度提高的突变株。通过研究发现采用来源于不同基因组的编码同一功能酶的基因,组成基因池进行 DNA 重排实验,突变酶的活性大为提高。Crameri 等采用 4 个来源不同的先锋霉素基因混合进行异源基因组的 DNA 重排,使单一循环的先锋霉素活性提高了 270～540 倍,而只用单一基因进行的实验仅提高了 8 倍。

6. 突变的检测

PCR 技术不仅可十分有效地在体外诱发基因突变,并且也是检测基因突变的灵敏手段。基因突变分析中的一项重要手段为 PCR 一单链构象多态性(single strand conformation polymorphism,SSCP)技术,是现代遗传学研究中用于未知基因突变筛查和已知基因突变检测的一种非常有用的工具。PCR—SSCP 的基本原理和分析程序如下:根据要分析的基因核苷酸序列设计合成合适的引物,用 PCR 扩增特定的靶序列,再把扩增片断变性为单链进行聚丙烯酰胺凝胶电泳。在不含变性剂的中性聚丙烯酰胺凝胶中电泳时,DNA 单链的迁移率主要取决于 DNA 单链所形成的构象,另外还与 DNA 链的长短有关外。在非变性条件下,DNA 单链可自身折叠形成具有一定空间结构的构象,这种构象由 DNA 单链碱基决定,其稳定性靠分子内局部顺序的相互作用来维持。相同长度的 DNA 单链其顺序不同,甚至单个碱基不同,那么此时所形成的构象不同,电泳迁移率也不同,所以按照变性 PCR 产物在中性聚丙烯酰胺凝胶电泳中的泳动位置差异,就可将小至单个碱基改变的 DNA 与正常 DNA 序列区别开来。

PCR—SSCP 分析技术可研究基因的外显子和 cDNA 中小至单个碱基的变异。研究人员采用 PCR—SSCP 方法对癌组织和癌旁正常组织进行 p53 蛋白以及 p53 基因第 5、第 8 外显子突变的检测,比较各组蛋白表达和基因突变的不同。另外,对环境因子诱导的 DNA 损伤的检测,PCR—SSCP 分析技术显示了其独特的优越性。

随着研究的深入,通过改进单链的生成率、荧光标记引物、变换多种电泳条件及与其他方法结合使用等,PCR—SSCP 技术更可有效地提高对突变的分析效率。

第 13 章　分子生物学的应用

13.1　利用 DNA 重组技术鉴别人类基因

DNA 重组技术对寻找导致人类疾病的缺陷基因是一场革命。事实上,大量主要的"疾病基因"已通过定位克隆被鉴别了出来。另外,通过与野生型等位基因的核苷酸序列作比较,导致疾病的突变从而也得以确定。野生型等位基因的编码序列已通过计算机翻译、预测基因产物的氨基酸序列。基于预测的氨基酸序列的寡肽已被合成用于制备抗体,而抗体则被用于对基因产物进行定位用来研究它们在体内的功能。这些研究的结果在将来会使通过基因疗法治疗某些疾病成为可能。

13.1.1　囊肿性纤维化病变

囊肿性纤维化病(CF)变是人类最普遍的遗传性疾病之一,在北欧人群中每 2 000 例新生儿中就有 1 例受到它的影响。囊肿性纤维化病变以常染色体隐性突变的方式遗传,在高加索人群中杂合体的概率估计约为 1/25。仅在美国,超过 30 000 的人群受到这种毁灭性的疾病的折磨。囊肿性纤维化病变的一个比较容易诊断的症状是含过量盐分的汗液,这是受突变基因影响的一种非常温和的症状。然而其他症状就没有这么温和了。肺、胰还有肝内部被黏稠的黏液所阻塞,这是长期感染以及那些活体组织最终失去功能的结果。另外,黏液经常累积在消化道中,导致不管个体吃了多少东西都会变得营养不良。肺部感染反复发作,患者常常死于肺炎或者呼吸系统的其他感染症状。在 1940 年,罹患囊肿性纤维化病变的新生儿的平均预期寿命短于 2 年。随着治疗手段的进步,这一预期寿命逐渐延长了不过他们的生活质量十分糟糕。

囊肿性纤维化病变基因的鉴别是定位克隆所取得的主要成果之一。根据来自囊肿性纤维化病变患者的细胞的生化分析未能鉴别出任何代谢缺陷或突变基因产物。然而在 1989 年,FrancisCollins 和 Lap-Chee Tsui 还有他们的合作者们鉴别出了囊肿性纤维化病变基因以及造成该悲剧性疾病的突变。囊肿性纤维化病变基因的克隆测序很快使其产物得以被鉴别,这些成果在之后给针对这种疾病的临床治疗手段带来了很多指导性的帮助,并且在未来有希望发展出成功的基因疗法。

通过它与 RFLP 间的行为一致性,囊肿性纤维化病变基因最初被定位于 7 号染色体的长臂上。进一步的 RFLP 制图将这个基因定位于 7 号染色体一个 500 kb 的区域内。之后最靠近囊肿性纤维化病变基因的两个 RFLP 标记被用于进行染色体步移(图 13-1)及跳跃(图 13-2),然后开始建立一份这个区域的详细物理图谱。三种信息被用于缩小搜寻囊肿性纤维化病变基因的范围。

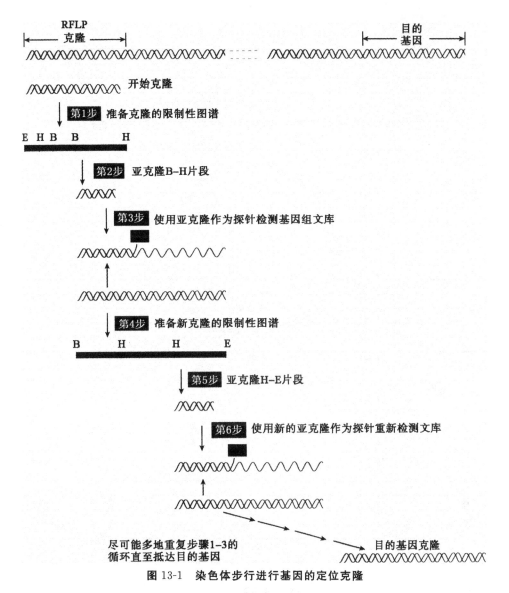

图 13-1　染色体步行进行基因的定位克隆

（1）人类基因通常位于被称为 CpG 岛的胞嘧啶和鸟嘌呤集簇下游。三个这样的集簇刚好出现在囊肿性纤维化病变基因上游，如图 13-3 所示。

（2）重要的编码序列通常在相关的物种间保守。当来自于囊肿性纤维化病变基因的外显子序列被用作探针检测来自于人类、仓鼠以及水牛基因组 DNA 的限制性片段的 Westernblot blot 时，该外显子被发现是高度保守的。

（3）我们知道囊肿性纤维化病变与肺、胰和汗腺中异常的黏液有关。一个来自于体外培养的汗腺细胞 mRNA 的 cDNA 文库被建立了起来，并通过使用来自囊肿性纤维化病变基因外显子的探针克隆杂交进行检测。

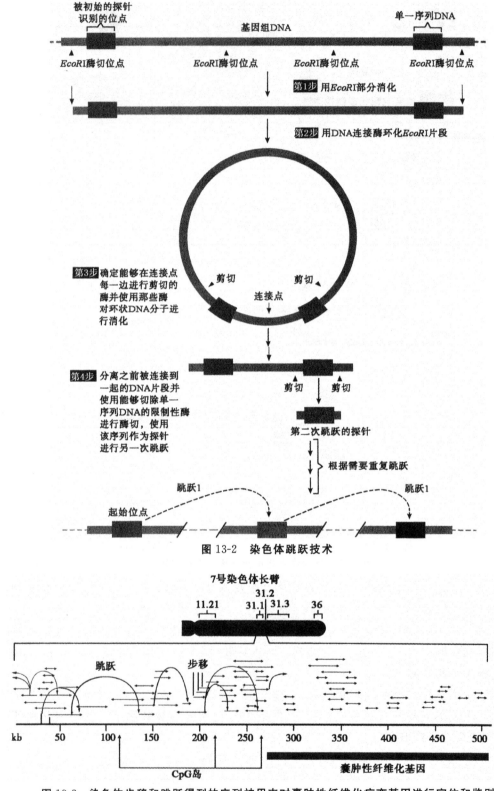

图 13-2　染色体跳跃技术

图 13-3　染色体步移和跳跃得到的序列被用来对囊肿性纤维化病变基因进行定位和鉴别
在该基因 5′末端定位中用作标记的 CpG 岛的位置同样展示于图中

汗腺 cDNA 文库的使用被证明是极其重要的,因为之后的 northern blot 试验显示该基因只表达于肺、胰、唾液腺、汗腺、肠和生殖道的上皮细胞中。所以,囊肿性纤维化病变基因的 cDNA 克隆将不能通过使用其他组织器官来源的 cDNA 文库来进行鉴别。Northern. blot 的结果同样显示假定的囊肿性纤维化病变基因表达于相应的组织中。

是否能将一个候选基因定义为一种疾病基因取决于对来自数个不同家族的正常和突变等位基因间的比较。囊肿性纤维化病变的特殊之处在于突变等位基因中的 70% 含有相同的三个碱基的缺失,ΔF508,该缺失造成了囊肿性纤维化病变基因产物在 508 位上苯丙氨酸残基的丢失。囊肿性纤维化病变基因的核酸序列给我们提供了很多信息。该基因十分巨大,跨越了 250 kb 的长度并且包含了 24 个外显子,如图 13-4 所示。囊肿性纤维化病变 mRNA 长约 6.5 kb,编码一个含 1 480 个氨基酸的蛋白质。在蛋白数据库中的计算机检索很快发现囊肿性纤维化病变基因产物与数种离子通道蛋白质类似,这些蛋白质在细胞之间形成离子得以通过的孔道。囊肿性纤维化病变基因产物,被称为囊肿性纤维化病变跨膜介导调节因子,或者 CFTR 蛋白,形成通过组成呼吸道、胰、汗腺、肠和其他组织的细胞细胞膜的离子通道,并且调节盐分和水分在那些细胞中的进出。由于在囊肿性纤维化病变患者身上突变的 CFTR 蛋白工作不正常,盐分在上皮细胞中聚集并导致黏液在这些细胞表面的累积。

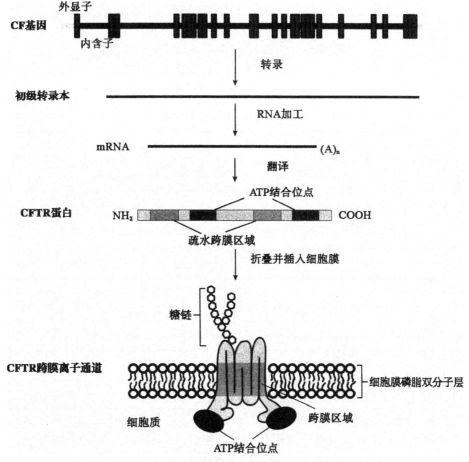

图 13-4 囊肿性纤维化病基因的结构及其产物

CFTR 蛋白形成跨越肺、肠、胰和汗腺和其他器官上皮细胞细胞膜的离子通道

黏液在呼吸道表面的存在导致长期的、渐进性的绿脓杆菌、金黄色葡萄球菌以及相关细菌的感染。这些感染最终通常会以呼吸衰竭和死亡作为结局。但是，囊肿性纤维化病变基因的突变为多效性的，它们会引起一系列不同的表观效果。胰、肝、骨和肠道的功能障碍对患有囊肿性纤维化病变的个体来说十分普遍。虽然 CFTR 形成了氯离子通道，如图 13-4 所示，它同样调节数种其他转运系统的活性。有一些研究提出了 CFTR 可能在调节脂类代谢和转运过程中起作用。CFTR 与很多其他蛋白质相互作用并经历激酶和磷酸酶的磷酸化/脱磷酸化作用。所以，CFTR 应该被认为是多功能的。然而事实上，囊肿性纤维化病变的一些症状可能是由于 CFTR 失去其他功能而不是氯离子通道所引起的。

虽然 70％的囊肿性纤维化病变病例是由 $\Delta F508$ 三核苷酸缺失所造成的，超过 170 种不同的囊肿性纤维化病变突变被鉴别了出来，如图 13-5 所示。这其中的约 20 种是相当常见的，其他的则比较罕见，很多只出现于某个单个个体中。这些突变中的好几种可通过 DNA 检测来发现。这些检测可在通过羊膜穿刺术或绒毛检查中获得的胎儿细胞上进行。它们同样能够成功地在体外授精中产生的八细胞囊胚前期组织上进行。导致囊肿性纤维化病变的突变的多样化（图 13-5 所示）使设计一套适用于全部囊肿性纤维化病变突变位点的 DNA 检测方法变得十分艰难。

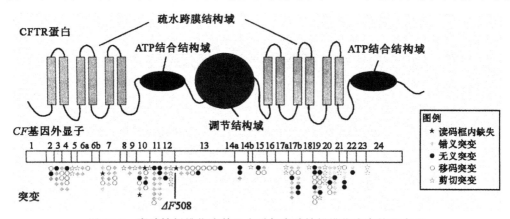

图 13-5 囊肿性纤维化病基因中引起囊肿性纤维化病变的突变图

引起囊肿性纤维化病变的突变的分布和归类示于囊肿性纤维化病基因外显子下方。CFTR 蛋白的图解被示于外显子图谱上方用来说明受突变影响的蛋白质域。囊肿性纤维化病所有病例中约 70％的病例是由于 $\Delta F508$ 突变造成的，这引起了出现在正常 CFTR 蛋白 508 位的苯丙氨酸的缺失

13.1.2 亨廷顿氏病

亨廷顿氏病为一常染色体显性突变导致的遗传病，在欧洲人群中此种疾病的发生率约为千分之一。罹患亨廷顿氏病的个体会经历中枢神经系统渐进性的退行病变，这通常起始于 30～50 岁间并最终在 10～15 年后导致死亡。到目前为止，亨廷顿氏病是一种绝症。然而，相关基因和引起亨廷顿氏病的突变缺陷的鉴别成为在未来开发出一种有效的治疗手段的希望。因为此疾病病发年龄较晚，多数亨廷顿氏病患者在疾病症状出现之前已有孩子。同时因为此疾病是由显性突变引起的，每一个杂合体亨廷顿氏病患者的孩子都有 50％的几率罹患此疾病。那些看着自己亨廷顿氏病父母病发直至死亡的孩子知道他们自己将会有一半的几率遭受同样的命运。

亨廷顿氏病基因是最先被发现与一种 RFLP 紧密相关的一批基因中的一员。在 1983 年，James Gusella、Nancy Wexler 与他们的合作者证实了亨廷顿氏病基因与定位于 4 号染色体短臂

附近的一段 RFLP 片段行为一致(共隔离)。他们的发现主要建立于来自两个大家族的研究数据,其中一个家族来自于美国,另一个来自于委内瑞拉。通过之后的研究显示完全连锁率为96%;亨廷顿氏病杂合体患者 4%的后代为 RFLP 和亨廷顿氏病等位基因的重组者。基于将亨廷顿氏病基因确定于 4 号染色体相对较短区域的早期定位工作,有些遗传学家预言亨廷顿氏病基因将很快被克隆并被鉴别出来。但是,这项工作却花费了整整 10 年才完成。

通过使用定位克隆手段,Gusella、Wexler 和他们的合作者鉴别出了一个在 4 号染色.体短臂末端跨越了约 210 kb 距离的基因,如图 13-6 所示,最初被称作 IT15 接着又改称为 huntingtin。该基因包含了一个三核苷酸重复,$(CAG)_n$,此重复在每一个健康个体的 4 号染色体上出现11 到 34 个拷贝。在罹患亨廷顿氏病的个体身上,携带亨廷顿氏病突变的染色体在这个基因上含有 42~100 甚至更多的 CAG 重复拷贝。此外,亨廷顿氏病发病的年龄与三核苷酸重复的拷贝数负相关。在含有不寻常高拷贝数的孩子身上很少发生幼年病发的情况。亨廷顿氏病染色体的三核苷酸重复区域不稳定,重复数目经常扩大而有时在世代间会缩小。Gusella,Wexler 和他们的同事从来自 72 个不同的患有亨廷顿氏病的家庭的染色体样本中发现了扩张了的 CAG 重复区域,所以他们鉴别出了正确的基因该点不存在多大疑问。

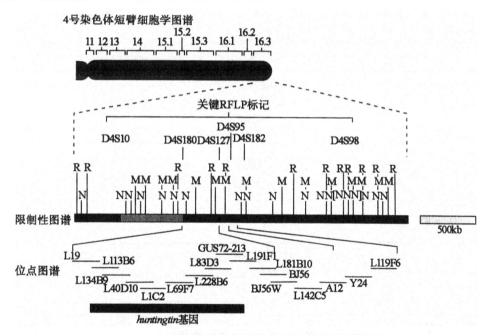

图 13-6　通过定位克隆鉴别造成亨廷顿氏病的基因图

4 号染色体短臂的生物学图谱示于顶端。用于对 huntingtin 基因定位的 RFLP 标记,限制性图谱和位点图谱示于细胞学图谱下方。M、N 和 R 分别代表 MluI、NotI 和 NruI 限制性位点

huntingtin 基因表达于很多不同类型的细胞中,产生一段大小为 10~11 kb 的 mRNA。在huntingtin mRNA 编码区域预测得到一个长度为 3 144 个氨基酸的蛋白质。然而十分不幸,预测得到 huntingtin 蛋白的氨基酸序列不能为其功能提供足够的信息。亨廷顿氏病突变的显性提示了是突变蛋白导致了这种疾病。

突变的 huntingtin 基因中扩张的 CAG 重复区域在该蛋白质氨基末端编码了一段异常的长聚谷氨酰胺区域。这段加长了的聚谷氨酰胺区域促进了蛋白质之间的相互作用导致 huntingtin

蛋白聚合体在脑细胞中的累积。这些蛋白质聚集体被认为导致了亨廷顿氏病的临床症状,所以最近的治疗手段包括了对那些蛋白质聚集体进行瓦解和清除的尝试。

亨廷顿氏病是第四种与不稳定的三核苷酸重复相关的人类疾病。在 1991 年,脆弱 X 综合征——人类最常见的智力障碍类型,被证实为第一种与三核苷酸重复扩张相关的人类疾病。不久,肌肉强制性营养不良和脊髓延髓肌肉萎缩这两种疾病也被证实与三核苷酸重复的扩张有关。到 2004 年,超过 40 种不同的人类疾病——这其中的许多与神经退行性异常有关,被证实为是三核苷酸重复扩张的结果。它们包括数种类型的脊髓小脑性共济失调、弗里德赖希共济失调、齿状核红核苍白球吕伊斯体萎缩以及脆弱 X 综合征。由三核苷酸重复扩张引发的人类疾病的高频率出现提示了这种扩张可能是我们这个物种中比较普遍的突变事件。

尽管在办扰以 tingtin 基因上三核苷酸重复扩张这一遗传缺陷的鉴别还没有能够提供一套针对这种疾病的治疗方案,然而为亨廷顿氏病突变提供了一种简单而精确的 DNA 测试方法,如图 13-7 所示。一旦知道了 huntingtin 基因三核苷酸重复区域每一侧的核苷酸序列,那么则可以此去合成引物然后用这些引物通过 PCR 对这个区域进行扩增,之后 CAG 重复的数目可通过聚丙烯酰胺凝胶电泳予以确认。所以,可能携带突变的 huntingtin 基因的个体可十分简单地通过此方法被检测出来。由于 PCR 只需要很少量的 DNA 样本,亨廷顿氏病的检测同样可在产前通过羊膜刺穿术或者绒毛检查获得的胎儿细胞上进行。

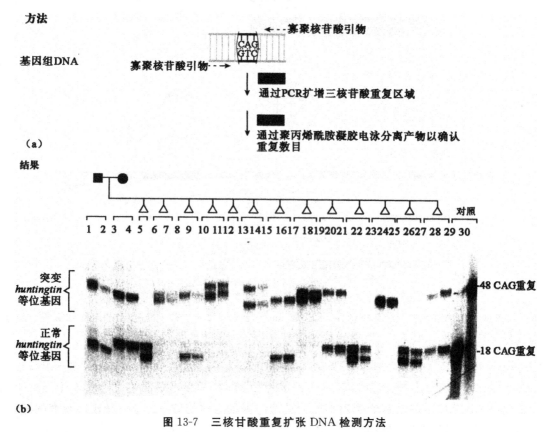

图 13-7　三核甘酸重复扩张 DNA 检测方法

通过 PCR 检测引起亨廷顿氏病的 huntingtin 基因中扩张了的三核苷酸重复区(a)。在(b)中所示的结果来自于一个父母为同一种 huntingtin 突变等位基因杂合体的委内瑞拉家庭。孩子的出生顺序被打乱了,且他们的性别没有给出以保证匿名性。多数个体被测试了两次以减少错误的发生

有了针对亨廷顿氏病突变的 DNA 检测,可能将缺陷基因传递给后代的个体就可在建立家庭之前决定是否接受检测。每一个拥有杂合体父母的人有 50% 的可能性不会携带缺陷基因。若其检测结果为阴性,他或者她就可不用顾虑会把突变传递给下一代而建立一个家庭。若其检测结果为阳性,胎儿可在产前接受检测,或者这对夫妇可考虑体外授精。若八细胞胚前期检测结果是亨廷顿氏病突变阴性,那么它所携带的是两个正常的 huntingtin 基因拷贝,所以可植入母亲的子宫中继续发育。若妥善地使用,针对亨廷顿氏病突变的 DNA 检测可减少受这种可怕疾病折磨的人群。

13.2　基因治疗

13.2.1　基因治疗的概念

基因治疗(gene therapy)指的是,通过一定的方式,将野生型基因或有治疗作用的 DNA 序列导入人体靶细胞去纠正突变的功能缺陷来治疗或缓和人类的遗传疾病。在使用这种治疗方式的过程中,需要将目的基因被导入到患者的靶细胞内,或整合染色体上,稳定地复制,或游离于染色体外,独立的复制,但无论是哪种方式都可以在细胞中得到表达,从而起到治疗疾病的作用。

在原来基因治疗的概念还比较狭小,仅仅指的是遗传缺陷基因的修复,主要用于单基因遗传病的治疗。经过多年的不断发展,基因治疗的概念得到了很大的扩展,凡是采用分子生物学的方法和原理,在核酸水平上开展的疾病治疗方法都可以被称为基因治疗,如对癌症、多基因病、传染性疾病、心血管疾病等的治疗。随着对疾病本质的深入了解和新的分子生物学方法的不断涌现,基因治疗方法已经有可很大程度的发展。

13.2.2　基因治疗的发展与策略

1. 基因治疗的发展

基因疗法是一种新兴的治疗技术,是近 30 年来生命科学发展的一种革命性的结果。从理论上看,如果可以将与疾病发生相关的基因进行矫正或修复,就可以看作是一种有效的根治方法。但需要注意的是,基因治疗在让人类看到希望的同时,又给与了人类很多的安全警示,盲目地追求高效忽视安全并不是造福人类的最终目的。随着时代的不断发展,科技的不断进步,理论知识的不断创新,就使得高科技研究成果的出现如同任何新生事物的诞生一样,如果能够被合理地运用,就将会产生无限的生机与活力;但是如果没有被恰当地运用,就会对人类的发展造成极大的隐患。基因治疗从实验室走向临床摆脱困惑还要有很长的一段路要走,在这个过程中最具有挑战性的问题就是运送治疗基因的载体系统。理想的载体应具备以下几个条件:安全无毒害;高浓度或高滴度;不引起免疫反应;持续有效表达外源基因;能高效转移外源基因;可调控;可靶向特定组织细胞;可供体内注射(包括全身性静脉注射);容纳外源基因可大可小;便于规模生产供临床应用等。但遗憾的是,当前所应用的载体没有一个能够全部符合上述的条件,这就应该是今后努力研究的重点方向。

辩证唯物主义的观点告诉我们,任何新生事物的发展道路都不可能总是一帆风顺的。基因治疗替代先前的、不能满足人类需要的治疗方法是顺应历史及人类健康发展要求的。尊重科学发展的自身规律,坚持基础研究与临床试验并举,正视难关,针对性的加强基础实验,逐个解决问题,同时把眼光放远,及时调整思维认识,随着分子技术的飞速发展,基因治疗必定会有一个美好的发展前景,能够实现真正的临床突破,造福人类将指日可待。

2. 基因治疗的策略

基因治疗根据基因转移途径的不同,可以将其分为生殖细胞基因治疗(germ cell gene therapy)和体细胞基因治疗(somatic cell gene therapy)两类。生殖细胞基因治疗是一种极为诱人的方式,即将目的基因转入生殖细胞系中。不仅可以纠正患者的遗传缺陷,并且患者的生殖细胞也带有被校正的基因型。对于小鼠来说,可以通过受精卵细胞的微注射进行生殖细胞系的治疗,或取出具有遗传缺陷的早期胚(囊胚),将一个含有野生型等位基因的转基因细胞注入囊胚中。这些细胞就会成为个体多种组织中的一部分,常常也包括产生性腺的生殖系统。这些转入的目的基因能传递给部分或全部的后代。目的基因在生殖系统区域分布的范围主要取决于转基因细胞克隆的大小。然而,至今在人类中还没有能够进行生殖细胞的基因治疗。大部分转化的片段将普遍地插入到基因组中。在人类的基因治疗中不利的方面不仅因为异常插入会破坏正常的基因,而且还可能会加重异常表型,而有缺陷的等位基因仍然会存在。因此,为了能够有效地进行生殖细胞的基因治疗,必须还要进行定向基因置换,即通过双交换将野生型转基因置换有缺陷的基因。

体细胞基因治疗的方式试图通过病毒作为载体,将目的基因转入某些患者的体细胞中来纠正疾病的表型。当前,目的基因不可能转入身体所有的体细胞内。遗传病的产生是由于致病基因主要在一种组织中表达的结果。当遇到这种情况时,并不需要将正常基因转入所有的组织和细胞中,特定组织转基因就能改善疾病的症状。通过从有缺陷基因型的患者特定组织中取出某些细胞,将克隆的野生型基因导入到这些细胞之中,再将转基因的细胞转入患者体内,为患者提供正常的基因功能,这种途径是极为实用的。根据所使用方法的不同,也可以将体细胞基因治疗的策略分为不同的种类。

(1)基因置换(gene replacement),指的是用外源野生型基因原位替换病变细胞内的致病基因,来纠正突变基因的功能,使细胞内的 DNA 完全恢复正常的状态。通常都会使用这种感方法,但表达量的控制仍然是一个难题。

(2)原位基因修复(gene correction),指的是将致病基因的突变位点加以纠正,而正常部分予以保留。使致病基因得到完全恢复。这时一种最为理想的方法,但也是技术上最困难的方法。目前还只能作为一种美好的前景。

(3)基因增补(gene augmentation)又叫做基因修饰,指的是将目的基因导入病变细胞或其他细胞之内,目的基因的表达产物能修饰缺陷细胞的功能或使原有的某些功能得以加强。在这种治疗方法中,缺陷基因仍然存在于细胞内,目当的基因治疗大多都是使用的这种方式。例如,将组织型纤溶酶原激活剂的基因导入血管内皮细胞并得以表达后,防止经皮冠状动脉成形术(PT-CA)所诱发的血栓形成。

(4)基因激活(gene activation),一些正常的基因不能表达并不是发生了基因突变,而是由于被错误地甲基化或编码区组蛋白去乙酰化所致;也有的是编码区是正常的,但调控区发生了突变,如启动子的突变使基因也无法表达。前者可以通过去甲基化或乙酰化使基因恢复活性;后者可以加入正常启动子来激活基因。但实现定点去甲基化和乙酰化并不是一件简单的事;原位修复调控序列也是极为困难的。

(5)免疫调节(immune adjustment),指的是将抗体、抗原或细胞因子的基因导入患者体内,改变患者免疫状态,以此达到预防和治疗疾病的目的。如果将白细胞介素-2 导入肿瘤患者体内,提高患者 IL-2 的水平,激活体内免疫系统的抗肿瘤活性,就可以起到防治肿瘤复发的作用。

(6)基因干扰(gene interference)又叫做基因失活(gene inactivation),其又可以分为两种不同的方式。第一种是抑制有害基因,指的是导入肿瘤抑制基因(如 RB、p53 等)来抑制癌基因的异常表达,但不能恢复癌基因的正常功能;但如果用来抑制病毒的关键基因,如 HIV 的反式激活基因(tat)仍是可取的。第二种是封闭有害基因,指的是用反义 RNA 或小分子干扰 RNA(siRNA)来封闭癌基因,同样不能恢复癌基因的正常功能,但是却可以用来抑制病原体的关键基因。

(7)药物敏感疗法,应用药物敏感基因转染肿瘤细胞,以提高肿瘤细胞对药物的敏感性。如向肿瘤细胞中导入单纯疱疹病毒胸苷激酶基因,然后给予患者无毒性环氧鸟苷(GCV)药物,由于只有含 HSV-TK 基因的细胞才能将 GCV 转化成有毒的药物,因而肿瘤细胞被杀死,而对正常细胞无影响。

13.2.3　基因治疗的载体

1. 病毒载体

(1)腺病毒载体

腺病毒是一种无包膜的线性双链 DNA 病毒,在自然界的分布较为广泛,至少存在 100 种以上的血清型。其基因组的长度约为 36 kb,并且在两端还各有一个反向末端重复区(ITR),ITR 内侧是病毒包装信号。在基因组上还有 4 个早期转录元(E1、E2、E3、E4),其主要功能是进行调节,还有一个晚期转录元主要负责的是对结构蛋白进行编码。早期基因 E2 产物是晚期基因表达的反式因子和病毒复制必需因子,早期基因 E1A、E1B 产物还为 E2 等早期基因表达所必需的。因此,E1 区的缺失可能会造成病毒在复制的阶段产生流产。E3 是复制的非必需区,它的可以扩大插入的容量。

当前的腺病毒载体大多是以 5 型(Ad5)、2 型(Ad2)作为基础的。较为典型的腺病毒载体系统主要有,穿梭质粒 pCAl3/腺病毒基因组质粒 pBHGl1/包装细胞 293 细胞。pCAl3 的 HCMV IE 启动子-多克隆位点-SV40 AN(poly A)可以构成外源基因的表达盒,插入该表达盒会使得腺病毒 E1 基因产生缺失,但是会保留其两端侧翼序列(左侧的 1～103 bp 的 ITR,右侧从 3.5 kb 到右末端的维持病毒装配和活力必需的蛋白 IX 的基因),也保留了腺病毒的包装信号 φ(194～358 bp);pBHGl1 保留了大部分的腺病毒基因组,但是缺失了包装信号 φ0.5～3.7 图距(mu)部分的 El 区、77.5～86.2 mu 的 E3 区;293 细胞是整合有 Ad5 El 基因的人胚肾细胞系。pBHGl1 因为缺失包装信号及 El 区而不能复制,pCAl3 带有包装信号及明的侧翼序列,但是缺失 El 区及腺病毒绝大部分基因组,同样不能进行复制。外源目的基因插入 pCA13 后,与 pBHG11 共转染,进入 293 细胞。pCAl3 与 pBHGl1 在细胞内发生同源重组,同时,293 细胞提供 E1 蛋白,从而包装产生腺病毒颗粒。该病毒的蛋白质外壳同野生型腺病毒相似,具有同样的感染进入靶细胞的能力,但是基因组 DNA 的 El 区被外源目的基因取代,即进入靶细胞后病毒不能复制,但可以表达目的蛋白。腺病毒载体系统及其包装如图 13-8 所示。

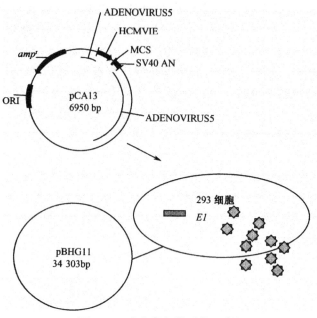

图 13-8　腺病毒包装系统示意图

　　腺病毒由于不能被整合到宿主细胞的基因组中,因此,难以像逆转录病毒载体那样较长时间地表达外源基因,外源基因表达的持续时间为 2～6 周。困扰腺病毒载体一个重要问题是安全方面的问题:腺病毒载体在包装细胞中增殖时,剧序列间可否发生同源重组而产生有复制能力的野生型腺病毒? 在曾经被感染过野生型腺病毒的宿主体内,复制缺陷型腺病毒可否被拯救? 其所具有一个主要的缺点是,会诱导机体产生免疫反应,由于较高的免疫原性,因此会导致一过性表达及静脉反复使用困难。

　　在对腺病毒载体进行改造的过程中,要重点提高安全性、降低免疫反应,主要有以下几个方面的进展。

　　①在 $E1$ 缺失、$E3$ 缺失载体中的 $E2A$ 区引入点突变。人们发现 $E1$ 区缺失的腺病毒载体转染靶细胞(非 293 细胞)后,仍有足够的 $E2A$ 和低水平晚期蛋白的合成。$E2a$ 基因编码一个 DNA 结合蛋白,是腺病毒在复制所不可缺少的。在 $E1$ 区缺失的腺病毒载体的 $E2A$ 区引入温度敏感型突变,使 $E2A$ 在 37℃不表达,这样,即使 $E1$ 表达,腺病毒也不能表达晚期基因产物。这样的腺病毒载体感染小鼠肝脏后,其炎症反应既迟又弱,转基因至少能表达 70d。病毒复制必需的 $E2a$ 基因突变,明显减少病毒早、晚期基因表达,降低免疫反应,同时也降低了同源重组或标记拯救而产生复制型病毒的可能性。

　　②在 $E1$ 缺失、$E3$ 缺失载体中,插入一个 RSV LTR 启动子控制下的 $gpl9k$ 基因组成性表达盒,可以降低宿主细胞的免疫反应。gpl9k 蛋白是 Ad5 E3 区编码的一种蛋白质,其可以与宿主细胞 MHC 1 类抗原相结合,使 MHC 1 类抗原不再有合适的末端糖基来结合其他抗体,从而减少了宿主细胞表面 MHC 1 类抗原的水平,降低了细胞毒性 T 淋巴细胞(CTL)对感染细胞的杀伤活性。gpl9k 表达盒的插入,减少了机体对感染细胞的免疫监视,通过降低免疫反应,而相应地延长了外源基因的表达时间。但是 gpl9k 表达盒的插入,限制了载体的克隆容量。

　　③在 $E1$ 缺失、$E3$ 缺失载体中,再缺失 $E4$ 区,由于 $E4$ 为复制必需区,所以必须建立能同时互补 $E1$、$E4$ 功能的包装细胞。F4 编码 7 种蛋白,其功能涉及晚期蛋白的合成、病毒 DNA 的复

制及关闭宿主细胞蛋白质的合成等。其中可读框 3 或 6（ORF3 或 ORF6）的产物主要参与晚期病毒基因表达的调节。$E4$ 的 ORF3 或 ORF6 缺失，将导致晚期蛋白表达的减少，从而降低机体对感染细胞的免疫损害。将 Ad5 $E4$ 区远侧的 ORF6 加上 ORF7 片段克隆到小鼠乳腺病毒长末端重复序列的控制下（该启动子可被地塞米松诱导），并将该表达盒转染进 293 细胞，转染后的细胞既可表达腺病毒的 $E1$ 蛋白，又可表达 $E4$ 区 ORF6 和 ORF7 所编码的蛋白，也就是说可以反式互补 $E1$ 和 $E4$ 功能。载体中 $E4$ 的缺失，互补 $E1$、$E4$ 功能的包装细胞的构建成功，进一步降低了同源重组或标记拯救而产生复制型病毒的可能性，同时增加了外源基因的插入容量。但是，该包装细胞产生病毒的滴度仅为 293 细胞的 $1/10\sim 1/100$。

④He 等于 1998 年构建了一个以 Ad5 DNA 为基础的在细菌质粒中同源重组的载体系统，$E1$ 和 $E3$ 区缺失，最大插入容量为 8.2 kb。在这一系统中，重组病毒构建过程至关重要而又最繁琐的一步即同源重组及筛选，不是在哺乳动物细胞中而是在细菌内完成，筛选阳性重组质粒后，再转染 293 细胞，包装出病毒颗粒。因而利用该系统可以迅速有效地操作 DNA 序列，大大地节省了操作所花费的时间，同时还提高了病毒滴度。

在通常情况下，都是将 $E1$ 或 $E3$ 基因缺失的腺病毒载体称为第一代腺病毒载体，这种类型载体可以引发机体产生较强的炎症反应和免疫反应，表达外源基因时间短。$E2A$ 或 $E4$ 基因缺失的腺病毒载体被称为第二代腺病毒载体，产生的免疫反应较弱，其载体容量和安全性方面也有很多的改进。第三代腺病毒载体则缺失了全部的（无病毒载体，gutless vector）或大部分腺病毒基因（微型腺病毒载体，mini-Ad），仅保留了 ITR 和包装信号序列。第三代腺病毒载体最大可插入 35 kb 的基因，病毒蛋白表达引起的细胞免疫反应进一步减少，载体中引入核基质附着区基因可使得外源基因保持长期的表达，同时还增加了载体的稳定性。这一载体系统需要一个腺病毒突变体来作为辅助病毒。

腺病毒载体转基因效率高，体外实验通常接近 100% 转导效率；可转导不同类型的人组织细胞，不受靶细胞是否为分裂细胞所限；容易制得高滴度病毒载体，在细胞培养物中重组病毒滴度可达 1011/ml；进入细胞内并不整合到宿主细胞基因组，仅瞬间表达，安全性较高。因而，腺病毒载体在基因治疗临床试验方面有了越来越多的应用，成为继逆转录病毒载体之后广泛应用且最具前景的病毒载体。

1999 年 9 月，一位 18 岁的美国青年 Jesse Gelsinger 由于缺陷型腺病毒载体的基因治疗临床实验而不幸逝世，当时在科学界与公众的视野中产生了很大的反响。Gelsinger 患有鸟氨酸转氨甲酰酶不足症（ornithine transcarbamylase deficiency，OTC），这是一种极为罕见的基因缺陷遗传病，主要表现为氨代谢异常。他曾经接受了美国宾夕法尼亚大学人类基因治疗中心的治疗，并导入了约 3.8×10^{13} 的重组腺病毒。但只有 1% 的病毒到达了他的靶器官肝脏，绝大部分的病毒则进入了其他的器官与组织，最终引发了强烈的系统性炎症反应。病理分析表明，Gelsinger 有可能携带了一种还未被检测的遗传病或已存在细小病毒感染。该事件对我们来说是一个极为沉痛的教训，并且对基因治疗的研究还产生了严重的负面影响。对于从事基因治疗的临床医生来说，在以后要更加慎重地选择病人和药物剂量；对那些基础医学研究的人员来说，开发更加安全的无病毒载体及靶向性病毒载体是势在必行的。

（2）逆转录病毒载体

逆转录病毒是一种单链正链 RNA 病毒。基因组长约为 10 kb，其含有 3 个最重要的基因，即 gag（编码核心蛋白）、pol（编码逆转录酶）和 env（编码病毒包膜蛋白）。基因排列顺序是 5'-

gag-pol-env-3′。两端存在长末端重复区（LTR），主要用于介导病毒的整合。*env* 基因中含有病毒包装所必需的序列，病毒在进入细胞之后，会逆转录成双链 DNA，该 DNA 在进入细胞核并稳定地整合在细胞染色体中，并以此为模板合成病毒基因及后裔 RNA，然后再装配成病毒颗粒。逆转录病毒可以快速地感染多种类型的宿主细胞，其是最先被改造的，并且应用地最为广泛的基因治疗载体。

当前被人类所使用的逆转录病毒载体主要来源于鼠白血病病毒（murine leukaemia virus, MLV）。逆转录病毒载体由前病毒 DNA 经过适当的改造之后，再插入质粒后所形成的。病毒的大部分序列，如 *gag*、*pol*、*env* 缺失，仅保留了病毒基因组 5′/3′ 端的长末端重复序列（LTR）（包括启动子、增强子、整合必需序列）和包装信号 φ 及其相关序列。另外带有用于插入目的基因的多克隆位点及 *neo* 基因/amp^r 等真核、原核筛选标记。经典的逆转录病毒载体 pLXSN 如图 13-9 所示。

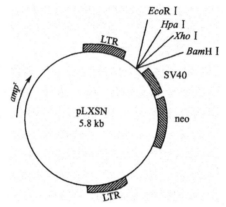

图 13-9　逆转录病毒载体 pLXSN 的结构

载体系统还包括包装细胞（packaging cell），用于将携带外源基因的病毒载体包装成病毒颗粒。包装细胞可以提供 Gag、Pol、Env 等病毒的结构蛋白。将逆转录病毒载体导入包装细胞后，就可以产生有感染能力的复制缺陷型病毒（如图 13-10 所示）。收获缺陷型的逆转录病毒颗粒，感染靶细胞，就可以使外源基因整合入靶细胞的染色体，然后就可以持久稳定地表达。逆转录病毒的三代包装细胞分别是 φ-2、PA317、φCRIP。包装病毒的滴度可以达到 10^6 CFU/ml 以上。

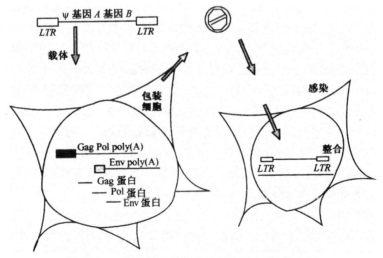

图 13-10　逆转录病毒载体及其包装、感染示意图

逆转录病毒可以在与多种细胞表面蛋白结合之后再进入细胞内,其宿主细胞的范围极为广泛。逆转录病毒的亲嗜性存在物种之间的差异,据此可以大致将其分为三类:第一类是单嗜性逆转录病毒(ectropic retrovirus),只会感染小鼠和少数几个品种的大鼠;第二类是兼嗜性逆转录病毒(amphotropic retrovirus),能感染小鼠的细胞,也能感染其他种属动物的细胞;第三种是,异嗜性逆转录病毒(xenotropic retrovirus),可以感染多种动物细胞,但是却不能感染小鼠细胞。当前人类所使用的大多都是兼嗜性逆转录病毒,如鼠白血病病毒(Mo-MLV),以兼嗜性包装细胞包装病毒颗粒。逆转录病毒的宿主范围是由病毒颗粒表面的包膜蛋白 Env 来决定的,病毒基因组不会影响其靶向性,不同的基因组可以用相同的 Env 包被,并且 Env 来自何种病毒,包装出的病毒颗粒就叫该病毒的假病毒。由此可知,通过改变 Env 蛋白就可以变载体的靶向性。

逆转录病毒载体一个最突出的优点是,可以有效地整合入靶细胞基因组,并稳定持久地表达所带的外源基因。其最大缺点是,存在载体与人内源性逆转录病毒(HERV)序列之间发生重组、产生有复制能力的人逆转录病毒的潜在危险,也存在原病毒 DNA 随机整合靶细胞染色体而激活染色体上癌基因或失活抑癌基因的可能性。目前在基础与临床研究中多适用于 *ex vivo* 法基因治疗,特别是肿瘤的基因治疗。

(3)单纯疱疹病毒载体

单纯疱疹病毒(herpes simplex virus,HSV)的宿主范围较为广泛,几乎可以感染迄今所研究过的脊椎动物所有类型的细胞。HSV 是一种嗜神经性的病毒,在体内感染时,最先会传播到神经系统,在神经元内,病毒颗粒可以通过逆行和前行的机制产生运动,选择性地通过触突进行转移,因此,病毒就可以从周围进入中枢神经系统。野生型病毒感染神经元细胞之后,就会处于潜伏性感染状态,也就是说其基因组以附加体的形式位于细胞核内,部分基因可以保持转录活性而不影响神经元的正常功能。如果 DNA 不进行复制,就不会产生无病毒子代,并且不会被人体免疫系统所识别,潜伏期可持续到其生命的结束。在受到生理或是周围神经损伤等刺激之后,潜伏的单纯疱疹病毒就会被激活,而进入裂解性感染期,在溶细胞性感染时,其线状 HSV DNA 可能会通过其末端的直接连接而立即形成环状。1 型单纯疱疹病毒(HSV-1)基因组庞大,为 152 kb 的线性双链 DNA 分子,全序列已测定,并且已经鉴定出了 80 个以上的基因,其中一半为非必需基因,病毒在半数基因被取代后仍然可以在某些细胞中进行复制,因而 HSV 载体的插入容量可达 50 kb 以上。单纯疱疹病毒载体的容量之大,为各种病毒载体之首,可以同时装载多个目的基因。

因为 HSV-1 可以在神经元中建立长期稳定的隐性感染,因此研究人员想要把 HSV-1 改造成为可定向导入神经系统的载体,来治疗神经性的疾病。

HSV 来源载体有重组子载体(HSV-RV)和扩增子载体(amplicon)两大类型。HSV 重组子载体含有全部病毒基因组,但其中一个或多个基因已经发生,以降低其毒性和提供转基因空间。最新版本的重组子载体删除了多个含转录激活因子的即刻早期基因,基本消除了病毒基因的表达,可用于在宿主神经元细胞中长期表达外源治疗基因。但如果宿主神经元已经潜伏了野生型单纯疱疹病毒,这就很可能会重新激活病毒而进入裂解期。针对这种情况,哈佛大学的姚丰博士等利用病毒自身的"反式主要负调节物"(*trans*-dominant negative)而构建了一个既可抑制自身病毒复制,又可抑制野生型病毒复制的重组病毒。此病毒可以作为新型、安全性单纯疱疹病毒载体,用于临床实验的研究。

扩增子载体,即仅把 HSV 的复制起点 *ori* 和包装信号序列 pac 插入到细菌质粒中。当其转染至包装细胞，用 HSV 辅助病毒超感染，就可以获得含有扩增子的假病毒。没有 HSV 辅助病毒时，这些载体还可以通过与一组已经被删除 HSV 基因组、保留 pac 信号序列的黏粒或 BAC 质粒共转染而得到包装。这些载体有一些相同的优点：基本上无毒性或免疫原性；较大的转基因容量，通常可达 22 kb，最大可达 150 kb；相当高的滴度；对神经细胞的高度感染性，在非分裂细胞中潜伏达数月。此外，HSV 载体感染神经元时，可沿着神经元突起向其胞体快速逆向运输，因此可以提供一种间接的靶向性基因转移途径。

HSV 载体不仅会感染神经元细胞，而且还可以感染非神经元细胞，如上皮细胞等，目前 HSV 载体已经被应用于恶性间皮瘤、帕金森病等疾病的治疗研究中。

改造 HSV 作为基因治疗载体具有重要的意义，但 HSV 存在神经细胞毒性作用和免疫反应，会引起较为明显的局部炎症和坏死情况，因此 HSV 作为转基因载体还有待于进一步研究和改进。随着 HSV 分子生物学研究的不断发展，趋利避害，构建安全、高效的基因治疗用 HSV 载体已经取得了显著的进展，并会在以后的研究中继续取得重要的突破。

常见病毒载体的优缺点见表 13-1。

表 13-1　常见病毒载体的优缺点比较

载体	优点	缺点	主要用途
逆转录病毒，单链 RNA 病毒，约 10 kb	基因组小并且简单，生物学特性清楚，可稳定整合于宿主基因组，表达时间较长，可高效感染分裂细胞	病毒滴度低（10^7 PFU/ml），插入容量有限（<10 kb），可能会与有复制能力的病毒重组，有致癌的危险	*ex vivo* 基因治疗，肿瘤基因治疗
腺病毒，双链 DNA 病毒 36 kb	生物学特性清楚，可感染分裂和非分裂细胞，在非分裂细胞中也可进行高效率的体内感染，病毒滴度高（10^{10} PFU/ml），外源基因表达水平较高	不与宿主基因组整合，表达时间较短，病毒蛋白免疫原性强，可引起免疫反应及炎症反应，插入容量有限（7~8 kb）	*in vivo* 基因治疗，特别适于原位使用，尤其是肺部，肿瘤基因治疗
腺伴随病毒，单链 DNA 病毒，4.6 kb	无毒、无致病性，免疫原性弱，可位点特异性整合于人 19 号染色体，长期表达外源基因，可感染分裂和非分裂细胞，在骨骼肌、心肌、肝、视网膜等组织中表达较高	基因组小，携带外源基因能力有限（4 kb），需腺病毒等辅助复制，难得到高滴度病毒	*in vivo* 及 *ex vivo* 基因治疗，遗传病基因治疗，获得性慢性疾病的基因治疗
单纯疱疹病毒，双链 DNA 病毒，152 kb	插入容量可达 50 kb 以上，具有嗜神经性，可潜伏感染，可感染分裂和非分裂细胞	分子生物学特性尚未完全阐明，神经毒性	神经系统疾病的基因治疗，肿瘤的基因治疗

（4）腺伴随病毒载体

腺伴随病毒（adeno associated virus，AAV）属细小病毒科，病毒颗粒直径为 20 nm，无包膜，

20 面体,是当前动物病毒中最简单的一类单链线状 DNA 病毒。人群中,AAV 具有很高的感染率,85%的人呈血清抗体阳性,但是还没有发现 AAV 会引起人体疾病的案例。在以往的流行病学研究报道甚至还认为,感染 AAV 的人还会降低患癌的机会。

AAV 是一种缺陷病毒,只有在与腺病毒等辅助病毒共转染时才能进行有效复制和产生溶细胞性感染,这也是其名字的由来。AAV 单独感染时,其基因组位点特异性地整合入人 19 号染色体长臂。AAV 是惟一一种以位点特异性方式整合的真核病毒,从而降低了随机整合而导致宿主细胞产生突变的潜在危险性。因此,AAV 载体为外源基因的表达提供了相对固定的染色体环境,加之其具有感染范围广(包括分裂期细胞和非分裂期细胞)、携带的外源基因可长期存在并稳定表达等诸多优点而受到专家学者的关注。

AAV 基因组很小,只有大约 4.6 kb,含 3 个启动子(P5、P19、P40)、2 个基因(*rep* 和 *cap*)和位于基因组两端的末端反向重复序列 ITR。*rep* 基因编码不是结构蛋白,参与病毒复制、转录的调节,并与基因组的整合有关,由 P5 和 P19 启动子调控。*cap* 基因编码病毒衣壳蛋白,由 P40 启动子调控。末端反向重复序列 ITR 对于病毒的复制、包装、拯救等是最少的必需的顺式作用元件。

当前大多数的 AAV 载体都缺失了 *rep* 和 *cap* 基因等,仅保留两个 ITR,如图 13-11 所示。

图 13-11 腺伴随病毒载体的结构

AAV 被作为载体的一个极为突出的优点是就是安全,除此之外,AAV 引起的免疫反应轻微,因此可以被多次使用。AAV 载体所具有的一个较大的缺点是病毒载体滴度过低。现在最为常用的产生重组 AAV 的方法是,用含有 *rep* 和 *cap* 基因而不含有 ITR 的质粒作为辅助质粒,与重组 AAV 质粒共转染宿主细胞。从该系统产生的重组病毒效价较低,其原因是进入细胞内的 *rep* 和 *cap* 基因拷贝数有限,而且很难自身进行复制,因而反式因子的拷贝数较少,从而影响了重组病毒的产生。目前所面临的一个重要问题是建立稳定表达 *rep* 和 *cap* 的细胞系,但其中所遇到的一个主要困难可能就是 *rep* 表达的毒性。

腺伴随病毒载体虽然存在着缺少高效的包装细胞、制备过程复杂、滴度低($<10^4$ 病毒颗粒/m1)、不能插入较大的外源基因(<4.7 kb)等缺陷,但经过实验证明其可以有效地转导脑、骨骼肌、肝脏等许多类型的细胞,抗原性及毒性均很小,不致病,可感染非分裂细胞,因而经常被科学家所使用。

2. 非病毒载体

(1)脂质体

脂质体是由脂类形成的一种可以高效包装 DNA 的人造单层膜,是一种脂质双层包围水溶液的脂质微球。其结构和性质与细胞膜极为相似,并且二者易于融合,DNA 由于细胞的内吞作用进入细胞。人工脂质体膜具有多种特点,主要有:可生物降解,不会在体内形成堆积;可以与体细胞相容,无毒性和免疫原性;可带有不同的电荷;可制成球状(0.03~50 nm),包容大小不同的生物活性分子;具有不同的膜脂流动性、稳定性及温度敏感性,能适应不同的生理要求。

最被人们常用的一种脂质体为阳离子脂质体,主要是由带正电荷的脂类和中性辅助脂类等摩尔混合形成的。带阳性电荷的脂质体与带阴性电荷的 DNA 之间可以有效地形成复合物,然后通过内吞的作用进入细胞内。阳性脂质体 DNA 基因转移系统在体外研究中的应用已基本趋于成熟，已经被应用于肿瘤的临床治疗。虽然最终被证实其体内局部、低剂量使用并没有毒副作用，但转染效率和靶向性仍是一个极为棘手的问题，等待以后的解决。

（2）裸 DNA

裸 DNA 指的是，将携带外源基因的表达质粒直接注射或通过基因枪、电穿孔导入到组织细胞中，不依赖其他物质介导，是最简单的非病毒载体系统。基因枪或电穿孔技术的出现，显著提高了裸 DNA 基因转移的效率。当前，此方法主要被应用于 DNA 疫苗（外源基因为病原体的有功能的基因片段），可以激发机体的细胞免疫和体液免疫。DNA 不仅可以穿透靶细胞的细胞膜，并且还可以直接到达细胞核，避免了溶酶体酶的降解。重组 DNA 可贮存于 5%～30% 的蔗糖溶液中，也可以用生理盐水或是 PBS 进行溶解，但是溶液的类型会对基因表达产生一定的影响。

（3）分子耦联体

分子耦联体指的是，外源 DNA 通过某种方式共价结合细胞表面特异受体的配基或单克隆抗体或病毒包膜蛋白等，利用特异的结合特性而介导外源基因导入到某一类型的细胞中。

（4）多聚物

多聚物指的是，利用阳离子多聚体如多聚左旋赖氨酸上的正电荷与 DNA 上的负电荷结合，形成稳定的多聚物/DNA 复合物。复合物所带有的正电荷，可以与细胞表面带负电荷的受体相结合，从而被摄入到细胞中。

以上几种方法在临床试验和基础研究中的应用都较多。当前所知的临床研究方案中，脂质体是除逆转录病毒载体以外，应用最多的基因传递方法（＞20%）。特别是在在肿瘤、囊性纤维化等疾病的治疗中应用的是最多的。目前，此类载体所面临的一个最主要的问题是，导入效率低。因为外源裸 DNA 或复合物在进入靶细胞之后，DNA 需要逃避内吞小泡、溶酶体及细胞质中核酸酶的降解与破坏，再加上对其他的一些物理化学性质还不是十分明确，因此，非病毒载体还需要进一步地改进。

3. 载体与基因治疗中的靶向性问题

靶向性问题是当前基因治疗中急需解决的问题，载体与靶向性的研究已经取得了一些进展，使得基因治疗更为安全和有效。

某些病毒对人体的某些组织细胞会产生特异的亲和作用。利用单纯疱疹病毒天然的嗜神经性，可以将其改造为治疗神经系统疾患的基因载体。逆转录病毒只能感染分裂细胞，当用于治疗神经系统肿瘤时，它将会是较为理想的载体，因为在通常情况下，神经系统中分裂的细胞都是肿瘤细胞和为肿瘤供血的血管细胞。

许多细胞表面都特异性地表达或过表达某种受体或抗原，如果使携带有目的基因的载体与相应的配体或抗体相连接，利用受体-配体或抗原-抗体相互作用的特异性，就可以将目的基因特异性地导入到靶细胞中。为了能够使逆转录病毒能够定向感染到所需要的靶细胞，就可以将病毒与抗体偶联，该抗体则针对所需感染细胞上特有的抗原。如使只能感染啮齿类细胞的单向感染病毒与抗人 MHC-I、MHC-Ⅱ的抗体偶联或与抗人表皮生长因子的抗体偶联后，可以感染人类细胞。另外，将逆转录病毒 Env 蛋白与乳糖偶联成去涎酸糖蛋白，使用该种方法改造的单向逆转录病毒将不会再感染原先的宿主而只感染人的肝细胞，因为只有肝细胞表面上含有去涎酸糖蛋白的受体。再如，用水泡性口炎病毒 G 糖蛋白取代逆转录病毒 Env 蛋白，可以使该病毒颗粒成功地感染非哺乳动物，如斑马鱼细胞等，这种病毒外壳可耐受超离心而不影响感染效率，因此有利于浓缩病毒、提高滴度。

非病毒载体也可以利用受体-配体的特异性作用,实现靶向性的导入。用含有叶酸的阴离子脂质体转染一种过表达叶酸受体的鼻咽癌上皮细胞 KB 时,含叶酸的脂质体介导的报道基因荧光素酶基因的转染效率较不含叶酸的阳离子脂质体高 20～30 倍,用它们感染不过表达叶酸受体的中国仓鼠卵巢细胞 CHO 时,二者的转染效率不会产生明显的差异。

靶向性病毒载体的一个新趋势是构建条件增殖型病毒载体(conditionally replicating vector),它是指可在某种特性的组织中生产性复制,而在其他组织中不增殖的病毒载体。这类病毒载体主要用于特异性裂解肿瘤细胞。如天然的腺病毒突变株 Onyx-015 是 55 kDa $E1B$ 基因功能缺失的腺病毒突变株,可以选择性地在 $p53$ 基因突变的肿瘤细胞中增殖,而在正常组织细胞中不增殖。用这种突变株联合化疗治疗恶性肿瘤已经进入 Ⅲ 期临床试验。此外,$icp34.5$ 基因缺失的单纯疱疹病毒选择性杀灭肿瘤,也已经在实验室取得初步的成功。以这些能够选择性地在肿瘤细胞中复制的病毒作为载体,再携带目的基因,可以达到更好的杀灭肿瘤的效果。

利用组织特异性的基因启动子限制目的基因只在靶细胞内表达,可以构建靶向转录载体。一般的载体或者用病毒 LTR,或者用人巨细胞病毒早期启动子,启动目的基因的转录,启动子本身并没有选择性。靶向转录载体则可以利用组织特异性的基因启动子,外源性治疗基因在导入细胞后,由于靶细胞内存在特异的转录激活因子作用于其组织特异性的基因启动子,从而激活治疗基因的转录,使之表达;其他非靶细胞内由于不含特异的转录激活因子,因而导入这些细胞中的外源基因并不表达。目前使用的组织特异性基因启动子大致可分两类:正常组织细胞中特异性蛋白的基因启动子和疾病状态下组织细胞过表达或特异表达蛋白的基因启动子。应用最多的当属甲胎蛋白(AFP)基因启动子,此外还有癌胚抗原(CEA)基因启动子、黑色素瘤的酪氨酸酶(Tyr)基因启动子等。甲胎蛋白(AFP)为肝癌细胞特有的高效表达产物,其上游调控区(−3 700～−3 300)决定了 AFP 在肝癌中的专一性表达。将 AFP 启动子片段与胸苷激酶(TK)基因融合,克隆入逆转录病毒后转染肝细胞,然后给予无毒性前药阿拉伯糖核苷,只有肝癌细胞才专一性地合成 TK,将前药转化成细胞毒性 Ara-ATP,造成肝癌细胞的死亡,而其他的细胞不受影响。黑色素瘤特异性表达酪氨酸和酪氨酸相关蛋白。决定酪氨酸酶专一性表达的片段是在该基因上游(−270～−1),用上述调控区与 gal 报告基因融合,在人与鼠的黑色素瘤细胞中均检测到其特异性表达。在乳腺中专一性表达的基因有 β-蛋白、乳清酸蛋白等,其调控区中的负调控片段决定他们仅在乳腺组织中表达。将氯霉素乙酰基转移酶基因(CAT)置于骨钙素基因启动子的控制之下,转染黏着性骨髓细胞,静脉输注经转染的骨髓细胞后,证实尽管骨髓细胞分布于各种组织内,但 CAT 基因仅在骨组织中表达,因此骨钙素基因启动子也可以作为骨组织特异性的启动子。靶向转录载体的一个主要缺点是,组织特异性的启动子常常不是强启动子,目的基因在靶组织中呈基础性表达,表达水平不高。

某些细胞启动子,在特殊病理状态下会被优先激活,利用这些启动子构建的靶向诱导载体,即使在健康和病理组织混杂的情况下,也能实现目的基因仅在适当的靶细胞中特异表达。例如,在实体瘤中典型的病理状态是缺氧。内皮细胞生长因子(VEGF)与血管形成密切相关,在缺氧条件下,其表达增加。VEGF 的缺氧诱导反应是与位于 $VEGF$ 基因 5′ 端缺氧反应转录激活元件的存在有关。这类元件可用来构建靶向诱导载体,在缺氧条件下诱导表达目的基因以阻断肿瘤的血管形成。再如,用放射线照射可以诱导早期生长反应基因-1(EGR-1)启动子表达肿瘤坏死因子 α。诱导剂本身就有杀肿瘤细胞的作用,这种杀瘤作用可通过诱导目的基因的表达进一步加强。EGR-1 启动子经腺病毒介导转入实验性肿瘤中,它仍有放射诱导活性,而且经放射线处理后,导致肿瘤的进一步消除而不增加毒性作用。由于放射线照射不仅作为一种治疗剂,同时也作为一种诱导剂暂时性、区域性地激活外源抗肿瘤基因的表达,因此,这种方法对肿瘤基因治疗有重要价值。

某些疾病的基因治疗,尤其是遗传病的基因治疗,要求目的基因在一定时间内和一定水平上进行表达,基因表达时间过短或表达水平过低都起不到治疗作用,但是,基因表达时间过长或表达水平过高又会对人体有害,因而对治疗这些疾病的目的基因的表达时间和表达水平要进行精确的调控。目前,可以采用可口服的、非毒性的小分子药物,如四环素、蜕皮激素(ecdysone)等来控制一个经基因工程修饰的转录因子,通过该转录因子来调控目的基因的表达。服用这些小分子药物后,目的基因的表达可以在短时间内达到很高的水平,而且可以通过小分子药物给予的时间和剂量来调控目的基因的表达时间和表达水平,而不服用这类药物时,基因不表达或只有低水平的表达。

四环素/四环素操纵子(tet 操纵子)调控模式是口服药物调控基因治疗的典范。tet 阻遏系统是 20 世纪 90 年代以来 Bujard 等创建的一种利用原核调控元件在真核细胞中定量并特异地控制外源基因表达的体系,具有高度特异性。该体系由大肠杆菌 Tn10 转座子中四环素阻遏操纵子的两个部件:四环素阻遏蛋白(tetR)和四环素操纵子序列(tetO),与四环素(Tc)及其衍生物 doxycycline(dox)组成。在 tet 阻遏系统中,tetR 与单纯疱疹病毒的 VP16 转录活化域组成融合蛋白——四环素控制的反式活化因子(tc-controlled transactivator,tTA),通过 7 个拷贝的 tetO 和部分 CMV 启动子组成的四环素反应元件(TRE)共同控制下游基因的表达,如图 13-12 所示,当四环素或 dox 不存在时,tTA 与 TRE 结合,启动下游基因的转录;当四环素或 dox 存在时,tTA 与四环素或 dox 结合,以致于与 TRE 的结合能力下降,从而关闭下游基因。在四环素阻遏系统中,tTA 或 rtTA 基因对宿主自身基因无明显影响,四环素及其衍生物 dox 在效应浓度下对细胞完全没有毒性,甚至在持续作用的情况下,也不影响细胞的生长与增殖。将 tet 阻遏系统装入重组病毒载体中,仍能发挥调控作用。例如,将 tet 阻遏系统插入到腺病毒载体中,构建 Ad-VtTA 重组载体,以调控 TNF-β 的表达。将这个重组载体转入人肿瘤细胞和 T 淋巴细胞中,不加四环素时,24 h TNF 的表达量达 5～10 ug/10^6 细胞;当加入四环素时(浓度为 0.1 mg/ml),TNF 的表达彻底抑制。利用这种方法,可限制 TNF 严重的毒副反应。尽管四环素调控系统的设计方案多种多样,但它不可能适用于所有的细胞。同时,tTA 是异种蛋白,在机体内可能引起毒性作用和免疫反应,因此用于人体前还需考虑其安全性和长期有效性。

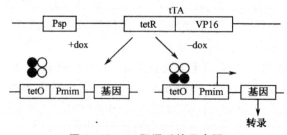

图 13-12　tet 阻遏系统示意图

应用昆虫蜕皮素类似物也可在哺乳动物细胞中对外源含蜕皮素反应元件的启动子进行有效地调控。这个系统可能比 tet 阻遏系统有更强的可诱导性和更低的基础活性。但是这个系统要更为复杂一些,因为它需要表达两个不同的受体,在蜕皮素类固醇的存在下,形成异源二聚体以识别蜕皮素反应元件。

到目前为止,已发展了多种靶向载体,希望能解决基因治疗中基因转移的安全性和有效性问题。但这些载体却各自有一定的缺陷。目前,人们更倾向于将这些靶向载体的各种优点集中在一起,构建一个具有多种靶向特征的可精确调控的载体系统。比较理想的载体模式,包括许多特点,如具有稳定的非免疫原性的包膜,包膜上暴露有特异的配体,还有能促进病毒颗粒与靶细胞膜融合的组分;载体 DNA 也应含有组织特异性启动子和其他调控元件及有助于载体整合的同源序列等。这些载体的成功构建将会进一步推动基因治疗的研究和应用。

13.2.4　基因治疗的流程

基因治疗的基本程序包括基因治疗研究的基本程序和基因治疗临床实施的基本程序两个方面。基因治疗研究的关键步骤包括:①目的基因的选择与制备;②靶细胞的选择和培养;③安全而高效的基因转移系统的建立与基因的导入和表达。

基因治疗临床实施的步骤要更为全面一些,包括:①确定基因及其功能特征;②体外基因转移实验;③临床前实验(动物);④临床级载体构建;⑤机构评估部与机构评估委员会的批准;⑥管理机构 RAC 的批准(在美国是 FDA——联邦食品与药品管理局);⑦生物生产与应用的优化;⑧Ⅰ~Ⅲ期临床实验;⑨管理机构批准产品。

1. 目的基因的选择和制备

基因治疗所要面临的一个首要问题是选择用于治疗疾病的目的基因。对于遗传病来说,只要已经研究清楚某种疾病的发生是由于某个基因的异常所引起的,其野生型基因就可以被用于基因治疗,如用 ADA 基因治疗重度联合免疫缺陷症(SCID)。

一般情况下,可用于基因治疗的基因必须要满足以下几点:①该基因的过高表达不会对机体造成危害;②在体内仅有少量表达就可以显著改善症状;③外源基因能在靶细胞中长期稳定存留;④外源基因可有效导入靶细胞;⑤导入基因的方法及载体对人体细胞安全无害。

对于由单基因缺陷引起的隐性遗传疾病,往往是首选的用于基因治疗的疾病。因为如果致病基因隐性,导入正常有功能的基因便是显性,其表达产物可以克服缺陷基因的功能不足。

2. 靶细胞的选择和培养

基因治疗的靶细胞可以是生殖细胞,也可以是体细胞。生殖细胞基因治疗(germ cell gene therapy),是将正常基因转移到患者的生殖细胞(精细胞、卵细胞)或者早期胚胎之中,使其发育成正常个体。但是由于用生殖细胞进行治疗会产生伦理道德问题,因此通常会使用体细胞来作为靶细胞。

体细胞基因治疗(somatic cell gene therapy),也就是将有功能的基因转移到体细胞内,使之在基因组上非特定座位随机整合。只要该基因能有效地表达出其产物,便可达到治疗的目的。靶细胞的选择可以是表现疾病的细胞,也可以是在此疾病的发生、发展中起主要调控作用的细胞,如免疫细胞等。选择体细胞作为靶细胞还必须要考虑到以下几个方面的问题:①细胞较易获得,且生命周期较长;②最好为组织特异性细胞;③离体细胞经转染和一定时间培养后再植回体内,仍较易成活;④离体细胞较易受外源基因转化。

ex vivo 法基因治疗中,经常会将造血细胞、皮肤成纤维细胞、肝细胞、血管内皮细胞、淋巴细胞、肌肉细胞及肿瘤细胞来作为靶细胞。不同疾病基因治疗的靶细胞选择如表 13-2 所示。

表 13-2　适合于体细胞基因治疗的人类疾病

疾病	靶细胞	被传染的基因
血友病 A	肝、肌肉、骨髓细胞	凝血因子 Ⅷ
血友病 B	成纤维细胞	凝血因子 Ⅸ
家族性高胆固醇症	肝	低密度脂蛋白受体
重度联合免疫缺陷病	骨髓细胞、T 细胞	腺苷脱氨酶（ADA）
血红蛋白病	红细胞前体细胞	α-珠蛋白、β-珠蛋白
囊性纤维化	骨髓细胞、巨噬细胞	囊性纤维化基因（CFTR）癌症
癌症	肿瘤细胞	P53,Rb,白细胞介素,生长抑制基因,凋亡基因

3. 基因转移系统的建立与基因的导入和表达

外源基因在人体细胞内的表达调控方式与转基因动物相似,因此需要选择组织特异性表达的启动子,尤其是可控表达的启动子以及可诱导表达的启动子以及有效的终止子等顺式调控元件来实现治疗性 DNA 在人体的内高效、稳定、安全、可控表达。特异表达的启动子可以使用在特殊病理状态下优先激活的启动子,如内皮细胞生长因子(VEGF)的缺氧诱导启动子,其 5′端存在缺氧反应转录激活元件,在缺氧的情况下,其表达会增加。用这种启动子构建靶向诱导载体,可以使实体瘤中的缺氧条件诱导表达目的基因来阻断肿瘤血管的形成。可诱导的启动子通常都是采用可口服的、非毒性的小分子药物,如四环素、蜕皮激素(ecdysone)等来控制一个经基因工程修饰的转录因子,通过该转录因子来调控目的基因的表达。在服用这些小分子药物后,目的基因的表达就可以在短时间内达到一个很高的水平,而且可以通过小分子药物给予的时间和剂量来调控目的基因的表达时间和表达水平;如果不服用这类药物,基因不表达或只有低水平的表达。

13.2.5　重要疾病的基因治疗

1. 病毒病的基因治疗

基因治疗在病毒病的防治中的应用主要体现在病毒性肝炎和艾滋病的基因治疗研究中。引起病毒性肝炎的病原体主要是肝炎病毒,包括甲型肝炎病毒(HAV)、乙型肝炎病毒(HBV)、丙型肝炎病毒(HCV)、丁型肝炎病毒(HDV)、戊型肝炎病毒(HEV)。

人类免疫缺陷病毒(HIV)是艾滋病(获得性免疫缺陷综合征,AIDS)的病原体。目前主要的治疗方法是高效抗逆转录病毒药物治疗(HAART),虽然取得了较好的效果,但药物的毒副作用、费用、耐药性及复杂的服用程序等都阻碍了 AIDS 药物治疗的发展。基因治疗是一种新颖、具有挑战性、很有前景的 AIDS 治疗方法。

(1)艾滋病病毒的结构与感染过程

HIV 是一种逆转录病毒,分为 HIV-1、HIV-2 两种型,二者在结构上极为相似,主要是由外膜和内核组成的。HIV-1 结构如图 13-13 所示。外膜是脂质双层结构,其间有突出于膜的 Env 包膜糖蛋白。HIV 的包膜蛋白在合成过程中,首先形成糖蛋白前体 gp160,而后在高尔基复合体中分解成为 gp120/gp41。内核由 P24 核包膜蛋白、病毒 RNA 和酶类所构成。病毒基因组包括 9 个基因和 2 个长末端重复序列(LTR)。结构基因 *gag*、*pol* 和 *env* 分别编码核包膜蛋白 (Gag)、病毒复制所需反转录酶、整合酶等(Pol)和病毒包膜糖蛋白(Env)。

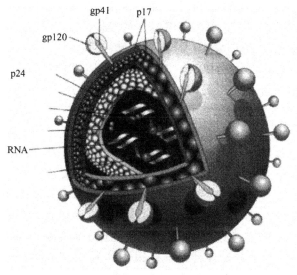

图 13-13　HIV-1 结构模式图

　　HIV 通过其表面的包膜糖蛋白与宿主细胞 CD4 结合,在 CCR5 或 CXCR-4 等辅助受体协同帮助下,与细胞膜融合,病毒核心进入细胞内,病毒 RNA 在反转录酶作用下合成前病毒。一方面病毒以出芽方式从细胞释放形成新病毒,同时感染别的新细胞;另一方面前;病毒与细胞 DNA 整合而呈潜伏状态。调控基因有 *rev*、*nef* 和 *tat* 等,*rev* 增加 *gag* 和 *env* 基因表达,输送转录的病毒 RNA 出核;*nef* 在原来被认为是负调节子,但后来经研究表明 *nef* 实际上是 HIV 复制、扩散所不可缺少的基因,可以增强病毒的感染力;tat 能结合病毒 LTR,激活病毒基因的转录。此外还有 *vif*、*vpu*、*vpr* 基因,它们的作用分别为调整病毒颗粒的装配、下调宿主细胞 CD4 的表达、促使病毒 DNA 输送进核等。HIV-2 基因组不含 *vpu* 而含未知功能的 *vpx* 基因。

　　艾滋病发病的一个重要机制是 $CD4^+$ T 淋巴细胞的破坏与衰竭,会导致机体免疫力的下降,甚至是丧失。

　　当从不同的角度来选取目的基因时,就会形成不同的 HIV 基因治疗策略。

　　(2)阻断病毒进入细胞

　　HIV 感染并进入宿主细胞之后,必须要借助其包膜糖蛋白 gp120 与宿主淋巴细胞膜上的 CD4 抗原相结合,这也是 HIV 选择性破坏 $CD4^+$ 细胞的重要原因。因此,过量的 CD4 抗原分子和 HIV 的包膜糖蛋白 gp120,可以阻断和抑制 HIV 的感染能力,保护未受感染的 $CD4^+$ 细胞。将可溶性 $CD4^+$(sCD4)分子的编码基因导入到体外培养的 T 淋巴细胞中,sCD4 分子确实可以阻断 HIV-1 的感染。sCD4 与免疫球蛋白融合基因的表达,也获得了明显的抗 HIV-1 的效果。免疫系统中 CD4 分子的正常功能与主要组织相容性复合体(MHC)Ⅱ型分子的免疫识别密切相关。因此,用 sCD4 分子干扰 HIV-1 与 $CD4^+$ 细胞结合来进行抗病毒基因的治疗,担心会干扰 MHCⅡ特异性 T 细胞的功能。但转基因小鼠的研究结果表明,这种担心实际上是没有必要的。表达 sCD4 分子的转基因小鼠品系,持续表达 sCD4 分子达 100 ug/ml,辅助性 T 细胞介导的体内抗体的应答机制,并不受 sCD4 分子过表达的影响。

但是，以 sCD4 基因作为目的基因的抗 HIV-1 基因治疗Ⅰ期临床实验却没有获得预期的成功。从临床标本中分离到了抗 sCD4 分子的 HIV-1 病毒株，从一个侧面解释了其中的原因。实验证实，中和 sCD4 抗性株所需要的 sCD 分子数是 sCD4 敏感株的 200～2 700 倍。因此，利用 sCD4 编码基因作为目的基因进行抗病毒基因治疗时，除了必须要考虑到基因转移与表达调控的技术之外，还要考虑到 sCD4 分子本身的一些性质和特点。

如果只有 CD4 并不能对 HIV-1 的细胞嗜性进行充分的解释，HIV-1 的入侵还需要人类细胞表面的其他具有组织特异性的辅助受体。1996 年由旅美学者冯愈及其同事鉴定出第一种嗜 T 细胞 HIV-1 感染所必需的辅助受体——fusin/CXCR4。此后不久，邓宏魁等又发现了嗜巨嗜细胞 HIV-1 株的辅助受体——CCR5。一般认为，在感染前状态时，HIV gp41 三聚体的核心螺旋(H1)被外围螺旋(H2)和 gp120 所包围。与 CD4 结合后，gp120 离开 gp41 三聚体，并将 gp41 的 H1 螺旋从中央拉出。gp120 进一步与辅助受体结合后，使 gp120 与 gp41 完全脱离，随即 H1 伸展出来，使 N 末端的融膜肽到达宿主细胞表面并牢固地插入细胞膜中。此后 gp41 三聚体进行了 H1 与 H2 相互靠拢的构象变化，重新形成平行的螺旋六元束，这一变化提供了病毒包膜与宿主细胞膜的水化表面之间相互靠近所需的能量，拉近了两层膜。多个 gp41 三聚体在两层膜接近处形成膜间的融合孔，膜的流动性使融合孔很快扩大，最终实现 HIV-1 包膜与宿主细胞膜的融合(如图 13-14 所示)，使 HIV-1 核心进入宿主细胞质中。

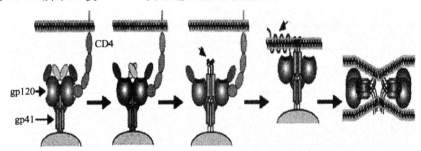

图 13-14　HIV-1 包膜与宿主细胞膜的融合模式图

（3）单链可变区抗体

单链可变区抗体(single chain variable fragment, ScFv)，指的是将免疫球蛋白的重链可变区(VH)和轻链可变区(VL)通过一段连接肽连接而成的重组蛋白，1988 年，由 Huston 等利用基因工程技术首次成功制备。ScFv 对靶抗原的结合活性与天然抗体十分接近，其具有多个优点：①无 Fc 段，不易为具有 Fc 受体的细胞结合或吞噬；②分子小，分子质量为 27～28 kDa，大小为完整抗体的 1/6，免疫原性低；③易于基因操作和大量生产。利用病毒载体和非病毒载体技术，可以将 ScFv 的编码基因导入人体的细胞内，从而实现抗病毒的基因治疗。

F105 人源性单克隆抗体已经被证实了具有中和活性的抗-gp120 抗体，可竞争性抑制 HIV 与 CD4 分子的结合，并可与多个 HIV-1 型原始株结合。1993 年，Maraseo 等将 F105 的 VH 和 VL 片段扩增，并在 VL 片段后接上肽段 SEKDEL，附加的 KDEL 序列可使抗-gp120 ScFv 单链抗体滞留在内质网中，从而将与之特异性结合的 gp120 扣留在内质网，阻断病毒包膜蛋白的生成。该工作是最早的关于细胞内免疫抗 HIV 基因治疗的研究报告。

2. 肿瘤的基因治疗

（1）针对抑癌基因的基因治疗

抑癌基因(tumor suppressor gene)又叫做抗癌基因(antioncogene)，经专家的研究表明，几乎一半的人类肿瘤均存在抑癌基因的失活。因此,将正常的抑癌基因导入肿瘤细胞中,以补偿和代替突变或缺失的抑癌基因,达到抑制肿瘤的生长或逆转其表型的抑癌基因治疗策略,必将成为肿瘤基因治疗中的一种重要的治疗模式。

1979 年,Lane 和 Grawford 在 SV40 大 T 抗原基因转染的细胞中发现了 $p53$ 基因,这是目前研究最为广泛和深入的抑癌基因。$p53$ 能与 DNA 结合而起到转录因子的作用,$p53$ 蛋白的 C 端对其与 DNA 结合的能力起着重要的调控作用。野生型 $p53$ 不仅能抑制那些促进失控细胞生长和增殖相关的基因的表达,并且还可以活化抑制失控细胞异常增殖的基因。野生型 $p53$ 的缺失、突变或失活可能会使细胞发生转化。迄今已发现的 10 000 种人类肿瘤的 2 500 种基因突变中,$p53$ 蛋白的 393 个氨基酸就有 280 个以上发生了突变。由于这种点突变,直接的后果是导致氨基酸的改变,最终产生没有活性的 p53 蛋白,从而丧失了抑癌的作用。

由于人类恶性肿瘤 $p53$ 基因突变率较高,因此以正常 $p53$ 基因治疗肿瘤就成为了专家们研究的热点。大量的体内外试验已证实,引入 $p53$ 基因确实可以起到抑制肿瘤细胞生长,诱导细胞凋亡的作用。利用电穿孔的方法,把野生型 $p53$ 基因导入人类前列腺癌细胞 PC-3 中,发现肿瘤细胞形态改变,细胞生长速度降低,裸鼠致瘤性消失,进一步研究发现肿瘤抑制是因为其凋亡增加所致。从裸鼠尾静脉每隔 10~12d 注射脂质体与 $p53$ 的复合物,用于治疗接种于裸鼠皮下的人恶性乳腺癌(含 $p53$ 突变),结果大多数 $p53$ 治疗组的肿瘤消失(8/15),而对照组只有 1 只消失(1/22);停止治疗后,8 只已消失的肿瘤 1 个月后无一复发。将 $p53$ 基因相继导入肝癌、口腔癌、肺癌、头颈部肿瘤等肿瘤细胞,同样发现类似的结果。但对于不同的细胞类型,$p53$ 基因的抑制作用各不相同。

除了直接的抑瘤作用外,正常 $p53$ 基因的导入还可以诱导癌细胞对化疗药物及放疗的敏感性,加快肿瘤细胞的死亡。腺病毒介导的 $p53$ 基因与放射线对小鼠皮下异体移植 SW260 结直肠癌有协同抑制的作用,小鼠再生的肿瘤受到 5Gy 的放射治疗后需要 15d 才能长至 1 000 mm³(一般小鼠仅需 2d),如果再对其使用 $p53$ 基因治疗,则需要 37d,从这里就可以看出 $p53$ 基因确实可以提高小鼠对放射线的敏感性。

$p16$ 基因是另一个研究较多的抑癌基因。由于其对细胞周期 G1 期有特异性调节作用,因此又被称为多肿瘤抑制基因 1(multiple tumor supperssor 1,MTS-1),INK4a(inhibitor of cyclin dependent kinase 4)。正常情况下,p16 与细胞周期素 D(cyclin D)竞争 CDK4、CDK6,抑制它们的活性,使其一系列底物(如 Rb)保持持续去磷酸化高活性,而不能解除 Rb 对转录因子 E2F 等的抑制,从而阻止细胞 G1 期进入 S 期,直接抑制细胞的增殖。相反,当 $p16$ 基因发生异常改变时,细胞增殖失控导致其向癌变发展。

$p16$ 基因异常的表现为,以基因缺失为主,在肿瘤中可达 80% 以上。基因异常的总发生率高于其他已知的抑癌基因,而且 $p16$ 基因异常分布的瘤谱范围很广。用腺病毒介导 $p16$ 基因导入肺癌细胞,可抑制癌细胞的生长和克隆形成,造成细胞周期 G1 期阻滞。对乳腺癌细胞(MCF-7)、膀胱癌细胞等,也会产生类似的结果。

$p16$ 作为一种新型的抑癌基因,具有多个优点,如可特异地阻抑 CDK4 或 CDK6,与恶性肿瘤的联系更加广泛,抑癌机制比较明确,较之有间接作用的 $p53$,$p16$ 基因对细胞周期有肯定的直接作用。而且,$p16$ 基因相对分子质量较小,仅为 $p53$ 的 1/4,易于基因治疗的操作。所以,$p16$ 在肿瘤的研究领域及基因治疗方面的作用日益受到关注。

为了探讨 $p16$ 与 $p21$、$p53$ 之间的协同作用,Ghaneh 等将 Ad-$p53$ 与 Ad-$p16$ 共转染到 5 种

前列腺癌细胞中，从而发现无论在体内或体外，在体或离体，与单独治疗相比，两者联合可诱发大量的肿瘤细胞凋亡，肿瘤细胞生长受到严重的抑制。

（2）针对癌基因的治疗

癌基因指的是，细胞基因组中具有的能够使正常细胞发生恶性转化的一类基因，这种基因在人的正常细胞中就已存在。在大多数的情况下，这类潜在的癌基因都处于不表达的状态，或其表达水平不足以引起细胞的恶性转化，或野生型蛋白的表达不具有恶性转化作用。当这些基因改变时，就会导致基因异常活化而启动细胞生长，从而发生恶性转化。如 *Ras*、*Myc*、*Src* 等基因，由于突变而使其功能处于异常活跃状态，不断地激活细胞内正性调控细胞生长和增殖的信号传导途径，促使细胞异常生长。因此，封闭癌基因，抑制其过表达是抑制肿瘤的另一种策略，反义癌基因即是其中一种较为有效的手段。反义 RNA 指的是能抑制基因表达的 RNA，其本身含有一段与靶基因互补的序列。通过这一段序列与靶基因编码 mRNA 特定序列结合，形成反义 RNA-靶RNA 二聚体，可能通过抑制转录、转录后加工或抑制翻译，从而对目的基因的功能产生一定的影响。

用反义 Myc 片段构建的重组腺病毒载体 Ad-As-Myc，能显著抑制肺腺癌 GLC-82 和 SPC-A-1 细胞生长和克隆形成，并诱导其凋亡。RT-PCR 和 Western 印迹显示 *Myc* 基因表达下降，凋亡相关基因 *Bcl*-2 和 *Bax* 分别出现下调和上调。瘤内注射 Ad-As-Myc 可抑制裸鼠皮下移植肿瘤的生长（抑瘤率为 52％）。对肝癌细胞 BEL-7402、HCC-9204、QSG-7701 和 SMMC-7721、胃癌细胞 MGC-803 和 SGC-823 也有抑制作用，表明反义 Myc 具有广谱的抗肿瘤作用。把反义 c-Myc 和反义 c-erbB-2 同时及分别导入卵巢癌细胞（COCl），发现反义 c-Myc 组抑制率为 64.5％，反义 c-erbB-2 组为 61.9％，两者结合组则高达 82.6％。

以逆转录病毒为载体将反义的 K-Ras 导入胃癌细胞 YCC-1（高表达野生型 K-Ras）和 YCC-2（K-Ras12 位突变）中，发现 K-Ras 基因的表达显著降低，其癌细胞生长明显受抑，其抑制率近50％。体内实验也表明，未转染反义 *K-Ras* 的裸鼠在 20d 后肿瘤迅速增大，而转染反义 *K-Ras* 的肿瘤未见长大。将含有具有抑制 *K-Ras* 功能的突变体 *N116Y* 基因的腺病毒（AdCEA-N116Y）导入胰腺癌细胞（PCI-35、PCI-43），然后再感染裸鼠，发现无论是 *N116Y* 的表达，还是肿瘤受抑，抑或凋亡等变化，与对照组（人胚胎胰细胞₁C_3D_3）相比均有显著性差异，对膀胱癌的研究也发现了类似的结果。

针对癌基因的核酶（*ribozyme*）技术研究也有很多，其主要原因是核酶能够序列特异性地抑制靶 mRNA，区别正常的癌基因和突变型癌基因。针对突变型 *K-Ras* 癌基因的锤头状核酶，可特异且有效地切割突变的 *K-Ras* mRNA，但对野生型的 mRNA 无作用，体内外均能显著抑制结肠癌细胞的生长。K-Ras 核酶除了抑制肿瘤的生长外，还能增强肿瘤对化疗药物的敏感性。

（3）肿瘤免疫基因治疗

从广义上来说，凡是应用基因转移技术治疗免疫性疾病或根据免疫学原理和技术而建立的基因治疗方案，都属免疫基因治疗（immune gene therapy 或 immuno-gene therapy）。

①针对肿瘤细胞的免疫基因治疗

将细胞因子和免疫相关基因导入肿瘤细胞中，可以制备各种瘤苗以增强机体的抗肿瘤免疫功能。用含 IFN-γ 的逆转录病毒进行膀胱癌切除后的免疫基因治疗，可以增加肿瘤细胞在局部产生 IFN-γ，以诱导淋巴细胞的反应而达到治疗的目的。用电穿孔的方法介导 IL-12 基因对肝细胞癌的基因治疗，发现肿瘤受到抑制不仅局限于电穿孔处，对远端的肿瘤也有抑制的作用；而且经过电穿孔处理的肿瘤,肺转移的发生率会降低,肿瘤内发现有大量的免疫功能细胞浸润。用逆转录病毒介导 IFN-γ 基因和用牛痘病毒载体联合导入 *IL-1* 和 *IL-12* 基因治疗胶质瘤,发现都可以抑制肿瘤的发生。

肿瘤抗原需要与 MHC-Ⅰ 类分子结合,被 CD8$^+$ CTL 识别,被 APC 摄取加工后与 MHC-Ⅱ 类分子结合,再被 CD4$^+$ Th 识别,就可以激活肿瘤免疫。而 MHC-I 和 MHC-Ⅱ 途径都需要 B7 共刺激。肿瘤细胞低表达或不表达 MHC-I 或 MHC-Ⅱ 及共刺激分子是其抗原呈递发生障碍,最终逃脱机体免疫的重要原因。将人乳头瘤病毒(HPV-16)的 E7 基因转染黑色素瘤细胞株 K1735,以期通过 E7 基因的表达来增强肿瘤细胞的免疫原性,发现单纯转染了 *E7* 基因的肿瘤细胞在体内 100% 成瘤,但同时转染了 E7 和 B7 共刺激分子的肿瘤细胞在体内完全丧失了致瘤能力。将共刺激分子 CD$_{40}$ 基因的重组腺病毒直接注入小鼠黑色素瘤、结肠癌及 Lewis 肺癌等实体瘤内,发现 60% 以上的小鼠黑色素瘤及结肠癌得以治愈,而免疫原性极弱的 Lewis 肺癌也有部分被治愈。

②针对免疫应答细胞的基因治疗

该方法使用的原理是,将细胞因子导入抗肿瘤效应细胞中以增强抗肿瘤作用,并以免疫应答细胞为载体细胞将细胞因子基因携带至体内靶细胞,使细胞因子局部浓度提高,从而更有效地激活肿瘤局部及周围的抗肿瘤免疫功能。

常用的免疫效应细胞有自然杀伤细胞(NK)、淋巴因子激活的杀伤细胞(LAK)、肿瘤浸润淋巴细胞(TIL)等,可供选择的目的基因有白细胞介素、干扰素、肿瘤坏死因子、集落刺激因子、趋化因子等。IL-2 激活的 NK 细胞可以选择性地聚集在某些实体瘤组织中起到杀伤作用。IFN-γ 基因转染至 LAK 细胞也可以增强杀死肿瘤的活性。

树突状细胞(dendritic cell,DC)是人体最有效的抗原呈递细胞(APC),能致敏和激活静止 T 细胞和 B 细胞。T 细胞直接或通过分泌细胞因子,B 细胞通过分泌抗体,作用于靶细胞或病原体上,最终消灭靶细胞或病原体。最近几年,DC 作为肿瘤生物治疗和基因治疗的方案已经获得了 FDA 的批准并进入Ⅲ期临床。该疗法比传统的 LAK 细胞疗法具有更特异和更强大的杀瘤活性,被誉为当前肿瘤生物治疗和基因治疗最有效的手段。比较成熟的制备 DC 细胞的方法是采用抗原基因、抗原和细胞因子来转染和修饰 DC。常用的有抗原肽刺激和各种抗原基因,如宫颈癌-E7、E6,前列腺癌-PSA 等;肿瘤提取物及细胞因子。多项动物实验结果表明,转导肿瘤特异性抗原基因的 DC 可使肿瘤组织减小。用小鼠肝癌总 RNA 转染的 DC 体外诱导特异性细胞毒 T 淋巴细胞的研究发现,转染的 DC 其组织相容性分子(MHC-I、MHC-II)及共刺激分子(B7-1、B7-2)表达明显增高,刺激同基因型小鼠 T 细胞可使增殖能力增强,且还能诱导肝癌细胞特异性的 CTL 产生。甲胎蛋白 AFP-DC 瘤苗不仅能产生和分泌 AFP,而且还能上调自身的 B7 分子和 MHC 分子,明显刺激 T 细胞增殖及提高 CTL 的杀伤作用。

DC 增强抗肿瘤免疫反应的另一机制是编码 CD$_{40}$ 配体的基因转录。CD$_{40}$ 配体的表达可以通过 DC 表达的 CD$_{40}$ 之间的相互作用自动激活,这可直接刺激抗原特异性的 CD8＋T 细胞而无需 CD4$^+$ T 细胞的介导。在小鼠黑色素瘤中,这种机制可使肿瘤退化,延长生存期限。同时向肿瘤内注射表达有 CD$_{40}$ 的腺病毒载体和改造过的 DC,可引发肿瘤特异性的免疫反应,抑制肿瘤生长,并增加肿瘤 CD$_{40}$ 配体的表达。因此,肿瘤细胞转基因 CD$_{40}$ 配体的表达可明显增强 DC 表达 CD$_{40}$,从而增强其抗肿瘤活性。

3. 遗传病的基因治疗

(1)囊性纤维化

囊性纤维化(CF)是在西方是一种较为常见的单基因遗传病,平均每 2 500 个婴儿中就有一个患囊性纤维化。囊性纤维化是由于 *cftr* 基因突变引起的,蛋白质 CFTR 能够引导氯离子穿过细胞膜。在囊性纤维化症患者体内,这些通道无法正常工作,造成化学失衡,使肺细胞分泌过量的黏液,结果导致病人出现呼吸困难等,而且容易导致感染。

2003 年 4 月,美国克立夫兰的科学家和医生公布了一项鼓舞人心的囊性纤维化基因治疗临床试验结果和一种新型"压缩 DNA"(compacted DNA)技术。由克利夫兰大学医院(UHC)、凯西西部保留地大学(CWRU)医学院、非盈利组织囊性纤维化基金会下属的囊性纤维化基金会治疗公司(Cystic Fibrosis Foundation Therapeutics)在 2002 年共同发起了这项囊性纤维化基因治疗一期临床试验。

共有 12 名患者参加了这个试验。在试验中,科学工作者使用了克立夫兰的生物技术公司 Copernicus Therapeutics 公司的非病毒基因导入技术。在 UHC 和 CWRU 科学家的合作下,Copernicus 公司开发出了一种压缩 DNA 技术,使 DNA 链紧密结合以使其体积大幅变小,可以直接穿透细胞膜进入细胞。这样可以利用这些外来的 DNA 产生那些囊性纤维化患者细胞所缺限的蛋白,从而治疗这种疾病。实验中,研究者通过鼻通道滴注生理盐水,将正常的基因导入到 12 名参加实验的囊性纤维化患者。通过鼻组织活检,研究者可以检测正常的 cftr 基因是否进入了患者的细胞,并产生足够的蛋白来影响盐和水进出细胞。最终研究者发现有 2/3 接受治疗的患者在鼻细胞对氯离子的转入和转出有显著的提高。所有参加实验的患者都完成了治疗试验。实验中没有发现任何显著的不良反应,并且治疗可以被病人很好地耐受。

Copernicus Therapeutics 公司正在开发一种气雾剂基因导入技术,通过这种技术可以将正常的 *cftr* 基因通过气雾剂直接进入患者的肺细胞。下一步的临床试验,将采用气雾剂基因导入技术来取代现在的生理盐水滴注法。

(2)β 地中海贫血

β 地中海贫血(简称为 β 地贫)是一种遗传性溶血性疾病,其发病机制是由于 β 珠蛋白基因(简称 β 基因)的突变或缺失,导致构成血红蛋白 $HbA(\alpha_2\beta_2)$ 的 β 珠蛋白肽链合成减少(β^+)或不能合成(β_0),造成 α 肽链与 β 肽链合成率失衡而引起患者溶血性贫血。目前对 β 地贫处于研究阶段的基因治疗主要有 β 珠蛋白基因转移的治疗、反义核酸基因治疗等。

①β 珠蛋白基因转移的治疗。

针对 β 地贫发病的分子机制,β 地贫基因治疗的核心是增加患者红系组织中 β 基因表达,从而纠正 α 与 β 肽链合成率的不平衡。因此,许多实验室采取的基因治疗策略是向患者的造血干细胞导入正常的 β 基因补充 β 珠蛋白表达水平的不足或替换异常的 β 基因来达到治疗目的。这种方法可以使所转 β 基因在红系组织中获得长期正常的表达,使 β 地贫患者得到终生治疗。

②反义核酸修复。

导致 β 基因表达缺陷和 β 珠蛋白缺陷的基因突变类型大约有 130 多种,其中有相当一部分是由于 RNA 剪接异常所致,即 β 基因中的突变点激活了前体 mRNA 中异常剪接位点,使之改变正常的剪接途径而进行异常剪接,产生异常的 βmRNA 和 β 肽链。反义核酸技术在 β 地贫基因治疗中以其高度的特异性引起了人们的关注。反义核酸的活性在于它与目标 mRNA 特异性杂交,从而导致细胞内 RNase H 对 mRNA 的降解,也可修饰 mRNA 的剪接及阻碍 mRNA 的翻译。因此,反义核酸可以特异性地封闭剪接缺陷型突变的 β 基因前体 mRNA 中的异常剪接位点,使之恢复正常剪接,从而产生正常的 βmRNA 和 β 珠蛋白肽链。反义核酸技术是治疗由剪接缺陷型突变所致 β 地贫的一种可供参考的途径。

血红蛋白病曾被认为是最有希望通过基因治疗治愈的单基因遗传病。经过近 20 年的探索,血红蛋白病基因治疗尤其是地中海贫血基因治疗仍处于基础研究阶段,距离临床应用仍有较大距离。待解决的问题主要表现在两个方面:一方面是作为血红蛋白病基因治疗基础的珠蛋白基因的表达调控规律非常复杂,仍未完全阐明;另一方面是,基因治疗的载体系统容量有限,不完全适合带复杂调控序列的珠蛋白基因转移。

(3)血友病 B

血友病 B 又叫做乙型血友病,是一种由于血液中凝血因子Ⅸ缺乏而引起的严重凝血功能障碍。血友病 B 是 X 连锁隐性遗传,在男性中发病率为 1/30 000。在正常情况下,当人的血管受到损伤而出血时,创伤表面释放的激肽原和激肽释放酶会激发凝血级联反应,最终使血液中可溶性的血纤维蛋白原转变成不溶的呈网状聚合的血纤维蛋白,从而使血液凝固。参与凝血级联反应过程的凝血因子有十几种,凝血Ⅸ因子(简称 FⅨ)便是其中之一。在级联反应中,FⅨ不仅是必需的蛋白因子,而且当 FⅨ与调控蛋白 FⅧ形成复合物后,凝血反应速度成千倍增加,致使凝血过程仅在几分钟内即可完成。因此,当人体内缺乏 FⅨ时,便表现为自发性或微外伤后出血不止,严重者可因关节出血而导致关节变形和残废,或因内脏、颅内出血而死亡。此病的常规临床治疗方法主要依靠蛋白替代治疗,即输血或凝血酶原复合物,这样不仅费用昂贵,而且可能引起严重的输血反应,引起血栓形成和栓塞。

血友病 B 的基因治疗研究起步较早,研究较为深入。1991 年,血友病 B 已成为世界上第二个进入遗传病基因治疗临床试验的病种,成为我国在基因治疗领域中的一个标志。编码 FⅨ蛋白的基因于 1982 年被克隆,它位于 Xq27 的 1 带,编码 415 个氨基酸。目前用于 FⅨ基因治疗研究的载体有逆转录病毒载体、腺病毒载体、腺伴随病毒载体及脂质体、可移植的微胶囊等非病毒载体。我国复旦大学薛京伦等于 1994 年首次报道了以逆转录病毒载体介导的对血友病 B 患者实施基因治疗的临床试验。他们用构建有人 FⅨcDNA 的逆转录病毒载体感染血友病 B 患者皮肤成纤维细胞,并用胶原包埋细胞直接注射到 2 名血友病 B 患者腹部或背部皮下,治疗后患者体内 FⅨ浓度从 70～130 ug/L 上升到 240～280 ug/L,以后以 220 ug/L 的水平维持了 6 个月以上。但是,此方案过程繁琐,很难在临床推广。2003 年,薛京伦等又研制成功"重组 AAV-2 人凝血因子Ⅸ注射液",将腺伴随病毒载体介导的Ⅸ因子基因直接肌肉注射到体内,方法简单,易于推广,获得了国家食品药品监督管理局的《药物临床研究批件》,这标志着复旦大学在血友病基因治疗领域取得了突破性的进展,进一步显示了我国基因治疗的国际先进水平。

从总体上来说,血友病 B 基因治疗临床试验是安全可行的,其中腺病毒途径被认为是最有效的方法之一,虽然当前的治疗效果还有待提升,但是却已经能够将中型血友病 B 患者的症状明显减轻了。

13.3　人类疾病的分子诊断

一旦与人类疾病有关的基因被克隆测序且引起疾病的突变的本质被搞清了,针对突变位点的分子检测方法一般就能被设计出来。通过使用 PCR 扩增感兴趣的 DNA 片段(图 13-15)这些测试可在十分少量的 DNA 样本上进行。所以,它们可在产前通过羊膜穿刺术和绒毛检查获得的胎儿细胞上进行,甚至在通过体外授精获得的胚前期单细胞上进行。

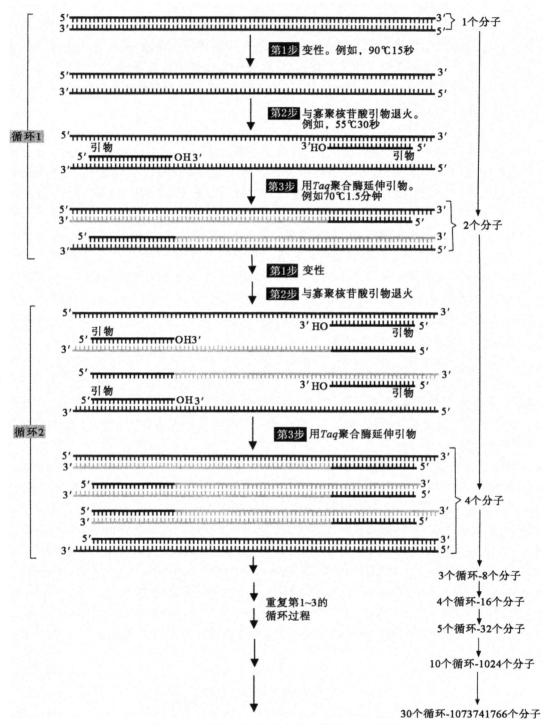

图 13-15　使用 PCR 技术在体外扩增 DNA 分子

一些分子诊断只涉及到 DNA 上特定限制性酶切位点存在与否的检测。例如,造成镰刀状贫血的突变中丢失了一个限制性酶 $Mst\,\mathrm{II}$ 的酶切位点,如图 13-16 所示。HBB^S(镰刀状细胞)等位基因可通过采用 PCR 对部分 β-球蛋白基因进行扩增,将扩增后的 DNA 用 $Mst\,\mathrm{II}$ 酶切,再将酶切后的片段用琼脂糖凝胶电泳分离,对分离后的片断进行 Southern blot,再使用跨越突变位点的探针与 blot 上的 DNA 片段进行杂交,从而与正常的 β-球蛋白等位基因(HBB^A)相区别。在正常的 β-球蛋白基因上,探针将会与两个小片段结合,而在镰刀状细胞 β-球蛋白基因上,探针仅仅与一个片段相结合。由此,这个检测方法同时可以检测纯合体和杂合体。

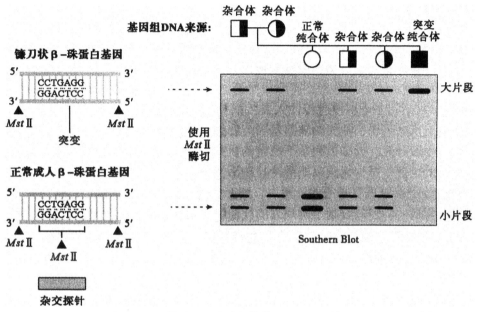

图 13-16　通过使用限制性酶 $Mst\,\mathrm{II}$ 酶切的基因组 DNA 的 Southern blot 分析检测镰刀状细胞血友病突变

另一方面,可合成与在 Hb_β^S 基因中镰刀状细胞突变两侧 DNA 序列互补的引物,然后利用这段引物从基因组 DNA 上扩增该片段。扩增后的 DNA 可用 $Mst\,\mathrm{II}$ 进行处理,处理产物用琼脂糖电泳凝胶进行检测,看扩增产物是否能被 $Mst\,\mathrm{II}$ 切开。

对于像亨廷顿病和脆弱 X 综合征这样由基因中三核苷酸重复区域扩增导致的遗传性疾病,PCR 和 Northern blot 可用来检测突变位点。其他类型的突变可通过位点特异性的寡核苷酸作为探针去检测基因组 Southem blot 来发现。一旦与某种疾病相关的突变被鉴别出来后,针对最普遍的疾病的 DNA 检测技术的开发通常就是同一种套路。十分明显引起人类疾病的诊断技术的实用化已在遗传咨询领域发挥了重大作用。

13.4　DNA 指纹图谱

DNA 指纹图谱——DNA 多态性的记录模式已成为提供个体识别的强有力证据。

多年来指纹图谱在人类案件鉴证中起到了重要的作用。事实上,指纹常常提供了将嫌犯送入监狱的关键证据。在法庭受理的案件中使用指纹作为证据是基于没有两个个体会具有完全一致的指纹这样的前提。类似的,除了同卵双胞胎外,没有两个个体会拥有核苷酸序列相同的基因组。人类基因组包含 3×10^9 个碱基对;DNA 中的每一个位点都被四种碱基对中的一对所占据。

许多碱基对的置换是沉默的；它们位于非必要的非编码序列，或者在基因中位于密码子第三个碱基的位置，由于密码子的简并性而不会影响基因产物的氨基酸序列。因此，在进化的过程中这样的碱基对置换在基因组中累积了下来。加之，DNA 序列的重复和缺失还有其他基因组的重组导致了基因组在进化上趋异。事实上，最近有证据证实人类基因组包括了很多不同类型的 DNA 多样性大家族，多样性可以为未决的案件提供有价值的证据。这些多样性可以用来生成 DNA 指纹图谱——基因组 DNA 用特异的限制酶酶切后与相应的 DNA 探针杂交在 Southern blot 中出现的特异性条带模式。

DNA 指纹图谱在个体识别案件中的效用对任何熟悉分子遗传学和用于生成 DNA 印迹的技术的人来说是显而易见的。在法庭诉讼案件中有关使用 DNA 指纹图谱的争执主要与涉及的研究室的资质、产生印记的人为错误的可能性以及计算两个个体具有相同指纹图谱可能性的技术有关。为了得到所辨识印记相似性的准确评估，研究者必须拥有关于所讨论的多态性在人群中出现频率的可信信息。比如，如果在群体中近亲婚配（在有亲缘关系的个体中的婚配）是普遍情况的话，出现一致指纹图谱的可能性就会增加。因此，要对两个个体间含有相匹配的指纹图谱的可能性进行准确评估需要相关人群中多态性频率的可信信息。从一定人群中获得的数据不能外推到另一人群中，因为不同人群会出现不同的多态性频率。

如果使用得当，DNA 指纹图谱能够提供有力的法庭取证工具。DNA 印迹可以从少量的血样、精液、发囊或其他细胞中获得。DNA 从这些细胞中提取出来，通过 PCR 扩增，然后用经过仔细选择的 DNA 探针通过 Southern blot 方法进行分析。事实上，指纹图谱有时候可以通过从死亡已久的个体身上保存的组织中提取的 DNA 来完成。正如之前所提到的，人类基因组包含大量短 DNA 序列，以不同长度的串列重复出现在好几条染色体上。这些可变数目的串列重复，或称 VNTRs，是 DNA 指纹图谱的重要成分。尽管 DNA 印迹在所有有争议的案件中可以使用，它们被证明在血缘和法庭诉讼案件中尤为有用。

13.4.1　鉴定测试

过去，不确定的血缘案件经常通过比对孩子、母亲和可能的父亲的血型来决定。血型数据可以用来证明拥有特定血型的男子不可能是孩子的父亲。不幸的是，这些血型比对的结果无法提供父亲的阳性鉴别结果。相对的，DNA 指纹图谱不仅能够排除错认的父亲，还能进一步提供对于生父的阳性鉴别。DNA 样本从孩子、母亲和可能的父亲的细胞中获得，并制备 DNA 指纹图谱。但指纹图谱被比对时，孩子 DNA 印迹中所有的条带都应该出现在双亲 DNA 混合印迹中。由于孩子会分别从父母每一个人那里获得一对同源染色体中的一条。因此，孩子 DNA 印迹中约一半的条带由遗传自母亲的 DNA 序列所产生，另一半则来自于遗传自父亲的 DNA 序列。

图 13-17 展示了一个孩子、母亲、还有两名被怀疑是孩子父亲的男子的 DNA 指纹图谱。在这一案例中，DNA 印迹显示第二名父亲可能是孩子的生父。在鉴别孩子与双亲血缘关系的 DNA 指纹图谱的准确性可以由增加分析中所使用的杂交探针来增强。使用更多的探针，更多的多态性可以被分析，孩子和双亲基因组的很多属性可以被比较，鉴别结果就更为可信了。

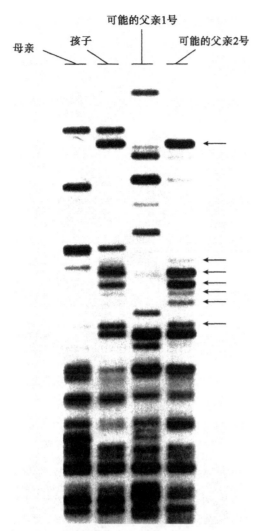

图 13-17　一名母亲,她的孩子和另外两名声称是孩子父亲的男子的 DNA 指纹图谱

箭头所指的条带将 2 号男性鉴别为孩子的生父

13.4.2　法庭诉讼应用

在 1988 年,DNA 指纹图谱首次被作为犯罪事件的证据使用。1987 年,一项佛罗里达的法官否决了控方针对一名强奸罪疑犯 DNA 证据进行统计学解释的请求。在无效审判之后,这名疑犯被释放了。三个月后,他再次被传唤到法庭,被指控犯下了另一起强奸罪。这次法官允许控方出示基于相应人群调查对数据进行的统计学分析。分析显示从受害者身上提取到的精液样本所制备的 DNA 指纹图谱只有 10 万分之一的可能性仅仅出于偶然而与疑犯的 DNA 指纹图谱相匹配。这次疑犯被宣告有罪。当良好的组织或细胞样本从犯罪现场被采集后,DNA 印迹在这类法庭诉讼中的价值是毫无疑问的。如果由有经验的科学家仔细地操作并且严格利用有效的基于人口的多态性分布数据进行分析,DNA 指纹图谱可以在与犯罪的持续斗争过程中提供一个相当有力且急需的鉴别工具(图 13-18)。

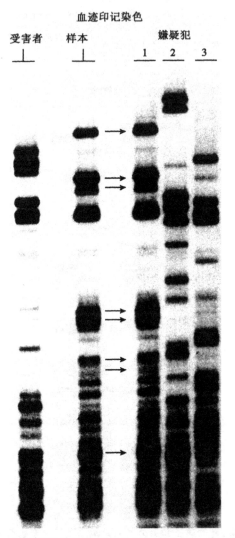

图 13-18　用来自于犯罪现场的血迹和来自三名被指控犯下
罪行的疑犯身上获得的血样准备的 DNA 指纹图谱

箭头所示来自于 1 号疑犯的 DNA 条带——不存在于 2 号 3 号
疑犯——与来自犯罪现场的血迹中获得的条带相符

图 13-18 展示了在法庭诉讼案件中使用的一类 DNA 指纹图谱,被称为 VNTR 印迹。从犯罪现场采集的血迹样本所制备的 DNA 指纹图谱与疑犯 1 的 DNA 印迹相匹配,而与另两名疑犯的印迹不同。当然,这些匹配的 DNA 印迹本身不能证明疑犯 1 犯下了罪行,不过,如果和额外的 DNA 印迹相比对并和其他能够支持的证据一起使用,它们能有力地证明疑犯曾经位于犯罪现场。也许更重要的是,这些印迹清楚地显示从血迹中取得的血细胞不是来自于其他两名疑犯的。因此,DNA 指纹图谱被证明对减少错误指控率具有相当的价值。

通过将 VNTR 指纹图谱和用其他类型的 DNA 探针植被的印迹混合使用,因为偶然性而使来自两名个体的 DNA 指纹图谱相匹配的可能性大大减少。能够使用 DNA 指纹图谱去鉴别个体的根本原因是因为每一个人的 DNA 具有独特的核酸序列。不管人类群体如何扩增,人类基

因中 3×10^9 个碱基对具有远多于地球上人类数目的四种碱基的组合方式。因此,除非是同卵双胞胎,没有两个人会具有完全一致的基因组。DNA 指纹图谱提供了能够发现和记录这些差异的工具,就如同指纹图谱多年来所记录的那样。

13.5　在细菌中生产真核生物蛋白质

13.5.1　人类生长激素

1982 年,人类胰岛素成为了药学领域运用新的 DNA 重组技术第一个成功批量生产的例子。从此以后好几种其他具有医药价值的人类蛋白在细菌中得到了合成。第一批在微生物中被生产的人类蛋白中的几种为凝血因子Ⅷ,血浆酶原激活蛋白和人类生长激素。以人类生长激素 (hGH)在大肠杆菌 hGH(E. coli. hGH)中的合成情况为例子。hGH 为一种正常生长所需的长 191 个氨基酸的单一肽链。与胰岛素不同,猪和牛垂体生长激素对人类不起作用,只有从人类或邻近的灵长目身上获得的生长激素才对人类产生功能。所以,在 1985 年之前,适用于人类治疗的生长激素的主要来源是人类尸体。

为了在大肠杆菌中进行表达,hGH 编码序列必须被置于大肠杆菌调节元件的控制下。所以,hGH 编码序列需要和大肠杆菌乳糖(lac)操纵子的启动子和核糖体结合序列整合在一起。为了达到该目的,位于 hCG 第 24 个密码子的 HaeⅢ 酶切位点被用来将一段编码第 1～23 个氨基酸的合成 DNA 序列和一段编码第 24～191 个氨基酸的部分 cDNA 序列融合在一起。这部分之后被插入一个携带 lac 调节信号的质粒中,然后通过转化导入大肠杆菌。如图 13-19 所示,展示了第一种被用来在大肠杆菌中生产 hGH 的质粒结构。

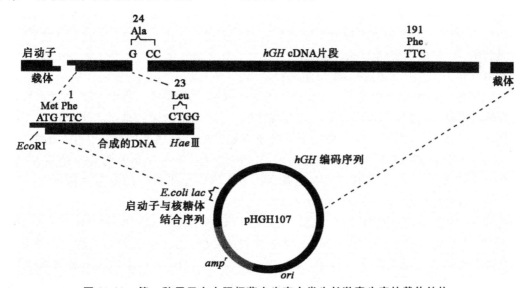

图 13-19　第一种用于在大肠杆菌中生产人类生长激素生产的载体结构

amp^r 基因提供针对青霉素的抗性;*ori* 为质粒复制起始位点。氨基酸从氨基末端开始被予以 1～191 的编号

在最初的实验中,大肠杆菌中产生的 hGH 在氨基末端含有甲硫氨酸。天然的 hGH 具有一个苯丙氨酸的氨基末端;甲硫氨酸在最初会存在于氨基末端然而接着就被酶促反应切除了。大

肠杆菌在翻译后同样会移除许多氨基端甲硫氨酸残基。但是，末端甲硫氨酸的切除取决于序列，大肠杆菌并不切除 hGH 中的氨基端甲硫氨酸残基。虽然如此，在大肠杆菌中合成的存在额外氨基酸的 hGH 在人类身上还是具有完全的活性。在近一些的时候，一个编码一种信号肽的 DNA 序列被加入了一个结构类似于图 13-19 所示基因的 HGH 基因中。增加了该段信号序列之后，hGH 被正确地生产并在同时分泌至胞外。即在初始翻译产物跨膜转运的过程中，甲硫氨酸同剩余的信号肽一起被切除了。这种产物同天然 hGH 是完全一致的。

13.5.2　工业用途的蛋白质

多年来很多具有重要工业用途的酶通过使用微生物合成得到了生产。例如，蛋白酶在地衣芽孢杆菌和其他细菌中得到了生产。这些蛋白酶被广泛用作清洁剂中的添加剂，少量作为嫩肉精以及在动物饲料中作为促消化的添加剂。

凝乳酶在奶酪的生产中被使用。在遗传工程出现之前，凝乳酶是从牛的皱胃中提取的。遗传工程化的细菌现在被用于凝乳酶的大量生产。这里全是在一些场合具有重要工业用途的蛋白质的事例。因为使用重组微生物生产这些蛋白质的方便性，我们可预知在将来有更多的酶将被生产并用于工业用途。

13.6　转基因动物和植物

13.6.1　转基因动物：受精卵 DNA 显微注射和胚胎干细胞转染

许多不同种类的动物通过引入外源基因从而获得了改良。其中小鼠受到的研究比其他任何脊椎动物都要多，所以我们将把有关生产转基因动物的技术的讨论局限在那些用于小鼠的。将转基因引入小鼠染色体有如下两种通用的方法。

一是将 DNA 注射入受精卵或胚胎中；

二是对在培养液中生长的胚胎干细胞进行转染。

第一批转基因小鼠是通过将 DNA 显微注射入受精卵而产生的。事实上，该方法已被广泛地用于生产转基因猪、羊、牛以及其他家畜。在显微注射之前，卵细胞通过外科手术从母体中取出并在体外受精。接着 DNA 通过一种极细的玻璃针被显微注射入受精卵的雄原核中，如图 13-20 所示。成百上千的目的基因拷贝被注射入每一个卵细胞中通常会发生多元整合。然而，当多条拷贝确实整合入基因组时，它们通常以头对尾阵列的串列形式位于单一的染色体位点上。注射入的 DNA 分子的整合在基因组的随机位点上发生。

因为 DNA 被注射进入受精卵中，注射入的 DNA 分子的整合通常发生于胚胎发育的早期。于是，一些生殖系细胞可能带有该转基因。就像预料的一样，由注射后的卵细胞——称作 G_0 代——所发育成的动物几乎总是遗传嵌合体，带有部分携带转基因的体细胞，而其他的没有携带。初始的转基因动物（G_0）必须进行交配以产生 G_1 后代，以此获得所有细胞都携带转基因的动物。在大多数对它们的遗传特征进行研究的案例中，转基因都能较为稳定地传递给后代。

将 DNA 通过注射或转染导入大量来源于小鼠早期胚胎的体外培养细胞中为另一种现在被广泛地用于生产转基因小鼠的方法（图 13-21）。这些胚胎干细胞来源于内细胞团，这是一群在小鼠胚胎的囊胚阶段所发现的细胞。这样的细胞可在体外进行培养，接受 DNA 注射或转染，然

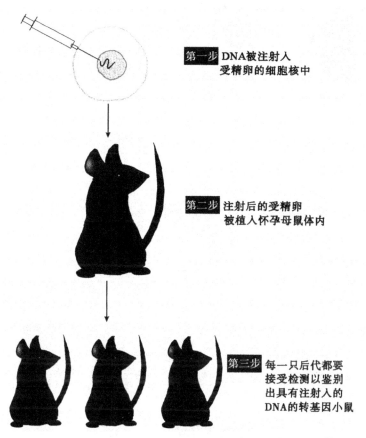

第一步 DNA被注射入受精卵的细胞核中

第二步 注射后的受精卵被植入怀孕母鼠体内

第三步 每一只后代都要接受检测以鉴别出具有注射入的DNA的转基因小鼠

图 13-20　通过把 DNA 注射入卵细胞然后把它们植入母体以完成发育的方式生产转基因小鼠

后导入其他发育中的小鼠胚胎中。偶然在导入的 ES 细胞中的一些可参与形成成体组织，以至于当小鼠出生时，它将维持来源于自己的和衍生自体外培养干细胞的两种细胞的混合状态。这样的小鼠被称作嵌合体小鼠。若这些 ES 细胞碰巧参与形成了嵌合体小鼠的生殖系细胞，导入的外源 DNA 将有机会被传递给下一代。所以嵌合体小鼠的饲养将可能建立一支转基因品系小鼠。

转基因小鼠在全世界的实验室中被广泛地生产，数千种转基因品系鼠被创造出来。它们提供了在哺乳动物中基因表达研究的有价值的工具以及用于测试可能适用于人类的各种转基因载体和方法的绝佳的动物模型。在多数情况下，转基因表现出正常的遗传模式，表明它们被整合进了宿主基因组。

用转基因小鼠做的第一批实验中的一项显示当大鼠、牛或人类生长激素基因在小鼠体内表达时，小鼠的生长速率会得到提高，如图 13-22 所示。这时得动物饲养者提出导入①额外的同源生长激素基因拷贝或者来源于②相近的物种中的异源生长激素基因的拷贝是否会增加家畜生长速率的问题。提高的生长激素水平塑造出了具有改善的肉质以及快速的生长速度的瘦肉猪，转基因猪被生产了出来。其他的科学家基于类似的目的将生长激素基因转入了鱼和鸡体内。在转基因猪上所做的实验表明生长速度的提高不能依赖标准的饮食，只有高蛋白的饮食才能达到这样的效果。但是，转基因猪被发现比对照组更为精瘦，因为生长激素倾向于合成蛋白质而不是脂

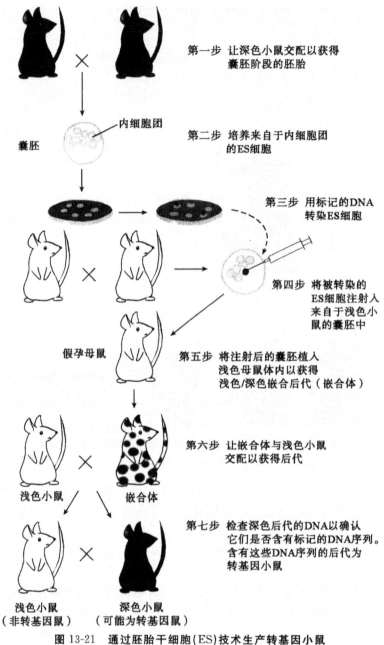

第一步 让深色小鼠交配以获得
囊胚阶段的胚胎

囊胚　内细胞团

第二步 培养来自于内细胞团
的ES细胞

第三步 用标记的DNA
转染ES细胞

第四步 将被转染的
ES细胞注射入
来自于浅色小
鼠的囊胚中

假孕母鼠

第五步 将注射后的囊胚植入
浅色母鼠体内以获得
浅色/深色嵌合后代（嵌合体）

浅色小鼠　嵌合体

第六步 让嵌合体与浅色小鼠
交配以获得后代

第七步 检查深色后代的DNA以确认
它们是否含有标记的DNA序列。
含有这些DNA序列的后代为
转基因小鼠

浅色小鼠　　深色小鼠
（非转基因鼠）　（可能为转基因鼠）

图 13-21　通过胚胎干细胞(ES)技术生产转基因小鼠

防。然而不幸的是,转基因猪同样表现出了好几种由较高的生长激素水平所导致的副作用。最明显的表现为雌性转基因猪是不育的。此外,所有性别的转基因动物都是迟钝的,肌肉虚弱并且易受关节炎和溃疡侵害。虽然科学家对找到克服这些副作用的方法表示乐观,最初的结果却说明利用转基因来增加生长激素水平以达到改进家畜生长速度提高肉质目的的尝试不是非常有效。

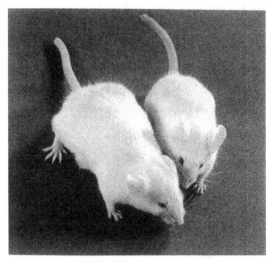

图 13-22　在左侧携带嵌合人类生长激素基因的转
基因小鼠大小是右侧对照小鼠的两倍

其他转基因动物被用来测试对于病毒感染的抗性。鸡白血病病毒（ALV）是一种主要的鸡病毒性疾病，造成家禽养殖业巨大的损失。显然，若能有一种抗 ALV 品系的鸡将会产生很大的商业价值。所以，研究者们制造了携带一种缺陷 ALV 基因的转基因鸡。这些鸡体内能产生病毒 RNA 和病毒包装蛋白而不是病毒的后代。最重要的是，它们可以抵抗 ALV 的感染。大量逆转录病毒包装蛋白的合成从某种程度上阻碍了完整的致病性 ALV 病毒的繁殖周期。那种ALV 的抗性在后代中被传递了好几个世代，从而说明这种遗传性状是稳定的。结果说明了将缺陷的病毒基因导入家畜体内可能会成为生产抗病毒基因型家畜的有用工具。

另一项转基因动物潜在的重要用途是生产有价值的蛋白质并将之分泌于乳汁中。许多天然的人类蛋白含有翻译后修饰产生的糖类或脂类侧翼基因。细菌不含能够催化将这些部分加到未成熟的蛋白质上的过程的酶。在此情况下，重组菌无法用来合成最终产物，它们只能合成肽链至未修饰的形式。基于此原因，一些研究者开始寻找一种生产有价值的人类蛋白的替代方案，特别是针对糖蛋白和脂蛋白。事实上，体外培养的老鼠和仓鼠细胞现在已经普遍地用于生产具有医药用途的人类蛋白质。

13.6.2　转基因植物：根癌农杆菌（4grobacterium turnefaciens）的 Ti 质粒

种植业者可直接改良作物的 DNA，通过 DNA 重组技术他们可很快地将来自于其他物种的基因加入作物的基因基组中。事实上，转基因植物可通过数种不同的方式来生产。一项广泛使用的方案，被称作基因枪转化法（microprojectile bombardment），是将 DNA 包被于钨或金的微粒打入植物细胞中。另一项方案，被称作电穿孔（Aelectroporation），使用一阵短小的电脉冲将DNA 送入细胞。但是，至少在双子叶植物上，最广泛使用的产生转基因植物的方法是根癌农杆菌介导的转化。根癌农杆菌是一种演化出了天然遗传工程系统的土壤细菌，它含有一段能从细菌转移到植物细胞的 DNA 片段。

植物细胞的一个非常重要的特征就是它们的全能型，即从一个单细胞中产生成熟植物所有分化细胞的能力。许多分化了的植物细胞能够去分化至胚胎状态，接着再重新分化成新的细胞类型。所以,不存在像在高等动物生殖系细胞与体细胞那样的区别。该植物细胞的全能型对遗传工程来说是一个巨大的优势,因为它允许从单一的受改良的体细胞来产生整株植物。

根癌农杆菌是双子叶植物冠瘿病的病原体。这个病名主要是因为受感染植物通常在根颈(部分形成瘿或者肿瘤,如图 13-23(a)所示。由于植物的根颈通常位于土壤表面,所以这里成为了植物最为容易受伤的地方并被像根癌农杆菌这样的土壤细菌所感染。然而,根癌农杆菌可感染植物并在任何受伤的部位诱发肿瘤,如图 13-23(b)所示。在受伤的部位被根癌农杆菌感染后,会发生如下两起关键事件:

在土壤表面形成根颈瘿

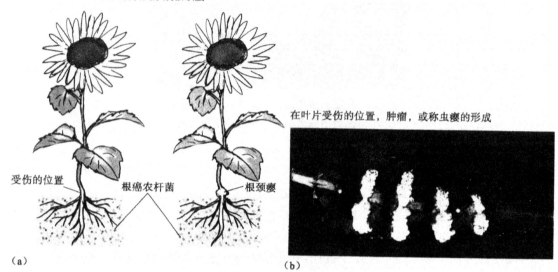

图 13-23　种植于土壤的植物受伤部位
(a)或者北根癌农杆菌感染的叶子(b)上肿瘤或"瘿"的形成

第一,植物细胞开始增殖并形成肿瘤;

第二,它们开始合成一种被称作冠瘿氨酸的精氨酸衍生物。

取决于根癌农杆菌的品系,被合成的冠瘿氨酸通常有可能是胭脂氨酸(nopaline)或羧乙基精氨酸(octopine)。这些冠瘿氨酸被分解并被造成感染的细菌作为能量来源。诱导胭脂氨酸合成的根癌农杆菌能在胭脂氨酸上生长而不能在羧乙基精氨酸上生长,反之亦然。十分清楚,一种有趣的相互关系在根癌农杆菌和它们的植物宿主之间产生了。根癌农杆菌能够将宿主植物的代谢资源转向冠瘿氨酸的合成,而冠瘿氨酸对植物不存在明显的好处但是能给细菌提供营养。

根癌农杆菌在植物上诱导冠瘿病的能力受被称作 Ti 质粒的巨大质粒所携带的遗传信息控制,这种质粒具有肿瘤诱导能力。Ti 质粒的两个组分,T-DNA 和 *vir* 区对植物细胞的转化是必需的。在转化的过程中,T-DNA 从 Ti 质粒上被切下,转移进入植物细胞,并整合入植物细胞的 DNA 中。已有的数据显示 T-DNA 的整合在染色体随机位点上发生;另外,在某些场合,多倍的 T-DNA 整合事件在同一个细胞中发生。在胭脂氨酸型 Ti 质粒中,T-DNA 是一为 23 000 碱基对的片段,携带 13 个已知基因。在羧乙基精氨酸型 Ti 质粒中,存在两个分开的 T-DNA 片段。为了简化问题,我们在接下来的讨论中只考虑胭脂氨酸型 Ti 质粒。

典型的胭脂氨酸 Ti 质粒结构如图 13-24 所示。Ti 质粒 T-DNA 片段上的一些基因编码催化植物生长素合成的酶。这些植物生长素对冠瘿病中肿瘤的生长有关。T-DNA 区被 25 个碱基的不完全重复序列所隔开,这些重复在 T-DNA 剪切和转移中作为顺式元件是必需的。右侧边界序列的缺失会完全阻碍 T-DNA 转移至植物细胞。

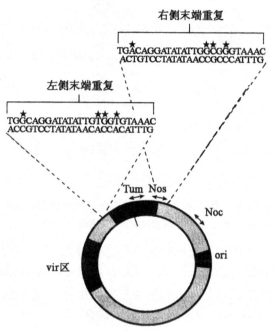

右侧末端重复
★ ★★★
TGACAGGATATATTGGCGGGTAAAC
ACTGTCCTATATAACCGCCCATTTG

左侧末端重复
★ ★★
TGGCAGGATATATTGTGGTGTAAAC
ACCGTCCTATATAACACCACATTTG

Tum Nos

Noc

ori

vir区

图 13-24 胭脂氨酸 Ti 质粒 pTi C₅₈ 的结构

展示了选择性成分。Ti 质粒大小为 210 kb。使用到的记号表示:*ori*,复制起始位点;*Tum*,与肿瘤形成有关的基因;*Nos*,胭脂氨酸生物合成中涉及到的基因;*vir*,T-DNA 转移所需的病毒性基因。左侧和右侧末端重复碱基对序列示于顶部;星号标记了两侧边界序列中不同的四个碱基对

Ti 质粒的 *vir* 区包含 T-DNA 转移过程所需的基因。这些基因编码在转化过程中 T-DNA 片段剪切、转移和整合所需的 DNA 处理酶。当位于 T-DNA 顺式或反式位置时,*vir* 基因可提供 T-DNA 转移所需的功能。它们在土里生长的根癌农杆菌细胞中表达水平非常低。然而,将这些细菌暴露于受伤的植物细胞或者来孕育植物细胞的渗出物后就能使这些 *vir* 基因表达水平得到诱导而提高。细菌的这种诱导过程十分缓慢,需要 10～15 h 才能达到最高表达水平。例如乙酰丁香酮这样的苯酚类化合物就起到了 *vir* 基因诱导剂的作用,并且转化效率往往可通过在感染了根癌农杆菌的植物细胞中添加这些诱导剂来提高。通过根癌农杆菌的 Ti 质粒进行的植物细胞转化过程如图 13-25 所示。

一旦根癌农杆菌 Ti 质粒的 T-DNA 区被转移入植物细胞并整合入植物染色体的行为被确定了,在植物遗传工程中根癌农杆菌的潜在利用价值就显而易见了。外源基因可插入 T-DNA 然后随着其他 T-DNA 一起转化到植物中。该方法非常有效。问题在于携带野生型 T-DNA 的转化植物细胞失去了它们对细胞分裂的正常控制并形成了肿瘤。T-DNA 的此性质决定了野生型的 Ti 质粒不适用于大多数的基因转化实验。然而此问题通过鉴别出 T-DNA 中与肿瘤生成有关的基因得到了解决,如图 13-25 所示。对一个或更多的此类基因的删除产生了一种无害化的 Ti 质粒。然而,导致肿瘤的基因的删除同时使鉴别获得了无害化 T-DNA 的植物细胞变得困难了。所以,我们需要一种鉴别转化了无害化 Ti 质粒的植物细胞的手段——需要一种理想的位于无害化 Ti 质粒 T-DNA 区中的选择性标记基因。

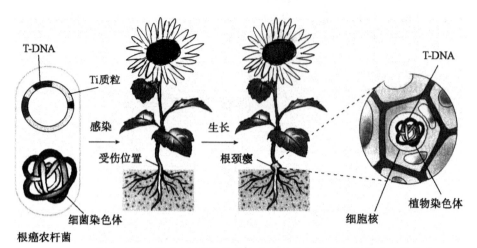

图 13-25　通过容纳了野生 Ti 质粒的根癌农杆菌转化植物细胞肿瘤中的植物 细胞含有整合入染色体 DNA 的 Ti 质粒 T-DNA 片段

　　一种良好的选择性标记基因是一种能够提供针对一种药物、一种抗生素或者其他能够抑制正常植物细胞生长的药剂的抗性的基因。这些选择性药剂应该能够抑制植物细胞的生长或者缓慢地杀死它们。快速地杀死细胞的药剂将会导致苯酚类化合物和其他对剩余细胞生长有毒害作用的物质的释放，以别的形式阻碍细胞的生长。卡那霉素是使用最广泛的植物选择性药剂。

　　来源于大肠杆菌转座子 Tn5 的 *kan*^r 基因已被广泛用作植物的选择性标记，它编码一个被称为Ⅱ型新霉素磷酸转移酶（NPTⅡ）的酶。NPTⅡ是数种能够通过磷酸化使氨基糖苷类抗生素中的卡那霉素家族失效的原核生物酶中的一种。由于在细菌和植物间启动子序列和转录终止信号存在区别，天然的 Tn5 *kan*^r 基因不能被用在植物中。所以，NPTⅡ编码序列必须被提供一种植物启动子和一种植物终止和聚腺苷酸化信号。这种将原核编码序列夹在真核调节序列中的结构被称做嵌合选择性标记基因。

　　来自于数种不同植物基因的调节序列被用于构建嵌合标记基因。一种被广泛使用的嵌合选择性标记基因包含了花椰菜镶嵌病毒（CaMV）35S 启动子，NPTⅡ编码序列和 Ti 胭脂氨酸合成终止序列（*nos*）；该嵌合基因通常被标记为 35S/NPTⅡ/nos。用于转移基因进入植物的 Ti 载体将质粒中诱导肿瘤的基因替换为了像 35S/NPTⅡ/nos 这样的嵌合选择性标记基因。一大批改进后的 Ti 质粒基因转移载体现在被广泛地运用于将基因转移入植物中。

参考文献

[1]杨岐生．分子生物学．杭州:浙江大学出版社,2004.

[2]郜金荣,叶林柏．分子生物学．武汉:武汉大学出版社,2007.

[3]周克元,罗德生．生物化学．北京:科学出版社,2010.

[4]杨武荣．分子生物学．南京:南京大学出版社,2007.

[5]孙乃恩．分子遗传学．南京:南京大学出版社,1989.

[6]王镜岩,朱圣庚,徐长法．生物化学．北京:高等教育出版社,2002.

[7]郑集,陈钧辉．普通生物化学．北京:高等教育出版社,2001.

[8]王德宝,祁国荣．核酸结构、功能与合成(上、下)．北京:科学出版社,1987.

[9]历朝龙．生物化学与分子生物学．北京:中国医学科技出版社,2001.

[10]王曼莹．分子生物学．北京:科学出版社,2006.

[11]赵亚华．分子生物学教程．北京:科学出版社,2006.

[12]朱玉贤,李毅．现代分子生物学．第3版．北京:高等教育出版社,2002.

[13]沃森;杨焕民等译．基因的分子生物学．北京:科学出版社,2005.

[14]卢圣栋．现代分子生物学实验技术．北京:中国协和医科大学出版社,1999.

[15]杨建雄．生物化学与分子生物学实验技术教程．北京:科学出版社,2009.

[16]赵永芳．生物化学技术原理与应用．北京:科学出版社,2002.

[17]屈伸,刘志国．分子生物学实验技术．北京:化学工业出版社,2008.

[18]赵武玲．分子生物学．北京:中国农业大学出版社,2010.

[19]阎隆飞,张玉麟．分子生物学．北京:中国农业大学出版社,1997.

[20]P. C. Turner．分子生物学．北京:科学出版社,1999.

[21]顾晓松,谭湘陵,丁斐．分子生物学理论与技术．北京:北京科学技术出版社,2002.

[22]周海梦,王洪睿．蛋白质化学修饰．北京:清华大学出版社,1998.

[23]黄文林,朱孝峰．信号转导．北京:人民卫生出版社,2005.

[24]袁红雨．分子生物学．北京:化学工业出版社,2012.

[25]陈德富,陈喜文．现代分子生物学实验原理与技术．北京:科学出版社,2006.

[26]蒋继志．分子生物学．北京:科学出版社,2011.

[27]Robert F. Weaver 著;郑用琏,张富春,徐启江,岳兵主译．分子生物学．北京:科学出版社,2009.

[28]Weaver R F. Molecular Biology. 北京:科学出版社,McGram-Hill,2002.

[29]Gerald Karp. cell and Molecular Biology. 北京:高等教育出版社,2002.

[30]Watson J D and Crick F H. Molecular structure of the nucleic acids:A structure for deoxyribose nucleic acid. Nature,1953.

[31]Dennis C. The human genome. Nature,2001.

[32]Dhand R. Functional genomics. Nature,2000.

［33］Eniasson,C. et al. ,Electrophoresis 18(3—4). 1997.

［34］Flint,S. J. ,L. W. Enquist ct al. ,Principles of Virology,ASM Press 2000.

［35］Fountoulakis,M. et al. ,Electrophoresis,19(5),1998.

［36］Lodish Harvey,David Baltimore et al. , Molecular Cell BiologY, Scientific America Books,1995.

［37］Wei,G. ,Hu,M. H. ,Tang,J. G. ,Biochem. M01. Bio1. Int. ,35,1995.